Gudrun Behling

Lineare Räume und Abbildungen

J. Schikin

Lineare Räume und Abbildungen

Aus dem Russischen von W. Grober und K. Bratz

Mit 121 Abbildungen

Spektrum Akademischer Verlag Heidelberg · Berlin · Oxford

Originaltitel: Lineinye prostranstwa i otobrashenija

Aus dem Russischen von W. Grober und K. Bratz

Russische Originalausgabe bei Isdatelstwo Moskowskowo Uniwersiteta

Die Herausgabe der deutschen Fassung entstand in Zusammenarbeit
mit dem Verlag MIR, Moskau

Titelbild: © THE IMAGE BANK/Grant Faint

Die Deutsche Bibliothek – CIP-Einheitsaufnahme

Šikin, Evgenij: Lineare Räume und Abbildungen / J. Schikin. Aus dem Russ.
von W. Grober und K. Bratz. – Heidelberg ; Berlin ; Oxford :
Spektrum, Akad. Verl., 1994
Einheitssacht.: Lineinye prostranstva i otobrašenija ⟨dt.⟩
ISBN 3-86025-305-0

Lektorat: Gisela Sauer, Berlin
Produktion: PRODUserv Springer Produktions-Gesellschaft, Berlin
Einbandgestaltung: Kurt Bitsch, Birkenau
Satz: Thomson Press (India) Ltd, New Delhi
Druck und Verarbeitung: Franz Spiegel Buch GmbH, Ulm

Spektrum Akademischer Verlag Heidelberg · Berlin · Oxford

EIN VERLAG DER SPEKTRUM FACHVERLAGE GMBH

Vorwort

Mit der Entwicklung der elektronischen Rechentechnik haben sich die Möglichkeiten zur praktischen Anwendung mathematischer Methoden wesentlich erweitert. Die lineare Algebra ist davon nicht ausgenommen. Im Gegenteil, von den Anwendern werden daher gründliche Kenntnisse sowohl der Grundbegriffe wie auch der Grundideen verlangt.

Wegen der abstrakten Mehrdimensionalität dieses Gebietes erscheint eine Darstellung des Lehrstoffs auf anschaulich-geometrische Weise als nützlich. Jewgeni Schikin hat diesen Weg gewählt: Ein anschaulicher „Kern" ist von einer abstrakten „Hülle" umgeben. Dabei wird offenkundig, daß beide Teile auf der gleichen unkomplizierten Idee beruhen.

In Schikins Lehrbuch – gewachsen auf dem Boden mehrjähriger Vorlesungen – werden aufeinanderfolgend die Theorie linearer Räume, linearer Abbildungen in endlichdimensionalen linearen euklidischen und unitären Räumen, die Theorie bilinearer und quadratischer Formen sowie die Tensoralgebra abgehandelt.

Geometrie und die Algebra konvexer Mengen nehmen einen verhältnismäßig großen Raum ein. Als Quellen einer „geometrischen" Sprache ermöglichen beide, die geometrische Vorstellungskraft des Lesers auf mehrdimensionale Probleme zu übertragen – also dem Auge nicht Zugängliches vergleichsweise einfach zu erklären und zu beweisen.

Schikin demonstriert zudem am Beispiel einer Aufgabe zur topologischen Klassifizierung konvexer Mengen eine höchst wirksame Methode der Wissensvermittlung: Die für den Anfänger bereits zu Beginn des Lehrstoffs formulierte Aufgabe wird – vermöge der im Fortgang der Darlegungen entwickelten Lösungsmethoden – mitführend beständig präzisiert. Zum Schluß dann, wenn das gesamte zur Lösung notwendige methodische Instrumentarium verfügbar ist, zeigt sich, daß die Aufgabe selbst gelöst ist.

Durch die Verbindung der einfachsten Begriffe der Topologie und der wichtigsten Klasse konvexer Mengen schlägt Schikin mit Hilfe der „klassischen Ergebnisse des 20. Jahrhunderts" eine Brücke zur konvexen Analysis.

Inhalt

1. Lineare Räume

1.1 Die Struktur linearer Räume

1.1.1 Das externe Verknüpfungsgesetz

Es seien X and Y willkürliche nichtleere Mengen.

Definition. Jede Abbildung

$$\varphi: X \times Y \to Y$$

heißt ein auf der Menge Y vorgegebenes *externes Verknüpfungsgesetz* (*ExternVG*).

Beispiel 1. Es sei $X = \mathbf{R}$, und $Y = \mathscr{V}_3$ sei eine Menge freier Vektoren im Raum. Es ist klar, daß die Abbildung $\mathbf{R} \times \mathscr{V}_3$ in $\mathscr{V}_3$, welche die folgende Regel erfüllt:

$$\alpha \in \mathbf{R}, \quad a \in \mathscr{V}_3 \mapsto \alpha a \in \mathscr{V}_3$$

(Multiplikation eines Vektors mit einer Zahl), ein ExternVG in $\mathscr{V}_3$ ist.

Wenn das Paar (x, y) mit $x \in X$ und $y \in Y$ durch φ in ein $z \in Y$ abgebildet wird, so schreibt man $z = xy$.

Beispiel 2. Das *interne Verknüpfungsgesetz* (*InternVG*) ist ein Spezialfall des ExternVG für $X = Y$.

1.1.2 Definition des linearen Raumes

Definition. Eine nichtleere Menge V nennt man einen *linearen Raum* (*Vektorraum*) über einem Körper $\mathbf{P}$, wenn in V zwei Verknüpfungsgesetze erklärt sind:

Das InternVG, die Addition, muß für drei beliebige Elemente x, y, z aus V folgende Bedingungen erfüllen:

a) $(x + y) + z = x + (y + z)$,
b) $x + y = y + x$,
c) es existiert ein Element $O \in V$, so daß für beliebiges $x \in V$

$$x + O = x$$

gilt,

d) zu beliebigem $x \in V$ gibt es ein Element $(-x) \in V$, so daß

$$x + (-x) = O$$

ist.

Das ExternVG (Multiplikation mit einem Körperelement) erfüllt folgende Eigenschaften für beliebige $x, y \in V$ und beliebige $\alpha, \beta \in \mathbf{P}$:

e) $\alpha(x + y) = \alpha x + \alpha y$,
f) $(\alpha + \beta)x = \alpha x + \beta x$,
g) $(\alpha\beta)x = \alpha(\beta x)$,
h) $1 \cdot x = x$.

Die Elemente des linearen Raumes heißen *Vektoren*.

Beispiele

1. Die Menge freier (geometrischer) Vektoren im Raum $\mathscr{V}_3$ ist ein linearer Raum über dem Körper **R**: Das InternVG erklärt eine Vektoraddition, das ExternVG eine Multiplikation eines Vektors mit einer Zahl.

2. Die Menge der reellwertigen Funktionen $C[0, 1]$, die auf einem Intervall $[0, 1]$ stetig sind, ist ein linearer Raum über dem Körper **R**: Das InternVG bedeutet eine Addition von Funktionen, das ExternVG eine Multiplikation einer Funktion mit einer Zahl.

3. Der Körper **P** ist ein linearer Raum über dem Körper **P**; das InternVG erklärt eine Addition, das ExternVG eine Multiplikation.

4. Die Gesamtheit der rechteckigen $(m \times n)$-Matrizen $\mathbf{P}_{m \times n}$ ist ein linearer Raum über dem Körper **P**: Das InternVG erklärt eine Matrizenaddition, das ExternVG eine Multiplikation einer Matrix mit einem Element des Körpers **P**.

1.1.3 Einfachste Eigenschaften

a) Der Nullvektor O ist eindeutig bestimmt.
b) Für jeden Vektor x ist der ihm entgegengesetzte Vektor $(-x)$ eindeutig bestimmt.

Die Eigenschaften a) und b) sind auf Grund dessen erfüllt, daß der lineare Raum eine additive abelsche Gruppe darstellt.

Wir geben nun an, auf welche Art und Weise man zum Nullvektor bzw. zu dem einem gegebenen Vektor entgegengesetzten Vektor gelangen kann.

c) Für einen beliebigen Vektor x gilt die Gleichung $0 \cdot x = O$.

Beweis. Nach Definition des ExternVG gilt $\alpha x = (\alpha + 0)x = \alpha x + 0x$. Daraus folgt unmittelbar: $0x = O$. In der Tat, wenn man in einer abelschen Gruppe zu einem gewissen Element a ein Element b so finden kann, daß $a+b=a$ ist, so gilt auch $c+b=c$ für beliebiges c, d.h. aber, $b=O$.

d) Für beliebiges x gilt: $-x=(-1)x$.

Beweis. Aus der soeben bewiesenen Eigenschaft c) und der Bedingung b) von ExternVG ergibt sich

$$O=0x=(\alpha+(-\alpha))x=\alpha x+(-\alpha)x$$

für einen beliebigen Vektor x und beliebiges $\alpha\in\mathbf{P}$. Nach der Aussage, daß es zu jedem Vektor nur einen einzigen ihm entgegengesetzten Vektor gibt, erhält man

$$(-\alpha)x=-(\alpha x).$$

Unter der Annahme, α wäre hier gleich 1, und bei Anwendung der Eigenschaft h) des ExternVG zeigt man leicht, daß das Geforderte gilt: $(-1)x=-(1x)=-x$.

e) Für beliebiges $\alpha\in\mathbf{P}$ gilt $\alpha O=O$.

Beweis. Unter Ausnutzung der Eigenschaft e) des ExternVG erhält man

$$\alpha O=\alpha(+(-x))=\alpha x+\alpha(-x).$$

Nach der soeben bewiesenen Eigenschaft d) und Eigenschaft g) des ExternVG ist

$$\alpha(-x)=\alpha((-1)x)=(\alpha(-1))x=(-\alpha x)=-\alpha x,$$

und somit gilt $\alpha O=\alpha x=-\alpha x=O$.

f) Aus der Gleichung $\alpha x=O$ ergibt sich, daß entweder $x=O$ oder $\alpha=0$ ist.

Beweis. Es sei $\alpha\neq 0$. Dann existiert α^{-1}. Wenn man beide Seiten der Gleichung $\alpha x=O$ mit diesem Element multipliziert, erhält man

$$\alpha^{-1}(\alpha x)=\alpha^{-1}\cdot O.$$

Der linke Ausdruck ist nach den Eigenschaften g) und h) des ExternVG gleich x:

$$\alpha^{-1}(\alpha x)=(\alpha^{-1}\alpha)x=1\cdot x=x,$$

während der rechte Ausdruck nach der soeben bewiesenen Eigenschaft e) gleich null ist. Deshalb ist $x=O$.

1.1.4 Das Produkt linearer Räume

Es seien V_1 und V_2 lineare Räume über einem Körper $\mathbf{P}$. Wir betrachten nun das kartesische Produkt

$$V_1\times V_2=\{z=(x_1,x_2)\,|\,x_1\in V_1,\,x_2\in V_2\}.$$

Definition. Die Menge $V_1 \times V_2$ mit den Regeln

$$\text{InternVG:} \quad (x_1, x_2) + (x'_1, x'_2) = (x_1 + x'_1, x_2 + x'_2),$$
$$\text{ExternVG:} \quad \alpha(x_1, x_2) = (\alpha x_1, \alpha x_2)$$

heißt das *Produkt* der über einem Körper **P** gegebenen linearen Räume V_1 und V_2.

Satz. *Das Produkt $V_1 \times V_2$ der linearen Räume V_1 und V_2 über einem Körper* **P** *ist wiederum ein linearer Raum über dem Körper* **P**.

Beweis. Wir betrachten auf $V_1 \times V_2$ das InternVG der Addition:

$$z = (x_1, x_2), \quad z' = (x'_1, x'_2) \mapsto z + z' = (x_1 + x'_1, x_2 + x'_2).$$

Wir prüfen die Eigenschaften a) und b) des InternVG (vgl. 1.1.2.). Wie man leicht sieht, ist

$$O = (O_1, O_2)$$

der Nullvektor in $V = V_1 \times V_2$, während der dem Vektor $z = (z_1, z_2)$ entgegengesetzte Vektor in V die Gestalt

$$-z = (-x_1, -x_2)$$

besitzt.

Die Eigenschaften e) bis h) des ExternVG der Grunddefinition $\alpha \in \mathbf{P}$ mit $z = (x_1, x_2) \mapsto \alpha z = (\alpha x_1, \alpha x_2)$ sind offensichtlich erfüllt.

Beispiele

1. Der Körper der komplexen Zahlen **C** ist ein linearer Raum über dem Körper der reellen Zahlen.

Verallgemeinerung. *Es seien $V_1, \ldots, V_n$ lineare Räume über dem Körper* **P**. *Dann ist auch die Menge*

$$V_1 \times \cdots \times V_n = \{z = (x_1, \ldots, x_n) \mid x_1 \in V_1, \ldots, x_n \in V_n\},$$

auf der die Regeln

$$\textit{InternVG:} \quad z + z' = (x_1 + x'_1, \ldots, x_n + x'_n),$$
$$\textit{ExternVG:} \quad \alpha z = (\alpha x_1, \ldots, \alpha x_n)$$

erklärt sind, ein linearer Raum über dem Körper **P**.

2. Es gelte $V_1 = \cdots = V_n = \mathbf{P}$. Dann nennt man den linearen Raum $\mathbf{P} \times \cdots \times \mathbf{P} = \mathbf{P}^n$ einen *n-dimensionalen Koordinatenraum*. Seine Elemente sind geordnete Komplexe aus n Zahlen:

$$z = (\xi^1, \ldots, \xi^n), \; \xi^i \in \mathbf{P}.$$

3. Es sei $z = \{\xi_m\}$ eine abzählbare Folge von $\xi_1, \ldots, \xi_m, \ldots$ Elementen aus **P**. Die Menge aller Folgen dieser Art mit dem

$$\text{InternVG:} \quad \{\xi_m\} + \{\xi'_m\} = \{\xi_m + \xi'_m\},$$
$$\text{ExternVG:} \quad \alpha\{\xi_m\} = \{\alpha\xi_m\}$$

bildet einen linearen Raum über dem Körper **P**.

Die Gesamtheit aller konvergenten Folgen reeller Zahlen ist ebenfalls ein linearer Raum (über dem Körper der reellen Zahlen).

1.2 Lineare Teilräume

1.2.1 Definition des linearen Teilraumes

Es sei V ein linearer Raum über einem Körper **P**.

Definition. Eine nichtleere Menge $W \subset V$ nennt man einen *linearen Teilraum* des linearen Raumes V, wenn für beliebige x, $y \in W$ und für beliebiges $\alpha \in \mathbf{P}$ die Inklusionen

$$1.\ x + y \in W; \quad 2.\ a \in W$$

gelten.

Beispiele

1. Wir betrachten ein homogenes lineares Gleichungssystem mit n Variablen der Form

$$\begin{pmatrix} \alpha_{11} & \cdots & \alpha_{1n} \\ \cdots & \cdots & \cdots \\ \alpha_{m1} & \cdots & \alpha_{mn} \end{pmatrix} \begin{pmatrix} x_1 \\ \vdots \\ x_n \end{pmatrix} = \begin{pmatrix} 0 \\ \vdots \\ 0 \end{pmatrix}$$

oder in Matrixform

$$AX = O,$$

wobei $A = (\alpha_{ij}) \in \mathbf{P}_{m \times n}$, $X \in \mathbf{P}_{n \times 1}$, $O \in \mathbf{P}_{m \times 1}$ sind. Weiter oben (vgl. 1.1.1., Beispiel 4) wurde gezeigt, daß $\mathbf{P}_{n \times 1}$ ein linearer Raum über dem Körper **P** ist. Außerdem ist im Blick auf die Eigenschaften der Lösungsmengen linearer Gleichungssysteme bekannt, daß die Summe der Lösungen des homogenen Systems und das Produkt aus der Lösung und einer Zahl wieder Lösungen des gegebenen Systems sind. Damit ist

$$\{X \mid X \in \mathbf{P}_{n \times 1}, AX = O\}$$

ein linearer Teilraum des linearen Raumes $\mathbf{P}_{n \times 1}$.

2. In vielen Näherungsverfahren werden die Funktionen eines stetigen Arguments oft durch Funktionen eines diskreten Arguments (Gitterfunktionen) ersetzt.

Wir betrachten beispielsweise eine Diskretisierung des linearen Raumes $C^0[0, 1]$ der auf einem Intervall $[0, 1]$ stetigen Funktionen.

Eine endliche Menge von Punkten des Intervalls $[0, 1]$

$$\omega_h = \{x_i = ih \mid i = 0, 1, \ldots, N; h = 1/N\}$$

werden wir (*gleichmäßiges*) *Gitter* und die Punkte x_i *Gitterpunkte* nennen. Anstelle einer auf dem Intervall $[0, 1]$ definierten Funktion $f(x)$ betrachten wir eine Gitterfunktion

$$y_i = f(x_i) = f(ih)$$

eines ganzzahligen Arguments i $(i = 0, 1, \ldots, N)$ order eines Punktes x_i auf einem Gitter ω_h.

Es ist klar, daß die Gitterfunktion $y_i = f(x_i)$ als Vektor $y = (y_0 y_1 \cdots y_N)^T$ aufgefaßt werden kann. Damit wird der Raum C^0 $[0, 1]$ durch einen endlichdimensionalen ($(N + 1)$-dimensionalen) Raum Ω_{N+1} von auf dem Gitter ω_h vorgegebenen Gitterfunktionen

$$\Omega_{N+1} = \{y_i \mid i = 0, 1, \ldots, N\}$$

ersetzt.

Die Gesamtheit der auf dem Gitter ω_h vorgebenen und in den Randpunkten des Gitters verschwindenden Gitterfunktionen

$$\Omega^0_{N+1} = \{y_i \mid i = 0, 1, \ldots, N; y_0 = y_N = 0\}$$

stellt einen $(N - 1)$-dimensionalen Teilraum des Raumes Ω_{N+1} dar.

1.2.2 Einfachste Eigenschaften

Es seien W_1 und W_2 lineare Teilräume des linearen Raumes V über einem Körper $\mathbf{P}$. Dann ist

a) W_i $(i = 1, 2)$ ein linearer Raum über dem Körper $\mathbf{P}$.

Beweis. Es genügt nachzuweisen, daß W_i einen Nullvektor $O \in V$ besitzt und daß zu jedem Vektor $x \in W_i$ der entgegengesetzte Vektor $(-x)$ ebenfalls zu W_i gehört (vgl. Forderung 2 unter 1.2.1.):

$$O = 0x \in W_i, \quad -x = (-1)x \in W_i \ (i = 1, 2).$$

b) Der Durchschnitt

$$W_1 \cap W_2 = \{x \mid x \in W_1, x \in W_2\}$$

ist ein linearer Teilraum des linearen Raumes V.

Beweis. Wir bemerken zunächst, daß $W_1 \cap W_2$ in jedem Fall nicht leer ist, sondern mindestens den Nullvektor O enthält.

Es seien x und y zwei in $W_1 \cap W_2$ willkürlich gewählte Vektoren. Gemäß der Definition des Durchschnitts gilt: $x, y \in W_i$ $(i = 1, 2)$. Aus der Tatsache, daß W_i $(i = 1, 2)$ ein linearer Teilraum ist, können wir schließen, daß $x + y \in W_i$ $(i = 1, 2)$ und demzufolge auch $x + y \in W_1 \cap W_2$ gilt.

Der Tatbestand $\alpha x \in W_i \cap W_2$, wobei α ein beliebiges Element aus $\mathbf{P}$ ist, wird durch eine ähnliche Überlegung unter Beweis gestellt.

c) Die Summe linearer Teilräume

$$W_1 + W_2 = \{x_1 + x_2 \mid x_i \in W_i, i = 1, 2\}$$

ist wiederum ein linearer Teilraum des Raumes V.

Beweis. Es seien u und v zwei in $W_1 + W_2$ willkürlich gewählte Vektoren. Dann lassen sich gemäß der Summendefinition Vektoren x_1, x_2, y_1, y_2 so finden, daß gilt

$$u = x_1 + x_2 \quad \text{und} \quad v = y_1 + y_2,$$

wobei $x_i, y_i \in W_i$ $(i = 1, 2)$. Dann läßt sich die Summe $u + v$ wie folgt darstellen:

$$u + v = (x_1 + x_2) + (y_1 + y_2) = (x_1 + y_1) + (x_2 + y_2).$$

Da $x_i + y_i \in W_i$ $(i = 1, 2)$, so gilt $u + v \in W_1 + W_2$.

In ähnlicher Weise wird die Inklusion $\alpha u \in W_1 + W_2$ bewiesen.

d) Es seien $x_1, \ldots, x_q$ willkürlich gewählte Vektoren aus einem Teilraum W und $\alpha_1, \ldots, \alpha_q$ willkürliche Elemente aus dem Körper $\mathbf{P}$. Dann gehört auch die Linearkombination

$$\alpha_1 x_1 + \cdots + \alpha_q x_q$$

zum linearen Teilraum W.

1.2.3 Die lineare Hülle

Es sei V ein linearer Raum über dem Körper $\mathbf{P}$.

Definition. Eine Menge $L(X)$, die durch die Formel

$$L(X) = \left\{ x = \sum_{j=1}^{q} \alpha_j x_j \mid x_j \in X, \alpha_j \in \mathbf{P}, j \in N \right\}$$

definiert ist, heißt *lineare Hülle* einer nichtleeren Menge $X \in V$. Die Menge $L(X)$ enthält die Gesamtheit aller möglichen Linearkombinationen von Vektoren aus X. Man sagt auch, daß die lineare Hülle $L(X)$ durch die Menge X *erzeugt* wird.

Wir betrachten verschiedene Eigenschaften der linearen Hülle.

a) Die lineare Hülle $L(X)$ ist ein linearer Teilraum von V.

Beweis. Wir wählen in $L(X)$ zwei beliebige Vektoren y' und y'':

$$y' = \sum_{j=1}^{q'} \alpha'_j x'_j, \quad y'' = \sum_{k=1}^{q'} \alpha''_k x''_k,$$

wobei x'_j, $x''_k \in X$, α'_j, $\alpha''_k \in \mathbf{P}$. Es ist leicht zu erkennen, daß folgendes gilt:

$$y' + y'' = \sum_j \alpha'_j x'_j + \sum_k \alpha''_k x''_k \in L(X)$$

und

$$\lambda y' = \sum_j (\lambda \alpha'_j) x'_j \in L(X), \quad \forall \lambda \in \mathbf{P}.$$

b) Ist $X \subset W$ und W ein linearer Teilraum von V, so gilt $L(X) \subset W$.

Beweis. Es seien $x_1, \ldots, x_q$ willkürlich gewählte Vektoren aus X. Nach Definition der linearen Hülle gehört die willkürlich ausgewählte Linearkombination $\alpha_1 x_1 + \cdots + \alpha_q x_q$ ebenfalls zu $L(X)$. Nach Voraussetzung liegen die Vektoren aber auch in W. Das heißt, auch

$$\alpha_1 x_1 + \cdots + \alpha_q x_q \subset W,$$

(vgl. d) unter 1.2.2.). Daraus folgt, daß jeder Vektor aus $L(X)$ auch zu W gehört und folglich $L(X) \subset W$ gilt.

Bemerkung. Aus den soeben gezeigten Eigenschaften a) und b) kann man schließen, daß die lineare Hülle $L(X)$ der Menge X der kleinste X enthaltende lineare Teilraum ist.

Beispiel. Wir betrachten den linearen Raum $C(-\infty, \infty)$ der stetigen reellwertigen Funktionen und wählen dort als Menge X ein Tupel von Monomen $1, t, \ldots, t^n$, d. h. $X = \{1, t, \ldots, t^n\}$.

Dann ist $L(X) = M_n$ eine Menge von Polynomen mit reellwertigen Koeffizienten vom Grad $\leq n$.

1.3 Lineare Abhängigkeit

1.3.1 Lineare Abhängigkeit eines Vektorsystems

Es sei V ein linearer Raum über dem Körper $\mathbf{P}$, und es seien $x_1, \ldots, x_q$ Vektoren aus V.

Definition 1. Eine Linearkombination $\alpha_1 x_1 + \cdots + \alpha_q x_q$ heißt *nichttrivial*, wenn wenigstens einer der Koeffizienten α_j, $j = 1, \ldots, q$, von null verschieden ist. Sind aber alle $\alpha_j = 0$, so heißt die Linearkombination *trivial.*

Definition 2. Das Vektorsystem $x_1, \ldots, x_q$ heißt *linear abhängig*, wenn eine nichttriviale Linearkombination dieser Vektoren existiert, die gleich dem Nullvektor O ist.

Definition 3. Das Vektorsystem heißt *linear unabhängig*, wenn nur die triviale Linearkombination gleich dem Nullvektor ist.

Satz 1. *Das Vektorsystem $x_1, \ldots, x_q$ $(q \geq 2)$ aus V ist dann und nur dann linear abhängig, wenn wenigstens einer dieser Vektoren eine Linearkombination der übrigen ist.*

Beweis. $(\Rightarrow)$ Es gelte $\alpha_1 x_1 + \cdots + \alpha_q x_q = O$ und beispielsweise $\alpha_q \neq 0$. Dann ist

$$x_q = (-(\alpha_1/\alpha_q))x_1 + \cdots + (-(\alpha_{q-1}/\alpha_q))x_{q-1}.$$

$(\Leftarrow)$ Aus der Darstellung

$$x_q = \beta_1 x_1 + \cdots + \beta_{q-1} x_{q-1}$$

ergibt sich, daß

$$\beta_1 x_1 + \cdots + \beta_{q-1} x_{q-1} + (-1)x_q = O$$

und folglich das Vektorsystem $x_1, \ldots, x_q$ linear abhängig $(-1 \neq 0)$ ist.

Bemerkung. Ein aus nur einem Vektor x bestehendes System ist dann und nur dann linear abhängig, wenn $x = O$ ist.

Satz 2. *Das Vektorsystem $x_1, \ldots, x_q$ $(q \geq 1)$ aus V ist dann und nur dann linear abhängig, wenn ein Vektor existiert, der sich mindestens auf zweierlei Weise in Form einer Linearkombination der Vektoren $x_1, \ldots, x_q$ darstellen läßt.*

Beweis. $(\Rightarrow)$ Für den Nullvektor O lassen sich zwei Darstellungen angeben:

$$O = 0x_1 + \cdots + 0x_q \quad \text{(triviale Linearkombination)}$$

und

$$O = \alpha_1 x_1 + \cdots + \alpha_q x_q \quad \text{(nichttriviale Linearkombination).}$$

Die zweite Darstellung ist möglich durch die lineare Abhängigkeit des Systems der Vektoren $x_1, \ldots, x_q$.

$(\Leftarrow)$ Wenn der Vektor y zwei verschiedene Darstellungen

$$y = \alpha_1 x_1 + \cdots + \alpha_q x_q \quad \text{und} \quad y = \beta_1 x_1 + \cdots + \beta_q x_q$$

(hier ist $\alpha_j \neq \beta_j$ für mindestens ein j, $1 \leq j \leq q$) besitzt, dann ist die lineare Abhängigkeit des Vektorsystems $x_1, \ldots, x_q$ durch die Existenz der folgenden Linearkombination gewährleistet:

$$(\alpha_1 - \beta_1)x_1 + \cdots + (\alpha_q - \beta_q)x_q = O.$$

Satz 3. *Es sei $x_1, \ldots, x_m$ aus V ein linear abhängiges Vektorsystem; $x_{m+1}, \ldots, x_q$ seien willkürlich gewählte Vektoren aus V.*

Dann ist das Vektorsystem $x_1, \ldots, x_m, x_{m+1}, \ldots, x_q$ linear abhängig.

Beweis. Es fällt nicht schwer, von der nichttrivialen Linearkombination

$$\alpha_1 x_1 + \cdots + \alpha_m x_m = O$$

zu der nichttrivialen Linearkombination

$$\alpha_1 x_1 + \cdots + \alpha_m x_m + 0x_{m+1} + \cdots + 0x_q = O$$

überzugehen.

1.3.2 Die Basis eines linearen Raumes

Es sei V ein linearer Raum über einem Körper $\mathbf{P}$, der mindestens zwei verschiedene Vektoren enthält.

Definition 1. Wir werden sagen, daß die Menge $X \subset V$ den Raum V *erzeugt*, wenn $L(X) = V$ ist.

Definition 2. Eine geordnete Schar von Vektoren aus V nennt man eine *Basis* von V, wenn sie 1. linear unabhängig ist und 2. den Raum V erzeugt.

Bemerkung. Das Ordnungsprinzip besteht hier darin, daß jedem Vektor der Schar eine bestimmte Nummer zugeordnet ist. Aus einem (aus q Elementen bestehenden) Vektorsystem können $q!$ verschieden angeordnete Systeme konstruiert werden.

Es sei $e = (e_1, \ldots, e_n)$ eine Basis des Raumes V. Dann lassen sich für jeden Vektor $x \in V$ Elemente $\xi^1, \ldots, \xi^n \in \mathbf{P}$ angeben, so daß gilt

$$x = \xi^1 e_1 + \cdots + \xi^n e_n = \sum_{i=1}^{n} \xi^i e_i.$$

Definition 3. Die Zahlen $\xi^1, \ldots, \xi^n$ nennt man *Koordinaten* des Vektors x bezüglich der Basis e.

Im Verlauf der weiteren Darlegungen werden wir der Einfachheit halber oft folgende Bezeichnung verwenden:

$$x(e) = (\xi^1, \dots, \xi^n)^{\mathrm{T}} = \begin{pmatrix} \xi^1 \\ \vdots \\ \xi^n \end{pmatrix}.$$

Behauptung. *Der Spaltenvektor $x(e)$ ist durch die vorgegebene Basis e für jeden Vektor $x \in V$ eindeutig bestimmt.*

Beweis. Der Beweis folgt unmittelbar aus Satz 2 (vgl. 1.3.1).

Es seien $x(e)$ und $y(e)$ Spaltenvektoren aus den Koordinaten der Vektoren x und y aus V bezüglich der Basis e.

Behauptung. $(x + y)(e) = x(e) + y(e), \quad (\lambda x)(e) = \lambda x(e).$

Der Beweis folgt unmittelbar aus der Eindeutigkeit der Vektorzerlegung nach der Basis.

Satz 4. *Die Vektoren $x_1, \dots, x_m$ sind dann und nur dann linear abhängig, wenn ihre Koordinatenspalten (bezüglich einer beliebigen Basis) linear abhängig sind.*

Beweis. Ist die Linearkombination der Vektoren $x_1, \dots, x_m$ gleich dem Nullvektor, d. h.

$$\sum_{i=1}^{m} \lambda_i x_i = \sum_{i=1}^{m} \lambda_i \left(\sum_{k=1}^{n} \xi_i^k e_k \right) = \sum_{k=1}^{n} \left(\sum_{i=1}^{m} \lambda_i \xi_i^k \right) e_k = O,$$

so ist wegen der Eindeutigkeit der Vektorzerlegung bezüglich der Basis

$$\sum_{i=1}^{m} \lambda_i \xi_i^k = 0, \quad k = 1, \dots, n,$$

oder, was dasselbe ist,

$$\sum_{i=1}^{m} \lambda_i x_i(e) = 0.$$

Die Gegenrichtung des Satzes ist offensichtlich.

Satz 5. *Der lineare Raum V besitze eine aus n Vektoren bestehende Basis. Dann ist jede Schar von Vektoren, die aus m Vektoren ($m > n$) besteht, linear abhängig.*

Beweis. Nach Satz 3 (vgl. 1.3.1) genügt es, den Beweis nur für $m = n + 1$ zu führen.

Es seien $a_1, \ldots, a_{n+1}$ willkürlich gewählte Vektoren aus V. Wir zerlegen jeden dieser Vektoren bezüglich der Basis $e = (e_1, \ldots, e_n)$ wie folgt:

$$a_1 = \alpha_1^1 e_1 + \cdots + \alpha_1^n e_n,$$
$$\cdots\cdots\cdots\cdots\cdots\cdots$$
$$a_{n+1} = \alpha_{n+1}^1 e_1 + \cdots + \alpha_{n+1}^n e_n.$$

Der Rang der Koeffizientenmatrix

$$A = \begin{pmatrix} \alpha_1^1 & \cdots & \alpha_{n+1}^1 \\ \cdots & \cdots & \cdots \\ \alpha_1^n & \cdots & \alpha_{n+1}^n \end{pmatrix} \in \mathbf{P}_{n \times (n+1)}$$

genügt der Ungleichung rang $A \leq n$, da gemäß Definition der Rang einer Matrix weder die Anzahl ihrer Spalten, noch die Anzahl ihrer Zeilen übertrifft. Das bedeutet, daß die Spalten der Matrix A (deren Anzahl gleich $n+1$ ist) linear abhängig sind.

Wir merken an, daß diese Spalten Koordinatenspalten der Vektoren $a_1, \ldots, a_{n+1}$ bezüglich der Basis e sind.

Aus der linearen Abhängigkeit der Spalten der Matrix A ergibt sich auf Grund von Satz 4, daß die Vektoren $a_1, \ldots, a_{n+1}$ ebenfalls linear abhängig sind.

Folgerung. *Der lineare Raum V besitze eine Basis aus n Vektoren. Dann besteht auch jede beliebige andere Basis dieses Raumes aus n Vektoren.*

Beweis. Es seien e eine aus n Vektoren und e' eine aus n' Vektoren bestehende Basis eines linearen Raumes. Angesichts der linearen Unabhängigkeit der Vektoren des Systems e' können wir nach dem soeben bewiesenen Satz schließen, daß $n' \leq n$ ist.

Durch Vertauschen der Positionen der Basen e und e' in den durchgeführten Überlegungen gelangen wir zu dem Ergebnis $n \leq n'$; daraus folgt unmittelbar $n = n'$.

1.3.3 Die Dimension eines linearen Raumes

Definition. Ein linearer Raum V über einem Körper $\mathbf{P}$ heißt

1. *n-dimensional*, wenn in V eine aus n Vektoren bestehende Basis existiert;
2. *unendlichdimensional*, wenn für beliebiges $n \in \mathbf{N}$ in V ein linear unabhängiges System aus n Vektoren existiert.

Im weiteren beschränken wir uns auf die Betrachtung endlichdimensionaler Räume.

Definition. Die Anzahl der Vektoren in einer Basis nennt man die *Dimension* des Raumes. Wir bezeichnen sie mit $\dim_{\mathbf{P}} V$.

Wenn $V = \{O\}$ ist, so ist nach Definition $\dim V = 0$.

Beispiele

1. $\dim_{\mathbf{C}} \mathbf{C} = 1$ (und überhaupt gilt $\dim_{\mathbf{P}} \mathbf{P} = 1$ für einen beliebigen Körper $\mathbf{P}$).

Tatsächlich bildet jede komplexe Zahl $z = 0$ ein linear unabhängiges System, denn für ein willkürlich gewähltes $z' \in \mathbf{C}$ gilt die Formel $z' = \lambda z$ mit $\lambda = z'/z$.

2. $\dim_{\mathbf{R}} \mathbf{C} = 2$.

Das Paar $(1, \mathrm{i})$ bildet ein linear unabhängiges System, da sich aus der Gleichung

$$\alpha \cdot 1 + \beta \cdot \mathrm{i} = 0 \quad (\alpha, \beta \in \mathbf{R})$$

ergibt, daß $\alpha = \beta = 0$ ist.

Es sei $z \in \mathbf{C}$ willkürlich gewählt. Wenn man z in der algebraischen Form $z = x \cdot 1 + y \cdot \mathrm{i}$ schreibt, wobei $x, y \in \mathbf{R}$, kann man sich leicht davon überzeugen, daß das System 1, i den Körper $\mathbf{C}$ erzeugt.

3. Der lineare Raum, dessen Elemente alle möglichen Folgen $\{\xi_m\}$ sind, ist unendlichdimensional. Man kann sich davon leicht überzeugen, wenn man Folgen der Form $\{\delta^k_m\}$ mit

$$\delta^k_m = \begin{cases} 1 \text{ für } k = m, \\ 0 \text{ für } k \neq m \end{cases}$$

betrachtet.

Es sei $n \in \mathbf{N}$ beliebig. Dann bilden die Folgen

$$\{\delta^1_m\}, \ldots, \{\delta^k_m\}, \ldots, \{\delta^n_m\}$$

ein linear unabhängiges System.

4. $\dim_{\mathbf{P}} \mathbf{P}^n = n$.

Die Gleichheit ergibt sich aus der Zerlegung

$$(\xi^1, \ldots, \xi^n) = \xi^1(1, \ldots, 0) + \xi^n(0, \ldots, 1)$$

und daraus, daß die Einheitsmatrix I nicht ausgeartet ist.

Satz 6 (Satz von der unvollständigen Basis). *Es sei $a_1, \ldots, a_k$ aus V ein linear unabhängiges Vektorsystem mit $k < n = \dim V$. Dann lassen sich Vektoren $a_{k+1}, \ldots, a_n$ aus V finden, so daß das System $a_1, \ldots, a_n$ die Basis von V ist.*

Beweis. Wir betrachten eine Schar von Vektoren $a_1, \ldots, a_k$, b aus V. Sind diese Vektoren linear abhängig, so gilt

$$b = \alpha_1 a_1 + \cdots + \alpha_k a_k,$$

denn in der nichttrivialen Linearkombination

$$\lambda_1 a_1 + \cdots + \lambda_k a_k + \mu b = O$$

ist der Koeffizient μ wegen der linearen Unabhängigkeit des Systems $a_1, \ldots, a_k$ unbedingt von null verschieden. Diese Tatsache gestattet es, b als Linearkombination der Vektoren $a_1, \ldots, a_k$ darzustellen, d. h. $b \in L(a_1, \ldots, a_k)$.

Wäre die letzte Inklusion für einen beliebigen Vektor b aus V gültig, so wäre $a_1, \ldots, a_k$ die Basis von V, was wegen der Voraussetzung $k < n$ unmöglich ist.

Es existiert also ein Vektor $a_{k+1} \in V$ derart, daß das System $a_1, \ldots, a_k$, a_{k+1} linear unabhängig ist.

Gilt nun $k + 1 = n$, so ist dieses System die Basis von V.

Ist aber $k + 1 < n$, so betrachten wir die Schar $a_1, \ldots, a_k, a_{k+1}, b$ und wiederholen die oben angeführten Überlegungen.

Es ist klar, daß mit Hilfe dieses Verfahrens das gegebene linear unabhängige Vektorsystem zu einer Basis des Raumes V ergänzt werden kann.

Satz 7. *Es sei W ein Teilraum von V über einem Körper* **P**. *Dann gilt*

1. $\dim W \leq \dim V$.
2. *Ist* $\dim W = \dim V$, *so ist* $W = V$.

Beweis. Ist $W = \{O\}$, so ist $\dim W = 0$, d. h. $\dim W \leq \dim V$.

Nun sei $f_1, \ldots, f_m$ eine Basis des Teilraumes W. In V ist dieses System ebenfalls linear unabhängig. Nach Satz 5 darf die Anzahl der Vektoren in einem solchen System aber nicht größer sein als die Anzahl der Vektoren in einer Basis des Raumes V. Daher gilt

$$\dim W = m \leq n = \dim V.$$

Wenn aber $m = n$ ist, so ist das System $f_1, \ldots, f_m$, b für einen beliebigen Vektor b aus V linear abhängig. Wegen der linearen Unabhängigkeit der Vektoren $f_1, \ldots, f_m$ kann man b folgendermaßen darstellen:

$$b = a_1 f_1 + \cdots + \alpha_m f_m.$$

Da aber der Vektor b willkürlich gewählt wurde, bedeutet dies, daß

$$V \subset L(f_1, \ldots, f_m) = W$$

ist. Aus der Gleichheit der Dimensionen von W und V folgt also unmittelbar $W = V$.

Behauptung. *In einem n-dimensionalen linearen Raum existieren lineare Teilräume beliebiger intermediärer Dimension, d. h., ist* $\dim V = n$, *so läßt sich für ein beliebiges* k, $0 \leq k \leq n$, *in* V *ein linearer Teilraum* W_k *finden, in dem* $\dim W_k = k$ *ist.*

Beweis. Es ist klar, daß $W_0 = \{O\} \subset V$ ist.

Nun sei $e = (e_1 \cdots e_n)$ die Basis von V. Dann ist

$$W_k = L(e_1, \ldots, e_k).$$

1.3.4 Der lineare Farbenraum

Die Grundlage für die mathematische Beschreibung einer Farbe bildet die durch Experimente festgestellte Tatsache, daß sich eine beliebige Farbe unter gewissen streng standardisierten Betrachtungsbedingungen als Mischung (Summe) bestimmter Mengen dreier linear unabhängiger Farben darstellen läßt, d. h. solcher Farben, von denen jede einzelne nicht aus einer Mischung irgendwelcher Mengen der beiden übrigen Farben dargestellt werden kann.

Es gibt unendlich viele solche Gruppen, die aus drei Farben bestehen. Die drei ausgewählten linear unabhängigen Farben heißen *Grundfarben* beziehungsweise *Basisfarben*; sie definieren ein *Farbkoordinatensystem* (*FKS*).

Dann stellen die drei Zahlen, welche die jeweilige Farbe beschreiben, die Mengen der Grundfarben in einer Mischung dar, deren Farbe von der gegebenen Farbe visuell nicht unterscheidbar ist. Beispielsweise wird die Farbe D durch eine Mischung der Menge a der Farbe A, der Menge b der Farbe B und der Menge c der Farbe C erzeugt:

$$\mathrm{D} = \mathrm{aA} + \mathrm{bB} + \mathrm{cC}.$$

Hierbei sind a, b, c die Farbkoordinaten (FK) der betreffenden Farbe; (a, b, c) ist der Farbvektor.

Auf diese Weise entsteht ein natürliches mathematisches Modell einer Farbengesamtheit – ein dreidimensionaler reeller Raum, dessen Elemente verschiedenartige Farben sind. Dieser Raum heißt *Farbenraum*. Die Punkte, die alle realen Farben beschreiben, füllen einen gewissen Bereich des Farbenraumes aus. Aus mathematischer Sicht sind aber sämtliche Punkte des dreidimensionalen Raumes gleichberechtigt. Deshalb ist es günstig anzunehmen, daß auch die außerhalb dieses Bereiches der realen Farben liegenden Punkte gewisse (unreale) Farben darstellen. Dieser Ansatz erweist sich besonders in der Kolorimetrie als außerordentlich bequem.

Wir haben z. B. als Basisfarben Einheitsmengen von Rot, Grün und Blau gewählt. Die Farbkoordinaten (FK) der betreffenden Farbe lassen sich mit Hilfe eines Ausgleichverfahrens finden, indem wir das Verhältnis zwischen den Mengen der Grundfarben ändern.

Das Ergebnis des Ausgleichs kann in Form einer Farbgleichung

$$\mathrm{F} = \mathrm{rR} + \mathrm{gG} + \mathrm{bB}$$

geschrieben werden.

Die geschilderte Prozedur ermöglicht es aber nicht, die meisten reinen Spektralfarben durch die Mischungen der drei Basisfarben auszugleichen. In solchen Fällen wird der auszugleichenden Farbe eine kleine Menge einer oder (zweier) Grundfarben zugesetzt. Die Farbe der so gewonnenen Mischung wird mit der Mischung der beiden (oder der einen) übrigen Basisfarben ausgeglichen. In der Farbgleichung wird dies durch Übertragung des jeweiligen (bzw. der beiden) Summanden von der linken auf die rechte Seite berücksichtigt. Wäre also dem Gebiet der zu messenden Farbe Rot zugesetzt, so ist

$$\mathrm{F} = -\,\mathrm{rR} + \mathrm{gG} + \mathrm{bB}.$$

Wenn man negative Werte der FK zuläßt, lassen sich alle Spektralfarben durch ein Basisfarbentripel ausdrücken.

Die Farbqualität (Farbart) hängt nicht von der Länge des Farbvektors ab, sondern wird durch seine Richtung bestimmt. Die proportionale Vergrößerung der Koordinaten des Farbvektors ändert nur die Farbintensität, nicht aber die Farbart.

Näheres über Farbmessungen kann dem Buch von M. M. Gurewitsch, *Zwet i jego izmerenie* (*Farbe und ihre Messung*), Moskau-Leningrad 1950, entnommen werden.

1.3.5 Lineare Räume der atomaren und molekularen Komponenten

Die Gesamtheit der von der Chemie zu untersuchenden Werkstoffe kann als Menge angesehen werden, deren Elemente Atome, Moleküle, Ionen und ähnliche Gebilde sind.

Es sei eine endliche, aus n verschiedenen Atomen bestehende Gesamtheit gegeben. Wir versehen diese Gesamtheit mit einer Ordnung und weisen dem j-ten Atom einen Vektor

$$B_j = (0, \ldots, \overset{j}{1}, \ldots, 0)^{\mathrm{T}}, \quad j = 1, \ldots, n,$$

zu.

Nun betrachten wir die Menge der aus diesen Atomen aufgebauten Moleküle. Der Vektor des Moleküls eines aus den Atomen B_j bestehenden Werkstoffes A_i läßt sich folgendermaßen darstellen:

$$A_i = \sum_{j=1}^{n} \beta_{ij} B_j, \qquad (*)$$

wobei β_{ij} die Anzahl der Atome B_j im Molekül A_i bezeichnet.

Die Vektoren vom Typ (*) mit ganzzahligen Koeffizienten β_{ij} nennt man *molekulare Formen* oder *Moleküle*. Es ist klar, daß den wirklichen Molekülen lediglich Vektoren (*) zugeordnet sind, für die $\beta_{ij} \geq 0$ gilt.

Die Regeln der Addition,

$$A_i + 'A_i = \sum_{j=1}^{n} (\beta_{ij} + '\beta_{ij}) B_j,$$

und der Multiplikation mit einer ganzen Zahl,

$$\gamma A_i = \sum_{j=1}^{n} (\gamma \beta_{ij}) B_j,$$

ergeben sich ganz natürlich aus dem Massenerhaltungssatz. Man kann sich leicht davon überzeugen, daß die Gesamtheit der aus den Atomen $B_1, \ldots, B_n$ zusammengesetzten Moleküle $\{A_i\}$ einen linearen Raum über dem Ring der ganzen Zahlen $\mathbf{Z}$ (Modul) mit der üblichen Addition und Multiplikation mit einer ganzen Zahl bildet (die Gültigkeit der Eigenschaften a) bis h) der Definition eines linearen Raumes unter Punkt 1.1.1 kann unmittelbar nachgeprüft werden). Seine Dimension ist gleich der Anzahl n der Vektoren B_j.

Die Gesamtheit der aus den Atomen $B_1, \ldots, B_n$ zusammengesetzten Moleküle $A_1, \ldots, A_m$ kann folgendermaßen geschrieben werden:

$$A_i = \sum_{j=1}^{n} \beta_{ij} B_j, \quad i = 1, \ldots, m,$$

oder

$$\begin{pmatrix} A_1 \\ \vdots \\ A_m \end{pmatrix} = \begin{pmatrix} \beta_{11} & \cdots & \beta_{1n} \\ \cdots & \cdots & \cdots \\ \beta_{m1} & \cdots & \beta_{mn} \end{pmatrix} \begin{pmatrix} B_1 \\ \vdots \\ B_n \end{pmatrix}.$$

Die matrix $\beta = (\beta_{ij}) \in \mathbf{Z}_{m \times n}$ wird *Atommatrix* genannt und stellt die Zusammensetzung einer molekularen Mischung in Termini der Atomkomponenten dar. Ist der Rang der Atommatrix β für Moleküle der Art $\{A_i\}$, $i = 1, \ldots, m$, gleich r, so liegen diese Moleküle in einem Teilraum $\mathscr{L}_r$ der Dimension r.

Beispiel. Für eine Mischung der drei Stoffe CO_2, H_2O und H_2CO_3, die aus den drei Elementen H, C und O gebildet werden, erhält man

$$\begin{pmatrix} CO_2 \\ H_2O \\ H_2CO_3 \end{pmatrix} = \begin{pmatrix} 0 & 1 & 2 \\ 2 & 0 & 1 \\ 2 & 1 & 3 \end{pmatrix} \begin{pmatrix} H \\ C \\ O \end{pmatrix}.$$

Da der Rang $\beta = 2$ ist, beträgt die Dimension des Teilraumes, in dem diese Werkstoffe liegen, ebenfalls zwei. Die Moleküle von H_2O und CO_2 bilden die

Basis:

$$\begin{pmatrix} CO_2 \\ H_2O \\ H_2CO_3 \end{pmatrix} = \begin{pmatrix} 0 & 1 \\ 1 & 0 \\ 1 & 1 \end{pmatrix} \begin{pmatrix} H_2O \\ CO_2 \end{pmatrix}.$$

Wir erörtern nun die Reaktionen zwischen den Molekülen $\{A_i\}$.

Die Linearkombination

$$\Phi = \sum_{i=1}^{m} \alpha_i A_i, \qquad (**)$$

in der α_i als stöchiometrische Koeffizienten ganze Zahlen sind, nennt man einen *Reaktionsvektor*. Ist $\alpha_i < 0$, so ist der i-te Stoff in der Reaktion ein Ausgangsstoff, ist aber $\alpha_i > 0$, so ist er ein Reaktionsprodukt. Im Fall, daß alle $\alpha_i = 0$ sind, haben wir es mit einem trivialen Reaktionsvektor zu tun.

Es ist klar, daß sich nach Formel (**) über der vorgegebenen Menge der Werkstoffe $\{A_i\}$ verschiedene Reaktionsvektoren aufbauen lassen. Für die Chemie sind hauptsächlich die Gleichungen

$$\sum_i \alpha_i A_i = 0$$

von Interesse.

Der willkürlich gewählte Reaktionsvektor Φ läßt sich mit Hilfe von Atomkomponenten

$$\Phi = \sum_{i=1}^{m} \sum_{j=1}^{n} \alpha_i \beta_{ij} B_j = \sum_{j=1}^{n} \gamma_j B_j$$

schreiben, wobei

$$\gamma_j = \sum_{i=1}^{m} \alpha_i \beta_{ij}$$

ist. Im Fall, daß $\gamma_j = 0, j = 1, \ldots, n$, ist $\Phi = 0$. Dann nennt man den Vektor Φ eine *richtige* (oder *einfache*) *Reaktion*.

Beispiel. Es sei

$$\Phi = \alpha H_2 + \beta O_2 + \gamma H_2O.$$

Da $H_2 = 2H$, $O_2 = 2O$, $H_2O = 2H + O$ ist, so gilt

$$\Phi = (2\alpha + 2\gamma)H + (2\beta + \gamma)O.$$

Nach Definition wird die Reaktion richtig sein, wenn

$$2\alpha + 2\gamma = 0, \quad 2\beta + \gamma = 0$$

ist, woraus

$$\Phi = \alpha(2H_2 + O_2 - 2H_2O)$$

folgt.

Es sei nun eine Menge von Vektoren richtiger Reaktionen

$$\Phi_k = \sum_{i=1}^{m} \alpha_{ki} A_i = 0, \quad k = 1, \ldots, q,$$

gegeben (hier sind i die Nummer des an der Reaktion beteiligten Werkstoffes und k die Nummer der Reaktion). Die Matrix

$$\alpha = (\alpha_{ki}) \in \mathbf{Z}_{q \times m}$$

nennt man eine *stöchiometrische Matrix.*

Wenn man zu den Atomkomponenten übergeht, erhält man

$$\sum_{i=1}^{m} \alpha_{ki} \beta_{ij} = 0, \quad i = 1, \ldots, q; \quad j = 1, \ldots, n, \qquad (+)$$

oder

$$\alpha\beta = 0.$$

Für jede Reaktion (mit der Nummer k) gibt es also in bezug auf die Unbekannten α_{ki} ein homogenes lineares Gleichungssystem (+). Dieses System erfüllt eine bestens bekannte Regel bei der Aufstellung chemischer Gleichungen: Die Anzahl der Atome jeder Art und Ladung auf der linken Seite muß in der für die chemische Reaktion üblichen Schreibweise mit der Anzahl der Atome und Ladungen auf der rechten Seite übereinstimmen. Das Heranziehen des mathematischen Apparates zur Aufstellung chemischer Reaktionsgleichungen hat folgende Gründe: 1. Der oben gegebene Ansatz liefert einen sehr einfachen und standardgemäßen Algorithmus zur Bestimmung stöchiometrischer Koeffizienten sogar für Systeme, in denen eine Reaktion abläuft, 2. erlaubt er es, genauso einfach und einheitlich die stöchiometrischen Koeffizienten für Systeme mit unabhängigen Reaktionen in einer beliebig zusammengesetzten Mischung festzulegen, was von besonderer Tragweite ist. Seinem Wesen nach spiegelt der gegebene Algorithmus die konventionellen Gesetze von der Erhaltung der Anzahl der Atome jeder Art in einem Reaktionssystem und die Ladungserhaltungsgesetze wider.

Beispiel. Wir betrachten die Methanolsynthese aus CO und H_2 in Gegenwart von CO_2 und H_2O. Dazu schreiben wir eine Atommatrix:

$$\begin{pmatrix} CH_3OH \\ CO \\ H_2 \\ CO_2 \\ H_2O \end{pmatrix} = \begin{pmatrix} 4 & 1 & 1 \\ 0 & 1 & 1 \\ 2 & 0 & 0 \\ 0 & 1 & 2 \\ 2 & 0 & 1 \end{pmatrix} \begin{pmatrix} H \\ C \\ O \end{pmatrix}.$$

Ihr Rang ist gleich drei, und die drei Atomkomponenten H, C und O bilden die Basis eines Teilraumes, in dem CH_3OH, CO, H_2, CO_2 und H_2O liegen.

Um eine Kombination stöchiometrischer Koeffizienten für die Reaktion

$$\alpha_1 CH_3OH + \alpha_2 CO + \alpha_3 H_2 + \alpha_4 CO_2 + \alpha_5 H_2O = 0$$

zu finden, stellen wir ein Gleichungssystem

$$(\alpha_1, \alpha_2, \alpha_3, \alpha_4, \alpha_5) \begin{pmatrix} 4 & 1 & 1 \\ 0 & 1 & 1 \\ 2 & 0 & 0 \\ 0 & 1 & 2 \\ 2 & 0 & 1 \end{pmatrix} = 0$$

auf. Die Grundlösung dieses Systems

$$(1, -1, -2, 0, 0), \quad (0, 1, -1, -1, 1)$$

liefert zwei unabhängige Reaktionen:

$$CH_3OH - CO - 2H_2 = 0 \quad \text{oder} \quad CO + 2H_2 = CH_3OH$$

und

$$CO - H_2 - CO_2 + H_2O = 0 \quad \text{oder} \quad CO_2 + H_2 = CO + H_2O.$$

Der Rang der Atommatrix β legt die Anzahl der unabhängigen Komponenten der Reaktionsmischung fest, die bei der Untersuchung von Gleichgewichten sehr wesentlich ist. Der Rang der stöchiometrischen Matrix α bestimmt die Höchstzahl von linear unabhängigen Reaktionen, die im allgemeinen in der vorgegebenen Stoffmischung ablaufen können. Bei der Untersuchung komplizierter Gleichgewichtssysteme mit einer großen Komponentenanzahl wird die Festlegung der linear unabhängigen Reaktionen zu einer besonders wichtigen Aufgabe. Die Anwendung von Methoden der linearen Algebra vereinfacht die Lösung dieser Aufgabe beträchtlich. Der Rang der stöchiometrischen Matrix α ist mit der Anzahl der Reaktionsmittel m und dem Rang der Atommatrix β eng verknüpft:

$$\operatorname{rang} \alpha = m - \operatorname{rang} \beta.$$

Die an den Reaktionen beteiligten Reaktionskomponenten sind meistens aus den experimentellen Daten ablesbar oder auf Grund des gewählten Schemas für den Mechanismus des Reaktionsablaufes im System bekannt. Die Atomarten, aus denen die Reaktionskomponenten gebildet wurden, sind ebenfalls bekannt. Deshalb kann man annehmen, daß auch die Anzahl der Reaktionskomponenten und die Atommatrix bekannt sind. Es stellt sich die Frage, wie man die Gleichungen der unabhängigen Reaktionen, ein System von Basisreaktionen, findet, d. h., wie bezüglich der Atommatrix β eine spezielle stöchiometrische Matrix α aufzubauen ist.

Im weiter oben betrachteten Beispiel besitzt die stöchiometrische Matrix α die folgende Form:

$$\begin{pmatrix} 1 & -1 & -2 & 0 & 0 \\ 0 & 1 & -1 & -1 & 1 \\ 1 & 0 & -3 & -1 & 1 \end{pmatrix}.$$

Die stöchiometrische Matrix der Basisreaktionen

	CH_3OH	CO	H_2	CO_2	H_2O
1	1	−1	−2	0	0
2	0	1	−1	−1	1

bestimmt die Stöchiometrie der abhängigen Reaktionen vollständig. Zum Beispiel werden die stöchiometrischen Koeffizienten für die Reaktion

$$CH_3OH + 3H_2 - CO_2 + H_2O = 0$$

durch Addition der zugeordneten Basisfunktionen gewonnen.

1.3.6 Äquivalente Vektorsysteme

Definition 1. Die Teilmengen X und Y des linearen Raumes V heißen *äquivalent* (Bezeichnung: $X \sim Y$), wenn ihre linearen Hüllen zusammenfallen (Abb. 1):

$$L(X) = L(Y).$$

Definition 2. Die maximale (bezogen auf die Anzahl der Vektoren) linear unabhängige Teilschar von Vektoren einer Menge X wird *Basis* von X genannt.

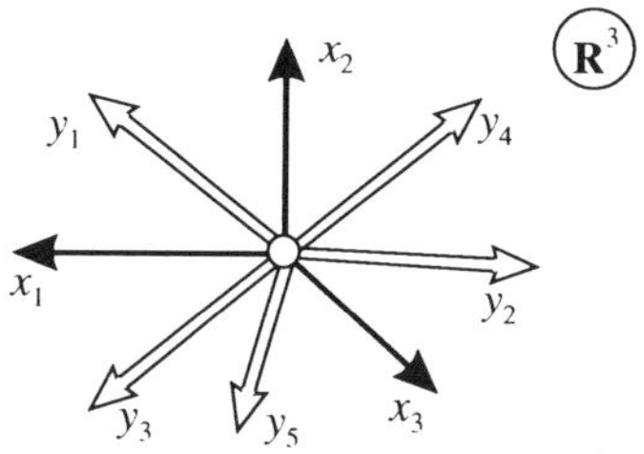

Abb. 1

Die Anzahl der Vektoren in der Basis der Menge X heißt *Rang* von X (Bezeichnung: rang X).

Satz. *Die Ränge zweier äquivalenter Mengen sind gleich, d. h., aus $X \sim Y$ ergibt sich*

$$\operatorname{rang} X = \operatorname{rang} Y.$$

Beweis. Der Beweis folgt leicht aus der Tatsache, daß gilt:

$$\operatorname{rang} X = \dim L(X).$$

Bemerkung. Hierbei brauchen die Basen von X und Y nicht gleich zu sein, denn es gibt verschiedene Basen mit $L(X) = L(Y)$.

Wenn sich sämtliche Vektoren der Menge X durch die Vektoren der Menge Y linear kombinieren lassen, so gilt $L(X) \subset L(Y)$ und $\operatorname{rang} X \leq \operatorname{rang} Y$.

1.4 Isomorphismus linearer Räume

Es seien V und V' lineare Räume über einem Körper $\mathbf{P}$.

Definition. Der lineare Raum V heißt zum linearen Raum V' *isomorph*, wenn eine umkehrbar eindeutige Abbildung (ein *Isomorphismus*)

$$\varphi: V \to V'$$

existiert, so daß für beliebige Vektoren x und $y \in V$ und für ein beliebiges $\alpha \in \mathbf{P}$ die Beziehungen

$$\varphi(x + y) = \varphi(x) + \varphi(y), \quad \varphi(\alpha x) = \alpha\varphi(x)$$

erfüllt sind. Die Bezeichnungsweise ist $V' \cong V$, d. h., V' ist isomorph V.

Behauptung. *$\varphi(O) = O'$, wobei O und O' Nullvektoren in V bzw. V' sind.*

Beweis. Der Beweis kann auf zweierlei Weise geführt werden.
1. Es sei $x \in V$ ein willkürlicher Vektor. Dann gilt:

$$\varphi(O) = \varphi(0 \cdot x) = 0 \cdot \varphi(x) = O'.$$

2. Da V und V' bezüglich der Addition abelsche Gruppen bilden, kann φ als Isomorphismus dieser Gruppen angesehen werden, also gilt

$$\varphi(O) = O'.$$

Behauptung. *Die auf der Menge aller linearen Räume über dem Körper $\mathbf{P}$ vorgegebene Relation des Isomorphismus ist eine Äquivalenzrelation.*

Satz. *Die linearen Räume V und V' sind dann und nur dann isomorph, wenn gilt:*

$$\dim_{\mathbf{P}} V = \dim_{\mathbf{P}} V'.$$

Beweis. Wir schreiben die Behauptung dieses Satzes formal nochmals auf:

$$V' \cong V \Leftrightarrow \dim V' = \dim V$$

und beweisen nun den ersten Teil des Satzes.

($\Leftarrow$) Es sei $\dim V = \dim V' = n$. Wir betrachten in V eine Basis $e = (e_1, \ldots, e_n)$ und in V' eine Basis $e' = (e'_1, \ldots, e'_n)$ und konstruieren eine Abbildung $\varphi\colon V \to V'$ nach folgender Regel:

Wir zerlegen einen beliebigen Vektor x aus V bezüglich der Basis e:

$$x = \sum_{j=1}^{n} \xi^j e_j$$

und konstruieren einen Vektor x' aus V':

$$x' = \sum_{j=1}^{n} \xi^j e'_j,$$

der die gleichen Koordinaten besitzt, aber zur Basis e' gehört. Nun zeigen wir, daß $\varphi\colon x \to x'$ ein Isomorphismus ist.

1. Die umkehrbare Eindeutigkeit der Abbildung φ folgt leicht aus der Eindeutigkeit der Zerlegung bezüglich der Basis.

2. Da die linearen Operationen, die für die Vektoren erklärt sind, natürlich auch auf deren Koordinaten bezüglich einer festen Basis übertragen werden, ist es klar, daß

$$\varphi\colon x + y \mapsto x' + y', \quad \varphi\colon \alpha x \mapsto \alpha x'$$

gilt. Also ist $V' \cong V$.

($\Rightarrow$) Um den zweiten Teil des Satzes zu zeigen, benutzen wir einen indirekten Beweis.

Es sei $V' \cong V$, und es gelte $\dim V = n = \dim V' = n'$; z. B. sei $n' > n$. Dann wird die Basis $e = (e_1 \cdots e_n)$ durch den Isomorphismus $\varphi\colon V \to V'$ in ein Vektorsystem $e'_1, \ldots, e'_n$ übergeführt, das (nach Satz 5 von 1.3.2) ein linear abhängiges System in V' ist.

Wir betrachten eine entsprechende nichttriviale Linearkombination

$$\sum_{j=1}^{n} \alpha_j e'_j = O.$$

Sie ist das Bild eines eindeutig bestimmten Vektors $\sum_{j=1}^{n} \alpha_j e_j$, der wegen der umkehrbaren Eindeutigkeit von φ der Nullvektor sein muß:

$$\sum_{j=1}^{n} \alpha_j e_j = O.$$

Die Tatsache, daß die erhaltene Linearkombination nichttrivial ist, die Basisvektoren aber linear unabhängig sind, führt zu einem Widerspruch.

Für den Fall $n < n'$ führt man den Beweis analog und gelangt ebenfalls zu einem Widerspruch. Daraus folgt, daß nur $n = n'$ gelten kann.

Folgerung. *Ein beliebiger n-dimensionaler linearer Raum über einem Körper* **P** *ist isomorph* $\mathbf{P}^n$.

Bemerkung. Ein willkürlicher n-dimensionaler linearer Raum über einem Körper **P** besitzt zwei Arten von Eigenschaften:

1. individuelle Eigenschaften (Natur der Elemente, Terminologie, Realisierung von Verknüpfungsgesetzen usw.);

2. gemeinsame Eigenschaften, die für alle n-dimensionalen linearen Räume über einem Körper **P** gelten und die durch den Isomorphismus nicht verändert werden.

Es ist bei theoretischen Fragen günstiger, lineare Räume aus allgemeiner Sicht zu betrachten, während bei der Behandlung von Beispielen die individuelle Sicht von Vorteil ist.

1.5 Die Summe linearer Teilräume

1.5.1 Die Dimension der Summe und des Durchschnitts

Satz 1. *Es seien V ein linearer Raum über einem Körper* **P**, *W_1 und W_2 lineare Teilräume von V. Dann gilt:*

$$\dim(W_1 + W_2) + \dim(W_1 \cap W_2) = \dim W_1 + \dim W_2.$$

Beweis. Wir nehmen zuerst an, daß

$$W_1 \cap W_2 \neq \{O\}.$$

Es sei nun $e_1, \ldots, e_p$ die Basis von $W_1 \cap W_2$. Da der Durchschnitt $W_1 \cap W_2$ ein linearer Teilraum sowohl des Raumes W_1 als auch des Raumes W_2 ist, lassen sich unter Anwendung des Satzes von der unvollständigen Basis (Satz 6 von 1.3.3) auf das System $e_1, \ldots, e_p$ Basen $e_1, \ldots, e_p, f_1, \ldots, f_q$ in W_1 und $e_1, \ldots, e_p$, $g_1, \ldots, g_r$ in W_2 konstruieren.

Wir zeigen nun, daß das Vektorsystem

$$e_1, \ldots, e_p, \quad f_1, \ldots, f_q, \quad g_1, \ldots, g_r \tag{1}$$

die Basis der Summe $W_1 + W_2$ ist.

1. Das System (1) erzeugt $W_1 + W_2$.
   In der Tat gilt für einen beliebigen Vektor x aus $W_1 + W_2$ die Zerlegung

$$x = x_1 + x_2 = \sum_i \alpha_i e_i + \sum_j \beta_j f_j + \sum_k \gamma_k g_k.$$

2. Das System (1) ist linear unabhängig.
   Wir setzen die Linearkombination der Vektoren des Systems (1) dem Nullvektor gleich:

$$\sum_i \alpha_i e_i + \sum_j \beta_j f_j + \sum_k \gamma_k g_k = O. \tag{2}$$

Den dritten Summanden bringen wir auf die rechte Seite der Gleichung und betrachten einen Vektor

$$y = \sum_i \alpha_i e_i + \sum_j \beta_j f_j = -\sum_k \gamma_k g_k.$$

Aus der Tatsache, daß sich y in Gestalt einer Linearkombination sowohl von Vektoren aus W_1 als auch von Vektoren aus W_2 darstellen läßt, ergibt sich die Gültigkeit der Inklusion

$$y_1 \in W_1 \cap W_2.$$

Daraus und infolge der Eindeutigkeit der Zerlegung des Vektors in bezug auf die Basis $e_1, \ldots, e_p$ und wegen der linearen Unabhängigkeit des Systems $f_1, \ldots, f_q$ erhält man

$$\beta_1 = \cdots = \beta_q = 0. \tag{3}$$

Da das System der Vektoren $e_1, \ldots, e_p$, $g_1, \ldots, g_r$ linear unabhängig ist, erhält man aus Gleichung (2) und unter Berücksichtigung der Gleichungen (3), daß

$$\alpha_1 = \cdots = \alpha_p = \gamma_1 = \cdots = \gamma_r = 0$$

ist. Im Fall

$$W_1 \cap W_2 = \{O\}$$

wird der Beweis analog, aber ohne das System $e_1, \ldots, e_p$ geführt.

1.5.2 Die direkte Summe linearer Teilräume

Definition 1. Die Summe der Teilräume W_1 und W_2 eines linearen Raumes V nennt man die *direkte Summe von V* (Bezeichnung: $W_1 \oplus W_2$), wenn für jeden

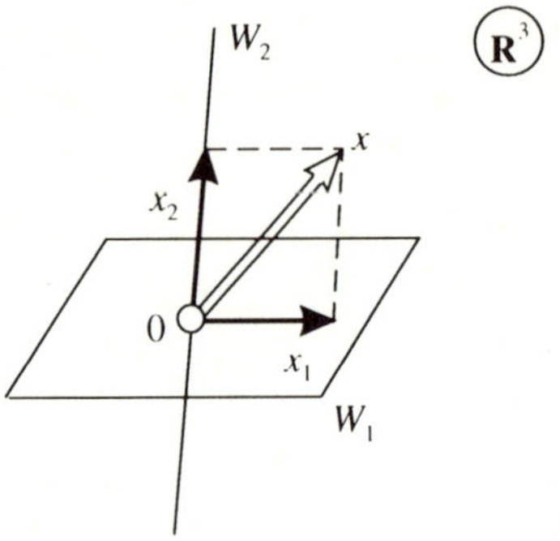

Abb. 2

Vektor $x \in W_1 + W_2$, für den $x = x_1 + x_2$ mit $x_1 \in W_1$ und $x_2 \in W_2$ gilt, das Paar x_1, x_2 eindeutig bestimmt ist (Abb. 2).

Satz 2. *Der Durchschnitt der linearen Teilräume W_1 und W_2 eines linearen Raumes V sei trivial, d. h. $W_1 \cap W_2 = \{O\}$, und es gelte*

$$\dim W_1 + \dim W_2 = \dim V.$$

Dann ist $V = W_1 \oplus W_2$.

Wenn diese Behauptung richtig ist, ist es klar, daß auch $V = W_2 \oplus W_1$ gilt.

Beweis. Gemäß Satz 1 ist

$$\dim V = \dim(W_1 + W_2).$$

Dann kann aus Satz 7 (vgl. 1.3.3) geschlossen werden, daß

$$V = W_1 + W_2$$

ist. Damit existiert aber für einen Vektor x aus V die Zerlegung $x = x_1 + x_2$ mit $x_1 \in W_1$ und $x_2 \in W_2$.

Wir setzen nun voraus, daß eine zweite Zerlegung $x = x'_1 + x'_2$ mit $x'_1 \in W_1$ und $x'_2 \in W_2$ existiert. Dann erhalten wir die Gleichung

$$x_1 - x'_1 = x'_2 - x_2,$$

die auf Grund der Bedingung $W_1 \cap W_2 = \{O\}$ nur dann möglich ist, wenn $x_1 = x'_1$ und $x_2 = x'_2$ ist. Also gilt $V = W_1 \oplus W_2$.

Definition 2. Ein linearer Raum V kann in eine *direkte Summe von Teilräumen* $W_1, \ldots, W_m$ (Bezeichnung: $V = W_1 \oplus \cdots \oplus W_m$) zerlegt werden, wenn für jeden Vektor $x \in V$ ein eindeutig bestimmtes Tupel von Vektoren $x_1, \ldots, x_m$ existiert, so daß $x_j \in W_j$ $(j = 1, \ldots, m)$ und $x = x_1 + \cdots + x_m$ ist.

1.5.3 Der komplementäre Teilraum

Es sei W ein linearer Teilraum eines Raumes V.

Definition. Einen linearen Teilraum W^δ eines Raumes V nennt man *komplementär* zum Teilraum W, wenn gilt:

$$V = W \oplus W^\delta.$$

Behauptung. *Der zu W komplementäre Teilraum existiert immer, und es gilt*

$$\dim W^\delta = \dim V - \dim W.$$

Beweis. Ist $W = \{O\}$, so ist $W^\delta = V$. Ist $W = V$, so ist $W^\delta = \{O\}$.

Nun sei $\dim W = k$ mit $0 < k < n$ und $e_1, \ldots, e_k$ eine Basis von W. Wir ergänzen diese zu einer Basis von V,

$$e_1, \ldots, e_k, \quad f_{k+1}, \ldots, f_n,$$

betrachten $L(f_{k+1}, \ldots, f_n)$ und zeigen, daß

$$V = W \oplus L(f_{k+1}, \ldots, f_n)$$

ist.

Wenn wir einen willkürlich gewählten Vektor x aus V bezüglich der oben angegebenen Basis zerlegen, nämlich

$$x = \sum_i \alpha_i e_i + \sum_j \beta_j f_j,$$

so erhalten wir

$$x = w + w' \tag{4}$$

mit $w = \sum_i \alpha_i e_i \in W$ und $w' = \sum_j \beta_j f_j \in L(f_{k+1}, \ldots, f_n)$, wobei die Zerlegung (4) eindeutig bestimmt ist. Die lineare Hülle $L(f_{k+1}, \ldots, f_n)$ kann deshalb als komplementärer Teilraum W^δ angesehen werden.

Man sieht leicht ein, daß W^δ von der Wahl der Vektoren $f_{k+1}, \ldots, f_n$ abhängt und deshalb nicht eindeutig definiert ist. Abgesehen davon gilt immer

$$\dim W^\delta = n - k = \dim V - \dim W.$$

Bemerkung. Die Eigenschaft eines linearen Teilraumes, komplementär zu sein, ist umkehrbar im folgenden Sinne: Wird W durch W^δ zu V ergänzt, so wird auch W^δ durch W zu V ergänzt.

1.5.4 Der Faktorraum

a) *Definition eines Faktorraumes*

Es seien V ein linearer Raum über einem Körper $\mathbf{P}$ und W ein beliebiger Teilraum von V. Für einen willkürlich gewählten Vektor aus V konstruieren wir eine Menge

$$W_x = x + W = \{x + w \mid w \in W\}.$$

Die Gesamtheit derartiger Mengen bezeichnen wir mit V/W:

$$V/W = \{W_x \mid x \in V\}.$$

Nun sei $W_y = y + W$ eine Menge der Art W_x.
Wir definieren die Summe der Mengen W_x und W_y wie folgt:

$$W_x + W_y = W_{x+y} = (x + y) + W.$$

Es ist klar, daß W_{x+y} wieder eine Menge der Art W_x und W_y ist (Abb. 3).

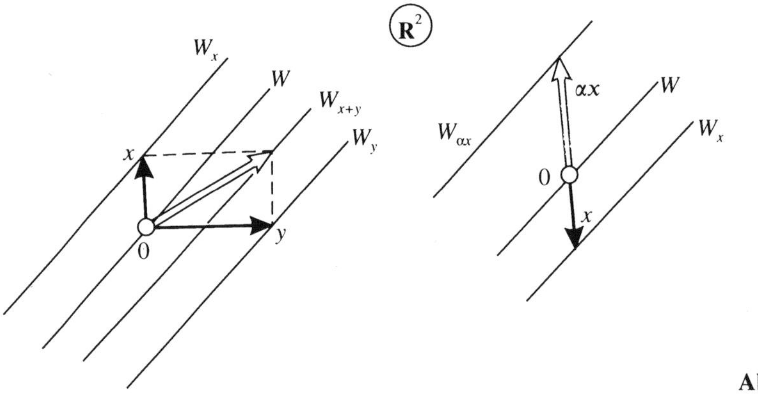

Abb. 3

Man kann sich unmittelbar auch von der Richtigkeit folgender Beziehungen überzeugen:

$$(W_x + W_y) + W_z = W_x + (W_y + W_z),$$
$$W_x + W_y = W_y + W_x,$$
$$W_x + W_O = W_x,$$
$$W_x + W_{-x} = W_O.$$

Wir erklären nun das Produkt aus der Menge W_x und einem Element α eines Körpers $\mathbf{P}$:

$$\alpha W_x = W_{\alpha x}.$$

Von der Richtigkeit der Beziehungen

$$\alpha(W_x + W_y) = \alpha W_x + \alpha W_y,$$
$$(\alpha + \beta) W_x = \alpha W_x + \beta W_x,$$
$$\alpha(\beta W_x) = (\alpha\beta) W_x,$$
$$1 \cdot W_x = W_x$$

kann man sich ebenfalls leicht überzeugen.

Damit haben wir die folgende Behauptung unter Beweis gestellt:

Satz 3. *Die Gesamtheit V/W der Mengen W_x mit $x \in V$ und den oben eingeführten Vorschriften für die Addition und die Multiplikation mit einem Körperelement bildet einen linearen Raum über einem Körper* **P**.

Definition. Der lineare Raum V/W heißt *Faktorraum* des Raumes V nach dem Teilraum W.

Bemerkung. In der Tat ist die oben geschilderte Prozedur nichts anderes als die Einführung des ExternVG auf der Faktorgruppe V/W: $\alpha \in \mathbf{P}$, $x + W \in V/W \mapsto \alpha x + W \in V/W$.

b) *Die Dimension eines Faktorraumes*

Satz 4. *Der Faktorraum V/W ist äquivalent W^δ: $V/W \cong W^\delta$.*

Beweis. Ist $\dim W = 0$, so folgt $W = \{O\}$, $W^\delta = V$ und $V/W = V$. Gilt weiterhin $\dim W = \dim V$, *so ist* $W = V$, $W^\delta = \{O\}$ und $V/W \cong \{O\}$.

Es sei $0 < \dim W < \dim V$. Wir konstruieren einen beliebigen komplementären Teilraum W^δ. Weil V in der Form

$$V = W^\delta \oplus W$$

dargestellt werden kann, gilt für einen beliebigen Vektor x aus V die Zerlegung

$$x = y + z \tag{5}$$

mit $y \in W^\delta$ und $z \in W$. Die beiden Summanden werden durch x eindeutig bestimmt (Abb. 4).

Es sei $\hat{x}$ ein beliebiger Vektor aus W_x: $\hat{x} = x + w$. Unter Berücksichtigung der obenstehenden Formel erhalten wir $\hat{x} = y + (z + w)$. Daraus schließen wir auf Grund der Eindeutigkeit der Vektorzerlegung in eine Summe, deren Summanden zu W^δ bzw. W gehören, daß für sämtliche Vektoren aus W_x die komplementäre W^δ-Komponente y ein und dieselbe ist.

Auch das Gegenteil ist wahr: Ist $x^* = y + z^*$ mit $z^* \in W$, so liegt auch x^* in W_x.

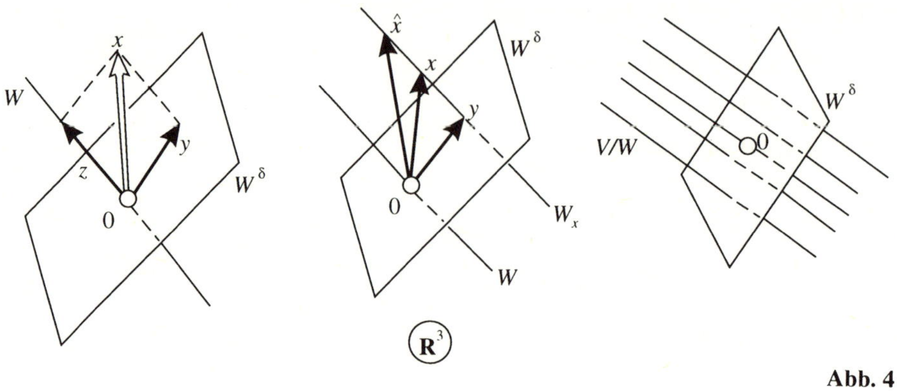

Abb. 4

Tatsächlich erhalten wir unter Verwendung der Formel (5)

$$x^* = x - z + z^* = x + (z^* - z).$$

Angesichts dessen, daß W ein linearer Teilraum ist, ist $z^* - z \in W$ und folglich $x^* \in W_x$.

Dies können wir einfach in folgender Form schreiben:

$$W_x = W_y,$$

wobei y durch (5) definiert ist. Damit gilt

$$V/W = \{W_y \mid y \in W^\delta\},$$

und es entsteht eine natürliche Abbildung

$$\varphi\colon W^\delta \to V/W,$$

die durch die Vorschrift $\varphi\colon y \mapsto W_y$ beschrieben wird.

Die Abbildung φ ist ein Isomorphismus, denn es gilt:

a) φ ist umkehrbar eindeutig;

b) wenn $\varphi\colon y_i \mapsto W_{y_i}$, $i = 1, 2$ ist, so ist

$$\varphi\colon y_1 + y_2 \mapsto W_{y_1 + y_2} = W_{y_1} + W_{y_2};$$

c) wenn $\varphi\colon y \mapsto W_y$ und $\alpha \in \mathbf{P}$ beliebig, so gilt

$$\varphi\colon \alpha y \mapsto W_{\alpha y} = \alpha W_y.$$

Folgerung. $\dim V/W = \dim V - \dim W$.

1.6 Lineare affine Mannigfaltigkeiten

1.6.1 Parallele lineare affine Mannigfaltigkeiten

Es sei V ein linearer Raum über einem Körper **P**, und es sei W ein gewisser Unterraum von V. Wir betrachten in V einen willkürlichen Vektor x.

Definition 1. Die Menge $W_x = x + W$ nennt man eine *lineare affine Mannigfaltigkeit* (*LAM*) des Raumes V; x ist ein *Verschiebungsvektor*.

Definition 2. $\dim W_x = \dim W$.

Wir prägen uns die einfachsten Eigenschaften der Vektoren einer LAM ein (eigentlich wurden sie bereits im vorigen Abschnitt bewiesen):

1. $a \in W_x \Leftrightarrow a - x \in W$.
2. $a, b \in W_x \Rightarrow a - b \in W$.
3. $a \in W_x \Leftrightarrow W_a = W_x$.

Es seien W' und W'' lineare Teilräume von V, x und y beliebige Vektoren aus V.

Definition 3. Man sagt, daß W'_x *parallel zu* W''_x ist (Bezeichnung: $W'_x \parallel W''_x$), wenn entweder $W' \in W''$ oder $W'' \in W'$ gilt (Abb. 5).

Behauptung. *Aus der Bedingung, daß zwei LAM zu einem nichtleeren Durchschnitt parallel sind, ergibt sich, daß eine dieser Mannigfaltigkeiten in der anderen enthalten ist, d. h., aus* $W'_x \parallel W''_y$ *und* $W'_x \subset W''_y \neq \emptyset$ *folgt entweder* $W'_x \subset W''_y$ *oder* $W''_y \subset W'_x$.

Beweis. Es gelte $\dim W'_x \leq W''_y$. Nach Voraussetzung besitzen W'_x und W''_y einen gemeinsamen Vektor $z \in W'_x \cap W''_y$. Dann gilt nach Eigenschaft 3

$$W'_x = W'_z, \quad W''_y = W''_z.$$

Weil $W'_x \parallel W''_y$ gilt, ist $W' \subset W''$ und folglich $W'_z \subset W''_z$.

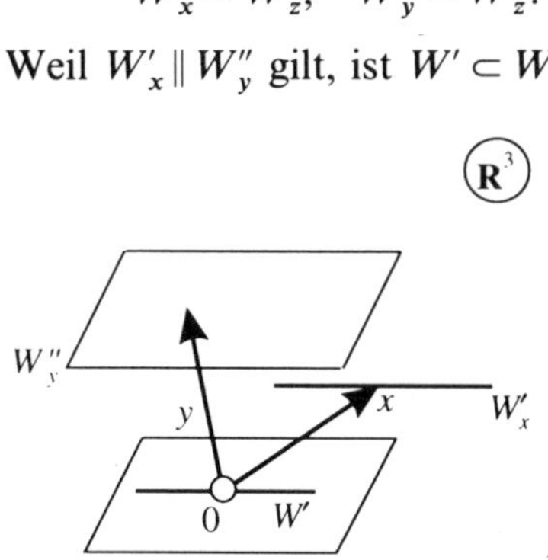

Abb. 5

1.6.2 Die affine Hülle

Behauptung. *Der nichtleere Durchschnitt einer endlichen Anzahl von LAM ist wiederum eine LAM.*

Beweis. Es genügt, den Beweis für zwei LAM zu erbringen.

Es sei $W'_x \cap W''_y \neq \emptyset$ (Abb. 6). Dann existiert ein Vektor $z \in W'_x \cap W''_y$. Daraus folgt die Gültigkeit von

$$W'_x = z + W', \quad W''_y = z + W'' \quad \text{und} \quad W'_x \cap W''_y = z + W' \cap W''.$$

Definition. Eine Menge $A(X)$, die durch den Ausdruck

$$A(X) = \left\{ y = \sum_{j=0}^{q} \alpha_j x_j \,\middle|\, x_j \in X, \ \sum_{j=0}^{q} \alpha_j = 1, \ q \in \mathbf{N} \cup 0 \right\}$$

definiert ist, heißt *affine Hülle* einer Menge $X \subset V$.

Aus der Gleichung $\alpha_0 + \alpha_1 + \cdots + \alpha_q = 1$ folgt, daß

$$\alpha_0 = 1 - \sum_{j=1}^{q} \alpha_j.$$

Unter Verwendung dieser Beziehung transformieren wir den Vektor

$$y = \sum_{j=0}^{q} \alpha_j x_j,$$

so daß er folgende Gestalt annimmt:

$$\begin{aligned} y &= \sum_{j=0}^{q} \alpha_j x_j = \alpha_0 x_0 + \sum_{j=1}^{q} \alpha_j x_j = \left(1 - \sum_{j=1}^{q} \alpha_j\right) x_0 + \sum_{j=1}^{q} \alpha_j x_j \\ &= x_0 + \sum_{j=1}^{q} \alpha_j (x_j - x_0). \end{aligned}$$

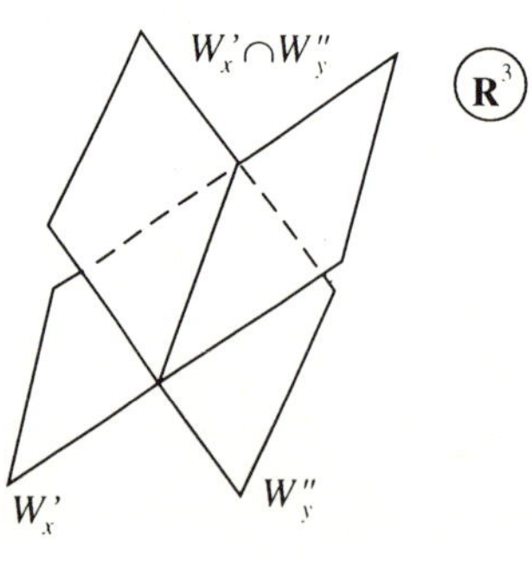

Abb. 6

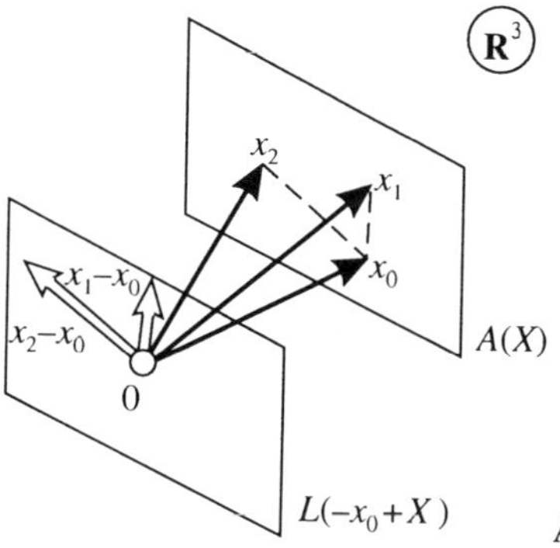

Abb. 7

Das Ergebnis erlaubt es, die Menge $A(X)$ folgendermaßen aufzuschreiben:

$$A(X)=\left\{y=x_0+\sum_{j=1}^{q}\alpha_j(x_j-x_0)\,\middle|\,x_0,\,x_j\in X,\,\alpha_j\in\mathbf{P},\,q\in\mathbf{N}\right\}.$$

Das läßt sich bei Verwendung der Definition der linearen Hülle der Menge $(-x_0)+X$,

$$L(-x_0+X)=\left\{z=\sum_{j=1}^{q}\alpha_j(x_j-x_0)\,\middle|\,-x_0+x_j\in(-x_0)+X,\,\alpha_j\in\mathbf{P},\,q\in\mathbf{N}\right\},$$

wiederum so schreiben: $A(X)=x_0+L(-x_0+X)$.

Wir betonen dabei, daß der Vektor x_0 in X willkürlich gewählt wurde (Abb. 7).

Eigenschaften der affinen Hülle

1. $X\subset A(X)$.
2. $A(X)$ ist eine LAM.
3. Es sei $X\subset H$, wobei H eine LAM sei. Dann ist $A(X)\subset H$.

Bemerkung. *Eigenschaft* 3 *sagt aus, daß $A(X)$ die kleinste LAM ist, die X enthält.*

Beweis. Wir betrachten einen willkürlich gewählten Vektor x_0 aus X. Angesichts dessen, daß H eine LAM ist und X enthält, gilt

$$H=x_0+W,$$

wobei W ein linearer Teilraum ist. Andererseits ist

$$A(X)=x_0+L(Y)$$

mit $X=x_0+Y$. Aus $X\subset H$ oder, was dasselbe ist, $x_0+Y\subset x_0+W$, folgt $Y\subset X$. Daraus resultieren $L(Y)\subset W$ und

$$A(X)=x_0+L(Y)\subset x_0+W=H.$$

4. $A(X)\subset L(X)$ (Abb. 8).

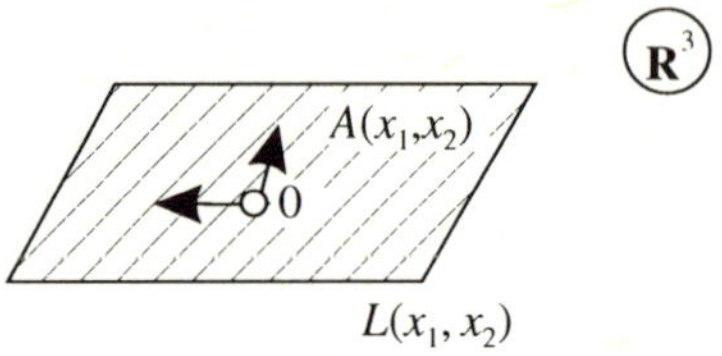

Abb. 8

Beispiel. Wir betrachten in $\mathbf{P}^n$ eine Lösungsmenge der Gleichung

$$\mathscr{F}(\xi) \equiv \alpha_1 \xi^1 + \cdots + \alpha_n \xi^n + \beta = 0,$$

wobei $\alpha_1, \ldots, \alpha_n$ fest sind und mindestens ein α_i $(i = 1, \ldots, n)$ von null verschieden sei. Wie bereits weiter oben erwähnt, ist die Lösungsmenge der zugeordneten Gleichung

$$\alpha_1 \xi^1 + \cdots + \alpha_n \xi^n = 0$$

ein linearer Teilraum $L^{n\ \ 1} \subset \mathbf{P}^n$.

Die Lösungsmenge der Ausgangsgleichung $\xi_0 + L^{n-1}$, wobei ξ_0 deren spezielle Lösung ist, ist eine LAM. Die Lösungsmenge des konsistenten linearen Gleichungssystems

$$\alpha_{11} \xi^1 + \cdots + \alpha_{1n} \xi^n + \beta_1 = 0,$$
$$\cdots\cdots\cdots\cdots\cdots\cdots\cdots\cdots$$
$$\alpha_{m1} \xi^1 + \cdots + \alpha_{mn} \xi^n + \beta_m = 0,$$

ist gemäß der oben bewiesenen Behauptung auch eine LAM.

1.6.3 Affine Abhängigkeit

Definition 1. Man sagt, daß das Vektorsystem $x_0, x_1, \ldots, x_q$ *affin abhängig* ist, wenn sich in einem Körper $\mathbf{P}$ Elemente $\lambda_0, \lambda_1, \ldots, \lambda_q$ angeben lassen, die nicht alle gleich null und so beschaffen sind, daß

$$\lambda_0 x_0 + \lambda_1 x_1 + \cdots + \lambda_q x_q = O, \tag{1}$$

$$\lambda_0 + \lambda_1 + \cdots + \lambda_q = 0 \tag{2}$$

gilt.

Behauptung. *Das Vektorsystem $x_0, x_1, \ldots, x_q$ ist dann und nur dann affin abhängig, wenn das Vektorsystem $x_1 - x_0, \ldots, x_q - x_0$ linear abhängig ist.*

Beweis. ($\Rightarrow$) Wenn man die beiden Seiten der Gleichung (2) mit dem Vektor x_0 multipliziert und das Ergebnis von der Gleichung (1) subtrahiert, erhält man

$$\lambda_1(x_1 - x_0) + \cdots + \lambda_q(x_q - x_0) = O.$$

($\Leftarrow$) Indem man die nichttriviale Linearkombination

$$\lambda_1(x_1 - x_0) + \cdots + \lambda_q(x_q - x_0) = O$$

etwas anders schreibt, nämlich

$$(-\lambda_1 - \cdots - \lambda_q)x_0 + \lambda_1 x_1 + \cdots + \lambda_q x_q = O$$

und $\lambda_0 = -\lambda_1 - \cdots - \lambda_q$ annimmt, erhält man die Forderung.

Bemerkung. Die Behauptung bleibt gültig, wenn der Vektor x_0 durch einen beliebigen anderen Vektor x_i, $i = 1, \ldots, q$, des Systems ersetzt wird.

Im n-dimensionalen Raum existieren also affin unabhängige Systeme, die aus maximal $n+1$ Vektoren bestehen.

Definition 2. Eine LAM H heißt *k-Ebene*, wenn die Anzahl der Vektoren in dem zu H gehörenden maximal affin unabhängigen System gleich $k+1$ ist. Die $(n-1)$-Ebene nennt man *Hyperebene.*

Aufgabe. Man beweise, daß sich eine beliebige k-Ebene in Form eines Durchschnitts von mindestens $n-k$ Hyperebenen darstellen läßt.

Beispiel. Die Lösungsmenge des konsistenten linearen Gleichungssystems

$$\begin{array}{l} \alpha_{11}\xi^1 + \cdots + \alpha_{1n}\xi^n + \beta_1 = 0, \\ \dots\dots\dots\dots\dots\dots\dots\dots \\ \alpha_{m1}\xi^1 + \cdots + \alpha_{mn}\xi^n + \beta_m = 0, \end{array}$$

dessen Koeffizientenmatrix (a_{ij}) den Rang r besitzt, stellt eine $(n-r)$-Ebene im Raum $\mathbf{R}^n$ dar.

1.7 Basiswechsel

1.7.1 Übergangsformeln

Es seien $e = (e_1 \cdots e_n)$ und $e' = (e'_1 \cdots e'_n)$ Basen eines linearen Raumes V.

Wenn man die Vektoren des Systems e' nach der Basis e zerlegt, erhält man

$$e'_i = \sum_{j=1}^{n} \alpha_i^j e_j, \quad i = 1, \ldots, n,$$

oder

$$e'_i = \alpha_i^1 e_1 + \cdots + \alpha_i^n e_n, \quad i = 1, \ldots, n. \tag{1}$$

Wir schreiben diese Beziehungen in Matrixform auf:

$$(e'_1 \ \cdots \ e'_n) = (e_1 \ \cdots \ e_n) \begin{pmatrix} \alpha_1^1 & \cdots & \alpha_n^1 \\ \cdots & \cdots & \cdots \\ \alpha_1^n & \cdots & \alpha_n^n \end{pmatrix}. \tag{2}$$

Definition. Die Matrix

$$A = (\alpha_i^j) \in \mathbf{P}_{n \times n}$$

heißt *Übergangsmatrix* von der Basis e zur Basis e'.

Wir merken an, daß die Elemente der i-ten Spalte der Matrix A mit den Koordinaten des Vektors e'_i bezüglich der Basis e zusammenfallen.

Eigenschaften einer Übergangsmatrix

1. $e' = eA$.

2. *Es seien e eine Basis des Raumes V,* $\dim V = n$ *und $A \in \mathbf{P}_{n \times n}$. Das Tupel der Vektoren $e' = eA$ ist dann und nur dann eine Basis von V, wenn $\det A \neq 0$ ist.*

Beweis. Zunächst bemerken wir, daß die Spalten der Matrix A Koordinatenspalten der Vektoren des Systems e' bezüglich der Basis e sind. Gemäß Satz 4 (vgl. 1.3) ist für die lineare Unabhängigkeit eines Vektorsystems die lineare Unabhängigkeit ihrer Koordinatenspalten notwendig und hinreichend. Dies ist aber gleichwertig mit der Bedingung, daß die Matrix A nicht ausgeartet ist.

3. *Es sei*

$$x = \sum_{i=1}^{n} \xi^i e_i. \tag{3}$$

Wir erinnern an die Bezeichnung $x(e) = (\xi^1 \cdots \xi^n)^{\mathrm{T}}$.

Dann ist

$$x(e) = Ax(e')$$

oder in ausführlicher Schreibweise:

$$\begin{pmatrix} \xi^1 \\ \vdots \\ \xi^n \end{pmatrix} = \begin{pmatrix} \alpha_1^1 & \cdots & \alpha_n^1 \\ \cdots & \cdots & \cdots \\ \alpha_1^n & \cdots & \alpha_n^n \end{pmatrix} \begin{pmatrix} \xi'^1 \\ \cdots \\ \xi'^n \end{pmatrix}$$

mit $x = \sum_{i=1}^{n} \xi'^i e'_i$.

Beweis. Unter Berücksichtigung der eingeführten Bezeichnung kann Formel (3) folgendermaßen geschrieben werden:

$$x = e \cdot x(e) = (e_1 \quad \cdots \quad e_n) \begin{pmatrix} \xi^1 \\ \vdots \\ \xi^n \end{pmatrix}.$$

Eine ähnliche Beziehung haben wir auch bei der Zerlegung von x bezüglich der Basis e': $x = e' \cdot x(e')$.

Damit ist aber $e \cdot x(e) = e' \cdot x(e')$.

Wenn man in der letzten Gleichung e' durch eA ersetzt, erhält man

$$e \cdot x(e) = (e \cdot A) \cdot x(e').$$

Die Multiplikation von Matrizen ist assoziativ, unabhängig von der Art der Elemente; nur die durchzuführenden Operationen müssen einen Sinn haben. Deshalb gilt

$$e \cdot x(e) = e(Ax(e'))).$$

Aus dieser Erkenntnis gelangt man mittels der Eindeutigkeit der Vektorzerlegung bezüglich der Basis e zu der geforderten Beziehung $x(e) = Ax(e')$.

4. $e = e'A^{-1}$.

Beweis. Die Existenz einer zu einer Übergangsmatrix A inversen Matrix resultiert daraus, daß die Matrix A nicht ausgeartet ist. Wenn man die beiden Seiten der Gleichung $e' = eA$ (Eigenschaft 1) mit A^{-1} multipliziert, erhält man die Behauptung.

1.7.2 Die Orientierung eines reellen Raumes

Definition 1. Einen linearen Raum über dem Körper **R** nennt man einen *reellen linearen Raum.*

Definition 2. Zwei Basen e und $e' = eA$ eines reellen Raumes V heißen *gleich (entgegengesetzt) orientiert*, wenn $\det A > 0$ ($\det A < 0$) ist.

Behauptung. *Die auf der Menge sämtlicher Basen des vorgegebenen reellen Raumes V betrachtete Relation der Gleichorientierung stellt eine Äquivalenzrelation dar.*

Beweis. Die Reflexivität der in Definition 2 eingeführten binären Beziehung folgt daraus, daß gilt

$$e = e \cdot I \quad \text{und} \quad \det I = 1 > 0.$$

Aus $e' = eA$ ergibt sich die Gleichung $e = e'A^{-1}$ (vgl. Eigenschaft 4). Die Symmetrie der Beziehung folgt aus

$$\det(A^{-1}) = (\det A)^{-1} > 0.$$

Schließlich ergibt sich die Transitivität aus folgenden Überlegungen: Es seien $e' = eA$ und $e'' = e'B$. Dann ist $e'' = e(AB)$ und $\det(AB) = \det A \cdot \det B > 0$.

Die Faktormenge bezüglich dieser Äquivalenzrelation besteht aus zwei Klassen, die beide *Orientierung des Raumes* genannt werden.

Definition 3. Einen reellen linearen Raum mit einer in ihm gewählten Orientierung nennt man einen *orientierten Raum.*

Behauptung. *In einem reellen linearen Raum lassen sich genau zwei verschiedene (absolut gleichberechtigte) Orientierungen einführen.*

Die Orientierung wird durch die Auswahl und Festlegung einer konkreten Basis (die die Klasse (Orientierung) der ihr äquivalenten Basen eindeutig bestimmt) vorgegeben (Abb. 9).

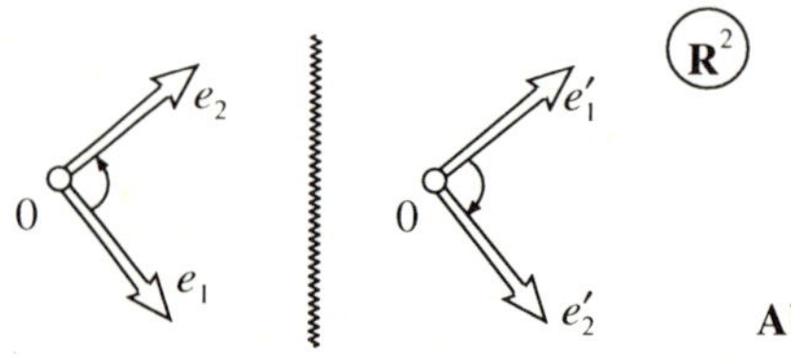

Abb. 9

2. Euklidische und unitäre Räume

2.1 Euklidische Räume

2.1.1 Definition und einfachste Eigenschaften

Definition. Ein reeller linearer Raum E heißt *euklidischer Raum*, wenn in ihm ein Skalarprodukt

$$(,):\ E \times E \to \mathbf{R}$$

derart definiert ist, daß jedem geordneten Paar von Vektoren $x, y \in E$ eine reelle Zahl, die mit (x, y) bezeichnet und *Skalarprodukt* der Vektoren x und y genannt wird, so zugeordnet ist, daß für beliebige $x, y, z \in E$ und eine beliebige Zahl $\alpha \in \mathbf{R}$ folgende Bedingungen erfüllt sind:

1. $(x, y) = (y, x)$.
2. $(x + y, z) = (x, z) + (y, z)$.
3. $(\alpha x, y) = \alpha(x, y)$.
4. $(x, x) \geq 0$ mit $(x, x) = 0$ dann und nur dann, wenn $x = O$.

Beispiele für euklidische Räume.

1. Die Gesamtheit geometrischer Vektoren $\mathscr{V}_3$ mit einem Skalarprodukt

   $$(a, b) = |a| \cdot |b| \cos \widehat{(a, b)}.$$

2. Für zwei beliebige Vektoren

   $$\xi = (\xi^1, \ldots, \xi^n) \quad \text{und} \quad \eta = (\eta^1, \ldots, \eta^n) \in \mathbf{R}^n$$

   nehmen wir

   $$(\xi, \eta) = \sum_{i=1}^{n} \xi^i \eta^i$$

   an. Dann lassen sich die Eigenschaften des Skalarproduktes unmittelbar nachprüfen.

3. Ein linearer Teilraum eines euklidischen Raumes ist selbst ein euklidischer Raum.

Weitere Eigenschaften des Skalarproduktes

a) $(O, x) = 0$.
b) $(x, \alpha y) = \alpha(x, y)$.
c) $(x, y + z) = (x, y) + (x, z)$.
d) $\sum_{i=1}^{l} \alpha_i x_i, \quad \sum_{j=1}^{m} (\beta_j y_j) = \sum_{i=1}^{l} \sum_{j=1}^{m} \alpha_i \beta_j (x_i, y_i)$.

2.1.2 Länge und Winkel

Satz 1 (*Cauchy-Bunjakowskische Ungleichung*).

$$(x, y)^2 \leq (x, x)(y, y),$$

oder in anderer Form:

$$\begin{vmatrix} (x, x) & (x, y) \\ (y, x) & (y, y) \end{vmatrix} \geq 0.$$

Beweis. Ist $(x, x) = 0$ oder, was dasselbe ist, $x = O$, so gilt auch $(x, y) = 0$ für einen beliebigen Vektor y, d. h., die Formel ist bewiesen.

Wir wenden uns dem Fall $x \neq O$ zu. Nach Definition des Skalarproduktes gilt die Ungleichung

$$(tx - y, tx - y) \geq 0$$

für beliebige Vektoren x und y aus E und beliebiges $t \in \mathbf{R}$. Die Eigenschaft d) erlaubt noch eine andere Darstellung dieser Ungleichung:

$$t^2(x, x) - 2t(x, y) + (y, y) \geq 0.$$

Nehmen wir $x \neq O$, y fest und t willkürlich an, so kann die linke Seite als quadratisches Trinom in t aufgefaßt werden. Dies behält sein Vorzeichen bei, wenn seine Diskriminante nicht positiv ist:

$$(x, y)^2 - (x, x)(y, y) \leq 0.$$

Wenn man den Subtrahenden auf die rechte Seite bringt, erhält man die besagte Ungleichung.

Aufgabe. Man beweise, daß die Gleichung $(x, y)^2 = (x, x)(y, y)$ dann und nur dann gilt, wenn entweder $x = ty$ oder $y = tx$ ist.

Definition 1. Eine Zahl $|x|$, die nach der Vorschrift $|x| = \sqrt{(x, x)}$ errechnet wird, wird *Länge des Vektors x genannt.*

Es ist klar, daß $|x| \geq 0$ für beliebiges $x \in E$ ist. Die Gleichung $|x| = 0$ ist nur dann möglich, wenn $x = O$ ist.

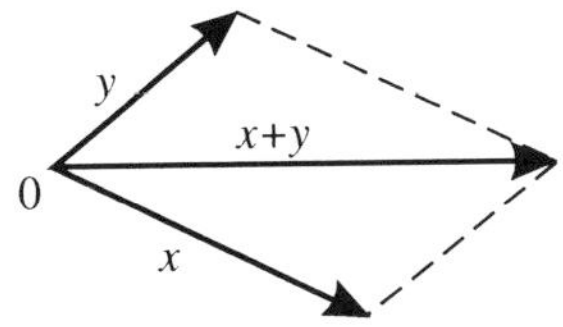

Abb. 10

Behauptung (*Dreiecksungleichung*). $|x+y| \leq |x|+|y|$ (Abb. 10).

Beweis. Wir berechenen das Quadrat der Länge des Vektors $x+y$:

$$\begin{aligned}|x+y|^2 &= (x+y, x+y) = (x,x) + 2(x,y) + (y,y) \\ &= |x^2| + 2(x,y) + |y^2|.\end{aligned}$$

Wenn man den zweiten Summanden (x, y) durch seine Länge $|(x, y)|$ ersetzt und die Cauchy-Bunjakowskische Ungleichung $|(x, y)| \leq |x||y|$ anwendet, erhält man

$$|x+y|^2 \leq |x|^2 + 2|x||y| + |y|^2 = (|x|+|y|)^2.$$

Zieht man nun noch die Quadratwurzel, so erhält man die geforderte Ungleichung.

Definition 2. Eine Zahl φ mit $0 \leq \varphi \leq \pi$ und

$$\cos\varphi = \frac{(x, y)}{|x||y|}$$

nennt man einen *Winkel* zwischen den von null verschiedenen Vektoren x und y. Die Definition des Winkels ist korrekt, denn nach Satz 1 gilt:

$$-1 \leq \frac{(x, y)}{|x| \cdot |y|} \leq 1.$$

2.1.3 Orthogonale Vektoren

Definition 1. Die Vektoren x und y heißen *orthogonal*, wenn gilt: $(x, y) = 0$.

Behauptung. *Wenn* $(x, y) = 0$ *für einen beliebigen Vektor* y *gilt, dann ist* $x = O$.

Beweis. Wir nehmen $x = y$ an. Dann ist $(x, x) = 0$ und folglich $x = O$.

Definition 2. Das Vektorsystem $f_1, \ldots, f_k$ heißt *orthogonal*, wenn $(f_i, f_j) = 0$ bei $i \neq j$ gilt.

Definition 3. Das Vektorsystem $e_1, \ldots, e_k$ heißt *orthonormiert*, wenn $(e_i, e_j) = \delta_{ij}$ ein Kronecker-Symbol ist.

Behauptung. *Das orthonormierte Vektorsystem ist linear unabhängig.*

Beweis. Wenn man die Gleichung

$$\alpha_1 e_1 + \cdots + \alpha_k e_k = O$$

mit $e_j, j = 1, \ldots, k$, skalar multipliziert, stellt man fest, daß $\alpha_j = 0$ für $j = 1, \ldots, k$.

Definition 4. Dei Basis $e = (e_1 \cdots e_n)$ eines euklidischen Raumes E heißt *Orthonormalbasis*, wenn gilt:

$$(e_i, e_j) = \delta_{ij} = \begin{cases} 1, & i = j \\ 0, & i \neq j \end{cases}.$$

Satz 2. *In einem beliebigen endlichdimensionalen euklidischen Raum existiert eine Orthonormalbasis.*

Beweis. Der Beweis wird durch vollständige Induktion geführt.

A. $n = 1$; die Basis des Raumes wird durch einen Vektor $f_1 \neq O$ gebildet. Durch die Annahme

$$e_1 = \frac{f_1}{|f_1|}$$

erhält man ein orthonormiertes System, das aus einem Vektor e_1 besteht.

B. Wir nehmen nun an, daß in einem $(n-1)$-dimensionalen euklidischen Raum eine Orthonormalbasis existiert.

C. Nun zeigen wir, daß eine solche Orthonormalbasis auch in einem beliebigen n-dimensionalen Raum existiert.

Es seien E ein n-dimensionaler euklidischer Raum und $f = (f_1, \ldots, f_n)$ eine Basis in E. Die lineare Hülle $L(f_1, \ldots, f_{n-1})$ ist ein $(n-1)$-dimensionaler euklidischer Raum, in dem nach Annahme (vgl. B.) eine Orthonormalbasis $e_1, \ldots, e_n$ existiert.

Da

$$f_n \notin L(f_1, \ldots, f_{n-1}) = L(e_1, \ldots, e_{n-1})$$

ist, so ist bei beliebigem $\alpha_j \in \mathbf{R}$ der Vektor

$$g_n = f_n - \alpha_1 e_1 - \cdots - \alpha_{n-1} e_{n-1}$$

verschieden vom Nullvektor. Wir wählen die Koeffizienten $\alpha_j, j = 1, \ldots, n-1$, unter der Bedingung

$$0 = (g_n, e_j) = (f_n, e_j) - \alpha_j$$

oder $\alpha_j = (f_n, e_j)$. Dann hat der Vektor

$$e_n = \frac{g_n}{|g_n|}$$

folgende Eigenschaften:

$$1.\ |e_n| = 1; \quad 2.\ (e_n, e_j) = 0, j = 1, \ldots, n-1.$$

Also ist $e_1, \ldots, e_{n-1}, e_n$ eine Orthonormalbasis des Raumes E.

Die konkrete Aufgabe, ein Orthonormalsystem von Vektoren $e_1, \ldots, e_m$ zu konstruieren, wird mit einem vorgegebenen linear unabhängigen Vektorsystem $f_1, \ldots, f_m$ und mit Hilfe eines Orthogonalisierungsverfahrens gelöst, das im wesentlichen mit dem Verfahren des Beweises von Satz 2 übereinstimmt.

Erster Schritt. Wir nehmen $g_1 = f_1$ an und erhalten

$$e_1 = \frac{g_1}{|g_1|}.$$

k-ter Schritt ($k \geq 2$). Wir nehmen

$g_k = f_k - (f_k, e_1)e_1 - \cdots - (f_k, e_{k-1})e_{k-1}$ (Abb. 11)

an und erhalten

$$e_k = \frac{g_k}{|g_k|}, \quad k = 2, \ldots, m.$$

Wir stellen fest, daß

$$L(e_1, \ldots, e_k) = L(f_1, \ldots, f_k), \quad k = 1, \ldots, m,$$

ist.

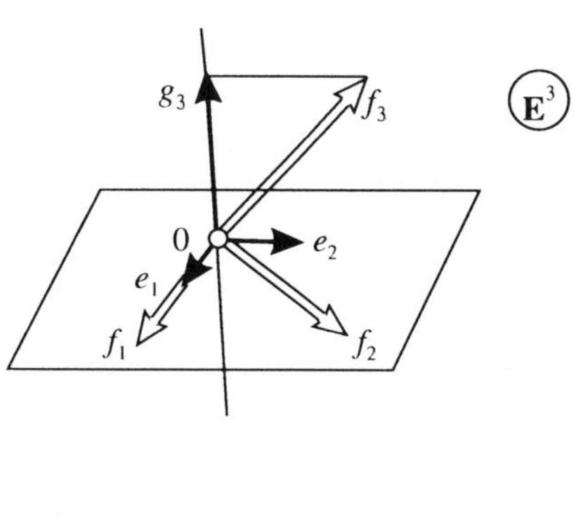

Abb. 11

2.1.4 Die Gramsche Matrix

Definition. Eine Matrix

$$\Gamma = \Gamma(f) = \Gamma(f_1 \cdots f_m) = (\gamma_{ij}) \in \mathbf{R}_{m \times m}$$

für ein Vektorsystem $f = (f_1 \cdots f_m)$ und mit

$$\gamma_{ij} = (f_i, f_j)$$

heißt *Gramsche Matrix*. Ihre ausführliche Schreibweise lautet folgendermaßen:

$$\Gamma(f) = \begin{pmatrix} (f_1, f_1) & \cdots & (f_1, f_m) \\ \cdots\cdots & \cdots & \cdots\cdots \\ (f_m, f_1) & \cdots & (f_m, f_m) \end{pmatrix}.$$

Eigenschaften der Gramschen Matrix

a) (Bequeme Schreibweise). Wir betrachten das Produkt der Vektorspalte $f_1, \ldots, f_m$ und der Spalte derselben Vektoren $f^{\mathrm{T}} f$, das aus den skalar miteinander multiplizierten Vektorelementen der „Matrizen" f^{T} und f besteht. Es ist klar, daß dann gilt

$$\Gamma(f) = f^{\mathrm{T}} f.$$

b) $\Gamma^{\mathrm{T}} = \Gamma$.

Die beiden anderen Eigenschaften der Gramschen Matrix sind nicht so offensichtlich.

Satz 3. *Das System der Vektoren $f = (f_1 \cdots f_m)$ ist dann und nur dann linear abhängig, wenn* det $\Gamma(f) = 0$ *ist.*

Beweis. ($\Rightarrow$) $f = (f_1 \cdots f_m)$ sei ein linear abhängiges Systems von Vektoren. Folglich erhält man, wenn man die nicht triviale Linearkombination

$$\alpha_1 f_1 + \cdots + \alpha_m f_m = O$$

in der vorgegebenen Reihenfolge mit den Vektoren $f_j, j = 1, \ldots, m$, skalar multipliziert,

$$\alpha_1 (f_1, f_1) + \cdots + \alpha_m (f_1, f_m) = 0$$
$$\cdots\cdots\cdots\cdots\cdots\cdots\cdots\cdots\cdots\cdots\cdots$$
$$\alpha_1 (f_m, f_1) + \cdots + \alpha_m (f_m, f_m) = 0$$

oder kürzer:

$$\Gamma(f) \begin{pmatrix} \alpha_1 \\ \vdots \\ \alpha_m \end{pmatrix} = \begin{pmatrix} 0 \\ \vdots \\ 0 \end{pmatrix}.$$

Aus der Existenz einer von null verschiedenen Lösung des aus diesem Verfahren hervorgehenden linearen Systems ergibt sich, daß die Matrix und ihre Koeffizienten ausgeartet sind, d. h.

$$\det \Gamma(f) = 0.$$

($\Leftarrow$) Es sei $\det \Gamma = 0$. Dann sind die Spalten der Matrix Γ linear abhängig. Damit ist eine dieser Spalten (wir nehmen an die m-te) eine Linearkombination der restlichen:

$$(f_j, f_m) = \beta_1(f_j, f_1) + \cdots \beta_{m-1}(f_j, f_{m-1}), \quad j = 1, \ldots, m.$$

Die daraus entstehenden Gleichungen lassen sich folgendermaßen aufschreiben:

$$(f_j, f_m - \beta_j f_j - \cdots - \beta_{m-1} f_{m-1}) = 0, \quad j = 1, \ldots, m.$$

Der Vektor

$$g = f_m - \sum_{j=1}^{m-1} \beta_j f_j$$

ist orthogonal zu jedem der Vektoren $f_1, \ldots, f_m$ und folglich zu einem beliebigen Vektor aus der linearen Hülle $L(f_1 \cdots f_m)$.

Andererseits gilt

$$g \in L(f_1, \ldots, f_m).$$

Damit ist $g = O$ und folglich

$$f_m = \sum_{j=1}^{m-1} \beta_j f_j.$$

Satz 4. *Unter der Voraussetzung, daß das Vektorsystem* $f = (f_1, \ldots, f_m)$ *linear unabhängig ist, gilt* $\det \Gamma(f) > 0$.

Beweis. Es genügt, den Beweis für den Fall zu führen, daß das System f eine Basis ist. Das folgt aus der Tatsache, daß das linear unabhängige System f die Basis seiner linearen Hülle $L(f)$ ist.

Es sei f eine Basis eines Raumes E und $\tilde{f} = fS$ eine andere, vorläufig willkürliche Basis von E. Wir untersuchen, wie die Gramschen Matrizen von f and $\tilde{f}$ miteinander verknüpft sind. Wir haben

$$\tilde{\Gamma} = \Gamma(\tilde{f}) = \tilde{f}^{\mathrm{T}}\tilde{f} = (fS)^{\mathrm{T}} fS = S^{\mathrm{T}} f^{\mathrm{T}} fS = S^{\mathrm{T}} \Gamma(f) S = S^{\mathrm{T}} \Gamma S.$$

Hier machen wir davon Gebrauch, daß die Eigenschaften, die weiter oben für Matrizen mit Zahlenelementen bewiesen wurden, auf den nun betrachteten Fall leicht zu übertragen sind, vorausgesetzt, daß die durchzuführenden Operationen vernünftig erklärt sind. Also ist

$$\tilde{\Gamma} = S^{\mathrm{T}} \Gamma S. \qquad (*)$$

Wir nehmen nun an, daß $\tilde{f}$ eine *Orthonormalbasis* ist (eine solche existiert nach Satz 2 immer). Dann ist $\tilde{\Gamma} = I$.

Aus der Gleichung

$$1 = (\det S)^2 \det \Gamma$$

folgt, daß $\det \Gamma > 0$ ist.

Bemerkungen

1. Aus der Beziehung (*) folgt: *Sind die beiden Basen f und $\tilde{f} = fS$ orthonomiert, so ist*

$$S^{\mathrm{T}} S = I$$

Auch die Umkehrung ist richtig: *Ist f eine Orthonormalbasis und $\tilde{f} = fS$, wobei die Matrix S der Bedingung $S^{\mathrm{T}}S = I$ genügt, so bildet das System $\tilde{f}$ eine Orthonormalbasis des Raumes.*

Definition. Eine Matrix $S = (\sigma_{ij}) \in \mathbf{R}_{n \times n}$, für die die Gleichung

$$S^{\mathrm{T}} S = I \tag{**}$$

erfüllt ist, heißt *orthogonale Matrix.*

Eigenschaften orthogonaler Matrizen

Unmittelbar aus der Definition folgt:

a) $\det S = \pm 1$.

b) $\sum_j \sigma_{ij} \sigma_{kj} = \delta_{ik}$.

c) $\sum_i \sigma_{ij} \sigma_{ik} = \delta_{jk}$.

d) Außerdem bildet die Gesamtheit der orthogonalen Matrizen einer Ordnung eine Gruppe bezüglich der Addition.

In der Tat gilt für ein Produkt $S_1 S_2$ der orthogonalen Matrizen S_1 und S_2 die Grundgleichung

$$(S_1 S_2)^{\mathrm{T}} (S_1 S_2) = S_2^{\mathrm{T}} (S_1^{\mathrm{T}} S_1) S_2 = S_2^{\mathrm{T}} S_2 = I,$$

die Multiplikation ist assoziativ, die Einheitsmatrix orthogonal, und die zur orthogonalen Matrix S inverse Matrix S^{-1} fällt mit der transponierten Matrix S^{T} zusammen und ist daher ebenfalls orthogonal.

Definition. $O(n) = \{S \in \mathbf{R}_{n \times n} | S^{\mathrm{T}} S = I\}$ ist eine *orthogonale Gruppe.*

2. Die in den Sätzen 3 und 4 bewiesene Ungleichung

$$\det \Gamma(f) \geq 0$$

stellt eine Verallgemeinerung der Cauchy-Bunjakowskischen Ungleichung für ein System dar, das sich aus einer beliebigen endlichen Anzahl von Vektoren zusammensetzt.

2.1.5 Isometrische euklidische Räume

Definition. Einen euklidischen Raum E' nennt man *isometrisch* zum euklidischen Raum E, wenn ein Isomorphismus $\varphi: E \to E'$ existiert, so daß für beliebige Vektoren x und y aus E die Gleichung

$$(\varphi(x), \varphi(y)) = (x, y)$$

erfüllt ist. Die Abbildung φ wird *Isometrie* genannt.

Eine Isometrie ist also ein Isomorphismus, der das Skalarprodukt beibehält. Sind zwei Räume isometrisch, so bezeichnen wir dies folgendermaßen: $E' \cong E$.

Satz 5. *E' ist isometrisch zu E genau dann, wenn gilt:* $\dim E' = \dim E$.

Beweis. ($\Rightarrow$) Der Beweis verläuft analog zum Beweis des Satzes aus 1.4 auf S. 23.

($\Leftarrow$) Es sei $\dim E' = \dim E = n$. Wir wählen in den Räumen E' und E Orthonormalbasen $e' = (e'_1, \ldots, e'_n)$ beziehungsweise $e = (e_1, \ldots, e_n)$ und konstruieren eine Abbildung φ: $E \to E'$ nach folgender Vorschrift:

$$\varphi: x = \sum_{i=1}^{n} \xi^i e_i \mapsto \sum_{i=1}^{n} \xi^i e'_i = x'.$$

Wie in dem oben erwähnten Beweis (vgl. 1.4) wird auch hier gezeigt, daß φ ein Isomorphismus ist. Nun bleibt noch zu zeigen, daß φ das Skalarprodukt beibehält.

Es sei

$$\varphi: y = \sum_{i=1}^{n} \eta^j e_j \mapsto \sum_{j=1}^{n} \eta^j e'_j = y'.$$

Berechnet man (x, y) und (x', y'), so erhält man

$$(x, y) = \sum_{i=1}^{n} \xi^i \eta^i, \quad (x', y') = \sum_{i=1}^{n} \xi^i \eta^i,$$

beide stimmen überein, folglich ist $E' \cong E$.

2.1.6 Das orthogonale Komplement

Definition. Eine Gesamtheit von Vektoren $X^\perp \subset E$ mit

$$X^\perp = \{y \in E' \mid (x, y) = 0, \forall x \in X\},$$

heißt *orthogonales Komplement* der Menge $X \subset E$.

Eigenschaften des orthogonalen Komplements

a) $X^\perp$ *ist ein linearer Teilraum von* E.

Beweis. Es seien $y_1, y_2 \in X^\perp$, d. h., es gilt für beliebiges $x \in X$:

$$(x, y_1) = 0 \quad \text{und} \quad (x, y_2) = 0.$$

Durch Addition dieser Gleichungen erhält man für beliebiges $x \in X$ die Beziehung

$$(x, y_1) + (x, y_2) = (x, y_1 + y_2).$$

Damit ist $y_1 + y_2 \in X^\perp$.

Da $(x, y) = 0$ für beliebiges $x \in X$ gilt, erhalten wir die Gleichung $(\alpha y) = 0$, und folglich ist $\alpha y \in X^\perp$.

b) *Ist* W *ein linearer Teilraum von* E, *so gilt* $E = W \oplus W^\perp$.

Beweis. Wir setzen voraus, daß W ein nichttrivialer Teilraum von von E ist. Es sei $e_1, \ldots, e_k$ eine Orthonormalbasis von W und $e_{k+1}, \ldots, e_q$ eine Orthonormalbasis von $W^\perp$. Das System der Vektoren

$$e_1, \ldots, e_k, \quad e_{k+1}, \ldots, e_q$$

ist orthonormiert und folglich linear unabhängig. Wäre es keine Basis, so würde sich ein Vektor e_{q+1} aus E finden lassen, nach dessen Hinzunahme das neue System

$$e_1, \ldots, e_k, \quad e_{k+1}, \ldots, e_q, e_{q+1}$$

ebenfalls noch linear unabhängig wäre. Nach dem Orthogonalisierungsverfahren von S.43 kann angenommen werden, daß dieses erweiterte System orthonormiert ist. Dann ist aber e_{q+1} orthogonal zu den Vektoren $e_1, \ldots, e_k$ und liegt folglich in $W^\perp$. Da aber e_{q+1} auch orthogonal zur Basis $e_{k+1}, \ldots, e_k$ dieses Teilraumes ist, so kann e_{q+1} nur der Nullvektor sein.

Damit erweist sich unsere Annahme $q < \dim E$ als falsch, und wir erhalten eine Gleichung $q = \dim E$. Da außerdem $W \cap W^\perp = \{O\}$ gilt, so folgt gemäß Satz 2 aus Abschnitt 1.5.2: $E = W \oplus W^\perp$.

c) *Ist* W *ein linearer Teilraum, so ist* $(W^\perp)^\perp = W$.

d) *Ist* W *ein linearer Teilraum von* E, *so läßt sich in* E *ein linear unabhängiges Vektorsystem* $a_1, \ldots, a_m$ *finden, so daß*

$$W = \{x \mid (a_i, x) = 0, i = 1, \ldots, m\} \quad \textit{ist (Abb. 12).}$$

Beweis. Aus der Eigenschaft c) folgt, daß man das System $a_1, \ldots, a_m$ so wählen muß, daß es die Basis des orthogonalen Komplements ist. Damit ist $m = \dim E - \dim W$.

e) *Es sei* H *eine affine lineare Mannigfaltigkeit aus* E. *Dann kann man in* E *ein linear unabhängiges System* $a_1, \ldots, a_m$ *und in* $\mathbf{R}$ *gewisse Zahlen* $\alpha_1, \ldots, \alpha_m$

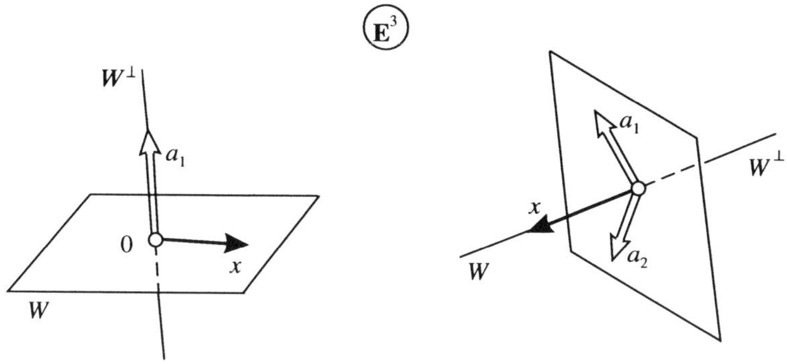

Abb. 12

angeben, so daß

$$H = \{y | (\alpha_i, y) = \alpha_i, i = 1, \ldots, m\}$$

ist (Abb. 13).

Beweis. Nach der Definition der affinen linearen Mannigfaltigkeit existiert in E ein Vektor b mit

$$H = b + W.$$

Nun seien die Vektoren $a_1, \ldots, a_m$ wie in d) eine Basis von $W^\perp$. Außerdem setzen wir

$$(a_i, b) = \alpha_i, \quad i = 1, \ldots, m,$$

voraus. Da die Menge H durch Vektoren der Gestalt $y = b + w$ mit $w \in W$ vollständig beschrieben wird, so gilt für ein beliebiges i, $1 \leq i \leq m$, die Bedingung

$$(a_i, y) = (a_i, b + w) = (a_i, b) = \alpha_i.$$

Genügt y andererseits den Gleichungen

$$(a_i, y) = a_i, \quad i = 1, \ldots, m,$$

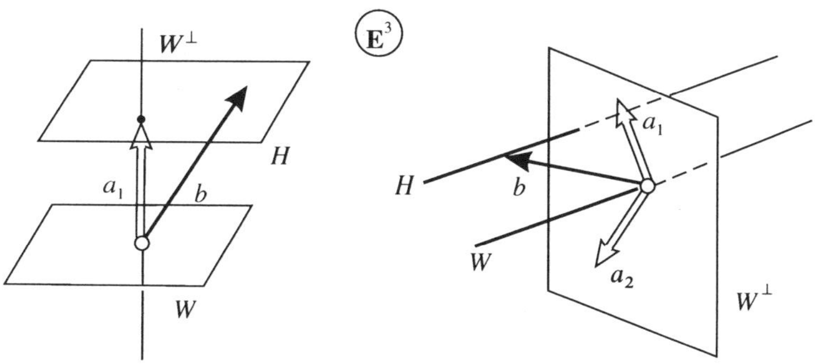

Abb. 13

so ist $y - b \in W$. Tatsächlich ist

$$0 = (a_i, y) - (a_i, b) = (a_i, y - b).$$

Das bedeutet aber: $y \in b + W = H$.

Bemerkung. Der Verschiebungsvektor b läßt sich so wählen, daß $b^{\perp} W$ ist.

2.1.7 Der Abstand zwischen Mengen

Definition 1. Eine Menge X heißt *metrischer Raum*, wenn auf ihr eine Metrik

$$d: X \times X \to \mathbf{R}_0^+ = \{\alpha \in \mathbf{R} \mid \alpha \geq 0\}$$

vorgegeben ist, d. h., jedem Paar (x, y) von Elementen x, y aus X wird eine mit $d(x, y)$ bezeichnete Zahl, die man *Abstand zwischen* x und y nennt, so zugeordnet, daß für beliebige x, y und $z \in X$ folgende Beziehungen gelten:

1. $d(x, y) = d(y, x)$;
2. $d(x, y) \geq 0, d(x, y) = 0 \Leftrightarrow x = y$;
3. $d(x, z) \leq d(x, y) + d(y, z)$ (*Dreiecksungleichung*).

Beispiel 1. Man kann sich leicht davon überzeugen, daß

$$d(x, y) = \begin{cases} 1, & \text{wenn } x \neq y, \\ 0, & \text{wenn } x = 0, \end{cases}$$

die Metrik auf einer beliebigen Menge X vorgibt.

Beispiel 2. Ebenso einfach ist zu beweisen, daß die Regel

$$d(x, y) = |x - y| \tag{1}$$

die Metrik in einem euklidischen Raum vorgibt.

Bemerkung. Die in den euklidischen Raum E durch (1) eingeführte Metrik besitzt eine nützliche Folgeeigenschaft: Für beliebige Vektoren x, y und z aus E gilt

$$d(x + z, y + z) = d(x, y).$$

Wir nehmen bis zum Ende dieses Abschnittes nunmehr überall an, daß wir uns im euklidischen Raum E mit der durch (1) vorgegebenen Metrik bewegen.

Definition 2. Eine Zahl $d(X, Y)$ mit X und Y aus dem euklidischen Raum E, die durch die Formel

$$d(X, Y) = \inf_{\substack{x \in X \\ y \in Y}} d(x, y)$$

definiert ist, nennen wir den *Abstand* zwischen den Mengen X und Y.

Im allgemeinen ist die Berechung des Abstandes ein ebenso schwieriges wie aufwendiges Unterfangen. Wenn man sich aber auf die Betrachtung der affinen linearen Mannigfaltigkeiten aus dem euklidischen Raum beschränkt, so kann man einfache Formeln und unkomplizierte Verfahren für deren Ableitungen angeben.

Wir werden nun einige Aufgaben lösen.

Aufgabe 1. Es sei $X = \{x\}$ und $Y = W$ ein linearer Teilraum von E. Gemäß der Definition des Abstandes zwischen zwei Mengen gilt:

$$d(x, W) = \inf_{y \in W} d(x, y_0).$$

Da $E = W \oplus W^{\perp}$ ist, liegt eine Zerlegung (Abb. 14)

$$x = y_0 + z \tag{2}$$

vor, in der $y_0 \in W, z \in W^{\perp}$ eindeutig definiert sind.

Wir zeigen, daß

$$d(x, W) = d(x, y_0)$$

ist, wobei y_0 wie in (2) gewählt wurde. Nun subtrahieren wir von beiden Seiten der Gleichung (2) den willkürlich gewählten Vektor $y \in W$:

$$x - y = y_0 - y + z.$$

Wenn man diese Gleichung quadriert, erhält man unter Beachtung der Bedingung $z \perp y - y_0$ die Beziehung

$$|x - y|^2 = |y_0 - y|^2 + |z|^2 \geq |z|^2.$$

Aus der Tatsache, daß $z = x - y_0$ ist und aus der Definition des Abstandes $d(x, y)$ folgt

$$d(x, y) \geq d(x, y_0)$$

für ein beliebiges $y \in W$.

Die Vektoren y_0 und z besitzen spezielle Bezeichnungen: y_0 ist eine *Orthogonalprojektion* des Vektors x auf den Teilraum W, und z ist eine *Orthogonalkomponente* des Vektors x.

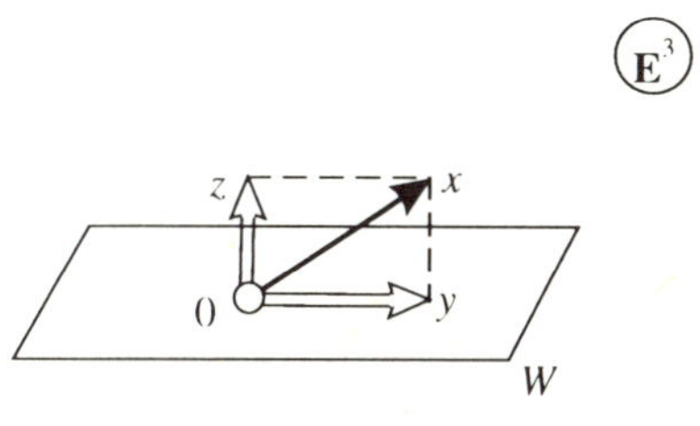

Abb. 14

Wir geben nun ein Verfahren zur Konstruktion der Orthogonalprojektion beziehungsweise der Orthogonalkomponente an (vgl. Formel (2)).

Es sei $e_1, \ldots, e_k$ eine Orthonormalbasis eines Teilraumes W. Dann kann man den Vektor y_0 folgendermaßen darstellen:

$$y_0 = \sum_{i=1}^{k} \alpha^i e_i.$$

Durch skalare Multiplikation der Gleichung

$$x = \sum_{i=1}^{k} \alpha^i e_i + z$$

mit den Vektoren e_j, $j = 1, \ldots, k$, erhält man unter Benutzung der Tatsache, daß $(z, e_j) = 0$ ist,

$$(x, e_j) = \alpha^j, \quad j = 1, \ldots, k.$$

Wir haben also sowohl den Vektor y_0 als auch den Vektor x und den Abstand $d(x, W)$ gefunden.

Bemerkung. In dem Fall, in welchem eine Basis $f_1, \ldots, f_k$ eines Teilraumes W nicht orthonormiert ist, wird der Koeffizient β^j in der Zerlegung

$$y_0 = \sum_{j=1}^{k} \beta^j f_j$$

aus dem linearen System

$$(x, f_m) = \sum_{j=1}^{k} \beta^j (f_j, f_m), \quad m = 1, \ldots, k,$$

errechnet.

Wir merken außerdem an, daß dieses System als Koeffizientenmatrix eine Gramsche Matrix für die Basis $f_1, \ldots, f_k$ besitzt.

Aufgabe 2. Es seien $X = \{x\}$, $Y = W_a = a + W$. Dann ist $d(x, W_a) = d(x - a, W)$.

Die Gültigkeit dieser Aussage folgt einfach aus der Beziehung

$$d(x, a + w) = |x - (a + w) = |(x - a) - w| = d(x - a, w).$$

Aufgabe 3. Es seien $X = W'$ ein linearer Teilraum und $Y = W''_a = a + W''$. Aus der Beziehung

$$\begin{aligned} d(w', a + w'') &= |w' - (a + w'')| = |w' - a - w''| \\ &= |a - w' + w''| = a - (w' - w'')| \\ &= d(a, w' - w'') \end{aligned}$$

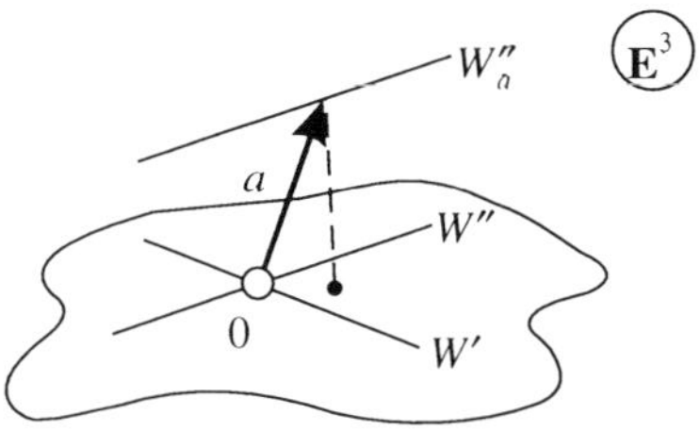

Abb. 15

ergibt sich auf Grund der Willkürlichkeit von $w' \in W'$ und $w'' \in W''$, daß folgendes gilt:

$$d(W', W_a'') = d(a, W' + W'')$$

(vgl. Abb. 15).

Aufgabe 4. Es seien $X = W_a'$, $Y = W_b''$. Aus

$$\begin{aligned} d(a + w', b + w'') &= |(a + w') - (b + w'')| \\ &= |(b - a) - (w' - w'')| \\ &= d(b - a, w' - w'') \end{aligned}$$

und aus der Willkürlichkeit der Wahl von $w' \in W'$ und $w'' \in W''$ folgt

$$d(W_a', W_b'') = d(b - a, W' + W'').$$

2.2 Unitäre Räume

Definition 1. Einen linearen Raum über dem Körper der komplexen Zahlen nennt man einen *komplexen linearen Raum.*

Definition 2. Ein *unitärer Raum* ist ein komplexer Raum U, in dem eine skalare Multiplikation

$$(,): U \times U \to \mathbf{C}$$

definiert ist, d. h., jedem geordneten Paar von Vektoren $x, y \in U$ wird eine mit (x, y) bezeichnete und das *Skalarprodukt* der Vektoren x und y genannte komplexe Zahl zugeordnet, so daß für beliebige $x, y, z \in U$ und beliebiges $\alpha \in \mathbf{C}$ folgende Bedingungen erfüllt sind:

1. $(y, x) = \overline{(x, y)}$;
2. $(x + y, z) = (x, z) + (y, z)$;
3. $(\alpha x, y) = \alpha(x, y)$;
4. $(x, x) \geq 0$; $\quad (x, x) = \Leftrightarrow x = O$.

Beispiel. In den Koordinatenraum $\mathbf{C}^n$ kann das Skalarprodukt folgendermaßen eingeführt werden:

$$(\xi, \eta) = \sum_{j=1}^{n} \overline{\xi^j \eta_j},$$

wobei $\xi = (\xi^1, \ldots, \xi^n)$ und $\eta = (\eta^1, \ldots, \eta^n) \in \mathbf{C}^n$.

Für unitäre Räume bleiben sämtliche Eigenschaften, die für euklidische Räume gelten, bis auf die nachstehend aufgeführten Abweichungen erhalten.

Abweichung 1. $(x, \alpha y) = \bar{\alpha}(x, y)$.

Beweis. $(x, \alpha y) = \overline{(\alpha y, x)} = \overline{\alpha(y, x)} = \bar{\alpha}\overline{(y, x)} = \bar{\alpha}(x, y)$.

Abweichung 2. (*Cauchy-Bunjakowskische Ungleichung*).

$$|(x, y)|^2 \leq (x, x)(y, y). \tag{3}$$

Beweis. Bei $x = O$ sind die beiden Seiten von (3) gleich null. Die Ungleichung

$$(tx - y, tx - y) \geq 0 \tag{4}$$

gilt für beliebige $x, y \in U$ und $t \in \mathbf{C}$.

Es seien $x \neq O$ und

$$t = \frac{(y, x)}{(x, x)}.$$

Durch Einsetzen von t in die Identität

$$(tx - y, tx - y) = t\bar{t}(x, x) - t(x, y) - \bar{t}(y, x) + (y, y)$$

erhält man unter Beachtung von (4):

$$-\frac{(x, y)\overline{(x, y)}}{(x, x)} + (y, y) \geq 0.$$

Daraus folgt unmittelbar $(x, x)(y, y) \geq |(x, y)|^2$.

Aufgabe. Man beweise: $|(x, y)|^2 = (x, x)(y, y)$ dann und nur dann, wenn entweder $y = tx$ oder $x = ty$ gilt.

Abweichung 3. Es gibt kein inhaltliches Analogon zum Winkelbegriff (während die Begriffe Orthogonalität und Orthonormierung erhalten bleiben).

Abweichung 4. Die Gramsche Matrix $\Gamma(f) = f^{\mathrm{T}} f$ eines Vektorsystems f ist eine hermitesche Matrix $\Gamma = \Gamma^*$. (Wir erinnern daran, daß die Matrix $A = (\alpha_j^k) \in \mathbf{C}_{n \times n}$ hermitesch genannt wird, wenn $\overline{\alpha_j^k} = \alpha_k^l$ ist, und wir bezeichnen sie mit $A = A^*$.)

Wir führen nun einige Beispiele zur Berechnung der Abstände zwischen einigen Mengen in einem unitären Raum an.

Es sei dim $U = n$.

Definition. Die Menge $B^n(r) = \{y \mid |y| \leq r\}$ mit $r > 0$ heißt *abgeschlossene n-dimensionale Kugel*, und die Menge $S^{n-1}(r) = \{y \mid |y| = r\}$ heißt $(n-1)$-*dimensionale Sphäre* mit dem Radius r.

Aufgabe 1. Es sei $X = \{x\}$ und $Y = S^{n-1}(r), x \neq O$. Dann ist

$$d(x, S^{n-1}(r)) = d\left(x, \frac{x}{|x|} r\right) = ||x| - r|.$$

Wir zeigen, daß $\frac{r}{|x|} x$ das dem Vektor x am nächsten liegende Element der Sphäre $S^{n-1}(r)$ ist.

Es sei $y \in S^{n-1}(r)$ willkürlich gewählt. Wir berechnen die Länge des Vektors $|y - x|$ und konstruieren in einer gewöhnlichen zweidimensionalen Ebene einen Kreis mit dem Radius r und dem Mittelpunkt O und ein Dreieck $\triangle\ OAB$ mit den Seitenlängen $|OA| = |x|, |OB| = |y|, |AB| = |y - x|$ (Abb. 16).

Man sieht leicht ein, daß $|AB| \geq ||OA| - |OC||$ (oder $|y - x| \geq ||x| - r|$) ist, wobei Gleichheit nur im Fall $B = C$, d. h.

$$y = \frac{r}{|x|} x,$$

möglich ist.

Aufgabe 2. Es sei $X = \{x\}$ und $Y = B^n(r)$ mit $|x| > r$. Dan ist

$$d(x, B^n(r)) = |x| - r \text{ (Abb. 17).}$$

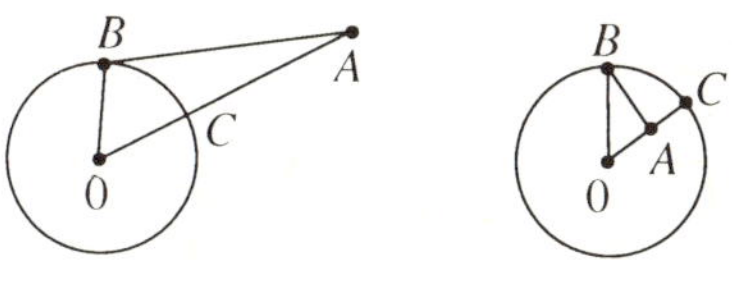

Abb. 16

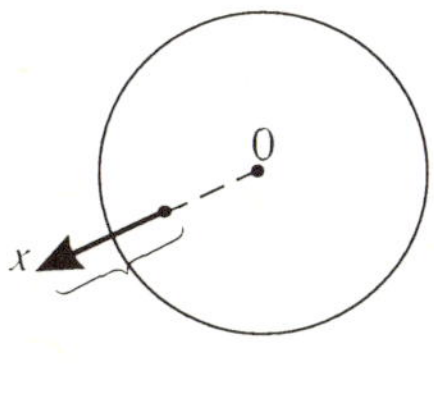

Abb. 17

Aufgabe 3. Es sei $X = B^n(r)$ und $Y = W_a$ mit $B^n(r)\ W_a = \varnothing$ ist. Dann ist

$$d(B^n(r), W_a) = |a_\perp| - r,$$

wobei $a_\perp$ die Orthogonalkomponente des Vektors a bezüglich des Teilraumes W ist (Abb. 18).

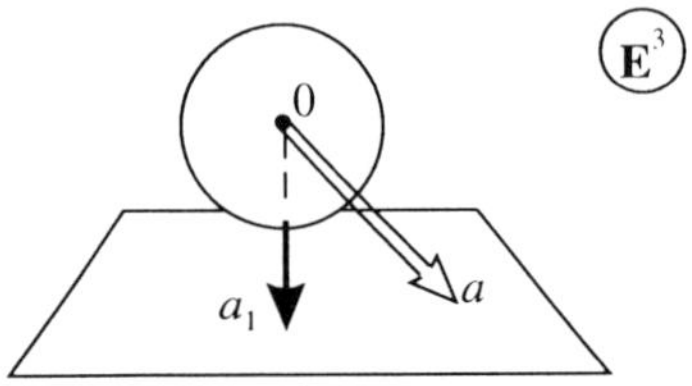

Abb. 18

Der Beweis wird wie folgt geführt: Vom Mittelpunkt O der Kugel $B^n(r)$ aus wird auf eine affine lineare Mannigfaltigkeit W_a ein Lot gefällt und dessen Länge errechnet („Das Lot ist kürzer als eine beliebige geneigte Gerade").

3. Lineare Abbildungen

3.1 Grundbegriffe

3.1.1 Definition einer linearen Abbildung

Es seien V und W lineare Räume über einem Körper $\mathbf{P}$.

Definition. Die Abbildung

$$\mathscr{A}: V \to W$$

heißt *lineare Abbildung* des Raumes V in den Raum W, wenn für zwei beliebige Vektoren x und y aus V und beliebige α und β aus $\mathbf{P}$ die Gleichung

$$\mathscr{A}(\alpha x + \beta y) = \alpha \mathscr{A} x + \beta \mathscr{A} y$$

erfüllt ist.

Bemerkung

(A) Ist $W = \mathbf{P}$, so heißt die lineare Abbildung *Linearform.*
(B) Ist $W = V$, so heißt die lineare Abbildung *linearer Operator.*

Beispiele für lineare Abbildungen.

1. Es sei $V = M_n$, wobei M_n der Raum der Polynome höchstens n-ten Grades und $W = M_{n-1}$ ist (wir betrachten hier den reellen Fall). Dann ist

$$\mathscr{D} = \frac{\mathrm{d}}{\mathrm{d}t} : M_n \to M_{n-1}$$

eine lineare Abbildung: Jedem Polynom wird seine Ableitung zugeordnet.

2. Es sei $V = V_1 \oplus V_2$. Dann läßt sich ein beliebiger Vektor x aus V in Gestalt einer Summe $x = x_1 + x_2$ darstellen. Die nach der Vorschrift $\mathscr{P} x = x_1$ vorgegebene Projektionsabbildung

$$\mathscr{P}: V \to V_1$$

ist linear (Abb. 19).

3. Es seien $V = \mathbf{P}^n$, $W = \mathbf{P}^k$. Mit Hilfe einer Matrix $A \in \mathbf{P}_{k \times n}$ wird der Vektor

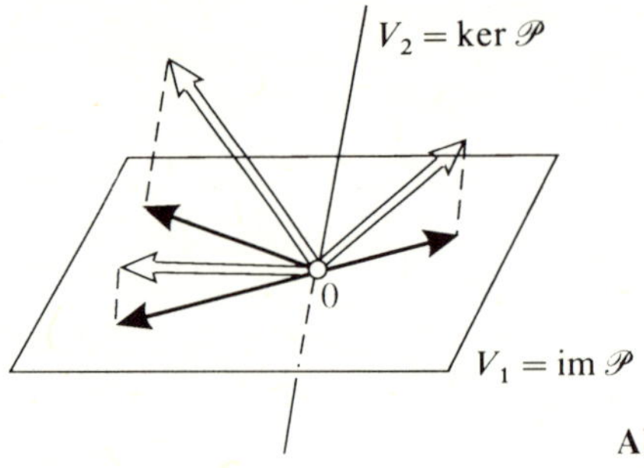

Abb. 19

$X=(\xi^1 \cdots \xi^n)^{\mathrm{T}} \in \mathbf{P}^n$ in einen Vektor $Y=(\eta^1 \cdots \eta^k) \in \mathbf{P}^k$ umgeformt, falls

$$AX = Y$$

gesetzt wird. Also ist

$$A\colon \mathbf{P}^n \to \mathbf{P}^k$$

eine lineare Abbildung.

Beispielsweise wirkt die lineare Abbildung

$$\Delta\colon \Omega_{0,N} \to \Omega_{0,N-1}$$

aus dem Raum der Gitterfunktionen

$$\Omega_{0,N} = \{y_i \mid i = 0, 1, \ldots, N\}$$

in den Raum der Gitterfunktionen

$$\Omega_{0,N-1} = \{y_i \mid i = 0, 1, \ldots, N-1\}$$

nach der Vorschrift

$$\Delta y_i = y_{i+1} - y_i, \quad i = 0, 1, \ldots, N-1,$$

(*absteigende Differenz*).

3.1.2 Das Bild einer linearen Abbildung

Definition 1. Die Menge

$$\operatorname{im} \mathscr{A} = \{y \in W \mid \exists x \in V\colon \mathscr{A}x = y\}$$

heißt das *Bild* einer linearen Abbildung $\mathscr{A}\colon V \to W$.

Behauptung. $\operatorname{im} \mathscr{A}$ *ist ein Teilraum von* W.

Beweis. Es seien $y_1, y_2 \in \operatorname{im} \mathscr{A}$, dann lassen sich in V Vektoren x_1 und x_2 angeben, für die gilt: $\mathscr{A}x_1 = y_1$ und $\mathscr{A}x_2 = y_2$. Da

$$\mathscr{A}(x_1 + x_2) = \mathscr{A}x_1 + \mathscr{A}x_2 = y_1 + y_2$$

ist, liegt der Vektor $y_1 + y_2$ in $\operatorname{im} \mathscr{A}$.

Wenn $y \in \operatorname{im} \mathscr{A}$ ist, so existiert in V ein Vektor x, für den $\mathscr{A}x = y$ ist. Aus der Beziehung

$$\mathscr{A}(\alpha x) = \alpha \mathscr{A}x = \alpha y$$

resultiert, daß auch αy in $\operatorname{im} \mathscr{A}$ liegt.

Definition 2. Die Dimension des Bildes der linearen Abbildung $\mathscr{A}$ ($\dim \operatorname{im} \mathscr{A}$) nennt man den *Rang* der linearen Abbildung $\mathscr{A}$ und bezeichnet ihn mit $\operatorname{rang} \mathscr{A}$.

Satz 1. *Die Vektorenschar $x_1, \ldots, x_q$ aus V sei linear abhängig, $\mathscr{A}: V \to W$ sei eine lineare Abbildung. Dann gilt: Die Vektorenschar $\mathscr{A}x_1, \ldots, \mathscr{A}x_q$ aus W ist ebenfalls linear abhängig.*

Beweis. Es genügt, die nichttriviale Linearkombination

$$\alpha_1 x_1 + \cdots + \alpha_q x_q = O_V$$

zu betrachten und die lineare Abbildung $\mathscr{A}$ auf die beiden Seiten dieser Gleichung anzuwenden. Dann erhält man:

$$\alpha_1 \mathscr{A}x_1 + \cdots + \alpha_q \mathscr{A}x_q = O_W.$$

Folgerung. $\operatorname{rang} \mathscr{A} \leq \dim V$.

Beweis. Es ist klar, daß

$$\operatorname{im} \mathscr{A} = L(\mathscr{A}e_1, \ldots, \mathscr{A}e_n)$$

ist, wobei $e_1, \ldots, e_n$ eine Basis von V darstellt.

Satz 2. *Es sei $e = (e_1 \cdots e_n)$ die Basis eines Raumes V; die Vektoren $f_1, \ldots, f_n$ aus W seien willkürlich gewählt.*

Dann existiert eine eindeutige lineare Abbildung $\mathscr{A}: V \to W$, für die $\mathscr{A}e_j = f_j$ mit $j = 1, \ldots, n$ gilt.

Beweis. Es sei $x \in V$ ein beliebiger Vektor, der bezüglich der Basis e folgende Zerlegung besitzt:

$$x = \sum_{k=1}^{n} \xi^k e_k.$$

Einen Vektor $y \in W$ definieren wir nach folgender Vorschrift:

$$\sum_{k=1}^{n} \xi^k f_k.$$

Damit haben wir eine Abbildung

$$\mathscr{A}: V \to W \quad \text{mit} \quad y = \mathscr{A}x$$

konstruiert. Die Linearität dieser Abbildung ist leicht zu zeigen. Es ist klar, daß $\mathscr{A}e_k = f_k$ mit $k = 1, \dots, n$ ist.

Wir zeigen nun, daß die Definition der Abbildung $\mathscr{A}$ eindeutig ist. Es sei

$$\mathscr{B}: V \to W$$

eine lineare Abbildung und $\mathscr{B}e_k = f_k$, $k = 1, \dots, n$. Wenn man die Abbildung $\mathscr{B}$ auf einen beliebigen Vektor x aus V anwendet, erhält man:

$$\mathscr{B}x = \mathscr{B}\left(\sum_{k=1}^{n} \xi^k e_k\right) = \sum_{k=1}^{n} \xi^k \mathscr{B}e_k = \sum_{k=1}^{n} \xi^k f_k = \mathscr{A}x.$$

Das bedeutet aber, daß $\mathscr{A} = \mathscr{B}$ ist.

3.1.3 Der Kern einer linearen Abbildung

Definition 1. Die Menge

$$\ker \mathscr{A} = \{x \in V \mid \mathscr{A}x = O_W\}$$

heißt *Kern* der Abbildung $\mathscr{A}: V \to W$.

Behauptung. ker $\mathscr{A}$ *ist ein linearer Teilraum von* V.

Beweis. Wenn $\mathscr{A}x_1 = O_W$ und $\mathscr{A}x_2 = O_W$ gilt, so ist auch $\mathscr{A}(x_1 + x_2) = \mathscr{A}x_1 + \mathscr{A}x_2 = O_W$. Daraus, daß $\mathscr{A}x = O_W$ ist, folgt $\mathscr{A}(\alpha x) = \alpha(\mathscr{A}x) = \alpha O_W = O_W$.

Definition 2. Die Dimension des Kerns ($\dim \ker \mathscr{A}$) nennt man den *Defekt* der linearen Abbildung $\mathscr{A}: V \to W$ (defect $\mathscr{A}$).

Folgerung. $\operatorname{defect} \mathscr{A} \leq \dim \mathscr{A}$.

3.1.4 Der Satz über Rang und Defekt einer linearen Abbildung

Satz 3. $\operatorname{defect} \mathscr{A} + \operatorname{rang} \mathscr{A} = \dim V$ (Abb. 20).

Beweis. Wir führen die Bezeichnung $U = \ker \mathscr{A}$ ein und betrachten einen Faktorraum V/U. Wie bereits früher erwähnt, besteht V/U aus Mengen der

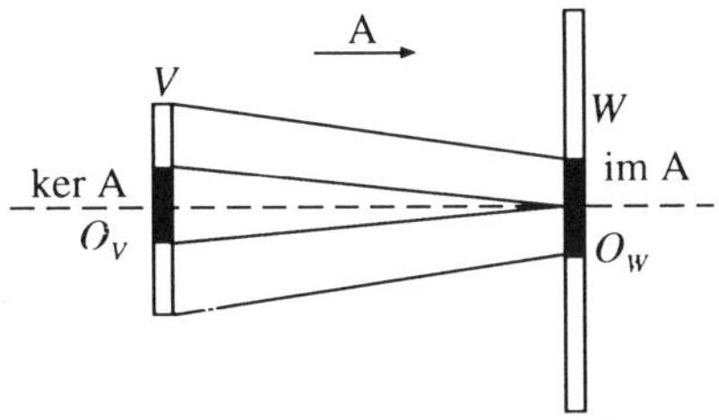

Abb. 20

Form

$$U_x = x + U.$$

Die Abbildung φ: $V/U \to \operatorname{im} \mathscr{A}$ konstruieren wir nach folgender Vorschrift:

$$\varphi: U_x = x + U = x + \ker \mathscr{A} \mapsto \mathscr{A}x.$$

Die Definition dieser Abbildung ist korrekt, denn ein beliebiges Element x aus U_x geht unter der Einwirkung der Abbildung $\mathscr{A}$ in $\mathscr{A}x$ über:

$$\mathscr{A}x = \mathscr{A}(x + \hat{u}) = \mathscr{A}x + \mathscr{A}\hat{u} = \mathscr{A}x + O_W = \mathscr{A}x.$$

Darüberhinaus ist sie auch umkehrbar eindeutig: Die Surjektivität ergibt sich unmittelbar aus der Definition von φ, und die Injektivität folgt daraus, daß wenn

$$\varphi(U_x) = \varphi(U_{\hat{x}})$$

gilt, dann ist $\hat{x} = x + \hat{u}$ oder, was dasselbe ist, $U_x = U_{\hat{x}}$.

Nun müssen wir noch die Linearität beweisen.

Es sei

$$\varphi: U_{x_i} \mapsto \mathscr{A}x_i, \quad i = 1, 2.$$

Da $U_{x_1} + U_{x_2} = U_{x_1 + x_1}$ ist, so gilt

$$\varphi: U_{x_1} + U_{x_2} \mapsto \mathscr{A}(x_1 + x_2) = \mathscr{A}x_1 + \mathscr{A}x_2.$$

Aus $\alpha U_x = U_{\alpha x}$ ergibt sich auch die zweite Forderung

$$\varphi: \alpha U_x \to \mathscr{A}(\alpha x) = \alpha \mathscr{A}x.$$

Damit ist

$$\varphi: V/U \to \operatorname{im} \mathscr{A}$$

ein Isomorphismus. Aus der Tatsache, daß $V/U \cong \operatorname{im} \mathscr{A}$ ist, erhält man $\dim V/U = \dim V - \dim U = \dim \operatorname{im} \mathscr{A} = \operatorname{rang} \mathscr{A}$. Daraus resultiert wegen $U = \ker \mathscr{A}$ die geforderte Gleichung:

$$\dim V = \operatorname{defect} \mathscr{A} + \operatorname{rang} \mathscr{A}.$$

Bemerkung. Es sei $\mathscr{A}$: $V \to V$ ein linearer Operator. Dann treten sowohl $\mathscr{A}$ als auch im $\mathscr{A}$ als Teilräume des linearen Raumes V auf. Bildet man die Summe der Dimensionen dieser Teilräume, so stimmt sie nach einem weiter oben bewiesenen Satz mit der Dimension von V überein. Man gerät in die Versuchung, nun zu beweisen, daß $\ker \mathscr{A} \oplus \operatorname{im} \mathscr{A} = V$ gilt. Wie aber das folgende Beispiel zeigt, erweist sich diese Behauptung im allgemeinen als falsch.

Beispiel. Es sei $V = \dot{M}_{2n-1}$ und

$$\mathscr{A} = \mathscr{D}^n = \frac{\mathrm{d}^n}{\mathrm{d}t^n}: M_{2n-1} \quad M_{2n-1}$$

ein n-fach differenzierbarer linearer Operator. Wie man leicht sieht, gilt für dieses Beispiel $\ker \mathscr{A} = \operatorname{im} \mathscr{A} = M_{n-1}$.

3.2 Operationen zwischen linearen Abbildungen

3.2.1 Der lineare Raum der linearen Abbildungen

Es seien V und W lineare Räume über einem Körper $\mathbf{P}$. Wir versehen die Gesamtheit aller möglichen linearen Abbildungen aus V und W,

$$\operatorname{Hom}(V, W) = \{\mathscr{A} \mid \mathscr{A}: V \to W \text{ ist eine lineare Abbildung}\},$$

mit der Struktur eines linearen Raumes.

Die Summe linearer Abbildungen

Definition 1. Für ein beliebiges Paar $\mathscr{A}$ und $\mathscr{B} \in \operatorname{Hom}(V, W)$ definieren wir eine Abbildung $\mathscr{C}: V \to W$ nach folgender Vorschrift:

$$\mathscr{C}x = \mathscr{A}x + \mathscr{B}x, \tag{1}$$

wobei der Vektor x frei gewählt wurde.

Behauptung. *Die durch* (1) *definierte Abbildung ist linear, d.h., diese Regel stellt ein InternVG in* Hom(V, W) *dar.*

Beweis. Durch eine Rechnung stellen wir die Wirkung der Abbildung $\mathscr{C}$ auf eine Linearkombination von Vektoren aus V fest.

$$\begin{aligned} \mathscr{C}(\alpha x + \beta y) &= \mathscr{A}(\alpha x + \beta y) + \mathscr{B}(\alpha x + \beta y) \\ &= \alpha\mathscr{A}x + \beta\mathscr{A}y + \alpha\mathscr{B}x + \beta\mathscr{B}y \\ &= \alpha(\mathscr{A}x + \mathscr{B}x) + \beta(\mathscr{A}y + \mathscr{B}y) \\ &= \alpha\mathscr{C}x + \beta\mathscr{C}y. \end{aligned}$$

Bezeichnung: $\mathscr{C} = \mathscr{A} + \mathscr{B}$.

Multiplikation einer linearen Abbildung mit einem Körperelement

Definition 2. Für beliebige $\alpha \in \mathbf{P}$ und $\mathscr{A}$ aus Hom(V, W) definieren wir eine Abbildung $\mathscr{B}: V \to W$ nach der Vorschrift

$$\mathscr{B}x = \alpha \mathscr{A} x \tag{2}$$

mit x willkürlich aus V.

Behauptung. *Die durch* (2) *definierte Abbildung* $\mathscr{B}$ *ist linear, d. h., diese Regel ist ein ExternVG in* Hom(V, W).

Beweis. Wiederum stellen wir durch eine Rechnung fest, wie die Abbildung $\mathscr{B}$ auf eine Linearkombination von Vektoren aus V wirkt:

$$\begin{aligned}\mathscr{B}(\lambda x + \mu y) &= \alpha \mathscr{A}(\lambda x + \mu y) = \alpha(\lambda \mathscr{A} x + \mu \mathscr{A} y)\\ &= \lambda(\alpha \mathscr{A} x) + \mu(\alpha \mathscr{A} y) = \lambda \mathscr{B} x + \mu \mathscr{B} y.\end{aligned}$$

Bezeichnung: $\mathscr{B} = \alpha \mathscr{A}$.

Behauptung. *Die Menge* Hom(V, W) *mit den soeben eingeführten InternVG und ExternVG ist ein linearer Raum über einem Körper* $\mathbf{P}$.

Beweis. Es genügt, die acht Forderungen der Definition eines linearen Raumes (vgl. 1.1.2) nachzuprüfen, wenn man die Nullabbildung

$$\mathscr{O}: V \to W$$

derart wählt, daß $\mathscr{O}x = O_W$ für ein beliebiges $x \in V$ gilt, während man als die zu $\mathscr{A}$ umgekehrte Abbildung die Abbildung $(-1)\mathscr{A}$ erklärt.

Bezeichnung: $\mathscr{L}(V, W)$.

Beispiel. Wir betrachten den Raum $\mathscr{L}(V, \mathbf{P})$ der Linearformen in V. Man nennt ihn den zu V *konjugierten Raum* und bezeichnet ihn mit V^*. Wir zeigen nun, daß gilt:

$$\dim V^* = \dim V.$$

Es sei $e = (e_1 \cdots e_n)$ eine Basis von V. Wir fixieren in V einen beliebigen Vektor

$$x = \sum_{k=1}^{n} \xi^k e_k.$$

Die Linearform $\omega \in V^*$ führt die Basisvektoren in Körperelemente $\omega(e_k) = \alpha_k \in \mathbf{P}$, $k = 1, \ldots, n$, über. Wir wenden ω auf den Vektor x an:

$$\omega(x) = \omega\left(\sum_{k=1}^{n} \xi^k e_k\right) = \sum_{k=1}^{n} \xi^k \omega e_k = \sum_{k=1}^{n} \xi^k \alpha_k.$$

Man sieht leicht ein, daß die durch die Vorschrift

$$\varphi: \omega \to (\alpha_1, \ldots, \alpha_n)$$

vorgegebene Abbildung φ: $V^* \to \mathbf{P}^n$ korrekt definiert, umkehrbar eindeutig und linear, d. h. ein Isomorphismus ist. Das bedeutet, daß

$$V^* \cong \mathbf{P}^n \cong V,$$

woraus dim $V^* \cong$ dim V folgt.

3.2.2 Der Ring der linearen Operatoren

Wir wenden uns nun der Gesamtheit aller möglichen auf V einwirkenden linearen Operatoren zu:

$$\mathscr{L}(V, V) = \{\mathscr{A} \mid \mathscr{A}: V \to V \text{ ist ein linearer Operator}\}.$$

Es ist klar, daß die im vorangegangenen Punkt definierte Summe auch in diesem Fall ein InternVG ist. Wir führen in $\mathscr{L}(V, V)$ noch ein weiteres InternVG ein.

Multiplikation linearer Operatoren

Definition. Für jedes Paar $\mathscr{A}$ und $\mathscr{B}$ aus der Menge $\mathscr{L}(V, V)$ definieren wir eine Abbildung

$$\mathscr{C}: V \to V$$

durch die Vorschrift

$$\mathscr{C}x = \mathscr{B}(\mathscr{A}x), \tag{3}$$

wobei x aus V beliebig ist.

Behauptung. *Die durch* (3) *definierte Abbildung* $\mathscr{C}$ *ist ein linearer Operator, d. h., die Vorschrift bildet ein InternVG in* $\mathscr{L}(V, V)$.

Beweis. Es genügt, die Wirkung von $\mathscr{C}$ auf eine Linearkombination von Vektoren aus V zu betrachten:

$$\begin{aligned}\mathscr{C}(\alpha x + \beta y) &= \mathscr{B}(\mathscr{A}(\alpha x + \beta y)) = \mathscr{B}(\alpha\mathscr{A}x + \beta\mathscr{A}y) = \mathscr{B}(\alpha\mathscr{A}x) + \mathscr{B}(\beta\mathscr{A}y)\\ &= \alpha\mathscr{B}(\mathscr{A}x) + \beta\mathscr{B}(\mathscr{A}y) = \alpha(\mathscr{C}x + \beta\mathscr{C}y).\end{aligned}$$

Bezeichnung: $\mathscr{C} = \mathscr{B}\mathscr{A}$.

Behauptung. *Die Menge* $\mathscr{L}(V, V)$ *mit einem InternVG* $(+)$ *und einem ExternVG* $(-)$ *ist ein nichtkommutativer Ring mit Einselement* (dim $V > 1$).

Beweis. Die den Ring definierenden Bedingungen können unmittelbar nachgeprüft werden. Als Einselement wird die identische Abbildung $\mathscr{I}$ genommen. Die Nichtkommutativität der Multiplikation ergibt sich aus dem folgenden einfachen Beispiel:

Es sei $V = \mathbf{R}^2$; die Operatoren $\mathscr{A}: \mathbf{R}^2 \to \mathbf{R}^2$ und $\mathscr{B}: \mathbf{R}^2 \to \mathbf{R}^2$ werden durch folgende Festlegungen definiert:

$$\mathscr{A}: (\xi^1, \xi^2) \mapsto (\xi^1, 0), \quad \mathscr{B}: (\xi^1, \xi^2) \mapsto (\xi^1 + \xi^2, \xi^2).$$

Dann gilt

$$\mathscr{B}\mathscr{A}: (\xi^1, \xi^2) \mapsto (\xi^1, 0), \quad \mathscr{A}\mathscr{B}: (\xi^1, \xi^2) \mapsto (\xi^1 + \xi^2, 0).$$

Eigenschaften umkehrbarer Elemente des Ringes $\mathscr{L}(V, V)$

Die Bedingungen a) bis d) sind gleichbedeutend.

a) Der lineare Operator $\mathscr{A}$ ist umkehrbar.
b) Der lineare Operator $\mathscr{A}$ ist umkehrbar eindeutig.
c) ker $\mathscr{A} = \{O\}$.
d) im $\mathscr{A} = V$.

Beweis. a) $\Rightarrow$ b). Die Umkehrbarkeit von $\mathscr{A}$ bedeutet, daß $\mathscr{B} \in \mathscr{L}(V, V)$ existiert, so daß gilt

$$\mathscr{A}\mathscr{B} = \mathscr{B}\mathscr{A} = \mathscr{I}. \tag{4}$$

Die Injektivität wird durch einen Widerspruch leicht bewiesen. Es sei $x_1 \neq x_2$, jedoch $\mathscr{A}x_1 = \mathscr{A}x_2$. Bei Anwendung des Operators $\mathscr{B}$ auf beide Seiten der Gleichung gelangt man zu folgendem Widerspruch:

$$x_1 = \mathscr{I}x_1 = \mathscr{B}\mathscr{A}x_1 = \mathscr{B}\mathscr{A}x_2 = \mathscr{I}x_2 = x_2,$$

denn $(\mathscr{B}\mathscr{A})x = x$ gilt für beliebiges x. Im Blick auf die Surjektivität von $\mathscr{A}$ kann man für beliebiges $y \in V$ den zugehörigen Vektor x aus V (für den $\mathscr{A}x = y$ ist) so finden, daß $x = \mathscr{B}y$ gilt. Tatsächlich erhält man bei Anwendung des Operators $\mathscr{A}$ auf beiden Seiten dieser Beziehung

$$\mathscr{A}x = (\mathscr{A}\mathscr{B})y = \mathscr{I}y = y.$$

b) $\Rightarrow$ c). Aus der Gleichung $\mathscr{A}x = O$ erhält man auf Grund der umkehrbaren Eindeutigkeit von $\mathscr{A}$: $x = O$ und folglich ker $\mathscr{A} = \{O\}$.

c) $\Rightarrow$ d). Aus ker $\mathscr{A} = \{O\}$ folgt $\dim V = \operatorname{rang} \mathscr{A}$, und weil im $\mathscr{A}$ ein Teilraum von V ist, so gilt im $\mathscr{A} = V$.

d) $\Rightarrow$ a) Wir konstruieren einen linearen Operator $\mathscr{B}$, der die Bedingung (4) erfüllt. Da im $\mathscr{A} = V$ ist, führt der Operator $\mathscr{A}$ eine Basis in eine Basis über: $\mathscr{A}: e = (e_1 \cdots e_n) \to f = (f_1 \cdots f_n)$ derart, daß

$$\mathscr{B}: f = (f_1 \cdots f_n) \to e = (e_1 \cdots e_n)$$

ist. Nach Satz 1, Abschnitt 3.1.2, ist der Operator $\mathscr{B}$ eindeutig bestimmt.

Wir müssen uns nun nur noch davon überzeugen, daß

$$(\mathscr{B}\mathscr{A})x = x \quad \text{und} \quad (\mathscr{A}\mathscr{B})x = x$$

für beliebiges x aus V gilt.

Wir zerlegen den Vektor x bezüglich der Basis e: $x = \sum_j \xi^j e_j$. Dann gilt:

$$(\mathscr{B}\mathscr{A})x = \mathscr{B}\mathscr{A}\left(\sum_j \xi^j e_j\right) = \mathscr{B}\left(\sum_j \xi^j \mathscr{A} e_j\right) = \mathscr{B}\left(\sum_j \xi^j f_j\right)$$
$$= \sum_j \xi^j \mathscr{B} f_j = \sum_j \xi^j e_j = x.$$

Analog erhält man bei Zerlegung von

$$x = \sum_k \eta^k f_k$$

in bezug auf die Basis f, daß

$$(\mathscr{A}\mathscr{B})x = \mathscr{A}\mathscr{B}\left(\sum_k \eta^k f_k\right) = \mathscr{A}\left(\sum_k \eta^k \mathscr{B} f_k\right) = \mathscr{A}\left(\sum_k \eta^k e_k\right)$$
$$= \sum_k \eta^k \mathscr{A} e_k = \sum_k \eta^k f_k = x.$$

3.2.3 Der Rang des Produkts linearer Abbildungen

Es seien V, W und Z lineare Räume über dem Körper $\mathbf{P}$. Für beliebige $\mathscr{A} \in \mathscr{L}(V, W)$ und $\mathscr{B} \in \mathscr{L}(W, Z)$ definieren wir eine Abbildung

$$\mathscr{B}\mathscr{A}: V \to Z$$

nach folgender Vorschrift:

$$(\mathscr{B}\mathscr{A})x = \mathscr{B}(\mathscr{A}x),$$

wobei x ein willkürlich gewählter Vektor aus V ist.

Behauptung. $\mathscr{B}\mathscr{A} \in \mathscr{L}(V, Z)$.

Satz 1. *Es seien* $\mathscr{A} \in \mathscr{L}(V, W)$ *und* $\mathscr{B} \in \mathscr{L}(W, Z)$. *Dann gilt:*

1. $\operatorname{rang} \mathscr{B}\mathscr{A} \le \min(\operatorname{rang} \mathscr{A}, \operatorname{rang} \mathscr{B})$.
2. $\operatorname{rang} \mathscr{A} = \dim W \Rightarrow \operatorname{rang} \mathscr{B}\mathscr{A} = \operatorname{rang} \mathscr{B}$.
3. $\operatorname{rang} \mathscr{B} = \dim W \Rightarrow \operatorname{rang} \mathscr{B}\mathscr{A} = \operatorname{rang} \mathscr{A}$.

Beweis. 1. Wir zeigen zuerst, daß gilt:

$$\operatorname{rang} \mathscr{B}\mathscr{A} \le \operatorname{rang} \mathscr{A}.$$

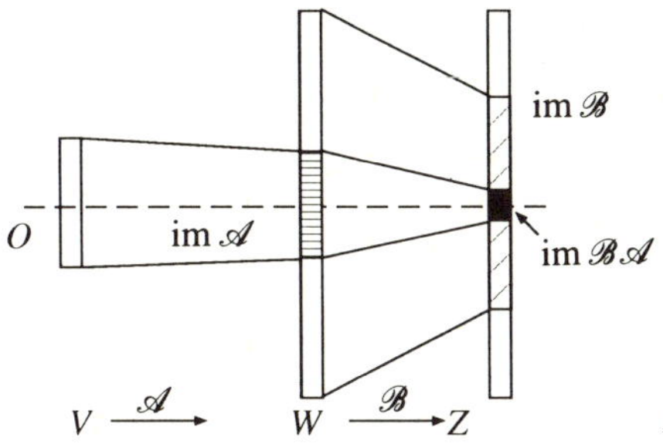

Abb. 21

Dazu betrachten wir eine Einschränkung der linearen Abbildung $\mathscr{B}$: $W \rightarrow Z$ in im A $\subset$ W (Abb. 21):

$$\hat{\mathscr{B}} = \mathscr{B}|_{\text{im}\,\mathscr{A}}.$$

Angesichts der Tatsache, daß im $\hat{\mathscr{B}} = \text{im}(\mathscr{B}\mathscr{A})$ ist, ist klar, daß gilt:

$$\dim \text{im}\,\mathscr{A} \geq \dim \text{im}\,\hat{\mathscr{B}} = \dim \text{im}\,(\mathscr{B}\mathscr{A}).$$

Damit ist rang $\mathscr{A} \geq$ rang $\mathscr{B}\mathscr{A}$.

Die zweite Ungleichung

$$\text{rang}\,\mathscr{B}\mathscr{A} \leq \text{rang}\,\mathscr{B}$$

folgt einfach daraus, daß $\text{im}(\mathscr{B}\mathscr{A}) \subset \text{im}\,\mathscr{B}$ ist.

2. Es sei rang $\mathscr{A} = \dim W$ (Abb. 22). Dann ist im $\mathscr{A} = W$ und $\text{im}(\mathscr{B}\mathscr{A}) = \text{im}\,\mathscr{B}$, woraus rang $(\mathscr{B}\mathscr{A}) = \text{rang}\,\mathscr{B}$ folgt.

3. Es sei rang $\mathscr{B} = \dim W$. Dann gilt $W \cong \text{im}\,\mathscr{B} \subset Z$.

Wir betrachten nun ein Diagramm

$$\begin{array}{l} \mathscr{B}\colon W \cong \text{im}\,\mathscr{B} \\ \qquad\quad \cup \\ \hat{\mathscr{B}}\colon \text{im}\,\mathscr{A} \rightarrow \text{im}\,(\mathscr{B}\mathscr{A}). \end{array}$$

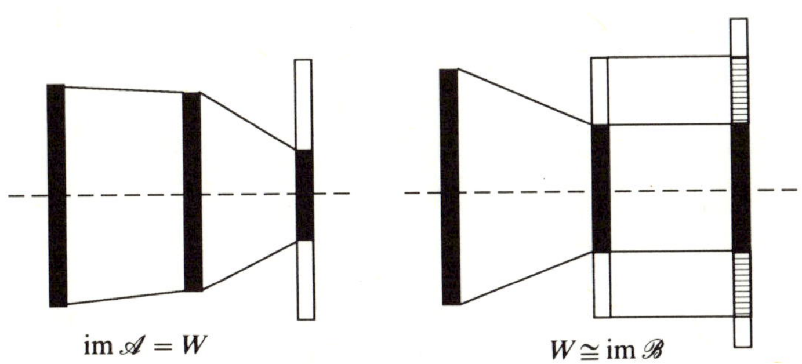

Abb. 22

Da die Abbildung $\mathscr{B}$ ein Isomorphismus ist, so ändert sie ihre Dimension nicht, und folglich gilt

$$\operatorname{im}\mathscr{A} \cong \operatorname{im}(\mathscr{B}\mathscr{A}).$$

Daraus erhalten wir die geforderte Gleichung $\operatorname{rang}(\mathscr{B}\mathscr{A}) = \operatorname{rang}\mathscr{A}$.

Folgerung. *Es seien $A \in \mathbf{P}_{k\times n}$, $B \in \mathbf{P}_{q\times k}$. Dann gilt:*

1. $\operatorname{rang} BA \le \min(\operatorname{rang} A, \operatorname{rang} B)$.
2. $\operatorname{rang} A = k \Rightarrow \operatorname{rang} BA = \operatorname{rang} B$.
3. $\operatorname{rang} B = k \Rightarrow \operatorname{rang} BA = \operatorname{rang} A$.

Beweis. Mit Hilfe der Matrix A wird der Vektor $X = (\xi^1, \ldots, \xi^n)^{\mathrm{T}} \in \mathbf{P}^n$ in einen Vektor $Y = (\eta^1, \ldots, \eta^k)^{\mathrm{T}} \in \mathbf{P}^k$ umgeformt, wenn $AX = Y$ gesetzt wird. Der Vektor Y wird mit Hilfe der Matrix B in einen Vektor $Z = (\zeta^1, \ldots, \zeta^q)^{\mathrm{T}} \in \mathbf{P}^q$ mit $BY = Z$ transformiert. Auf diese Weise haben wir lineare Abbildungen

$$A: \mathbf{P}^n \to \mathbf{P}^k, \quad B: \mathbf{P}^k \to \mathbf{P}^q, \quad BA: \mathbf{P}^n \to \mathbf{P}^q$$

konstruiert.

3.3 Lineare Abbildungen und Matrizen

3.3.1 Die Matrix einer linearen Abbildung

Es seien V und W lineare Räume über einem Körper $\mathbf{P}$ und $\dim V = n$, $\dim W = k$. Wir betrachten eine lineare Abbildung

$$\mathscr{A}: V \to W.$$

Es seien $e = (e_1 \cdots e_n)$ eine Basis von V und $f = (f_1 \cdots f_k)$ eine Basis von W. Wenn man die Bilder der Basisvektoren e_i nach der Basis f zerlegt, erhält man

$$\mathscr{A} e_i = \sum_{j=1}^{k} \alpha_i^j f_j, \quad i = 1, \ldots, n. \tag{1}$$

Definition. Die Matrix

$$\mathscr{A}(e, f) = \begin{pmatrix} \alpha_1^1 & \cdots & \alpha_n^1 \\ \cdots & \cdots & \cdots \\ \alpha_1^k & \cdots & \alpha_n^k \end{pmatrix},$$

deren Spalten aus den Koordinaten der Bilder der Basisvektoren e_i gebildet werden, heißt *Matrix der linearen Abbildung* $\mathscr{A}: V \to W$ bezüglich des Paares der Basen e in V und f in W.

Beispiel. Es seien $V = W = M_n$ und $\mathscr{D} = \mathrm{d}/\mathrm{d}t: M_n \to M_n$. Wir wählen in M_n eine Basis

$$e_0 = 1, \quad e_1 = t, \quad e_2 = \frac{t^2}{2!}, \dots, e_n = \frac{t^n}{n!}.$$

Man sieht leicht ein, daß $\mathscr{D}e_0 = 0$, $\mathscr{D}e_q = e_{q-1}$, $q = 1, \dots, n$, ist. Daher gilt:

$$D(e, e) = \begin{pmatrix} 0 & 1 & 0 & & & \\ 0 & 0 & 1 & \ddots & \text{\Large 0} & \\ 0 & 0 & 0 & \ddots & & \\ & & & \ddots & & 1 \\ & & & & \ddots & \\ & & & & 0 & \\ & & \text{\Large 0} & & 0 & 0 \end{pmatrix}.$$

Es sei $y = \mathscr{A}x$. Wir zerlegen die Vektoren x und y mit Hilfe der Basen e beziehungsweise f:

$$x = \sum_{i=1}^{n} \xi^i e_i, \quad y = \sum_{j=1}^{k} \eta^j f_j.$$

Wenn wir diese Ausdrücke in die Gleichung $\mathscr{A}x = y$ einsetzen, erhalten wir

$$\mathscr{A}\left(\sum_{i=1}^{n} \xi^i e_i\right) = \sum_{j=1}^{k} \eta^j f_j.$$

Durch Anwendung der Formel (1) transformieren wir die linke Seite wie folgt:

$$\mathscr{A}\left(\sum_{i=1}^{n} \xi^i e_i\right) = \sum_{i=1}^{n} \xi^i A e_i = \sum_{i=1}^{n} \xi^i \left(\sum_{j=1}^{k} \alpha_i^j f_j\right)$$
$$= \sum_{j=1}^{k} \left(\sum_{i=1}^{n} \xi^i \alpha_i^j\right) f_j.$$

Aus den beiden letzten Formeln erhalten wir unter Benutzung der Tatsache, daß die Zerlegung eindeutig ist,

$$\sum_{i=1}^{n} \xi^i \alpha_i^j = \eta^j, \quad j = 1, \dots, k,$$

oder ausführlicher geschrieben,

$$\begin{aligned} \alpha_1^1\xi^1 + \cdots + \alpha_n^1\xi^n &= \eta^1 \\ \cdots\cdots\cdots\cdots &\cdots\cdots \\ \alpha_1^k\xi^1 + \cdots + \alpha_n^k\xi^n &= \eta^k. \end{aligned} \tag{2}$$

Unter Verwendung der früher eingeführten Bezeichnungen

$$x(e) = \begin{pmatrix} \xi^1 \\ \vdots \\ \xi^n \end{pmatrix}, \quad y(f) = \begin{pmatrix} \eta^1 \\ \vdots \\ \eta^k \end{pmatrix}$$

schreiben wir die Beziehungen (2) in folgender Form:

$$A(e, f)x(e) = y(f). \tag{3}$$

Satz 1. *Der Rang der Matrix $A(e, f)$ ist unabhängig von der Wahl der Basen e und f und ist gleich* rang $\mathscr{A}$.

Beweis. Wir erinnern uns, daß

$$\operatorname{rang} \mathscr{A} = \dim \operatorname{im} \mathscr{A}$$

ist. Wegen

$$\operatorname{im} \mathscr{A} = L(\mathscr{A}e_1, \ldots, \mathscr{A}e_n)$$

ist $\operatorname{rang} \mathscr{A} = \operatorname{rang}(\mathscr{A}e_1, \ldots, \mathscr{A}e_n)$, und da f eine Basis von W ist, ist der Rang dieses Vektorsystems gleich der Höchstzahl der linear unabhängigen Spalten der Matrix $A(e, f)$, d. h.

$$\operatorname{rang}(\mathscr{A}e_1, \ldots, \mathscr{A}e_n) = \operatorname{rang} A(e, f).$$

Da als Spalten der Matrix $A(e, f)$ tatsächlich Koordinatenspalten der Vektoren $\mathscr{A}e_1, \ldots, \mathscr{A}e_n$ bezüglich der f auftreten, ergibt sich die Behauptung aus 1.3.2, Satz 4: *Das Vektorsystem ist dann und nur dann linear unabhängig, wenn das System ihrer Koordinatenspalten in einer beliebigen Basis linear unabhängig ist.*

3.3.2 Die Dimension des Raumes der linearen Abbildungen

Satz 2. $\mathscr{L}(V, W) \cong \mathbf{P}_{\dim W \times \dim V}$.

Beweis. Es sei $\dim V = n$, $\dim W = k$. Wir betrachten in den Räumen V und W die Basen $e = (e_1, \ldots, e_n)$ beziehungsweise $f = (f_1, \ldots, f_k)$. Dann ist für jede lineare Abbildung $\mathscr{A}: V \to W$ deren Matrix $A(e, f) \in \mathbf{P}_{k \times n}$ definiert.

Wir untersuchen die Eigenschaften dieser Operation

$$\psi: \mathscr{A} \in \mathscr{L}(V, W) \mapsto A(e, f) \in \mathbf{P}_{k \times n}.$$

a) *Linearität.* Es seien $\psi: \mathscr{A} \to A(e,f)$ und $\psi: \mathscr{B} \to B(e,f)$. Das bedeutet, daß

$$A(e,f) = (\alpha_i^j), \quad B(e,f) = (\beta_i^j)$$

mit α_i^j und β_i^j aus folgenden Beziehungen ermittelt werden:

$$\mathscr{A} e_i = \sum_{j=1}^{k} \alpha_i^j f_j \quad \text{bzw.} \quad \mathscr{B} e_i = \sum_{j=1}^{k} \beta_i^j f_j, \quad i = 1, \ldots, n.$$

Die lineare Abbildung $\lambda\mathscr{A} + \mu\mathscr{B}$ transformiert die Vektoren der Basis e nach folgender Regel:

$$(\lambda\mathscr{A} + \mu\mathscr{B})e_i = \lambda\mathscr{A} e_i + \mu\mathscr{B} e_i = \lambda \sum_{j=1}^{k} \alpha_i^j f_j + \mu \sum_{j=1} \beta_i^j f_j$$

$$= \sum_{j=1}^{k} (\lambda\alpha_i^j + \mu\beta_i^j) f_j.$$

Damit gilt

$$\psi: \lambda\mathscr{A} + \mu\mathscr{B} \mapsto \lambda\mathscr{A}(e,f) + \mu\mathscr{B}(e,f).$$

b) *Injektivität.* Es sei $\mathscr{A} \neq \mathscr{B}$. Das heißt, es läßt sich eine Nummer i $(1 \leq i \leq n)$ finden, für die

$$\mathscr{A} e_i \neq \mathscr{B} e_i$$

gilt (sonst ist $\mathscr{A} = \mathscr{B}$). Daraus folgt, daß die Matrizen $A(e,f)$ und $B(e,f)$ ungleich sind, denn sie unterscheiden sich in den i-ten Spalten.

c) *Surjektivität.* Wir betrachten eine willkürliche Matrix

$$A = (\alpha_i^j) \in \mathbf{P}_{k \times n}.$$

Für feste Basen e im Raum V und f im Raum W konstruieren wir eine lineare Abbildung $\mathscr{A}: V \to W$ derart, daß gilt:

$$A(e,f) = A.$$

Wir betrachten nun folgendes Diagramm:

$$\begin{array}{ll} \mathscr{A}: x \in V \mapsto y \in W \\ \quad e \downarrow \qquad \uparrow f \\ A: x(e) \quad \mapsto y(f) = Ax(e). \end{array}$$

Einem willkürlich gewählten Vektor x aus V wird ein Vektor y aus W folgendermaßen zugeordnet:

e) Wenn man den Vektor x bezüglich der Basis e zerlegt,

$$x = \sum_{i=1}^{n} \xi^i e_i,$$

konstruiert man eine Spalte $x(e) = (\xi^1, \ldots, \xi^n)^{\mathrm{T}}$;

A) wenn man die Spalte $x(e)$ mit der Matrix A multipliziert, betrachtet man die so erhaltene Spalte $Ax(e)$ der Höhe k als Koordinatenspalte

$$y(f) = (\eta^1, \ldots, \eta^k)^{\mathrm{T}}$$

eines gewissen Vektors y aus W bezüglich der Basis f;

f) man konstruiert einen Vektor

$$y = \sum_{j=1}^{k} \eta^i f_j$$

und hat damit eine Abbildung

$$\mathscr{A}: V \to W$$

konstruiert. Wir zeigen nun, daß diese Abbildung linear ist.

Es ist einfach, sich davon zu überzeugen, daß jeder der oben beschriebenen Schritte e), A), f) linear ist:

$$\begin{array}{lll} \mathscr{A}: \lambda x + \lambda' x' & \mapsto & \lambda y + \lambda' y' \\ \quad \downarrow e & & \quad \uparrow f \\ A: \lambda x(e) + \lambda' x'(e) & \mapsto & \lambda y(f) + \lambda' y'(f); \end{array}$$

hier ist

$$\lambda y(f) + \lambda' y'(f) = \lambda A x(e) + \lambda' A x'(e) = A(\lambda x(e) + \lambda' x'(e)).$$

Nun bleibt noch nachzuprüfen, daß die Matrix $A(e, f)$ der konstruierten linearen Abbildung $\mathscr{A}$ bezüglich der Basen e und f mit der Matrix A zusammenfällt.

Für einen beliebigen Vektor x erhalten wir laut Konstruktion

$$Ax(e) = y(f).$$

Gemäß Formel (3) transformiert die Matrix $A(e, f)$ der linearen Abbildung $\mathscr{A}$ dieselbe Koordinatenspalte $x(e)$ nach der Vorschrift

$$A(e, f)x(e) = y(f).$$

Daraus folgt, daß

$$(A(e, f) - A)x(e) = 0$$

für eine beliebige Koordinatenspalte $x(e)$ gilt.

Das wiederum bedeutet, daß die Matrix $A(e, f) - A$ eine Nullmatrix und folglich $A(e, f) = A$ ist.

Die Abbildung

$$\psi: \mathscr{L}(V, W) \to \mathbf{P}_{k \times n}$$

ist also linear und eineindeutig, d. h., ψ ist ein Isomorphismus.

Folgerung. $\dim \mathscr{L}(V, W) = \dim V \cdot \dim W$.

Beweis. Matrizen

$$\Delta_{ij} \in \mathbf{P}_{k \times n} \quad (i = 1, \ldots, k; j = 1, \ldots, n),$$

deren Elemente, außer dem Element in der Position (i, j) (dieses ist gleich 1) gleich null sind, bilden eine Basis des Raumes $\mathbf{P}_{k \times n}$. Die Anzahl derartiger Matrizen beträgt $k \cdot n$.

3.3.3 Transformation der Matrix einer linearen Abbildung beim Übergang zu neuen Basen

Satz 3. *Es seien e und $e' = eS$ Basen von V, f und $f' = fQ$ Basen von W; $\mathscr{A} \in \mathscr{L}(V, W)$. Dann gilt $A(e, f)S = QA(e', f')$.*

Beweis. Es sei $y = \mathscr{A}x$. Die Koordinatenspalten der Vektoren $x(e)$ und $y(f)$ bezüglich des Basispaares e und f sind durch die Gleichung

$$y(f) = A(e, f)x(e) \tag{1}$$

verbunden, und die dem Basispaar e' und f' zugeordneten Koordinatenspalten $x(e')$ und $y(f')$ sind durch die Gleichung

$$y(f') = A(e', f')x(e') \tag{2}$$

miteinander verknüpft (vgl. 3.3.1, Formel (3)). Gemäß der Eigenschaft c) der Übergangsmatrix (vgl. 1.7.1, Formel (4)) ist

$$x(e) = Sx(e'), \quad y(f) = Qy(f'). \tag{3}$$

Durch Einsetzen von (3) für $x(e)$ und $y(f)$ in die Gleichung (1) erhält man

$$Qy(f') = A(e, f)Sx(e').$$

Unter Verwendung der Beziehung (2) erhält man daraus weiterhin die folgende Gleichung:

$$QA(e', f')x(e') = A(e, f)Sx(e'),$$

die wegen der Willkürlichkeit des Vektors x und damit auch der Spalte $x(e')$ zu der geforderten Formel

$$QA(e', f') = A(e, f)S$$

führt.

3.3.4 Äquivalente Matrizen

A und B seien Matrizen aus $\mathbf{P}_{k \times n}$.

Definition. Wir werden sagen, daß die Matrizen A und B durch eine *Relation* $\mathscr{R}$ *verknüpft* sind (Bezeichnung: $A \mathscr{R} B$), wenn Matrizen

$$C \in \mathrm{GL}(k, \mathbf{P}) \quad \text{und} \quad D \in \mathrm{GL}(n, \mathbf{P})$$

existieren, so daß $B = CAD$ gilt.

Behauptung. *Die auf einer Menge* $\mathbf{P}_{k \times n}$ *vorgegebene Relation ist eine Äquivalenzrelation.*

Beweis. Die durch die Definition eingeführte binäre Relation $\mathscr{R}$ besitzt folgende Eigenschaften:

a) *Reflexivität*: $A \mathscr{R} A$, denn $A = I_k A I_n$, wobei I_k und I_n Einheitsmatrizen der Ordnung k beziehungsweise n bedeuten.
b) *Symmetrie*: Aus $A \mathscr{R} B$ folgt $B \mathscr{R} A$: $A = C^{-1} B D^{-1}$, da die quadratischen Matrizen C und D umkehrbar sind.
c) *Transitivität*: Aus $A \mathscr{R} B$ und $B \mathscr{R} E$ folgt $A \mathscr{R} E$. Wenn man in der Gleichung $E = \hat{C} B \hat{D}$ die Matrix B durch CAD ersetzt, erhält man $E = (\hat{C} C) A (D \hat{D})$.

Also ist $\mathscr{R}$ eine Äquivalenzrelation; sie wird durch $A \sim B$ (lies: A äquivalent B) bezeichnet.

Aus dem Satz im vorangegangenen Punkt ergibt sich, daß zwei Matrizen derselben linearen Abbildung bezüglich verschiedener Basispaare äquivalent sind:

$$A(e', f') = Q^{-1} A(e, f) S. \tag{4}$$

Auch die umgekehrte Behauptung ist im gewissen Sinne richtig.

Satz 4. *Es seien* A *und* $B \in \mathbf{P}_{k \times n}$ *äquivalente Matrizen, die linearen Räume* V $(\dim_{\mathbf{P}} V = n)$ *und* W $(\dim_{\mathbf{P}} W = k)$ *seien willkürlich gewählt.*

Dann existieren Basen e *und* e' *in* V *und* f *und* f' *in* W *sowie eine lineare Abbildung* $\mathscr{A}: V \to W$, *so daß*

$$A = A(e, f), \quad B = A(e', f')$$

ist.

Beweis. Es seien e und f beliebige Basen in V beziehungsweise W. Wir konstruieren eine lineare Abbildung $\mathscr{A}: V \to W$ und nehmen wie in 3.3.2 (vgl. den Beweis der Surjektivität in Satz 2) an, daß $B = CAD$ gilt.

Nun konstruieren wir ein neues Basispaar

$$e' = eS, \quad f' = fQ,$$

indem wir als Übergangsmatrizen $S = D$, $Q = C^{-1}$ wählen. Da die vorgegebenen Basen (in V und W) die Matrix der linearen Abbildung $\mathscr{A}$ eindeutig festlegen, gilt

$$B = Q^{-1} A(e, f) S = A(e', f')$$

(vgl. Formel (4)).

Satz 5. *Die Matrizen A und B sind dann und nur dann äquivalent, wenn sie gleiche Dimensionen und verschiedene Ränge besitzen.*

Beweis. ($\Rightarrow$): Ist $A \sim B$, so ist $B = CAD$. Da die Matrizen C und D nicht ausgeartet sind, fallen ihre Ränge mit ihren Ordnungen zusammen, und gemäß der Folgerung aus 3.2.3 gilt

$$\operatorname{rang} B = \operatorname{rang} AD = \operatorname{rang} A.$$

($\Leftarrow$): Es seien A und $B \in \mathbf{P}_{k \times n}$, und es gelte

$$\operatorname{rang} A = \operatorname{rang} B = r. \tag{5}$$

Bekanntlich kann die Matrix A mit dem Rang r durch eine endliche Anzahl von elementaren Transformationen in die folgende Form gebracht werden:

$$I_r = \left(\begin{array}{ccc|c} & r & & \\ 1 & & 0 & \\ & \ddots & & 0 \\ 0 & & 1 & \\ \hline & 0 & & 0 \end{array} \right)$$

wobei jede derartige Transformation der Matrix gleichbedeutend mit ihrer Multiplikation mit einer nichtausgearteten Matrix (der Matrix einer der elementaren Transformationen) von rechts oder links ist:

$$I_r = C_m \cdots C_1 A D_1 \cdots D_q.$$

Nach Bedingung (5) gilt das auch für die Matrix B:

$$I_r = E_1 \cdots E_1 B F_1 \cdots Fs.$$

Die soeben erhaltenen Gleichungen können kürzer folgendermaßen geschrieben werden:

$$I_r \sim A, \quad I_r \sim B.$$

Also ist $A \sim B$.

3.3.5 Ein kanonisches Basispaar

Satz 6. *Der Rang der linearen Abbildung* $\mathscr{A}: V \to W$ *betrage* r; $\dim V = n$, $\dim W = k$. *Dann existieren Basen* e *in* V *und* f *in* W, *für die gilt:*

$$A(e,f) = \underbrace{\left(\begin{array}{c|c} \overbrace{\begin{array}{ccc} 1 & & 0 \\ & \ddots & \\ 0 & & 1 \end{array}}^{r} & \\ \hline & 0 \end{array}\right)}_{n} k. \tag{6}$$

Beweis. In jedem der Räume V und W existieren lineare Teilräume, die mit der vorgegebenen linearen Abbildung $\mathscr{A}: V \to W$ naturgemäß im Zusammenhang stehen. Dies sind $\ker \mathscr{A} \subset V$ und $\operatorname{im} \mathscr{A} \subset W$. Wir zerlegen jeden Raum V und W so in eine direkte Summe seiner Teilräume,

$$V = V_1 \oplus V_2, \quad W = W_1 \oplus W_2, \quad \text{(Abb. 23)}$$

daß

$$V_2 = \ker \mathscr{A}, \quad W_1 = \operatorname{im} \mathscr{A}$$

gilt. (Für die Definition nehmen wir an, daß der Kern $\ker \mathscr{A}$ nicht ausgeartet ist.) Erhält man die Basen e und f der Räume V und W durch die Vereinigung der Basen ihrer Teilräume V_1, V_2 bzw. W_1, W_2, so gilt:

$A(e,f) =$ 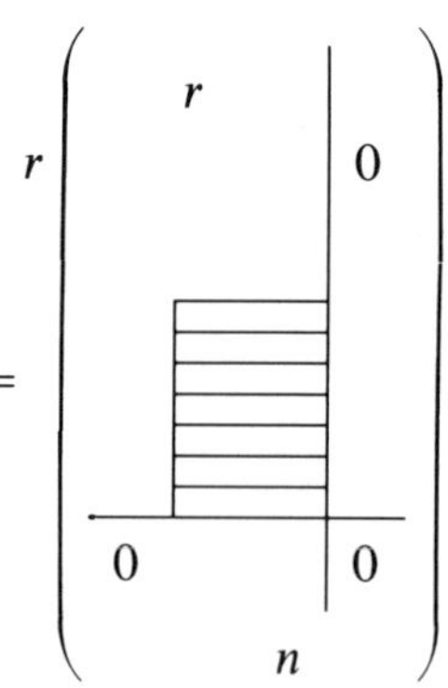 $k.$

Tatsächlich sind die Vektoren aus W_2 an der Zerlegung der Bilder der Vektoren aus V (wegen der Nullkoeffizienten) nicht beteiligt, dadurch wird das Vorhandensein der Nullelemente in der Matrix unterhalb der Horizontallinie erklärt,

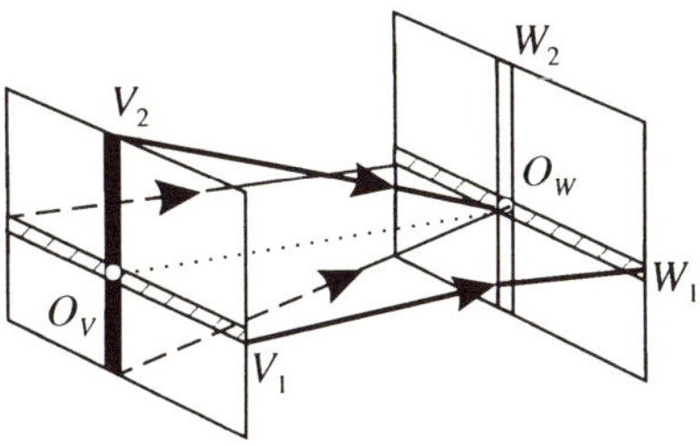

$V = V_1 \oplus V_2$ $\quad$ $W = W_1 \oplus W_2$ **Abb. 23**

während sämtliche Vektoren aus $V_2 = \ker \mathscr{A}$ in O_W übergehen, dadurch wird das Vorhandensein der Nullelemente rechts des vertikalen Striches erklärt.

Nachdem man die Basis in $V_2 = \ker \mathscr{A}$ gewählt hat, numeriert man sie folgendermaßen: $e_{r+1}, \ldots, e_n$ (man bedenke, daß $\dim \ker \mathscr{A} = n - r$ ist) und baut sie bis zu einer Basis von ganz V aus: $e_1, \ldots, e_r, e_{r+1}, \ldots, e_n$. Wir nehmen $V_1 = L(e_1, \ldots, e_r)$ an und betrachten eine Einschränkung der linearen Abbildung $\mathscr{A}: V \to W$ auf V_1:

$$\mathscr{A}_1 = \mathscr{A}/V_1 : V_1 \to \operatorname{im} \mathscr{A} = W_1 .$$

Da $\operatorname{rang} \mathscr{A}_1 = \operatorname{rang} \mathscr{A}$ und $\dim V_1 = \dim W_1$ gilt, so ist $\mathscr{A}_1: V_1 \to W_1$ ein Isomorphismus. Jeder Isomorphismus führt ein linear unabhängiges Vektorsystem wieder in ein linear unabhängiges System über. Das heißt, das System $f_1, \ldots, f_r$ mit $f_i = A_e$ $(i = 1, \ldots, r)$ ist daher linear unabhängig. Ergänzen wir dieses System zu einer Basis von $W: f_1, \ldots, f_r, f_{r+1}, \ldots, f_k$, dann gilt wegen

$$\mathscr{A}(e_i) = \begin{cases} 1 \cdot f_i, & i = 1, \ldots, r; \\ O_W, & i = r+1, \ldots, n, \end{cases}$$

die Beziehung

$$A(e, f) = \left(\begin{array}{ccc|cc} \multicolumn{3}{c}{r} & & \\ \hline 1 & & 0 & & \\ & \ddots & & r & \\ 0 & & 1 & & \\ \hline & & & & 0 \\ & & n & & \end{array} \right) k.$$

Definition. Das Basispaar (e, f) bezüglich dessen die Matrix $A(e, f)$ der linearen Abbildung $\mathscr{A}: V \to W$ die Form (6) aufweist, heißt ein *kanonisches Basispaar* für $\mathscr{A}$.

3.3.6 Die Matrix eines linearen Operators

Falls $V = W$, d. h. $\mathscr{A}: V \to V$ ein linearer Operator ist, ist es naheliegend, nur eine Basis (statt eines Basispaares) zu betrachten.

Es sei $e = (e_1, \ldots, e_n)$ eine Basis in V. Dann ist

$$\mathscr{A} e_i = \sum_{j=1}^{n} \alpha_i^j e_j, \quad i = 1, \ldots, n.$$

Definition 1. Die Matrix

$$A(e) = \begin{pmatrix} \alpha_1^1 & \cdots & \alpha_n^1 \\ \cdots & \cdots & \cdots \\ \alpha_1^n & \cdots & \alpha_n^n \end{pmatrix}$$

wird eine *Matrix des linearen Operators* $\mathscr{A}$ bezüglich der Basis e genannt.

Wenn $e' = eS$ eine andere Basis von V ist, so gilt

$$A(e') = S^{-1} A(e) S \tag{7}$$

(die Gleichung (7) wird analog wie Satz 3 unter 3.3.3 bewiesen).

Definition 2. Die Matrizen A und $A' \in \mathbf{P}_{n \times n}$ heißen *ähnlich*, wenn eine nichtausgeartete Matrix S existiert, für die gilt:

$$A' = S^{-1} A S.$$

Somit sind die Matrizen des linearen Operators bezüglich verschiedener Basen ähnlich.

Eigenschaften der ähnlichen Matrizen A und A'

a) Für einen beliebigen Raum V mit $\dim V = n$ lassen sich $\mathscr{A} \in \mathscr{L}(V, V)$ und Basen e und e' finden, für die $A = A(e)$, $A' = A(e')$ ist.

b) $\det A = \det A'$.

Beweis. $\det A' = \det(S^{-1} A S) = \det A$.

c) $\det(A - tI) = \det(A' - tI)$.

Beweis. Aus der Gleichung $A' = S^{-1} A S$ resultiert, daß für ein beliebiges t gilt:

$$A' - tI = S^{-1}(A - tI) S.$$

Da die Matrizen des linearen Operators bezüglich verschiedener Basen ähnlich sind, sind die folgenden Definitionen korrekt.

Definition 3. det $A(e)$ heißt *Determinante eines linearen Operators* $\mathscr{A}$ und wird mit det $\mathscr{A}$ bezeichnet.

Definition 4. $\det(\mathscr{A} - t\mathscr{I})$, wobei $\mathscr{I}: V \to V$ der identische Operator ist, heißt das *charakteristische Polynom des linearen Operators* $\mathscr{A}$.

Behauptung.

$$\det(\mathscr{A} - t\mathscr{I}) = (-1)^n t^n + (-1)^{n-1} \operatorname{tr} \mathscr{A} t^{n-1} + \cdots + \det \mathscr{A}.$$

Definition 5. Die Gleichung

$$\det(\mathscr{A} - t\mathscr{I}) = 0$$

heißt *charakteristische Gleichung für den linearen Operator* $\mathscr{A}$.

3.4 Invariante Teilräume

3.4.1 Definition und Beispiele

Es seien V ein linearer Raum über einem Körper $\mathbf{P}$ und $\mathscr{A}: V \to V$ ein linearer Operator.

Definition. Ein Teilraum W aus V wird bezüglich eines linearen Operators $\mathscr{A}$ *invariant* genannt, wenn für einen beliebigen Vektor x aus W auch $\mathscr{A}x$ in W liegt, d. h., die Menge

$$\mathscr{A}(W) = \{\mathscr{A}x \mid x \in W\}$$

liegt in $W: \mathscr{A}(W) \subset W$.

Beispiel 1. Die Teilräume $\{O_V\}$ und V sind triviale invariante Teilräume für einen beliebigen Operator $\mathscr{A} \in \mathscr{L}(V, V)$.

Beispiel 2. Für einen beliebigen Operator $\mathscr{A} \in \mathscr{L}(V, V)$ sind sein Kern ker $\mathscr{A}$ und sein Bild im $\mathscr{A}$ invariante Teilräume.

Aufgabe. Zu zeigen ist, daß die Summe $W_1 + W_2$ und der Durchschnitt $W_1 \cap W_2$ ebenfalls invariante Teilräume bezüglich $\mathscr{A}$ sind, wenn W_1 und W_2 invariante Teilräume bezüglich $\mathscr{A}$ sind.

Beispiel 3. Es sei $W \subset V$ ein invarianter Teilraum bezüglich $\mathscr{A}$. Wir wählen eine Basis $e_1, \ldots, e_k$ und ergänzen sie zur Basis $e = (e_1 \cdots e_k e_{k+1} \cdots e_n)$ des gesamten Raumes V. Dann wird

$$A(e)=\left(\begin{array}{c|c} \overset{k}{A_1} & A_2 \\ \hline 0 & A_3 \end{array}\right)$$

Beispiel 4. Es sei

$$V=\bigoplus_{i=1}^{q} W_i,$$

wobei jeder Teilraum W_i, $i=1,\dots,q$, invariant bezüglich $\mathscr{A}$ ist. Wenn die Basis e des Raumes V durch Vereinigung der Basen der einzelnen Teilräume W_i, aus denen V zusammengesetzt ist, gewonnen wird, so ist

$$A(e)=\begin{pmatrix} \boxed{A_1} & & & 0 \\ & \boxed{A_2} & & \\ & & \ddots & \\ 0 & & & \boxed{A_q} \end{pmatrix}.$$

3.4.2 Eigenvektoren und Eigenwerte

Es sei V ein linearer Raum über einem Körper $\mathbf{P}$ und $\mathscr{A}\in\mathscr{L}(V,V)$.

Definition. Ein von null verschiedener Vektor $x\in V$ heißt *Eigenvektor des linearen Operators* $\mathscr{A}$, wenn sich ein $\lambda\in\mathbf{P}$ finden läßt, für das

$$\mathscr{A}x=\lambda x$$

gilt. λ heißt *Eigenwert* des linearen Operators $\mathscr{A}$ (der dem Eigenvektor x zugeordnete Eigenwert).

Beispiel. Der Eigenvektor des Differentiationsoperators

$$\mathscr{D}=\frac{\mathrm{d}}{\mathrm{d}t}: M_n\to M_n$$

ist ein beliebiges Polynom nullten Grades; der entsprechende Eigenvektor ist gleich null.

Satz 1. *Das System von Eigenvektoren des linearen Operators $\mathscr{A}$ ist linear unabhängig, wenn die Eigenvektoren paarweise verschiedenen Eigenwerten entsprechen.*

Beweis. Es seien $\lambda_1, \ldots, \lambda_q$ $(\lambda_i \neq \lambda_j, i \neq j)$ paarweise verschiedene Eigenwerte des linearen Operators $\mathscr{A}$ und $x_1, \ldots, x_q$ ihnen zugeordnete Eigenvektoren:

$$\mathscr{A} x_i = \lambda_i x_i, \quad i = 1, \ldots, q.$$

Den Beweis der oben formulierten Behauptung führen wir durch Induktion nach der Anzahl q der Eigenvektoren.

1. *Schritt*: Ist $q = 1$, so gilt $x_1 \neq O_V$ nach Definition.

2. *Schritt*: Wir nehmen an, daß für ein beliebiges $m < q$ das System der Vektoren $x_1, \ldots, x_m$ linear unabhängig ist.

3. *Schritt*: Wir zeigen, daß das System der Vektoren $x_1, \ldots, x_q$ ebenfalls linear unabhängig ist.

Zunächst nehmen wir das Gegenteil an. Es existiert also eine nichttriviale Linearkombination

$$\alpha_1 x_1 + \cdots + \alpha_q x_q = O_V. \tag{1}$$

Wenden wir den linearen Operator $\mathscr{A}$ auf (1) an, so geht die Gleichung in

$$\alpha_1 \lambda_1 x_1 + \cdots + \alpha_q \lambda_q x_q = O_V \tag{2}$$

über. Multipliziert man nun (1) mit λ_q und subtrahiert die so erhaltene Gleichung von (2), erhält man

$$\alpha_1(\lambda_1 - \lambda_q)x_1 + \cdots + \alpha_{q-1}(\lambda_{q-1} - \lambda_q)x_{q-1} = O_V.$$

Diese Linearkombination der Vektoren $x_1, \ldots, x_{q-1}$ ist nicht trivial, denn der Koeffizient von $\alpha_1(\lambda_1 - \lambda_q)$ von x_1 ist von null verschieden. Das widerspricht aber der Annahme, daß das System der Eigenvektoren $x_1, \ldots, x_m$ mit $m < q$ linear unabhängig ist.

Folgerung. *Die Anzahl der verschiedenen Eigenwerte des linearen Operators $\mathscr{A}: V \to V$ ist nicht größer als die Dimension von V.*

Wir führen hier noch eine einfache, aber nützliche Eigenschaft der Eigenwerte und Eigenvektoren des linearen Operators an.

Behauptung. *Ist λ ein Eigenwert des Operators $\mathscr{A}$, so ist λ^2 ein Eigenwert des linearen Operators $\mathscr{A}^2$ (zu demselben Eigenvektor).*

Beweis. Indem man auf beiden Seiten der Gleichung

$$\mathscr{A} x = \lambda x$$

den Operator $\mathscr{A}$ nochmals anwendet, erhält man

$$\mathscr{A}^2 x = \mathscr{A}(\mathscr{A}x) = \mathscr{A}(\lambda x) = \lambda \mathscr{A} x = \lambda^2 x.$$

3.4.3 Das charakteristische Polynom

Es sei V ein linearer Raum über einem Körper $\mathbf{P}$ und $\mathscr{A} \in \mathscr{L}(V, V)$. Wir erinnern uns:

Definition 1. Das *charakteristische Polynom* des linearen Operators $\mathscr{A}$ wird mit $\chi(t) = \det(\mathscr{A} - t\mathscr{I})$ mit $t \in \mathbf{P}$ bezeichnet.

Es sei e eine Basis von V und $A(e) = (a_i^j)$. Dann wird

$$\chi(t) = \det(\mathscr{A}(e) - t\mathscr{I}) = \begin{vmatrix} \alpha_1^1 - t & \cdots & \alpha_n^1 \\ \cdots & \cdots & \cdots \\ \alpha_1^n & \cdots & \alpha_n^n - t \end{vmatrix}$$

oder

$$\chi(t) = \sum_{k=0}^{n} \gamma_k t^k.$$

Da $\chi(t)$ nicht von der Wahl der Basis in V abhängt, trifft dies auch für seine Koeffizienten zu:

$$\gamma_n = (-1)^n, \quad \gamma_{n-1} = (-1)^{n-1}(\alpha_1^1 + \cdots + \alpha_n^n), \ldots, \gamma_0 = \det(\alpha_i^i).$$

Definition 2. Die Zahl $\operatorname{tr} \mathscr{A}$, die nach der Regel

$$\operatorname{tr} \mathscr{A} = \sum_{k=1}^{n} \alpha_k^k$$

berechnet wird, heißt die *Spur* des Operators $\mathscr{A}$.

Satz 2. *λ ist dann und nur dann ein Eigenwert des linearen Operators $\mathscr{A}$, wenn λ eine Wurzel des charakteristischen Polynoms ist, die einem Körper* $\mathbf{P}$: $\chi(\lambda)$ *angehört.*

Beweis. ($\Rightarrow$): Es sei λ der Eigenwert eines linearen Operators $\mathscr{A}$. Dann existiert ein Vektor $x \neq O$, für den $\mathscr{A}x = \lambda x$ gilt. Wenn man diese Beziehung in etwas anderer Form schreibt:

$$(\mathscr{A} - \lambda\mathscr{I})x = O,$$

kann man behaupten, daß der Kern des Operators $\mathscr{A} - \lambda\mathscr{I}$ nicht trivial ist:

$$\ker(\mathscr{A} - \lambda\mathscr{I}) = \{O\},$$

und folglich gilt

$$\operatorname{defect}(\mathscr{A} - \lambda\mathscr{I}) > 0.$$

Da

$$\operatorname{defect}(\mathscr{A} - \lambda\mathscr{I}) + \operatorname{rang}(\mathscr{A} - \lambda\mathscr{I}) = \dim V$$

ist, schließen wir aus der obigen Ungleichung, daß

$$\operatorname{rang}(\mathscr{A} - \lambda\mathscr{I}) < \dim V$$

ist, d. h. $\det(\mathscr{A} - \lambda\mathscr{I}) = 0$.

Folglich ist $\chi(\lambda) = 0$ und λ die Wurzel des charakteristischen Polynoms des Operators $\mathscr{A}$.

($\Leftarrow$): Um den zweiten Teil der Behauptung des Satzes unter Beweis zu stellen, muß man die oben angestellten Überlegungen nochmals, aber in umgekehrter Reihenfolge wiederholen.

3.4.4 Verfahren zur Konstruktion eines Eigenvektors

Es sei V ein linearer Raum über einem Körper $\mathbf{P}$ und $\mathscr{A} \in \mathscr{L}(V, V)$.

Wir zeigen, wie sich der einem bekannten Eigenwert λ von $\mathscr{A}$ zugeordnete Eigenvektor finden läßt.

Ist e eine Basis von V, so ist die Gleichung $\mathscr{A}x = \lambda x$ gleichbedeutend mit der Matrizengleichung

$$A(e)x(e) = \lambda x(e), \tag{3}$$

wobei die Koordinatenspalte $x(e) = (\xi^1 \cdots \xi^n)^{\mathrm{T}}$ aus den Koordinaten des gesuchten Vektors x in der Basis e zusammengesetzt ist:

$$x = \sum_{k=1}^{n} \xi^k e_k = e x(e).$$

Es ist also möglich, einen Eigenvektor zu konstruieren, wenn eine nicht triviale Lösung von (3) existiert.

Ein solches System, das man bequemer auch anders darstellen kann:

$$(A(e) - \lambda I)x(e) = O \in \mathbf{P}_{n \times 1},$$

hat eine von null verschiedene Lösung, da nach Satz 2

$$\det(A(e) - \lambda I) = O$$

gilt. Es sei $x(e) \in \mathbf{P}_{n \times 1}$ eine nichttriviale Lösung des Gleichungssystems (3). Dann ist der von null verschiedene Vektor

$$x = e x(e)$$

der Eigenvektor des linearen Operators $\mathscr{A}$ mit dem Eigenwert λ.

3.4.5 Der Eigenteilraum

Es seien V ein linearer Raum über einem Körper $\mathbf{P}$, $\mathscr{A} \in \mathscr{L}(V, V)$ und λ der Eigenwert des Operators $\mathscr{A}$.

Behauptung. *Die Menge*

$$W_{(\lambda)} = \{x \mid \mathscr{A}x = \lambda x\}$$

ist ein linearer Teilraum V, der invariant gegenüber der Anwendung des linearen Operators $\mathscr{A}$ ist.

Beweis. Wir wenden den Operator $\mathscr{A}$ auf eine Linearkombination von Vektoren aus $W_{(\lambda)}$ an:

$$\mathscr{A}(\alpha x + \beta y) = \alpha \mathscr{A} x + \beta \mathscr{A} y = \alpha \lambda x + \beta \lambda y = \lambda(\alpha x + \beta y).$$

Damit ist $W_{(\lambda)}$ ein Teilraum von V, dessen Invarianz offensichtlich ist.

Definition. $W_{(\lambda)}$ wird *Eigenteilraum* des linearen Operators $\mathscr{A}$ genannt.

Satz 3. *Es sei λ eine Wurzel des charakteristischen Polynoms des linearen Operators $\mathscr{A}$ mit der Vielfachheit k. Dann gilt:* $\dim W_{(\lambda)} \leq k$.

Beweis. Es sei

$$\dim W_{(\lambda)} = l.$$

Wir ergänzen die Basis $f_1, \ldots, f_l$ des Teilraumes $W_{(\lambda)}$ zur Basis des gesamten Raumes V: $f_1, \ldots, f_l, f_{l+1}, \ldots, f_n$.

Die Matrix des linearen Operators $\mathscr{A}$ bezüglich der Basis f besitzt folgende Form:

$$A(f) = \overset{}{l}\left(\begin{array}{c|c} \overbrace{\begin{matrix} \lambda & & 0 \\ & \ddots & \\ 0 & & \lambda \end{matrix}}^{l} & B \\ \hline 0 & C \end{array}\right),$$

während dem Operator $\mathscr{A} - \mathscr{I}t$ die Matrix

$$A(f) - tI = \left[\begin{array}{ccc|c} \lambda - t & & & \\ & \ddots & & B \\ & & \lambda - t & \\ \hline & 0 & & C - \lambda I_{n-l} \end{array}\right]$$

zugeordnet ist (hier ist I_{n-l} eine Einheitsmatrix der Ordnung $n - l$).

Das charakteristische Polynom des Operators $\mathscr{A}$ kann wie folgt geschrieben werden:

$$\chi(t) = (\lambda - t)^l \varphi(t), \tag{4}$$

wobei $\varphi(t) = \det(C - tI_n - l)$ ist.

Andererseits ergibt sich aus der Tatsache, daß λ eine Wurzel des Polynoms $\chi(t)$ der Vielfachheit k ist, die Zerlegung

$$\chi(t) = (\lambda - t)^k \psi(t) \tag{5}$$

mit $\psi(\lambda) \neq 0$.

Vergleicht man die Formeln (4) und (5) und stellt fest, daß das Polynom $\varphi(t)$ bei $t = \lambda$ durchaus identisch null werden kann, schließt man aus der Eindeutigkeit der kanonischen Zerlegung des Polynoms $\chi(t)$, daß l nicht größer als k sein kann.

Das nachstehende Beispiel zeigt, daß l kleiner als k sein kann.

Beispiel. Wir sehen uns an, wie im Raum M_n der Polynome höchstens n-ten Grades ($n \geq 1$) der Differentiationsoperator wirkt:

$$\mathscr{D} = \frac{\mathrm{d}}{\mathrm{d}t}: M_n \to M_n.$$

Die Basisvektoren

$$e_0 = 1, \quad e_k = \frac{t^k}{k!}, \quad k = 1, \ldots, n,$$

werden mit Hilfe des Operators $\mathscr{D}$ nach der Regel

$$\mathscr{D}e_0 = 0, \quad \mathscr{D}e_m = e_{m-1}, \quad m = 1, \ldots, n,$$

transformiert.

Deshalb wird

$$D(e) = \begin{bmatrix} 0 & 1 & & & & \\ & 0 & 1 & & 0 & \\ & & \ddots & \ddots & & \\ & 0 & & \ddots & \ddots & \\ & & & & 0 & 1 \\ & & & & & 0 \end{bmatrix}.$$

Daraus erhalten wir

$$\det(D(e) - tI) = (-1)^{n+1} t^{n+1}.$$

Damit ist $t = 0$ eine Wurzel des charakteristischen Polynoms des Operators

$\mathscr{D}$ der Vielfachheit $n+1$ $(k=n+1)$. Gleichzeitig gilt $W_{(0)}=M_0$ und folglich

$$l=\dim W_{(0)}=1,$$

d. h., $l=1<n+1=k$.

3.4.6 Invariante Teilräume minimaler Dimension im komplexen und reellen Raum

A. *Komplexer Fall.* Es sei V ein komplexer linearer Raum. Dann existiert für ein beliebiges $\mathscr{A}\in\mathscr{L}(V,V)$ ein invarianter Teilraum der Dimension 1.

Dies ergibt sich aus der Tatsache, daß der lineare Operator $\mathscr{A}$ im komplexen Raum stets einen Eigenwert λ (eine Wurzel des charakteristischen Polynoms des Operators) und folglich auch einen ihm zugeordneten Vektor x $(\mathscr{A}x=\lambda x)$ besitzt. Dann ist die durch diesen Vektor erzeugte lineare Hülle $L(x)$ ein eindimensionaler invarianter Teilraum bezüglich der Wirkung von $\mathscr{A}$.

B. *Reeller Fall.*

Satz 4. *Es seien V ein reeller linearer Raum und $\mathscr{A}\colon V\to V$ ein willkürlicher linearer Operator. Dann existiert ein bezüglich der Wirkung des linearen Operators $\mathscr{A}$ invarianter Teilraum, dessen Dimension nicht größer als 2 ist.*

Beweis. 1. Das charakteristische Polynom des linearen Operators $\mathscr{A}$ besitzt eine reelle Wurzel $\lambda\colon \chi(\lambda)=0$.

Nach Satz 2 ist λ der Eigenwert des Operators $\mathscr{A}$. Wie auch im komplexen Fall ist die durch den λ entsprechenden Eigenvektor x erzeugte lineare Hülle $L(x)$ ein eindimensionaler invarianter Teilraum.

2. Es sei $\lambda=\alpha+\mathrm{i}\beta$, $\beta\neq 0$, eine komplexe Wurzel des charakteristischen Polynoms $\chi(t)$. Wir zeigen, daß der Operator $\mathscr{A}$ einen zweidimensionalen invarianten Teilraum besitzt.

Es seien e die Basis von V und $A=A(e)$ eine Matrix des linearen Operators $\mathscr{A}$ bezüglich dieser Basis. Indem wir dem unter Punkt 3.4.4 vorgeschlagenen Verfahren zur Konstruktion eines Eigenvektors folgen, betrachten wir das Gleichungssystem

$$(A-(\alpha+\mathrm{i}\beta)I)(\xi+\mathrm{i}\eta)=O \tag{6}$$

mit $O,\xi,\eta\in\mathbf{R}_{n\times 1}$. Dieses System hat eine nichttriviale Lösung $\xi+\mathrm{i}\eta$, denn

$$\det(A-(\alpha+\mathrm{i}\beta)I)=\chi(\alpha+\mathrm{i}\beta)=0.$$

Wenn wir in (6) den Real- vom Imaginärteil trennen, erhalten wir

$$A\xi-\alpha I\xi-\beta I\eta=O,\quad A\eta-\beta I\xi-\alpha I\eta=O$$

oder

$$A\xi = \alpha\xi - \beta\eta, \quad A\eta = \beta\xi + \alpha\eta. \tag{7}$$

Bevor wir zum Beweis des Satzes übergehen, machen wir zwei wichtige Bemerkungen.

Bemerkung 1. Aus den Beziehungen (7) folgt, daß bei $\xi + \mathrm{i}\eta \neq 0$ sowohl $\xi \neq O$ als auch $\eta \neq O$ gilt. Wir setzen z. B. $\xi = O$. Dann erhält man aus der ersten Gleichung von (7) $-\beta\eta = O$ und wegen $\beta \neq O$ auch $\eta = O$.

Bemerkung 2. Die konjugiert-komplexe Wurzel $\bar{\lambda} = \alpha - \mathrm{i}\beta$ des Polynoms $\chi(t)$ bringt keine neuen Lösungen: Aus dem System

$$(A - (\alpha - \mathrm{i}\beta)I)(\zeta - \mathrm{i}\varepsilon) = O$$

gewinnt man mit dem oben beschriebenen Verfahren Gleichungen, die sich von (7) nur durch die Bezeichnungen unterscheiden.

Nach den Nichtnullspalten

$$\xi = (\xi^1 \cdots \xi^n)^\mathrm{T} \quad \text{und} \quad \eta = (\eta^1 \cdots \eta^n)^\mathrm{T}$$

konstruiert man die Nichtnullvektoren:

$$x = e\xi = \sum_{k=1}^{n} \xi^k e_k \quad \text{und} \quad y = e\eta = \sum_{k=1}^{n} \eta^k e_k.$$

Wenn man die Matrizengleichungen (7) von links mit der Zeile $e = (e_1, \ldots, e_n)$ unter Beachtung der Formel

$$(e_1 \cdots e_n)A = (\mathscr{A}e_1 \cdots \mathscr{A}e_n)$$

und der Gleichungen

$$\sum_{k=1}^{n} \mathscr{A}e_k\xi^k = \mathscr{A}\left(\sum_{k=1}^{n} \xi^k e_k\right) = \mathscr{A}x$$

$$\sum_{k=1}^{n} \mathscr{A}e_k\eta^k = \mathscr{A}\left(\sum_{k=1}^{n} \eta^k e_k\right) = \mathscr{A}y$$

multipliziert, erhält man zwei Vektorbeziehungen

$$\mathscr{A}x = \alpha x - \beta y, \quad \mathscr{A}y = \beta x + \alpha y.$$

Wir betrachten die lineare Hülle $L(x, y)$. Sie besitzt folgende Eigenschaften:

a) $L(x, y)$ ist invariant bezüglich der Wirkung von $\mathscr{A}$:

$$\begin{aligned}\mathscr{A}(\mu x + \nu y) &= \mu\mathscr{A}x + \nu\mathscr{A}y = \mu(\alpha x - \beta y) + \nu(\beta x + \alpha y)\\ &= (\alpha\mu + \beta\nu)x + (\alpha\nu - \beta\mu)y \in L(x, y).\end{aligned}$$

b) $\dim L(x, y) = 2$.

Die Gleichung $\mu x + \nu y = O$ geht bei Anwendung des Operators $\mathscr{A}$ in

$$(\alpha\mu + \beta\nu)x + (\alpha\nu - \beta\mu)y = O$$

über. Schließt man den Vektor y aus beiden Beziehungen aus, erhält man

$$[-(\alpha\nu - \beta\mu)\mu + \nu(\alpha\mu + \beta\nu)]x = O$$

oder $\beta(\mu^2 + \nu^2)x = O$.

Da $\beta \neq 0$ und $x \neq O$ ist, ist auch $\mu^2 + \nu^2 = 0$, und folglich gilt $\mu = \nu = 0$. Folglich sind also die Vektoren x und y linear unabhängig.

Bemerkung. Besitzt das charakteristische Polynom keine reellen Wurzeln, so beträgt die minimale (von null verschiedene) Dimension des invarianten Teilraumes zwei.

3.5 Die kanonische Form der Matrix eines linearen Operators

3.5.1 Das Operatorpolynom

Wir erweitern den Begriff des Polynoms in zwei Richtungen.

1. *Das Operatorpolynom.* Es seien V ein linearer Raum über einem Körper $\mathbf{P}$, $\mathscr{A}: V \to V$ ein linearer Operator und

$$Q(t) = \alpha_0 + \alpha_1 t + \cdots + \alpha_k t^k \in \mathbf{P}(t)$$

ein Polynom.

Definition 1. Ein linearer Operator $\mathscr{B}: V \to V$, der durch die Beziehung.

$$\mathscr{B} = \alpha_0 \mathscr{I} + \alpha_1 \mathscr{A} + \cdots + \alpha_k \mathscr{A}^k$$

definiert ist ($\mathscr{I}: V \to V$ der identische Operator), heißt *Operatorpolynom* von $\mathscr{A}$ und wird mit $\mathscr{B} = Q(\mathscr{A})$ bezeichnet.

Hilfssatz. *Es seien* $Q(t) = \sum_{i=0}^{k} \alpha_i t^i$ *und* $R(t) = \sum_{j=0}^{m} \beta_j t^j$ *Polynome, die Operatoren* $\mathscr{A}, \mathscr{B} \in \mathscr{L}(V, V)$ *und* $\mathscr{A}\mathscr{B} = \mathscr{B}\mathscr{A}$. *Dann gilt*

$$Q(\mathscr{A})R(\mathscr{B}) = R(\mathscr{B})Q(\mathscr{A}).$$

Beweis. Aus der Bedingung $\mathscr{A}\mathscr{B} = \mathscr{B}\mathscr{A}$ leitet man leicht

$$\mathscr{A}^i \mathscr{B}^j = \mathscr{B}^j \mathscr{A}^i \tag{1}$$

für beliebige i und $j \in \mathbf{N}$ ab.

Wir konstruieren Polynome mit den Operatoren $\mathscr{A}$ und $\mathscr{B}$:

$$Q(\mathscr{A}) = \sum_{i=0}^{k} \alpha_i \mathscr{A}^i = \alpha_0 \mathscr{I} + \alpha_1 \mathscr{A} + \cdots + \alpha_k \mathscr{A}^k$$

$$R(\mathscr{B}) = \sum_{j=0}^{m} \beta_j \mathscr{B}^j = \beta_0 \mathscr{I} + \beta_1 \mathscr{B} + \cdots + \beta_m \mathscr{B}^m.$$

Durch deren Multiplikation

$$Q(\mathscr{A})R(\mathscr{B}) = \sum_{i=0}^{k} \sum_{j=0}^{m} \alpha_i \beta_j \mathscr{A}^i \mathscr{B}^j,$$

$$R(\mathscr{B})Q(\mathscr{A}) = \sum_{j=0}^{m} \sum_{i=0}^{k} \beta_j \alpha_i \mathscr{B}^j \mathscr{A}^i,$$

erhält man unter Berücksichtigung der Formel (1) die geforderte Gleichung.

Definition 2. Der lineare Operator $\mathscr{A}_0 \colon V \to V$, der die Gleichung

$$Q(\mathscr{A}_0) = \mathscr{O}$$

befriedigt, wobei $\mathscr{O} \in \mathscr{L}(V, V)$ ein Nulloperator ist, heißt eine *Wurzel des linearen Operatorpolynoms.*

1. *Das Polynom einer Matrix.* Es sei $A \in \mathbf{P}_{n \times n}$ und

$$Q(t) = \alpha_0 + \alpha_1 t + \cdots + \alpha_k t^k \in \mathbf{P}[t]$$

ein Polynom.

Definition 1'. Eine Matrix $B \in \mathbf{P}_{n \times n}$, die durch die Formel

$$B = \alpha_0 I + \alpha_1 A + \cdots + \alpha_k A^k$$

definiert ist, heißt ein *Polynom der Matrix A* und wird mit $B = Q(A)$ bezeichnet.

2. *Das Matrizenpolynom.* Es seien $A_0, A_1, \ldots, A_k \in \mathbf{P}_{n \times n}$ $(A_k \neq 0)$, $t \in \mathbf{P}$.

Definition 3. Wir nennen eine Matrix

$$F(t) = A_0 + A_1 t + \cdots + A_k t^k = \sum_{j=0}^{k} A_j t^j$$

ein *Polynom mit Matrixkoeffizienten* (*Matrixpolynom*).

Definition 4. Man sagt, daß zwei Matrizenpolynome

$$F(t) = \sum_{j=0}^{k} A_j t^j \quad \text{und} \quad G(t) = \sum_{i=0}^{m} B_i t^i$$

gleich sind, $F(t) = G(t)$, wenn $k = m$ und $A_0 = B_0, \ldots, A_k = B_k$ ist.

3.5.2 Der Satz von Hamilton und Cayley

Satz 1. *Der lineare Operator ist eine Wurzel seines charakteristischen Polynoms.*

Beweis. Es sei

$$\chi(t) = \det(\mathscr{A} - t\mathscr{I}) = \alpha_0 + \alpha_1 t + \cdots + \alpha_{n-1} t^{n-1} + (-1)^n t^n$$

ein charakteristisches Polynom des linearen Operators $\mathscr{A}: V \to V$. Man muß zeigen, daß $\chi(A) = \mathscr{O}$ ist.

Wir bezeichnen mit $A = (\alpha_i^j)$ die Matrix des linearen Operators $\mathscr{A}$ bezüglich irgendeiner Basis e des Raumes V und konstruieren für die Matrix

$$A - tI = \begin{pmatrix} \alpha_1^1 - t & & \alpha_n^1 \\ & \ddots & \\ \alpha_1^n & & \alpha_n^n - t \end{pmatrix}$$

eine adjungierte Matrix

$$B(t) = \begin{pmatrix} A_{11}(t) & \cdots & A_{n1}(t) \\ \cdots & \cdots & \cdots \\ A_{1n}(t) & \cdots & A_{nn}(t) \end{pmatrix}.$$

Deren Elemente sind algebraische Komplementärräume der Matrix $A - tI$, wobei der algebraische Komplementärraum $A_{ij}(t)$ des in der Matrix $A - tI$ im Kreuzungspunkt der i-ten Zeile mit der j-ten Spalte liegenden Elements in der Matrix $B(t)$ in der Position (j, i) angeordnet ist.

Jeder algebraische Komplementärraum $A_{ij}(t)$ stellt ein Polynom dar, dessen Grad $n - 1$ nicht überschreitet, was es gestattet, die Matrix $B(t)$ in folgender Form aufzuschreiben:

$$B(t) = C_0 + C_1 t + \cdots + C_{n-1} t^{n-1}.$$

Die Elemente der Matrizen

$$C_k \in \mathbf{P}_{n \times n}, \quad k = 0, 1, \ldots, n-1,$$

sind Koeffizienten k-ten Grades der Polynome $A_{ij}(t)$. Die Matrix $B(t)$ ist ein Polynom von t mit Matrizenkoeffizienten.

Gemäß den Eigenschaften der adjungierten Matrizen gilt

$$(A - tI)B(t) = \det(A - tI)I$$

oder, ausführlicher geschrieben,

$$\begin{aligned}(A - tI)&(C_0 + C_1 t + \cdots + C_{n-1} t^{n-1}) \\ &= (\alpha_0 + \alpha_1 t + \cdots + \alpha_{n-1} t^{n-1} + (-1)^n t^n)I.\end{aligned}$$

Indem man die notwendigen Multiplikationen durchführt und die Koeffizienten gleichen Grades von t einander gleichsetzt, bekommt man Matrizengleichungen:

$$\begin{array}{lll} AC_0 & = \alpha_0 I, & [0] \\ AC_1 - C_0 & = \alpha_1 I, & [1] \\ AC_2 - C_1 & = \alpha_2 I, & [2] \\ \cdots\cdots & & \\ AC_{n-1} - C_{n-2} & = \alpha_{n-1} I, & [n-1] \\ \quad - C_{n-1} & = (-1)^n I. & [n] \end{array}$$

Indem man die k-te Gleichung links mit der Matrix A^k, $k=0, 1, \ldots, n$, multipliziert und die Ergebnisse addiert, kommt man zu der Beziehung

$$O = \alpha_0 I + \alpha_1 A + \cdots + \alpha_{n-1} A^{n-1} + (-1)^n A^n = \chi(A).$$

Die Gleichung $\chi(\mathscr{A}) = \mathscr{O}$ folgt daraus, daß

$$\operatorname{rang} \chi(\mathscr{A}) = \operatorname{rang} \chi(\mathscr{A})$$

gilt.

Beispiel. Es sei $V = \mathbf{R}^2$,

$$A = \begin{pmatrix} 0 & -1 \\ 1 & 0 \end{pmatrix} : \mathbf{R}^2 \to \mathbf{R}^2; \quad \begin{pmatrix} \xi^1 \\ \xi^2 \end{pmatrix} \mapsto \begin{pmatrix} 0 & -1 \\ 1 & 0 \end{pmatrix} \begin{pmatrix} \xi^1 \\ \xi^2 \end{pmatrix}.$$

Das Polynom

$$\chi(t) = \begin{vmatrix} -t & -1 \\ 1 & -t \end{vmatrix} = t^2 + 1$$

hat keine reellen Wurzeln. Jedoch ist

$$\begin{aligned} \chi(A) &= A^2 + I \\ &= \begin{pmatrix} 0 & -1 \\ 1 & 0 \end{pmatrix} \begin{pmatrix} 0 & -1 \\ 1 & 0 \end{pmatrix} + \begin{pmatrix} 1 & 0 \\ 0 & 1 \end{pmatrix} \\ &= \begin{pmatrix} -1 & 0 \\ 0 & -1 \end{pmatrix} + \begin{pmatrix} 1 & 0 \\ 0 & 1 \end{pmatrix} = \begin{pmatrix} 0 & 0 \\ 0 & 0 \end{pmatrix}. \end{aligned}$$

3.5.3 Aufspaltung des linearen Operators

Wir nehmen an, daß das charakteristische Polynom $\chi(t)$ des linearen Operators $\mathscr{A}: V \to V$ in teilerfremde Multiplikatoren zerlegt ist:

$$\chi^{(t)} = \chi_1(t), \ldots, \chi_k(t),$$

wobei

$$\text{g.g.T.}\ (\chi_m, \chi_e) = 1, \quad m \neq l,$$

ist.

Es gilt folgende Behauptung:

Satz 2. *Im Raum V lassen sich Teilräume* $V_1, \ldots, V_k$ *angeben, die invariant gegen die Wirkung des linearen Operators* $\mathscr{A}$ *und derart sind, daß*

$$\chi_j(\mathscr{A}|_{V_j}) = \mathscr{O}_j, \quad j = 1, \ldots, k,$$

und $V = V_1 \oplus \cdots \oplus V_k$ *gilt.*

Beweis. Wir führen den Beweis durch Induktion nach der Anzahl teilerfremder Faktoren des charakteristischen Polynoms.

A. Wir prüfen die Gültigkeit der formulierten Behauptung für $k = 2$.

Es sei $\chi(t) = \chi_1(t)\chi_2(t)$, wobei der g.g.T. $= 1$ ist.

Wir bezeichnen mit V_1 und V_2 die Kerne der linearen Operatoren $\chi_1(\mathscr{A})$ bzw. $\chi_2(\mathscr{A})$:

$$V_j = \ker \chi_j(\mathscr{A}), \quad j = 1, 2.$$

Wir zeigen, daß V_j $(j = 1, 2)$ invariant gegenüber dem linearen Operator $\mathscr{A}$ ist.

Es sei $x \in V_j$, d. h., $\chi_j(\mathscr{A})x = O$. Dann liegt $y = \mathscr{A}x$ auch in V_j: $\chi_j(\mathscr{A})y = \chi_j(\mathscr{A})(\mathscr{A}x) = \mathscr{A}\chi_j(\mathscr{A})x = \mathscr{A}O = O$. Jetzt kann in V_j $(j = 1, 2)$ ein induzierter linearer Operator

$$\mathscr{A}_j = \mathscr{A}|_{V_j}: V_j \to V_j$$

eingeführt werden.
(Wir erinnern uns an die Definition eines induzierten Operators: $\mathscr{A}|_{V_j}$ ist nur auf den Vektoren aus V_j und $\mathscr{A}|_{V_j}\, x = \mathscr{A}x$ für einen beliebigen Vektor aus V_j definierbar, d. h., für Vektoren aus V_j gilt $\mathscr{A} = \mathscr{A}|_{V_j}$). Es ist klar, daß für Vektoren aus V_j die Gleichung

$$\chi_j(\mathscr{A})x = \chi_j(\mathscr{A}_j)x$$

erfüllt wird. Da $\chi_j(\mathscr{A})x = O$ für einen beliebigen Vektor x aus V_j (nach Definition von V_j) ist, so gilt $\chi_j(\mathscr{A}_j) = \mathscr{O}_j$, wobei $\mathscr{O}_j$: $V_j \to V_j$ ein Nulloperator ist.

Wir zeigen jetzt, daß $V = V_1 \oplus V_2$ ist.

Angesichts dessen, daß die Polynome χ_1 und χ_2 teilerfremd sind, existieren Polynome $u(t)$ und $v(t)$, so daß

$$\chi_1(t)u(t) + \chi_2(t)v(t) = 1$$

ist. Indem man zu Polynomen der linearen Operatoren übergeht, erhält man

$$\chi_1(\mathscr{A})u(\mathscr{A}) + \chi_2(\mathscr{A})v(\mathscr{A}) = \mathscr{I}. \tag{2}$$

Deshalb läßt jeder Vektor x aus V eine Darstellung $x = x_1 + x_2$ zu, wobei

$$x_1 = \chi_2(\mathscr{A})v(\mathscr{A})x, \quad x_2 = \chi_1(\mathscr{A})u(\mathscr{A})x$$

ist. Wir berechnen $\chi_j(\mathscr{A})x_j$, $j = 1, 2$:

$$\begin{aligned}\chi_1(\mathscr{A})x_1 &= \chi_1(\mathscr{A})\chi_2(\mathscr{A})v(\mathscr{A})x \\ &= \chi(\mathscr{A})v(\mathscr{A})x = v(\mathscr{A})\chi(\mathscr{A})x \\ &= v(\mathscr{A})\mathscr{O}x = O\end{aligned}$$

(hier machten wir zuerst vom Lemma in 3.5.1 und dann vom Satz 1 Gebrauch),

$$\chi_2(\mathscr{A})x_2 = \chi_2(\mathscr{A})\chi_1(\mathscr{A})u(\mathscr{A})x = u(\mathscr{A})\chi(\mathscr{A})x = O.$$

Die gewonnenen Gleichungen $\chi_1(\mathscr{A})x_1 = O$ und $\chi_2(\mathscr{A})x_2 = O$ bedeuten, daß $x_1 \in V_1$ und $x_2 \in V_2$ ist. Damit ist $V = V_1 + V_2$. Es bleibt zu zeigen, daß $V_1 \cap V_2 = \{O\}$ ist.

Es sei $x \in V_1 \cap V_2$. Dann ist

$$\chi_1(\mathscr{A})x = O, \quad \chi_2(\mathscr{A})x = O.$$

Daraus erhält man unter Verwendung der Formel (1)

$$\begin{aligned}x = \mathscr{I}x &= \chi_1(\mathscr{A})u(\mathscr{A})x + \chi_2(\mathscr{A})v(\mathscr{A})x \\ &= u(\mathscr{A})\chi_1(\mathscr{A})x + v(\mathscr{A})\chi_2(\mathscr{A})x = O.\end{aligned}$$

Also ist $V = V_1 \oplus V_2$.

B. Wir nehmen an, daß die Behauptung des Satzes für $k = l$ gültig ist:

$$\chi(t) = \chi_1(t), \ldots, \chi_l(t), \quad \text{g.g.T. } (\chi_m, \chi_q) = 1,\ m \neq q,$$

die Teilräume $V_1, \ldots, V_l$ invariant gegen die Wirkung des linearen Operators

$$\chi_j(\mathscr{A}|_{V_j}) = \mathscr{O}_j, \quad j = 1, \ldots, l,$$

sind und $V = V_1 \oplus \cdots \oplus V_l$ gilt.

C. Wir zeigen, daß dann die Behauptung des Satzes auch bei $k = l + 1$ gültig ist.

Es sei $\chi(t) = \chi_1(t), \ldots, \chi_l(t)\chi_{l+1}(t)$, g.g.T. $(\chi_m, \chi_q) = 1$, $m \neq q$.

Die Polynome $\hat{\chi}_1 = \chi_1, \ldots, \chi_l$ und $\hat{\chi}_2 = \chi_{l+1}$ sind teilerfremd. Deshalb lassen sich gemäß der unter A. bewiesenen Tatsache gegenüber der Wirkung von $\mathscr{A}$ invariante Teilräume $\hat{V}_1$ und $\hat{V}_2$ finden, so daß

$$\hat{\chi}_i(\mathscr{A}|_{\hat{V}_i}) = \mathscr{O}_i, \quad i = 1, 2, \quad \text{und}$$

$$V = \hat{V}_1 \oplus \hat{V}_2 \tag{3}$$

Da $\hat{\chi}_1 = \chi_1, \ldots, \chi_l$ ist, so gilt auf Grund der Annahme B, $\hat{V}_1 = V_1 \oplus \cdots \oplus V_l$, wobei $V_1, \ldots, V_l$ invariant gegenüber dem induzierten Operator $\hat{\mathscr{A}}_1 = \mathscr{A}|_{\hat{V}_1}$ oder, was dasselbe ist, gegen $\mathscr{A}$ sind. Indem man also $\hat{V}_2 = V_{l+1}$ ansetzt, gewinnt man aus der Formel (3) die geforderte Zerlegung

$$V = V_1 + \oplus \cdots \oplus V_l \oplus V_{l+1}.$$

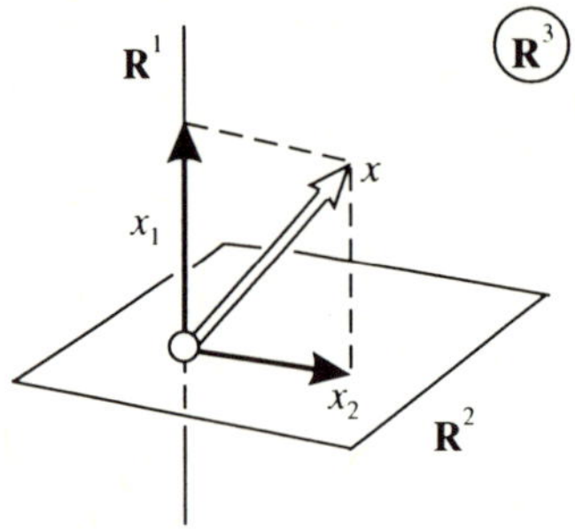

Abb. 24

Beispiel. Wir betrachten einen Projektionsoperator $\mathscr{P}: \mathbf{R}^3 \to \mathbf{R}^3$ (Abb. 24), der jedem Vektor x aus $\mathbf{R}^3$ seine Projektion x_2 auf $\mathbf{R}^2$: $\mathscr{P}x = x_2$ zuordnet. Es ist klar, daß $\mathbf{R}^3 = \mathbf{R}^1 \oplus \mathbf{R}^2$ und

$$\mathscr{P}|_{\mathbf{R}^1} = \mathscr{O}, \quad \mathscr{P}|_{\mathbf{R}^2} = \mathscr{I}$$

ist.

Wir berechnen die charakteristischen Polynome aller drei Operatoren

$$\mathscr{P}, \mathscr{P}_1 = \mathscr{P}|_{\mathbf{R}^1} \quad \text{und} \quad \mathscr{P}_2 = \mathscr{P}|_{\mathbf{R}^2}:$$

$$\chi(t) = -t(t-1)^2, \quad \chi_1(t) = -t, \quad \chi_2(t) = (t-1)^2.$$

Weiter folgt

$$\chi_1(\mathscr{P}) = -\mathscr{P}, \quad \ker \mathscr{P} = \mathbf{R}^1,$$
$$\chi_2(\mathscr{P}) = (\mathscr{P} - \mathscr{I})^2, \quad \ker(\mathscr{P} - \mathscr{I})^2 = \mathbf{R}^2.$$

3.5.4 Dreiecksform der Matrix eines linearen Operators im komplexen Raum

Es sei V ein eindimensionaler komplexer Raum und $\mathscr{A} \in \mathscr{L}(V, V)$.

Satz 3. *Im komplexen Raum V existiert ein gegen den Operator $\mathscr{A}$ invarianter Teilraum W der Dimension $n-1$.*

Beweis. Es sei λ der Eigenwert des linearen Operators $\mathscr{A}$. Dann gilt

$$\operatorname{rang}(\mathscr{A} - \lambda \mathscr{I}) \leq n - 1.$$

Wir setzen $\operatorname{im}(\mathscr{A} - \lambda\mathscr{I}) = W'$.

Es ist klar, daß $\dim W' \le n - 1$ ist.

Wir betrachten einen Teilraum $W \subset V$, der den Forderungen unterliegt: 1. $W' \subset W$, 2. $\dim W = n - 1$ und sonst freigewählt werden kann, und zeigen, daß W invariant gegen $\mathscr{A}$ ist.

Nach Definition von W' wird für jeden Vektor x aus V die Beziehung erfüllt:

$$(\mathscr{A} - \lambda\mathscr{I})x = y \in W'. \tag{4}$$

Wir nehmen x aus W. Dann erhält man aus Formel (4), daß $\mathscr{A}x = \lambda x + y \in W$ ist (der erste Summand λx liegt in W, weil W ein Teilraum von V ist, und y liegt ebenfalls in W, weil $W' \subset W$ ist).

Definition. Man sagt, daß die Matrix $A = (\alpha^j_m)$ eine *Dreiecksform* aufweist, wenn $\alpha^j_m = 0$ bei $m < j$ (j – die Zeilennummer) ist:

Satz 4. *Im komplexen Raum existiert eine Basis, bezüglich der die Matrix des vorgegebenen linearen Operators eine Dreiecksform besitzt.*

Beweis. Gemäß Satz 3 läßt sich im Raum V ein Teilraum V^{n-1} der Dimension $n - 1$ finden, der invariant gegen $\mathscr{A}$ ist.

Wir betrachten in V^{n-1} einen induzierten Operator

$$\mathscr{A}_{n-1} = \mathscr{A}|_{V^{n-1}}: V^{n-1} \to V^{n-1}.$$

Nach Satz 3 läßt sich in V^{n-1} ein Teilraum V^{n-2} der Dimension $n - 2$ finden, der invariant gegen $\mathscr{A}_{n-1}$ (oder, was dasselbe ist, gegen $\mathscr{A}$) ist.

Wir betrachten in V^{n-2} einen induzierten Operator

$$\mathscr{A}_{n-2} = \mathscr{A}_{n-1}|_{V^{n-2}} = \mathscr{A}|_{V^{n-2}}$$

und verwenden wiederum den Satz 3.

Indem man in ähnlicher Weise weiter überlegt, erhält man nach einer endlichen Schrittzahl eine Kette ineinandergeschachtelter Teilräume:

$$V^1 \subset V^2 \subset \cdots \subset V^{n-1} \subset V^n = V,$$

wobei $\dim V_k = k$, $k = 1, \ldots, n$, ist.

Die Basis im Raum V wählt man so: (e_1) ist die Basis von V^1; $(e_1 e_2)$ die Basis von V_2; $(e_1 e_2, \ldots, e_k)$ die Basis von V^k, $3 \le k \le n$.

Gemäß dieser Konstruktion ist

$$\mathscr{A}e_k = \alpha^1_k e_1 + \cdots + \alpha^k_k e_k, \quad k = 1, \ldots, n.$$

$$A(e) = \begin{bmatrix} \alpha^1_1 & \alpha^1_2 & \cdots & \alpha^1_n \\ 0 & \alpha^2_2 & \cdots & \alpha^2_n \\ \cdots & \cdots & \cdots & \cdots \\ 0 \cdot 0 & & \cdots & \alpha^n_n \end{bmatrix}.$$

Bemerkung. Auf der Hauptdiagonalen der im Verfahren des Beweises von Satz 4 gewonnenen Matrix $A(e)$ lassen sich die Eigenwerte des linearen Operators $\mathscr{A}$ anordnen.

3.5.5 Der nilpotente Operator

Es sei V ein linearer Raum über einem Feld $\mathbf{P}$ und $\mathscr{A} \in L(V, V)$.

Definition 1. Der lineare Operator $\mathscr{A}$ wird *nilpotent* genannt, wenn $\mathscr{A}^q = \mathscr{O}$ für gewisse $q \in \mathbf{N}$ ist.

Definition 1'. Die Matrix $A \in \mathbf{P}_{n \times n}$ heißt *nilpotent*, wenn $A^q = \mathscr{O}$ für gewisse $q \in \mathbf{N}$ ist.

Beispiel 1. Der Differentiationsoperator

$$\mathscr{D} = \frac{\mathrm{d}}{\mathrm{d}t} : M_n \to M_n$$

ist nilpotent, da $\mathscr{D}^{n+1} = \mathscr{O}$ ist.

Definition 2. Die quadratische Matrix der Form

$$J_k(\lambda) = \underbrace{\begin{bmatrix} \lambda & 1 & 0 & \cdots & 0 & 0 \\ 0 & \lambda & 1 & \cdots & 0 & 0 \\ 0 & 0 & \lambda & \cdots & 0 & 0 \\ \cdots & \cdots & \cdots & \cdots & \cdots & \cdots \\ 0 & 0 & 0 & \cdots & \lambda & 1 \\ 0 & 0 & 0 & \cdots & 0 & \lambda \end{bmatrix}}_{k} k$$

wird eine Jordan-Matrix der Dimension k genannt.

Beispiel 2. Die *Jordan-Matrix* $J_k(0)$ stellt eine nilpotente Matrix dar, denn

$$(J_k(0))^k = O.$$

Beispiel 2'. Die Matrix

$$J = \begin{pmatrix} J_{k_1}(0) & & & 0 \\ & J_{k_2}(0) & & \\ 0 & & \ddots & \\ & & & J_{k_q}(0) \end{pmatrix} \tag{1}$$

ist nilpotent, denn $J^k = O$ mit $k = \max\limits_{1 \leq j \leq q} k_j$.

Beispiel 3. Es sei V ein komplexer Raum, und der lineare Operator $\mathscr{A}: V \to V$ besitze einen einzigen Eigenwert $\lambda = 0$. Dann ist $\mathscr{A}$ ein nilpotenter Operator.

In der Tat existiert nach Satz 4 unter 3.5.4 eine Basis, bezüglich der die Operatormatrix eine Dreiecksform besitzt. Wegen der Bemerkung unter dem gleichen Punkt sind sämtliche Elemente auf der Hauptdiagonalen dieser Matrix gleich null. Man sieht leicht ein, daß $(A(e))^n = O$ ist:

$$A(e) = \begin{pmatrix} 0 & & * \\ & \ddots & \\ 0 & & 0 \end{pmatrix}, \quad A^2(e) = \begin{pmatrix} 0 & 0 & & * \\ & 0 & \ddots & \\ & 0 & & 0 \end{pmatrix} \quad \text{usw.}$$

Auch das Gegenteil ist richtig: Ist $\mathscr{A}$ ein nilpotenter Operator im komplexen Raum, so sind alle seine Eigenwerte gleich null. Ist x tatsächlich der Eigenvektor des Operators $\mathscr{A}$ und λ der ihm zugeordnete Eigenwert, so gilt

$$\mathscr{A}^q x = \lambda^q x.$$

Andererseits gilt nach Definition 1: $\mathscr{A}^q = O$ und folglich $\lambda = 0$ (wegen $x = O$).

Satz 5. *Es sei $\mathscr{A}: V \to V$ ein nilpotenter Operator. Dann existiert im Raum V eine Basis h, bezüglich der die Matrix des Operators $A(h)$ die Form* (1) *besitzt.*

Beweis. Da der Operator $\mathscr{A}$ nilpotent ist, existiert ein $m \in N$ derart, daß $\mathscr{A}^m = \mathscr{O}$ ist, während $\mathscr{A}^{m'} \neq \mathscr{O}$ ist, wenn $m' < m$ gilt.

Wir betrachten nun eine Folge von Operatoren

$$\mathscr{I} = \mathscr{A}^0, \quad \mathscr{A} = \mathscr{A}^1, \quad \mathscr{A}^2, \ldots, \mathscr{A}^{m-1}, \mathscr{A}^m = \mathscr{O}.$$

Die linearen Teilräume $V_j = \ker \mathscr{A}^j$, $j = 0, 1, \ldots, m$, besitzen folgende Eigenschaften:

a) $V_{j-1} \subset V_j$ für ein beliebiges $j = 1, \ldots, m$.
Ist in der Tat $x \in V_{j-i}$, $\mathscr{A}^{j-1} x = O$, so gilt $x \in V_j$, denn

$$\mathscr{A}^j x = \mathscr{A}(\mathscr{A}^{j-1} x) = \mathscr{A} O = O.$$

b) V_j ist invariant gegen $\mathscr{A}$.
Es sei x aus V_j, d. h. $\mathscr{A}^j x = O$. Aus der Gleichung $\mathscr{A}^{j-1}(\mathscr{A} x) = O$ ergibt sich

$$\mathscr{A} x \in V_{j-1} \subset V_j (\mathscr{A}(V_j) \subset V_j).$$

Wir wenden uns nun einer Folge ineinandergeschachtelter Teilräume zu:

$$\{O\} = V_0 \subset V_1 \subset V_2 \subset \cdots \subset V_{m-1} = V.$$

Schritt A. Wir betrachten das Tripel $V_{m-2} \subset V_{m-1} \subset V_m$.
Aus den Beziehungen $\mathscr{A}^m = \mathscr{O}, \mathscr{A}^{m-1} \neq \mathscr{O}$ folgt, daß $V_{m-1} \neq V_m$ ist. Also

sind in der Zerlegung

$$V_m = V_{m-1} \oplus V_{m-1},$$

wobei mit V'_{m-1} der zu V_{m-1} in V_m komplementäre Teilraum bezeichnet wird, die Summanden V_{m-1} und V'_{m-1} sind nicht trivial.

Es sei $(e_1 \cdots e_s)$ die Basis von V'_{m-1}. Gemäß Eigenschaft a) liegen die Vektoren $\mathscr{A}e_1, \dots, \mathscr{A}e_s$ in V_{m-1}. Wir zeigen, daß sie linear unabhängig sind und

$$L(\mathscr{A}e_1, \dots, \mathscr{A}e_s) \cap V_{m-2} = \{O\}$$

ist.

Es sei $\alpha_1 \mathscr{A}e_1 + \cdots + \alpha_s \mathscr{A}e_s = a \in V_{m-2}$.

Wir beweisen, daß $\alpha_1 = \cdots = \alpha_s = 0$ und $a = O$ ist, d.h., es gilt

$$\mathscr{A}^{m-1}(\alpha_1 e_1 + \cdots + \alpha_s e_s) = O,$$

oder anders ausgedrückt:

$$\alpha_1 e_1 + \cdots + \alpha_s e_s \in V_{m-1}.$$

Da die Vektoren $e_1, \dots, e_s$ in V'_{m-1} liegen, so gilt

$$\alpha_1 e_1 + \cdots + \alpha_s e_s \in V'_{m-1}.$$

Aus $V_{m-1} \cap V'_{m-1} = \{O\}$ erhält man $\alpha_1 e_1 + \cdots + \alpha_s e_s = O$. Daraus schließt man wegen der linearen Unabhängigkeit des Systems $(e_1 \cdots e_s)$, daß $\alpha_1 = \cdots = \alpha_s = 0$ und folglich $a = O$ ist.

Wir merken an, daß das Vektorsystem $\sum\limits_{A}$

$$\begin{array}{l|l} V'_{m-1} & e_1 \cdots e_s \\ V_{m-1} & \mathscr{A}e_1 \cdots \mathscr{A}e_s \end{array}$$

linear unabhängig ist, da die Teilsysteme $(e_1 \cdots e_s)$ und $(\mathscr{A}e_1 \cdots \mathscr{A}e_s)$ linear unabhängig sind und in den Teilräumen V_{m-1} beziehungsweise V'_{m-1} liegen, aus denen V zusammengesetzt ist:

$$V_{m-1} \oplus V'_{m-1} = V.$$

Schritt B. Wie betrachten das Tripel $V_{m-3} \subset V_{m-2} \subset V_{m-1}$.

Da die Vektoren $\mathscr{A}e_1, \dots, \mathscr{A}e_s$ in V_{m-1} liegen, aber nicht in V_{m-2} enthalten sind, folgt $\dim V_{m-2} < \dim V_{m-2} < \dim V_{m-1}$ und $V_{m-2} \neq V_{m-1}$.

V_{m-1} läßt also die folgende Zerlegung zu:

$$V_{m-1} = V_{m-2} \oplus V'_{m-2},$$

wobei mit V'_{m-2} der zu V_{m-2} in V_{m-1} komplementäre Teilraum bezeichnet wird, der ein linear unabhängiges Vektorsystem $\mathscr{A}e_1, \dots, \mathscr{A}e_s$ enthält.

Wir ergänzen, falls es erforderlich ist, dieses Vektorsystem zu einer Basis in V'_{m-2}. Auf diese Weise erhalten wir $(\mathscr{A}e_1 \cdots \mathscr{A}e_s e_{s+1} \cdots \mathscr{A}e_r)$ als Basis in V'_{m-2}.

Gemäß Eigenschaft a) liegen die Vektoren

$$\mathscr{A}^2 e_1, \ldots, \mathscr{A}^2 e_s, \quad \mathscr{A}e_{s+1}, \ldots, \mathscr{A}e_r$$

in V_{m-2}. Wir zeigen, daß sie linear unabhängig sind und

$$L(\mathscr{A}^2 e_1, \ldots, \mathscr{A}^2 e_s, \quad \mathscr{A}e_{s+1}, \ldots, \mathscr{A}e_r) \cap V_{m-3} = \{O\}$$

gilt. Es sei

$$\beta_1 \mathscr{A}^2 e_1 + \cdots + \beta_s \mathscr{A}^2 e_s + \beta_{s+1} \mathscr{A}e_{s+1} + \cdots + \beta_r \mathscr{A}e_r = b \in V_{m-3}.$$

Wir beweisen, daß $\beta_1 = \cdots = \beta_r = 0$ und $b = O$ sind.

Da $V_{m-3} = \ker \mathscr{A}^{m-3}$ ist, so gilt $\mathscr{A}^{m-3} b = O$.

Dies bedeutet aber wiederum, daß

$$\mathscr{A}^{m-2}(\beta_1 \mathscr{A}e_1 + \cdots + \beta_s \mathscr{A}e_s + \beta_{s+1} e_{s+1} + \cdots + \beta_r e_r) = O$$

ist. Daraus schließen wir

$$\beta_1 \mathscr{A}e_1 + \cdots + \beta_s \mathscr{A}e_s + \beta_{s+1} e_{s+1} + \cdots + \beta_r e_r \in V_{m-2}.$$

Andererseits gilt laut Konstruktion

$$\beta_1 \mathscr{A}e_1 + \cdots + \beta_s \mathscr{A}e_s + \beta_{s+1} e_{s+1} + \cdots + \beta_r e_r \in V'_{m-2}.$$

Wegen $V_{m-2} \cap V'_{m-2} = \{O\}$ erhält man die Gleichung

$$\beta_1 \mathscr{A}e_1 + \cdots + \beta_s \mathscr{A}e_s + \beta_{s+1} e_{s+1} + \cdots + \beta_r e_r = O,$$

und wegen der linearen Unabhängigkeit des Systems

$$(\mathscr{A}e_1, \ldots, \mathscr{A}e_s, e_{s+1}, \ldots, e_r)$$

schließt man, daß $\beta_1 = \cdots = \beta_r = 0$ sind und folglich auch $b = O$ ist.

Wir stellen fest, daß das Vektorsystem Σ_B

$$\begin{array}{l|l} V'_{m-1} & e_1 \cdots e_s \\ V'_{m-2} & \mathscr{A}e_1 \cdots \mathscr{A}e_s \quad e_{s+1} \cdots e_r \\ V_{m-2} & \mathscr{A}^2 e_1 \cdots \mathscr{A}^2 e_s \mathscr{A}e_{s+1} \cdots \mathscr{A}e_r \end{array}$$

linear unabhängig ist: Die Teilsysteme $(e_1, \ldots, e_s)$, $(\mathscr{A}e_1, \ldots, \mathscr{A}e_s, e_{s+1}, \ldots, e_r)$ und $(\mathscr{A}^2 e_1, \ldots, \mathscr{A}^2 e_s, \mathscr{A}e_{s+1}, \ldots, \mathscr{A}e_r)$ sind linear unabhängig und liegen jeweils in den Teilräumen V'_{m-1}, V'_{m-2} und V_{m-2}, aus denen V: $V = V_{m-2} \oplus V'_{m-2} \oplus V'_{m-1}$ zusammengesetzt ist.

Nun ist der nächste Schritt klar.

Schritt C. Wir betrachten das Tripel $V_{m-4} \subset V_{m-3} \subset V_{m-2}$ usw.

Die Anzahl dieser Schritte ist endlich, und das aus folgendem Grund: Immer, wenn man einen weiteren Schritt (A, B, C usw.) ausführt, erhält man wieder ein unabhängiges Vektorsystem ($\Sigma_A, \Sigma_B, \Sigma_C$ usw.), wobei $\Sigma_A \subset \Sigma_B \subset \Sigma_C \subset \cdots$ gilt.

Da die Anzahl der Vektoren des linear unabhängigen Systems die Dimension des Oberraumes (sie ist endlich) nicht überschreitet, besitzt die vorliegende Folge eine endliche Anzahl „Glieder“:

$$\Sigma_A \subset \Sigma_B \subset \Sigma_C \cdots \subset \Sigma.$$

Das letzte „Glied“ ist die Basis von V.

Wir fassen das Ergebnis unserer Konstruktion zusammen: Es ist ein linear unabhängiges System Σ aus $n = \dim V$ Vektoren:

$V_m = V$		
$V_{m-1} \oplus V'_{m-1} = V_m$	V'_{m-1}	$e_1 \cdots e_s$
$V_{m-2} \oplus V'_{m-2} = V_{m-1}$	V'_{m-2}	$\mathscr{A}e_1 \cdots \mathscr{A}e_s \quad e_{s+1} \cdots e_r$
$V_{m-3} \oplus V'_{m-3} = V_{m-2}$	V'_{m-3}	$\mathscr{A}^2 e_1 \cdots \mathscr{A}^2 e_s \mathscr{A}e_{s+1} \cdots \mathscr{A}e_r \quad e_{r+1} \cdots e_l$
⋯⋯⋯	⋯⋯	⋯⋯⋯
$V_0 \oplus V'_0 = V_1$	V'_0	$\mathscr{A}^{m-1}e_1 \cdots \mathscr{A}^{m-1}e_s \mathscr{A}^{m-2}e_{s+1} \cdots \mathscr{A}^{m-2}e_r \cdots$
$\{O\} = V_0$		

Wir verweisen nun auf einige Eigenschaften der Vektoren, die in der obigen Tabelle dargestellt wurden.

1. Jeder Vektor in der letzten Zeile der Tabelle geht bei Einwirkung des Operators $\mathscr{A}$ in den Nullvektor über, d. h., in der letzten Zeile sind die Eigenvektoren des Operators $\mathscr{A}$ angeordnet (wir erinnern uns, daß alle Eigenwerte des nilpotenten Operators gleich null sind).

2. Wir numerieren die Elemente einer frei gewählten Spalte (ihre Nummer sei α)

$$e_\alpha, \mathscr{A}e_\alpha, \mathscr{A}^2 e_\alpha, \ldots, \mathscr{A}^{k-1}e_\alpha (\mathscr{A}^k e_\alpha = O),$$

aber in umgekehrter Reihenfolge (von unten nach oben)

$$h_1 = \mathscr{A}^{k-1}e_\alpha, \quad h_2 = \mathscr{A}^{k-2}e_\alpha, \ldots, h_{k-1} = \mathscr{A}e_\alpha, \quad h_k = e_\alpha.$$

Dann gilt:

a) Das System $(h_1 \cdots h_k)$ ist linear unabhängig.
b) $\mathscr{A}h_1 = O, \mathscr{A}h_2 = h_1, \ldots, \mathscr{A}h_k = h_{k-1}$.
c) Der Teilraum $W = L(h_1, \ldots, h_k)$ ist gegenüber $\mathscr{A}$ invariant.

d) Die Matrix des induzierten Operators $\mathcal{A}|_W$ hat bezüglich der Basis $(h_1, \ldots, h_k)$ die Form $J_k(0)$.

Wenn man die Vektoren der Tabelle spaltenweise (und in jeder Spalte von unten nach oben) numeriert, erhält man eine Basis h, bezüglich derer die Matrix des nilpotenten Operators $\mathcal{A}$ die Form (1) aufweist.

3.5.6 Die Jordansche Normalform der Matrix eines linearen Operators

Es sei V ein n-dimensionaler komplexer linearer Raum und $\mathcal{A} \in \mathcal{L}(V, V)$.

Hilfssatz. *Es sei λ der einzige Eigenwert des linearen Operators $\mathcal{A}$. Dann existiert in V eine Basis h, bezüglich der die Matrix von $\mathcal{A}$ die Form*

$$A(h) = \begin{pmatrix} J_{k_1}(\lambda) & & 0 \\ & \ddots & \\ 0 & & J_{k_q}(\lambda) \end{pmatrix}$$

besitzt.

Beweis. Der Operator $\mathcal{B} = \mathcal{A} - \lambda \mathcal{I}$ ist nilpotent.

Gemäß Satz 5 von 3.5.5. läßt sich im Raum V eine Basis h finden, so daß die Matrix $B(h)$ die Form (1) besitzt. Daraus und aus der Gleichung

$$A(h) = B(h) + \lambda I$$

folgt die Behauptung des Hilfssatzes.

Satz 6. *Es sei V ein n-dimensionaler linearer Raum, $\mathcal{A}: V \to V$ ein linearer Operator, dessen charakteristisches Polynom die Form*

$$\chi(t) = (-1)^n (t - \lambda_1)^{l_1} \cdots (t - \lambda_k)^{l_k}$$

mit $l_1 + \cdots + l_k = n, l_j \geq 1, \lambda_j \neq \lambda_m$ $(j \neq m)$ besitzt. Dann existiert in V eine Basis h derart, daß

$$A(h) = \begin{pmatrix} \boxed{A_1} & & & 0 \\ & \boxed{A_2} & & \\ & & \ddots & \\ 0 & & & \boxed{A_k} \end{pmatrix}.$$

gilt; die quadratischen Matrizen $A_1, \dots, A_k$ *besitzen folgende Eigenschaften:*

$$A_i = \begin{pmatrix} J_{i_1}(\lambda_i) & & 0 \\ & \ddots & \\ 0 & & J_{i_m}(\lambda_i) \end{pmatrix},$$

wobei $i_1 + \cdots + i_m = l_i, i = 1, \dots, k;\ i_q \geq 1;\ m = m(i)$ *ist.*

Beweis. Da die Faktoren $\chi_i = (t - \lambda_i)^{l_i}, i = 1, \dots, k)$ teilerfremd sind, erhält man bei Anwendung des Satzes über die Aufspaltung (vgl. 5.3.2)

$$V = V_1 \oplus \cdots \oplus V_k,$$

wobei die Teilräume $V_i, i = 1, \dots, k$, invariant gegenüber $\mathscr{A}$ sind und

$$\chi_i(\mathscr{A}|_{V_i}) = \mathscr{O}_i$$

gilt.

Der induzierte Operator $\mathscr{A}_i = \mathscr{A}|_{V_i}$ besitzt genau einen Eigenwert λ_i (sein charakteristisches Polynom ist gleich $(-1)^{l_i}(t - \lambda_i)^{l_i}$). Nach dem oben bewiesenen Hilfssatz existiert im Teilraum V_i eine Basis h^i, so daß die Matrix des Operators $\mathscr{A}_i$ die Form

$$A_i = A_i(h^i) = \begin{pmatrix} J_{i_1}(\lambda_i) & & 0 \\ & \ddots & \\ 0 & & J_{i_m}(\lambda_i) \end{pmatrix}$$

hat, wobei $i_1 + \cdots + i_m = l_i, i = 1, \dots, k$, ist.

Die Vereinigung $h = h^1 \cup h^2 \cup \cdots \cup h^k$ der Basen $h^1, h^2, \dots, h^k$ ist die gesuchte Basis des Raumes V.

4. Bilinear- und quadratische Formen

4.1 Die Bilinearform

Es sei V ein linearer Raum über einem Körper $\mathbf{P}$.

Definition 1. Eine Abbildung

$$\mathscr{B}: V \times V \to \mathbf{P},$$

die für beliebige Vektoren x, y und z aus V und für beliebiges α aus $\mathbf{P}$ folgende Bedingungen erfüllt:

1. $\mathscr{B}(x + y, z) = \mathscr{B}(x, z) + \mathscr{B}(y, z)$;
2. $\mathscr{B}(\alpha x, y) = \alpha\mathscr{B}(x, y)$;
3. $\mathscr{B}(x, y + z) = \mathscr{B}(x, y) + \mathscr{B}(x, z)$;
4. $\mathscr{B}(x, \alpha y) = \alpha\mathscr{B}(x, y)$,

heißt *Bilinearform* auf V.

Bemerkung. Die Bilinearform $\mathscr{B}(x, y)$ ist bezüglich jedes Argumentes linear.

Beispiel 1. Das Produkt zweier Linearformen $\mathscr{A} \in \mathscr{L}(V, \mathbf{P})$ und $\mathscr{B} \in \mathscr{L}(V, \mathbf{P})$ ist eine Bilinearform.

Es seien $\mathscr{A}: x \in V \mapsto \mathscr{A}(x) \in \mathbf{P}$ und $\mathscr{B}: y \in V \mapsto \mathscr{B}(y) \in \mathbf{P}$. Dann ist $\mathscr{A}(x)\mathscr{B}(y)$ eine Bilinearform.

Definition 2. Die Bilinearform $\mathscr{B}$ heißt *symmetrisch*, wenn $\mathscr{B}(x, y) = \mathscr{B}(y, x)$ für beliebige x, y aus V ist.

Beispiel 2. Das Skalarprodukt im euklidischen Raum ist eine symmetrische Bilinearform.

Definition 3. Eine Bilinearform $\mathscr{B}$ heißt *schiefsymmetrisch*, wenn für beliebige x und y aus V gilt: $\mathscr{B}(y, x) = -\mathscr{B}(x, y)$.

Es sei $e = (e_1 \cdots e_n)$ eine Basis des Raumes V. Wir nehmen an, daß

$$\mathscr{B}(e_k, e_j) = \beta_{kj}. \tag{1}$$

Definition 4. Die Matrix $B(e) = (\beta_{kj}) \in \mathbf{P}_{n \times n}$ heißt *Matrix der Bilinearform* $\mathscr{B}(x, y)$ *zur Basis e.*

Behauptung. *Für beliebige x und y aus V gilt die Darstellung*

$$\mathscr{B}(x, y) = x^{\mathrm{T}}(e)\, B(e)\, y(e), \tag{2}$$

wobei $x(e)$, $y(e)$ die Koordinatenspalten der Vektoren x beziehungsweise y bezüglich der Basis e bedeuten.

Beweis. Wir zerlegen die Vektoren x und y bezüglich der Basis e wie folgt:

$$x = \sum_{k=1}^{n} \xi^k e_k, \quad y = \sum_{j=1}^{n} \eta^j e_j.$$

Dann setzen wir

$$x(e) = \begin{pmatrix} \xi^1 \\ \vdots \\ \xi^n \end{pmatrix}, \quad y(e) = \begin{pmatrix} \eta^1 \\ \vdots \\ \eta^n \end{pmatrix}$$

und berechnen $\mathscr{B}(x, y)$. Wir erhalten

$$\mathscr{B}(x, y) = \mathscr{B}\left(\sum_{k=1}^{n} \xi^k e_k, \sum_{j=1}^{n} \eta^j e_j \right) = \sum_{k,j=1}^{n} \xi^k \eta^j \mathscr{B}(e_k, e_j).$$

Unter Berücksichtigung der Formel (1) haben wir dann

$$\mathscr{B}(x, y) = \sum_{k=1}^{n} \xi^k \sum_{j=1}^{n} \beta_{kj} \eta^j = x^{\mathrm{T}}(e) B(e) y(e).$$

Bemerkung. Die Bilinearform $\mathscr{B}(x, y)$ läßt sich auch etwas anders darstellen:

$$\mathscr{B}(x, y) = y^{\mathrm{T}}(e) B^{\mathrm{T}}(e) x(e). \tag{2'}$$

Satz 1. *Es seien $B \in \mathbf{P}_{n \times n}$ eine willkürliche Matrix und e eine beliebige Basis von V. Dann existiert eine Bilinearform $\mathscr{B}\colon V \times V \to \mathbf{P}$ mit $B(e) = B$.*

Beweis. Es sei $B = (\beta_{kj})$. Für frei gewählte Vektoren

$$x = \sum_{k=1}^{n} \xi^k e_k, \quad y = \sum_{j=1}^{n} \eta^j e_j$$

setzen wir

$$\mathscr{B}(x, y) = \sum_{k,j=1}^{n} \xi^k \eta^j \beta_{kj}. \tag{3}$$

Man kann leicht zeigen, daß $\mathscr{B}(x, y)$ eine Bilinearform ist und $\mathscr{B}(e_k, e_j) = \beta_{kj}$ gilt.

Definition 5. Den Ausdruck in Formal (3) (wie übrigens auch den in Formel (2)) nennt man *allgemeine Bilinearform.*

Behauptung. *Die Bilinearform $\mathscr{B}$ ist dann und nur dann symmetrisch, wenn die Matrix $B(e)$ für eine beliebige Basis e symmetrisch ist.*

Beweis. ($\Rightarrow$) Ist die Bilinearform symmetrisch, so gilt für eine beliebige Basis $e = (e_1 \cdots e_n)$

$$\beta_{kj} = \mathscr{B}(e_k, e_j) = \mathscr{B}(e_j, e_k) = \beta_{jk}.$$

($\Leftarrow$) Ist $B(e) = B^{\mathrm{T}}(e)$, so läßt sich die Formel (2′) in folgender Form schreiben:

$$\mathscr{B}(x, y) = y^{\mathrm{T}}(e)B(e)x(e).$$

Durch Vertauschen der Argumente x und y erhält man

$$\mathscr{B}(y, x) = x^{\mathrm{T}}(e)B(e)y(e) = \mathscr{B}(x, y).$$

Ähnlich beweist man die folgende

Behauptung. *Die Bilinearform $\mathscr{B}$ ist dann und nur dann schiefsymmetrisch, wenn die Matrix $B(e)$ schiefsymmetrisch, d. h., wenn $B^{\mathrm{T}}(e) = -B(e)$ für eine beliebige Basis e ist.*

Satz 2. *Es seien e und $e' = eS$ Basen von V. Dann gilt*

$$B(e') = S^{\mathrm{T}}B(e)S.$$

Beweis. Unter Verwendung der Formel (2) für die Basen e und e' erhält man

$$x^{\mathrm{T}}(e)B(e)y(e) = x^{\mathrm{T}}(e')B(e')y(e')$$

für beliebige x, y aus V.

Da $x(e) = Sx(e')$, $y(e) = Sy(e')$ ist, wird die linke Seite der letzten Gleichung auf die Form

$$x^{\mathrm{T}}(e)B(e)y(e) = (Sx(e'))^{\mathrm{T}}B(e)(Sy(e')) = x^{\mathrm{T}}(e')(S^{\mathrm{T}}B(e)S)y(e')$$

gebracht.

Durch Vergleich des eben erhaltenen Ausdrucks mit der rechten Seite,

$$x^{\mathrm{T}}(e')(S^{\mathrm{T}}B(e)S)y(e') = x^{\mathrm{T}}(e')B(e')y(e')$$

erhalten wir wegen der Willkürlichkeit der Spalten $x(e')$ und $y(e')$ die Beziehung

$$S^{\mathrm{T}}B(e)S = B(e').$$

Der soeben bewiesene Satz gestattet es, die folgende Definition zu formulieren:

Definition 6. Der Rang der Matrix $B(e)$ heißt *Rang der Bilinearform* $\mathscr{B}$ und wird mit „rang $\mathscr{B}$“ bezeichnet.

Die Definition des Ranges der Bilinearform ist korrekt, da auf Grund der bewiesenen Formel $\operatorname{rang} B(e') = \operatorname{rang} B(e)$ ist.

Definition 7. Eine Bilinearform $\mathscr{B}\colon V \times V \to \mathbf{P}$ heißt *nicht ausgeartet*, wenn sich für einen beliebigen Vektor x (ungleich null) aus V ein Vektor $y \in V$ so angeben läßt, daß

$$\mathscr{B}(x, y) \neq 0 \tag{4}$$

ist. Die Bilinearform $\mathscr{B}$ heißt *ausgeartet*, wenn für einen Vektor $x \neq O$ und ein beliebiges y aus V gilt:

$$\mathscr{B}(x, y) = 0. \tag{5}$$

Satz 3. *Die Bilinearform* $\mathscr{B}\colon V \times V \to \mathbf{P}$ *ist dann und nur dann nicht ausgeartet, wenn* $\operatorname{rang} \mathscr{B} < \dim V$ *gilt.*

Beweis. ($\Rightarrow$) Es sei $\mathscr{B}$ ausgeartet. Setzt man in (5) y nacheinander gleich $e_1, e_2, \ldots, e_n$ ($e = (e_1 e_2, \ldots, e_n)$ Basis von V), erhält man die n Beziehungen

$$\mathscr{B}(x, e_1) = 0, \quad \mathscr{B}(x, e_2) = 0, \ldots, \mathscr{B}(x, e_n) = 0.$$

Wir zerlegen den Vektor x bezüglich der Basis e,

$$x = \sum_{i=1}^{n} \xi^i e_i,$$

und schreiben unter der Voraussetzung, daß $\mathscr{B}(e_i, e_j) = \beta_{ij}$ gilt, diese n Beziehungen ausführlicher:

$$\begin{aligned} &\beta_{11}\xi^1 + \cdots + \beta_{n1}\xi^n = 0 \\ &\cdots\cdots\cdots\cdots\cdots\cdots\cdots \\ &\beta_{1n}\xi^1 + \cdots \beta_{nn}\xi^n = 0. \end{aligned} \tag{6}$$

Das homogene lineare System, das wir erhalten haben, besitzt folgende Eigenschaft: Das von null verschiedene Tupel $\xi^1, \ldots, \xi^n$ (wir erinnern uns, daß die Koordinaten des Vektors x von null verschieden sind) transformiert jede seiner Gleichungen wieder in eine gültige Gleichung. Das ist aber nur dann möglich, wenn der Rang der Matrix dieses Systems kleiner ist als die Anzahl der Unbekannten, d. h., wenn gilt: $\operatorname{rang} B(e) < n$ und folglich $\operatorname{rang} \mathscr{B} < \dim V$.

($\Leftarrow$) Ist $\operatorname{rang} \mathscr{B} < \dim V$, so ergibt sich die Existenz einer nichttrivialen Lösung des Systems (6). Betrachten wir diese Lösung als Koordinatentupel des von null verschiedenen Vektors x, so erhalten wir

$$\mathscr{B}(x, e_1) = 0, \ldots, \mathscr{B}(x, e_n) = 0.$$

Daraus folgt für einen beliebigen Vektor $y = \sum_{j=1}^{m} \eta^j e_j$:

$$\mathscr{B}(x, y) = \mathscr{B}\left(\sum_{j=1}^{n} \eta^j e_j\right) = \sum_{j=1}^{n} \eta^j \mathscr{B}(x, e_j) = \sum_{j=1}^{n} \eta^j \cdot 0 = 0.$$

$\mathscr{B}$ ist also nicht ausgeartet.

Bemerkung. Für jeden Vektor x aus V bilde die Menge der Vektoren $\{y | \mathscr{B}(x, y) = 0\}$ einen linearen Teilraum von V.

4.2 Quadratische Formen

Definition 1. Die Abbildung $\hat{\mathscr{A}}: V \to \mathbf{P}$ nennt man eine *quadratische Form* in V, wenn eine symmetrische Bilinearform $\mathscr{A}: V \times V \to \mathbf{P}$ existiert, so daß für einen beliebigen Vektor x aus V gilt:

$$\hat{\mathscr{A}}(x) = \mathscr{A}(x, x). \tag{7}$$

Die Bilinearform $\mathscr{A}(x, x)$ heiß *polar* zur quadratischen Form $\hat{\mathscr{A}}(x)$.

Behauptung. *Die quadratische Form legt die zu ihr polare Bilinearform eindeutig fest.*

Beweis. Für eine beliebige symmetrische Bilinearform $\mathscr{A}(x, y)$ gilt die identische Gleichung

$$\mathscr{A}(x, y) = \tfrac{1}{2}\{\mathscr{A}(x + y, x + y) - \mathscr{A}(x, x) - \mathscr{A}(y, y)\}$$

wobei x und y frei gewählt wurden. Ist $\mathscr{A}(x, y)$ polar zur quadratischen Form $\hat{\mathscr{A}}(x)$, so erhält man unter Berücksichtigung von (7):

$$\mathscr{A}(x, y) = \tfrac{1}{2}\{\hat{\mathscr{A}}(x + y) - \hat{\mathscr{A}}(x) - \hat{\mathscr{A}}(y)\}.$$

Somit legt man die Zahl $\mathscr{A}(x, y)$ eindeutig fest, indem man die Werte der quadratischen Form $\hat{\mathscr{A}}$ für die Vektoren x, y und $x + y$ berechnet. Da x und y willkürlich gewählt wurden, ist die Polarform $\mathscr{A}$ eindeutig bestimmt.

Für die quadratische Form verwendet man üblicherweise die Bezeichnung $\mathscr{A}(x, x)$; $\mathscr{A}(x, y)$ ist eine zu $\mathscr{A}(x, x)$ polare Bilinearform.

Wir formulieren noch einige Definitionen.

Definition 2. Eine Matrix $A(e)$ der zu ihr polaren Bilinearform $\mathscr{A}(x, y)$ bezüglich der Basis e nennt man *Matrix der quadratischen Form* $\mathscr{A}(x, x)$ bezüglich derselben Basis.

Wir merken an, daß die Matrix $A(e)$ zu einer quadratischen Form symmetrisch ist.

Behauptung. *Für einen beliebigen Vektor x aus V gilt die Zerlegung*

$$\mathscr{A}(x, x) = x^{\mathrm{T}}(e) A(e) x(e).$$

Definition 3. Der Rang der zu ihr polaren Bilinearform (oder, was dasselbe ist, der Rang ihrer Matrix bezüglich einer beliebigen Basis) wird *Rang der quadratischen Form* genannt und mit rang $\mathscr{A}(x, x)$ bezeichnet.

Definition 4. Eine quadratische Form $\mathscr{A}(x, x)$ in V nennt man *nicht ausgeartet*, wenn rang $\mathscr{A}(x, x) = \dim V$ ist, und *ausgeartet, wenn* rang $\mathscr{A}(x, x) < \dim V$ ist.

4.3 Reduktion der quadratischen Form auf eine Summe von Quadraten

Wir zeigen nun, wie wir zu einer Basis gelangen, bezüglich derer die Matrix einer quadratischen Form Diagonalform aufweist.

4.3.1 Die Lagrange-Methode

Satz 1. *$\mathscr{A}(x, x)$ sei eine quadratische Form in V. Dann existiert im Raum V eine Basis h derart, daß*

$$A(h) = \begin{pmatrix} \lambda_1 & & 0 \\ & \ddots & \\ 0 & & \lambda_n \end{pmatrix},$$

oder $A(h) = \operatorname{diag} \lambda_1, \ldots, \lambda_n$ *ist.*

Beweis. Es sei e eine beliebige Basis im Raum V. Dann ist

$$\mathscr{A}(x, x) = x^{\mathrm{T}}(e) A(e) x(e),$$

oder in anderer Form

$$\mathscr{A}(x, x) = \sum_{k, j = 1}^{n} \alpha_{kj} \xi^k \xi^j, \tag{8}$$

wobei

$$A(e) = \begin{pmatrix} \alpha_{11} & \cdots & \alpha_{1n} \\ \cdots & \cdots & \cdots \\ \alpha_{n1} & \cdots & \alpha_{nn} \end{pmatrix}$$

und $x(e) = (\xi^1, \ldots, \xi^n)^{\mathrm{T}}$ ist.

Ist $\mathscr{A}(x, x) = 0$ für einen beliebigen Vektor x, so ist $A(e) = 0$. Wir nehmen an, daß $\mathscr{A}(x, x) \not\equiv 0$ ist.

Wir machen den Ansatz $\alpha_{11} \neq 0$. Ist dies nicht der Fall, so gilt für die Matrix $A(e)$ folgendes:

1. Entweder existiert ein anderes von null verschiedenes Diagonalelement oder

2. alle Diagonalelemente sind Nullelemente; aber dann existiert ein gewiesses Element a_{kj} $(1 \leq k < j \leq n)$, das von null verschieden ist.

Wir wenden uns der ersten Möglichkeit zu: $\alpha_{ii} \neq 0$, $i > 1$. Wenn man zu einer neuen Basis $e' = eS$ übergeht, wobei

$$S = l \begin{bmatrix} 0 & & & & 1 & & & \\ & 1 & & & & & & \\ & & \ddots & & \vdots & & & \\ & & & 1 & & & & \\ 1 & & \cdots & & 0 & & & \\ & & & & & 1 & & \\ & & & & & & \ddots & \\ & & & & & & & 1 \end{bmatrix}$$

ist, erhält man eine Matrix $A(e') = S^{\mathrm{T}} A(e) S$, bei der das Element in der Position $(1, 1)$ von null verschieden (gleich a_{11}) ist.

Bemerkung. Die Basis e' unterscheidet sich von der Basis e nur durch die Reihenfolge der Vektoren: $e = (e_1 e_2 \cdots e_i \cdots e_n) \to e' = (e_i e_2 \cdots e_1 \cdots e_n)$.

Wir betrachten nun den zweiten Fall: $\alpha_{kj} \neq 0$, wobei $1 \leq k < j \leq n$ gilt. Durch Übergang von der Basis $e = (e_1 \cdots e_k \cdots e_j \cdots e_n)$ zur Basis $e' = (e_1 \cdots e_k + e_j \cdots e_j - e_k \cdots e_n)$ erhält man mit Hilfe der Matrix

$$S = \begin{bmatrix} 1 & & & & & & & \\ & \ddots & & & & & & \\ & \cdots & 1 & \cdots & -1 & \cdots & & \\ & & \vdots & & \vdots & & & \\ & \cdots & 1 & \cdots & 1 & \cdots & & \\ & & \vdots & & \vdots & \ddots & & \\ & & & & & & & 1 \end{bmatrix} \begin{matrix} \\ \\ k \\ \\ j \\ \\ \\ \end{matrix}$$

eine Matrix $A(e') = S^{\mathrm{T}} A(e) S$, bei der die Elemente in den Positionen (k, k) und (j, j) von null verschieden sind:

$$\alpha_{kk'} = 2\alpha_{kj}, \quad \alpha_{jj'} = -2\alpha_{kj}.$$

So wird also die zweite Möglichkeit auf die erste zurückgeführt. Also ist $\alpha_{11} \neq 0$.

Schritt A. Wir schreiben die Formel (8) um, wobei wir die Summanden abtrennen, die die Koordinate ξ^1 enthalten. Wir haben

$$\mathscr{A}(x,x)=\alpha_{11}\xi^{1\,2}+2\alpha_{12}\xi^1\xi^2+\cdots+2\alpha_{1n}\xi^1\xi^n+\sum_{k,j=2}^{n}\alpha_{kj}\xi^k\xi^j$$

oder, indem wir das vollständige Quadrat abtrennen,

$$\mathscr{A}(x,x)=\alpha_{11}\left(\xi^1+\frac{\alpha_{12}}{\alpha_{11}}\xi^2+\cdots+\frac{\alpha_{1n}}{\alpha_{11}}\xi^n\right)^2+\sum_{k,j=2}^{n}\alpha_{kj}^{(1)}\xi^k\xi^j,$$

wobei $\alpha_{kj}^{(1)}=\alpha_{kj}-\dfrac{\alpha_{1k}\alpha_{1j}}{\alpha_{11}}(k,\, j\geq 2)$ ist. Wir setzen nun

$$\eta^1=\xi^1+\frac{\alpha_{12}}{\alpha_{11}}\xi^2+\cdots+\frac{\alpha_{1n}}{\alpha_{11}}\xi^n,\quad \eta^m=\xi^m,\quad m=2,\ldots,n. \tag{9}$$

Dann ist

$$\mathscr{A}(x,x)=\alpha_{11}\eta^{1\,2}+\mathscr{A}^{(1)}(x,x),$$

wobei $\mathscr{A}^{(1)}(x,x)=\sum_{k,j=2}^{n}\alpha_{kj}^{(1)}\eta^k\eta^j$ ist.

Durch Änderung der Koordinaten des willkürlichen Vektors x (vgl. Formel (9)) sind wir von der Ausgangsbasis e zur neuen Basis $f=eS$ übergegangen. Wir bestimmen nun diese Basis.

Die Koordinaten des Vektors x müssen durch eine Gleichung $x(e)=Sx(f)$ oder $S^{-1}x(e)$ verbunden sein.

Wir schreiben die Formeln (9) in Matrixform:

$$\begin{pmatrix}\eta^1\\ \vdots\\ \eta^n\end{pmatrix}=\begin{pmatrix}1 & \alpha_{12}/\alpha_{11} & \cdots & \alpha_{1n}/\alpha_{11}\\ & 1 & & \\ & 0 & \ddots & 0\\ & & & 1\end{pmatrix}\begin{pmatrix}\xi^1\\ \vdots\\ \xi^n\end{pmatrix}$$

Da $x(e)=(\xi^1\cdots\xi^n)^{\mathrm{T}}$, $x(f)=(\eta^1\cdots\eta^n)^{\mathrm{T}}$ ist, so erhalten wir daraus

$$S^{-1}=\begin{pmatrix}1 & \alpha_{12}/\alpha_{11} & \cdots & \alpha_{1n}/\alpha_{11}\\ & 1 & & \\ & 0 & \ddots & 0\\ & & & 1\end{pmatrix}$$

Also ist

$$f=e\begin{pmatrix}1 & -\alpha_{12}/\alpha_{11} & \cdots & -\alpha_{1n}/\alpha_{11}\\ & 1 & & \\ & 0 & \ddots & 0\\ & & & 1\end{pmatrix}.$$

Wenn $\mathscr{A}^{(1)}(x,x) \equiv 0$ ist, so ist f die gesuchte Basis. Wir nehmen an, daß $\mathscr{A}^{(1)}(x,x) \not\equiv 0$ ist.

Dann erhalten wir nach Wiederholung der obigen Überlegungen und Ausführung eines weiteren Schrittes (*Schritt B*)

$$\mathscr{A}^{(1)}(x,x) = \alpha_{22}^{(1)} \zeta 2^2 + \mathscr{A}^{(2)}(x,x),$$

wobei $\mathscr{A}^{(2)}(x,x) = \sum_{k,j=3}^{n} \alpha_{kj}^{(2)} \zeta^k \zeta^j$ ist.

Schließlich kommen wir nach einer endlichen Anzahl von Schritten (sie ist nicht größer als $n-1$) zu einer Basis h, die die erforderliche Eigenschaft

$$A(h) = \{\operatorname{diag} \lambda_1, \ldots, \lambda_n\} = \begin{pmatrix} \lambda_1 & & 0 \\ & \ddots & \\ 0 & & \lambda_n \end{pmatrix}$$

oder

$$\mathscr{A}(x,x) = \lambda_1 v^{1^2} + \cdots + \lambda_n v^{n^2}$$

besitzt, wobei $x = \sum_{i=1} v^i h_i$ und $\lambda_1 = \alpha_{11}, \lambda_2 = \alpha_{22}^{(1)}, \lambda_3 = \alpha_{33}^{(2)}, \ldots$.

Bemerkung. Das vorgeschlagene Verfahren kann bei einer Schrittzahl, die kleiner als $n-1$ ist, zum geforderten Ergebnis führen. Dies bedeutet, daß ein Teil der Koeffizienten λ_i gleich null ist; die Anzahl der von null verschiedenen Koeffizienten stimmt mit dem Rang der quadratischen Form überein:

$$\operatorname{rang} \mathscr{A}(x,x) = \operatorname{rang} A(h).$$

4.3.2 Das Jacobi-Verfahren

Eine Matrix $A(e) = (a_{ij}) \in \mathbf{P}_{n \times n}$ einer quadratischen Form $\mathscr{A}(x,x)$ möge folgende Eigenschaft besitzen: Für ein beliebiges k, $k = 1, \ldots, n$, ist die Determinante

$$\Delta_k = \begin{vmatrix} \alpha_{11} & \cdots & \alpha_{1k} \\ \cdots & \cdots & \cdots \\ \alpha_{k1} & \cdots & \alpha_{kk} \end{vmatrix} \neq 0.$$

Dann existiert eine Basis, bezüglich der die Matrix der quadratischen Form einen speziellen Aufbau hat.

Satz 2. *Es sei $\Delta_k \neq 0$, $k = 1, \ldots, n$. Dann läßt sich in V eine Basis f derart angeben,* *daß*

$$A(f) = \operatorname{diag}\left\{\frac{\Delta_0}{\Delta_1}, \frac{\Delta_1}{\Delta_2}, \ldots, \frac{\Delta_{n-1}}{\Delta_n}\right\} = \begin{vmatrix} \frac{\Delta_0}{\Delta_1} & & & 0 \\ & \frac{\Delta_1}{\Delta_2} & & \\ 0 & & \ddots & \\ & & & \frac{\Delta_{n-1}}{\Delta_n} \end{vmatrix}$$

mit $\Delta_0 = 1$.

Beweis. Wir betrachten ein Vektorsystem $f = (f_1 \cdots f_n)$:

$$f_k = \gamma_k^1 e_1 + \cdots + \gamma_k^k e_k, \quad k = 1, \ldots, n. \tag{1}$$

Wir legen fest, daß die Koeffizienten γ_k^i des k-ten Vektors f_k folgende Bedingungen erfüllen:

$$\mathscr{A}(f_k, e_j) = 0, \quad j = 1, \ldots, k, \quad \mathscr{A}(f_k, e_k) = 1. \tag{2}$$

Da

$$\mathscr{A}(f_k, e_j) = \mathscr{A}\left(\sum_{i=1}^{k} \gamma_k^i e_i, e_j\right) = \sum_{i=1}^{k} \gamma_k^i \mathscr{A}(e_i, e_j) = \sum_{i=1}^{n} \alpha_{ij} \gamma_k^i$$

ist, können die Bedingungen (2) in Gestalt eines linearen Systems in den Variablen $\gamma_k^1, \ldots, \gamma_k^k$ geschrieben werden:

$$\begin{aligned} &\alpha_{11}\gamma_k^1 + \cdots + \alpha_{k1}\gamma_k^k = 0, \\ &\cdots\cdots\cdots\cdots\cdots\cdots\cdots\cdots \\ &\alpha_{1,k-1}\gamma_k^1 + \cdots + \alpha_{k,k-1}\gamma_k^k = 0, \\ &\alpha_{1k}\gamma_k^1 + \cdots + \alpha_{kk}\gamma_k^k = 1. \end{aligned}$$

Aus der Tatsache, daß $\Delta_k \neq 0$, folgt, daß dieses System eine einzige Lösung $\gamma_k^1, \ldots, \gamma_k^{k-1}, \gamma_k^k$ besitzt, wobei

$$\gamma_k^k = \frac{\Delta_{k-1}}{\Delta_k}$$

gilt (von der Richtigkeit dieser Beziehung kann man sich leicht durch Anwendung der Cramerschen Regel auf γ_k^k überzeugen).

Aus den nun vorliegenden Ergebnissen resultiert, daß die Übergangsmatrix von der Basis e zum System f eine Dreiecksform aufweist, wobei in der Hauptdiagonalen von null verschiedene Elemente γ_k^k liegen:

$$\begin{pmatrix} \gamma_1^1 & \gamma_2^1 \cdots \gamma_n^1 \\ 0 & \gamma_2^2 \cdots \gamma_n^2 \\ & \ddots \\ 0 & \quad \ddots \gamma_n^n \end{pmatrix}.$$

Deshalb ist das System $f = (f_1 \cdots f_n)$ eine Basis von V.

Wir berechnen $\mathscr{A}(f_k, f_m)$:

1. Es sei $k \neq m$ (auf Grund der Symmetrie von $\mathscr{A}$ können wir $k > m$ annehmen). Wegen (2) gilt

$$\mathscr{A}(f_k, f_m) = \sum_{j=1}^{m} \gamma_m^j \mathscr{A}(f_k, e_j) = 0.$$

2. Es sei $k = m$: $\mathscr{A}(f_k, f_k) = \gamma_k^k \mathscr{A}(f_k, e_k) = \gamma_k^k = \dfrac{\Delta_{k-1}}{\Delta_k}$.

4.4 Quadratische Formen im reellen Raum

4.4.1 Definite quadratische Formen

Es sei V ein n-dimensionaler reeller Raum.

Definition 1. Die quadratische Form $\mathscr{A}(x, x)$ heißt *positiv definit*, wenn für einen beliebigen von null verschiedenen Vektor x die Ungleichung $\mathscr{A}(x, x) > 0$ erfüllt ist.

Es sei $A(e) = (\alpha_{ij}) \in \mathbf{R}_{n \times n}$ die Matrix einer quadratischen Form $\mathscr{A}(x, x)$ bezüglich einer Basis e und

$$\Delta_k = \det \begin{pmatrix} \alpha_{11} & \cdots & \alpha_{1k} \\ \cdots & \cdots & \cdots \\ \alpha_{k1} & \cdots & \alpha_{kk} \end{pmatrix}, \quad k = 1, \ldots, n.$$

Satz 1 (*Kriterium von Sylvester*). *Eine quadratische Form $\mathscr{A}(x, x)$ ist dann und nur dann positiv definit, wenn alle $\Delta_k > 0$ sind.*

Beweis. ($\Leftarrow$)Es sei $\Delta_1 > 0, \ldots, \Delta_n > 0$. Dann existiert nach dem Satz von Jacobi eine Basis derart, daß

$$\mathscr{A}(x, x) = \sum_{k=1}^{n} \frac{\Delta_{k-1}}{\Delta_k} \eta^{k^2}$$

mit $x = \sum_{k=1}^{n} \eta^k f_k$ gilt. Da

$$\lambda_k = \frac{\Delta_{k-1}}{\Delta_k} > 0 \tag{3}$$

ist, so gilt $\mathscr{A}(x, x) \geq 0$ für einen beliebigen Vektor x.

Wir zeigen nun: Wenn $x = O$ ist, so gilt $\mathscr{A}(x, x) > 0$. Dazu nehmen wir an, daß für einen gewissen Vektor x folgende Beziehung gilt:

$$\mathscr{A}(x, x) = \sum_{k=1}^{n} \lambda_k \eta^{k^2} = 0.$$

Dann gilt wegen (3): $\eta^1 = \cdots = \eta^n = 0$, und folglich ist $x = O$.

$(\Rightarrow)$. $\mathscr{A}(x, x)$ sei positiv definit.

Wir zeigen zuerst, daß sämtliche $\Delta_k \neq 0$ sind. Dazu setzen wir das Gegenteil voraus: Für ein gewisses k sei $\Delta_k = 0$.

Diese Bedingung schreiben wir ausführlicher:

$$\Delta_k = \begin{vmatrix} \mathscr{A}(e_1, e_1) & \cdots & \mathscr{A}(e_1, e_k) \\ \cdots & \cdots & \cdots \\ \mathscr{A}(e_k, e_1) & \cdots & \mathscr{A}(e_k, e_k) \end{vmatrix} = 0.$$

Da die Zeilen dieser Determinante linear abhängig sind, lassen sich Zahlen $\mu_1, \ldots, \mu_k$ finden, die nicht alle verschwinden und für die gilt:

$$\mu_1 \mathscr{A}(e_1, e_j) + \cdots + \mu_k \mathscr{A}(e_k, e_j) = 0, \quad j = 1, \ldots, k.$$

Daraus erhalten wir unter Ausnutzung der Linearität der Form $\mathscr{A}$ im ersten Argument, daß

$$\mathscr{A}(\mu_1 e_1 + \cdots + \mu_k e_k, e_j) = 0, \quad j = 1, \ldots, k.$$

Indem wir die j-te Gleichung mit μ_j multiplizieren, die erhaltenen Ergebnisse summieren und von der Linearität der Form $\mathscr{A}$ im zweiten Argument Gebrauch machen, kommen wir zu der Beziehung

$$\mathscr{A}(\mu_1 e_1 + \cdots + \mu_k e_k, \mu_1 e_1 + \cdots + \mu_k e_k) = 0.$$

Daraus ergibt sich, daß $\mu_1 e_1 + \cdots + \mu_k e_k = O$ ist.

Wegen der linearen Unabhängigkeit der Vektoren $e_1, \ldots, e_k$ erhält man $\mu_2 = \cdots = \mu_k = 0$, was der Nichttrivialität des Tupels $\mu_1, \ldots, \mu_k$ widerspricht.

Es ist also

$$\Delta_1 \neq 0, \ldots, \Delta_n \neq 0. \tag{4}$$

Diese Ungleichung (4) gestattet es, den Satz von Jacoby erneut zu verwenden: Es existiert eine Basis f, für welche

$$\mathscr{A}(x, x) = \sum_{k=1}^{n} \lambda_k (\eta^k)^2$$

mit $\lambda_k = \Delta_{k-1}/\Delta_k$ gilt. Da $\lambda_k = \mathscr{A}(f_k, f_k) > 0$ und $\Delta_0 = 1$ ist, wird $\Delta_k > 0$ für ein beliebiges $k = 1, \ldots, n$.

Definition 2. Eine quadratische Form $\mathscr{A}(x, x)$ heißt *negativ definit*, wenn $\mathscr{A}(x, x) < 0$ für einen beliebigen von null verschiedenen Vektor x gilt.

Folgerung 1. *Die quadratische Form $\mathscr{A}(x, x)$ ist dann und nur dann negativ definit, wenn $\Delta_{k-1}\Delta_k < 0$ $(\Delta_0 = 1)$ für ein beliebiges $k = 1, \ldots, n$ gilt.*

Beweis. Es ist klar, daß die negative Definitheit der quadratischen Form $\mathscr{A}(x, x)$ gleichbedeutend mit der positiven Definitheit der Form

$$\mathscr{B}(x, x) = -\mathscr{A}(x, x)$$

ist. Da hierbei $B(e) = -A(e)$ gilt, sind die Minore Δ_k der Matrix $A(e)$ und die ihnen zugeordneten Minore δ_k der Matrix $B(e)$ miteinander durch die Gleichungen

$$\delta_k = (-1)^k \Delta_k \tag{5}$$

verbunden. Da die Ungleichungen $\delta_1 > 0, \ldots, \delta_n > 0$ eine notwendige und hinreichende Bedingung der positiven Definitheit von $\mathscr{B}(x, x)$ darstellen, erhält man aus (5), daß die Ungleichungen

$$\frac{\Delta_{k-1}}{\Delta_k} = -\frac{\delta_{k-1}}{\delta_k} < 0$$

eine notwendige und hinreichende Bedingung für die negative Definitheit der quadratischen Form $\mathscr{A}(x, x)$ sind.

Definition 3. Der Minor einer Matrix heißt *Hauptminor*, wenn die Nummern seiner Zeilen $i_1 < \cdots < i_k$ und die Nummern seiner Spalten $j_1 < \cdots < j_k$ durch die Gleichungen $i_1 = j_1, \ldots, i_k = j_k$ verknüpft sind.

Folgerung 2. *Gilt für die Minore der symmetrischen Matrix $A = (\alpha_{ij}) \in \mathbf{R}_{n \times n}$*

$$\Delta_k(A) = \begin{vmatrix} \alpha_{11} & \cdots & \alpha_{1k} \\ \cdots & \cdots & \cdots \\ \alpha_{k1} & \cdots & \alpha_{kk} \end{vmatrix} > 0, \quad k = 1, \ldots, n \text{ beliebig},$$

so sind alle Hauptminore positiv.

Beweis. Wir wählen in einem n-dimensionalen reellen Raum V eine Basis e und konstruieren eine quadratische Form $A(x, x)$ unter der Annahme, daß

$A(e) = A$: $\mathscr{A}(x, x) = x^{\mathrm{T}}(e)Ax(e)$ ist. Wegen des Sylvesterschen Kriteriums ist $\mathscr{A}(x, x)$ positiv definit.

Es sei M_q der Hauptminor mit der Ordnung q, dessen Zeilen- und Spaltennummern $k_1 < \cdots < k_q$ lauten.

Wir betrachten nun im Raum V eine neue Basis e', die sich von der Basis e nur durch die Reihenfolge der Vektoren unterscheidet: Die ersten q Vektoren $e_1, \ldots, e_q$ der Basis e' lauten dementsprechend $e'_1 = e_k, \ldots, e'_q = e_k$.

In der neuen Matrix $A(e')$ der quadratischen Form $\mathscr{A}(x, x)$ wird der Minor M_q in der linken oberen Ecke liegen. Gemäß dem Sylvesterschen Kriterium muß er positiv sein.

Wir fixieren im reellen Raum V eine symmetrische Bilinearform $\mathscr{A}(x, y)$, die polar zur positiv definiten quadratischen Form $\mathscr{A}(x, x)$ ist und erinnern uns an die Haupteigenschaften der symmetrischen Bilinearform $\mathscr{A}(x, y)$:

a) Einem beliebigen Paar von Vektoren x und y aus V wird eine reelle Zahl $\mathscr{A}(x, y)$ zugeordnet.
b) $\mathscr{A}(y, x) = \mathscr{A}(x, y)$ für beliebige $x, y \in V$.
c) $\mathscr{A}(x, y + z) = \mathscr{A}(x, y) + \mathscr{A}(x, z)$ für beliebige $x, y, z \in V$.
d) $\mathscr{A}(\alpha x, y) = \alpha\mathscr{A}(x, y)$ für beliebige $x, y \in V$ und für ein beliebiges $\alpha \in \mathbf{R}$.
e) $\mathscr{A}(x, x) \geq 0$ für ein beliebiges $x \in V$; $\mathscr{A}(x, x) = 0$ ist nur dann möglich, wenn x der Nullvektor ist.

Vergleicht man diese Eigenschaften mit den Forderungen, die dem Skalarprodukt in der Definition des euklidischen Raumes (vgl. 2.1.1, Definition 1) auferlegt wurden, gelangt man zu dem folgenden wichtigen Schluß:

Fixiert man eine symmetrische Bilinearform, die polar zu einer positiv definiten quadratischen Form ist, im reellen linearen Raum, so erhält dieser Raum die Struktur eines euklidischen Raumes.

Bemerkung. In den Anwendungen ist auch ein allgemeinerer Fall, nämlich das Fixieren einer symmetrischen Bilinearform, die polar zu einer nichtausgearteten (nicht unbedingt definiten) quadratischen Form ist, im reellen Raum von Interesse. Dieser wird häufig bei physikalischen Anwendungen und beim Aufbau effektiver Rechenvorgänge ausgenutzt.

4.4.2 Das Trägheitsgesetz

Es seien V ein reeller linearer Raum und h eine Basis, bezüglich derer eine vorgegebene quadratische Form die Gestalt

$$\mathscr{A}(x, x) = \lambda_1 v^{1^2} + \cdots + \lambda_n v^{n^2}$$

mit $x = \sum_{k=1}^{n} v^k h_k$ hat, oder was dasselbe ist,

$$\mathscr{A}(x,x) = (v^1 \cdots v^n)\begin{pmatrix} \lambda_1 & & 0 \\ & \ddots & \\ 0 & & \lambda_n \end{pmatrix}\begin{pmatrix} v^1 \\ \vdots \\ v^n \end{pmatrix}.$$

Es sei rang $\mathscr{A}(x,x) > 0$.

Wir nehmen an (und durch Umnumerieren der Basisvektoren läßt sich das immer erreichen), daß die Koeffizienten $\lambda_1, \ldots, \lambda_n$ derart numeriert sind, daß zunächst positive, danach negative und dann Nullkoeffizienten (wenn sie jeweils existieren) auftreten:

$$\lambda_1 > 0, \ldots, \lambda_q > 0; \quad \lambda_{q+1} < 0, \ldots, \lambda_r < 0; \quad \lambda_{r+1} = 0, \ldots, \lambda_n = 0.$$

Wir setzen

$$\xi^k = \sqrt{\lambda_k} v^k, \quad k = 1, \ldots, q;$$

$$\xi^k = \sqrt{-\lambda_k} v^k, \quad k = q+1, \ldots, r;$$

$$\xi^k = v^k, \quad k = r+1, \ldots, n.$$

Indem wir damit von der Basis h zur Basis e übergehen:

$$e = h \operatorname{diag}\left\{\frac{1}{\sqrt{\lambda_1}}, \ldots, \frac{1}{\sqrt{\lambda_q}}, \frac{1}{\sqrt{-\lambda_{q+1}}}, \ldots, \frac{1}{\sqrt{-\lambda_r}}, 1, \ldots, 1\right\},$$

reduzieren wir $\mathscr{A}(x,x)$ wie folgt:

$$\mathscr{A}(x,x) = \xi^{1^2} + \cdots + \xi^{q^2} - \xi^{q+1^2} - \cdots - \xi^{r^2}, \qquad (6)$$

wobei $x = \sum_{k=1}^{n} \xi^k e_k$ gilt, oder, was dasselbe ist,

$$\mathscr{A}(x,x) = \xi^1 \cdots \xi^n)\begin{bmatrix} 1 & & & & & & & \\ & \ddots & & & & & 0 & \\ & & 1 & & & & & \\ & & & -1 & & & & \\ & & & & \ddots & & & \\ & & & & & -1 & & \\ & 0 & & & & & 0 & \\ & & & & & & & \ddots \\ & & & & & & & & 0 \end{bmatrix}\begin{pmatrix} \xi^1 \\ \vdots \\ \xi^n \end{pmatrix}.$$

Definition 1. Die Formel (6) heißt *Normalform* der quadratischen Form $\mathscr{A}(x,x)$.

Statz 2 (*Trägheitsgesetz*). *Es seien e und f die Basen des Raumes V, bezüglich derer die quadratische Form $\mathscr{A}(x,x)$ Normalform besitzt. Dann gilt: $A(e) = A(f)$.*

Beweis. Es sei

$$\mathscr{A}(x,x) = \eta^{1^2} + \cdots + \eta^{s^2} - \eta^{s+1^2} - \cdots - \eta^{t^2}, \tag{7}$$

mit $x = \sum_{k=1}^{n} \eta^k f_k$.

Wir müssen beweisen, daß $s = q$ und $t = r$ ist.

1. Die Gleichung $t = r$ folgt aus der Tatsache, daß der Rang der Matrix einer quadratischen Form unabhängig von der Wahl der Basis ist (er ist gleich dem Rang von $\mathscr{A}(x,x)$).

2. Wir überzeugen uns davon, daß der Fall $q > s$ nicht möglich ist. Dazu betrachten wir zwei lineare Teilräume

$$W_e = L(e_1, \ldots, e_q), \quad W_f = L(f_{s+1}, \ldots, f_n)$$

mit den Dimensionen q beziehungsweise $n - s$. Wegen der Annahme $q + n - s > n$ ist der Durchschnitt $W_e \cap W_r$ nicht trivial, d. h., es existiert ein von null verschiedener Vektor x_0, der zu diesem Durchschnitt gehört. Das bedeutet, daß x_0 sowohl als Linearkombination von Vektoren $e_1, \ldots, e_q$ als auch von Vektoren $f_{s+1}, \ldots, f_n$ dargestellt werden kann:

$$x_0 = \xi_0^1 e_1 + \cdots + \xi_0^q e_q = \eta_0^{s+1} f_{s+1} + \cdots + \eta_0^n f_n.$$

Wenn man nun den Wert der quadratischen Form $\mathscr{A}(x,x)$ mit Hilfe der Entwicklungen (6) und (7) berechnet, erhält man

$$\mathscr{A}(x_0, x_0) = \xi_0^{1^2} + \cdots + \xi_0^{q^2} > 0$$

(aus der Bedingung $x_0 \neq O$ folgt, daß wenigstens eine der Zahlen $\xi_0^1, \ldots, \xi_0^2$ ungleich null ist):

$$\mathscr{A}(x_0, x_0) = -\eta_0^{s+1^2} - \cdots - \eta_0^{r^2} \leqslant 0.$$

Die erhaltenen Ungleichungen schließen die Möglichkeit $q > s$ aus. In ähnlicher Weise entfällt die Möglichkeit $q < s$. Also ist $q = s$.

Die Normalform einer quadratischen Form ist also eindeutig bestimmt.

Definition 2. Die maximale Dimension eines Teilraumes W, in dem $\mathscr{A}(x,x)$ negativ definit ist ($\mathscr{A}(x,x) < 0$ für einen beliebigen von null verschiedenen Vektor x aus W) nennt man den *Index der quadratischen Form* $\mathscr{A}(x,x)$ und bezeichnet ihn mit index $\mathscr{A}(x,x)$.

Behauptung. *Der Index einer quadratischen Form ist gleich der Anzahl der negativen Summanden in ihrer Normalform.*

Wichtige Schlußfolgerung. *Der Rang* rang $\mathscr{A}(x,x)$ *und der Index* index $\mathscr{A}(x,x)$ *einer quadratischen Form* $\mathscr{A}(x,x)$ *legen deren Normalform eindeutig fest. Die*

Basis, bezüglich der die quadratische Form eine Normalform besitzt, ist dagegen nicht eindeutig bestimmt.

4.5 Semibilineare und hermitesche Formen

4.5.1 Semibilinearformen

Es sei V ein komplexer linearer Raum.

Definition 1. Eine Abbildung

$$\mathscr{A}: V \times V \to \mathbf{C}$$

heißt *Semibilinearform* auf dem Raum V, wenn für beliebige Vektoren x, y und z aus V und eine beliebige komplexe Zahl folgende Beziehungen erfüllt sind:

1. $\mathscr{A}(x+y, z) = \mathscr{A}(x, z) + \mathscr{A}(y, z)$,
2. $\mathscr{A}(\alpha x, y) = \alpha \mathscr{A}(x, y)$,
3. $\mathscr{A}(x, y+z) = \mathscr{A}(x, y) + \mathscr{A}(x, z)$,
4. $\mathscr{A}(x, \alpha y) = \bar{\alpha} \mathscr{A}(x, y)$.

Bemerkung. Die Semibilinearform $\mathscr{A}(x, y)$ ist linear im ersten Argument und halblinear im zweiten (vgl. mit der Definition der Bilinearform, 4.1.1, Definition 1). Aus dieser Tatsache resultiert auch die Bezeichnung „Semibilinearform".

Beispiel. Die skalare Multiplikation in einem unitären Raum ist eine Semibilinearform.

Es sei $e = (e_1 \cdots e_n)$ eine Basis des Raumes V. Wir setzen $\mathscr{A}(e_k, e_j) = \alpha_{kj}$.

Definition 2. Die Matrix $A(e) = (\alpha_{kj}) \in \mathbf{C}_{n \times n}$ heißt *Matrix der Semibilinearform* $\mathscr{A}(x, y)$ bezüglich der Basis e.

Es seien

$$x = \sum_{k=1}^{n} \xi^k e_k, \quad y = \sum_{j=1}^{n} \eta^j e_j$$

willkürlich gewählte Vektoren aus V. Dann ist

$$\mathscr{A}(x, y) = \sum_{k,j=1}^{n} \alpha_{k,j} \xi^k \overline{\eta^j}.$$

Diese Form läßt sich auch anders schreiben (und zwar auf zweierlei Weise):

$$\mathscr{A}(x, y) = x^{\mathrm{T}}(e) A(e) \overline{y(e)} \tag{1}$$

und

$$\mathscr{A}(x, y) = \overline{y^{\mathrm{T}}(e)} A^{\mathrm{T}}(e) x(e), \tag{2}$$

wobei wie üblich $x(e) = (\xi^1 \cdots \xi^n)^{\mathrm{T}}$, $y(e) = (\eta^1 \cdots \eta^n)^{\mathrm{T}}$ gilt, während der Strich über den betreffenden Ausdrücken den Übergang zu den konjugiert komplexen Elementen $\overline{y(e)} = (\overline{\eta^1} \cdots \overline{\eta^n})^{\mathrm{T}}$ bedeutet.

Ebenso wie für die Bilinearformen läßt sich bezüglich der Matrix $A \in \mathbf{C}_{n \times n}$ und der Basis $e = (e_1 \cdots e_n)$ des Raumes eine Semibilinearform $\mathscr{A}(x, y)$ konstruieren, für die $A(e) = A$ gilt.

Sind e und $e' = eS$ Basen eines Raumes V, so wird

$$A(e') = S^{\mathrm{T}} A(e) \bar{S}.$$

Die Begriffe des Ranges einer Semibilinearform und ihrer Nichtausartung werden ebenfalls analog zu denen der Bilinearformen eingeführt.

Definition 3. Die Abbildung $\hat{\mathscr{A}}: V \to \mathbf{C}$ heißt *quadratische Form* auf einem komplexen Raum V und wird mit $\mathscr{A}(x, x)$ bezeichnet, wenn eine Semibilinearform $\mathscr{A}: V \times V \to \mathbf{C}$ derart existiert, daß

$$\hat{\mathscr{A}}(x) = \mathscr{A}(x, x) \tag{3}$$

gilt.

Die Semibilinearform $\mathscr{A}(x, y)$ heißt *polar* zur vorgegebenen quadratischen Form $\hat{\mathscr{A}}(x)$.

Behauptung. *Die quadratische Form bestimmt die zu ihr polare Semibilinearform eindeutig.*

Beweis. Für eine beliebige Semibilinearform gilt die identische Gleichung

$$\begin{aligned} \mathscr{A}(x, y) = \tfrac{1}{4}\{&\mathscr{A}(x + y, x + y) + \mathrm{i}\mathscr{A}(x + \mathrm{i}y, x + \mathrm{i}y) \\ &- \mathscr{A}(x - y, x - y) - \mathrm{i}\mathscr{A}(x - \mathrm{i}y, x - \mathrm{i}y)\}, \end{aligned} \tag{4}$$

wobei die Vektoren x und y beliebig aus V sind. Wenn $\mathscr{A}(x, y)$ polar zur quadratischen Form $\hat{\mathscr{A}}(x)$ ist, so erhält man bei Berücksichtigung von (3)

$$\mathscr{A}(x, y) = \tfrac{1}{4}\{\hat{\mathscr{A}}(x + y) + \mathrm{i}\hat{\mathscr{A}}(x + \mathrm{i}y) - \hat{\mathscr{A}}(x - y) - \mathrm{i}\hat{\mathscr{A}}(x - \mathrm{i}y)\}.$$

Auf diese Weise bestimmt man den Wert von $\mathscr{A}(x, y)$ eindeutig, indem man die Werte der quadratischen Form $\hat{\mathscr{A}}$ für die Vektoren $x + y, x - y, x + \mathrm{i}y$ und $x - \mathrm{i}y$ berechnet.

4.5.2 Hermitesche Formen

Definition 1. Eine Semibilinearform $\mathscr{A}(x, y)$ heißt *hermitesche Form*, wenn

$$\mathscr{A}(y, x) = \overline{\mathscr{A}(x, y)} \tag{5}$$

für beliebige Vektoren x und y aus V gilt.

Ein Skalarprodukt in einem unitären Raum ist ein Beispiel für eine hermitesche Form.

Behauptung. *Die Semibilinearform $\mathscr{A}(x, y)$ ist dann und nur dann eine hermitesche Form, wenn für eine willkürliche Basis e die Matrix $A(e)$ dieser Form hermitesch ist, d. h. $A(e) = A^*(e)$.*

Wir erinnern uns, daß die Matrix A^* zur Matrix A folgendermaßen konstruiert wird: $A^* = (\bar{A})^{\mathrm{T}}$.

Beweis. Durch Vertauschen von x und y in (1),

$$\mathscr{A}(y, x) = y^{\mathrm{T}}(e)A(e)\overline{x(e)},$$

und Anwendung der komplexen Konjugation auf beiden Seiten von (2),

$$\overline{A(x, y)} = y^{\mathrm{T}}(e)A^*(e)\overline{x(e)},$$

überzeugt man sich unmittelbar von der Richtigkeit der Behauptung.

Behauptung. *Die Semibilinearform $\mathscr{A}(x, y)$ ist genau dann eine hermitesche Form, wenn die ihr entsprechende quadratische Form nur reelle Werte annimmt.*

Beweis. ($\Rightarrow$) Ist die Form $\mathscr{A}(x, y)$ hermitesch, so erhält man unter der Voraussetzung $x = y$ in Definition (5)

$$\mathscr{A}(x, x) = \overline{\mathscr{A}(x, x)}.$$

($\Leftarrow$) Es sei $\mathscr{A}(x, x) \in \mathbf{R}$ für ein beliebiges x aus V, oder es gelte, was dasselbe ist,

$$\mathscr{A}(x, x) = \overline{\mathscr{A}(x, x)}. \tag{6}$$

Geht man in (4) zu konjugiert-komplexen Werten über, erhält man unter Berücksichtigung von (6)

$$\begin{aligned}\overline{\mathscr{A}(x, y)} = \tfrac{1}{4}\{&\mathscr{A}(x + y, x + y) - \mathrm{i}\mathscr{A}(x + \mathrm{i}y, x + \mathrm{i}y)\\ &- \mathscr{A}(x - y, x - y) + \mathrm{i}\mathscr{A}(x - \mathrm{i}y, x - \mathrm{i}y)\}.\end{aligned}$$

Mit Hilfe der Tatsache, daß die Argumente des zweiten und vierten Summanden in der letzten Formel in der Form

$$x + \mathrm{i}y = \mathrm{i}(y - \mathrm{i}x), \quad x - \mathrm{i}y = -\mathrm{i}(y + \mathrm{i}x)$$

geschrieben werden können, formen wir sie geeignet um. Wir erhalten

$$\begin{aligned}\mathscr{A}(x + iy, x + iy) &= \mathscr{A}(i(y - ix), \quad i(y - ix)) = i(-i)\mathscr{A}(y - ix, y - ix)\\ &= \mathscr{A}(y - ix, y - ix),\\ \mathscr{A}(x - iy, x - iy) &= \mathscr{A}(y + ix, y + ix).\end{aligned}$$

Dann gilt

$$\overline{\mathscr{A}(x,y)} = \tfrac{1}{4}\{\mathscr{A}(x+y,x+y) = -i\mathscr{A}(y-ix,y-ix)$$
$$-\mathscr{A}(x-y,x-y) + i\mathscr{A}(y+ix,y+ix)\}.$$

Andererseits gewinnen wir durch Vertauschen der Vektoren x und y in (4)

$$\mathscr{A}(y,x) = \tfrac{1}{4}\{\mathscr{A}(y+x,y+x) + i\mathscr{A}(y+ix,y+ix)$$
$$-\mathscr{A}(y-x,y-x) - i\mathscr{A}(y-ix,y-ix)\}.$$

Es ist leicht zu erkennen, daß die rechten Seiten der beiden letzten Gleichungen übereinstimmen. Also ist $\mathscr{A}(y,x) = \overline{\mathscr{A}(x,y)}$.

Satz. *Eine in einem komplexen Raum V vorgegebene quadratische Form $\mathscr{A}(x,x)$ ist hermitesch.*

Behauptung. *Im komplexen Raum V existiert eine Basis $e = (e_1 \cdots e_n)$ derart, daß*

$$A(e) = \operatorname{diag}\{\lambda_1,\dots,\lambda_n\} = \begin{pmatrix} \lambda_1 & & 0 \\ & \ddots & \\ 0 & & \lambda_n \end{pmatrix}$$

gilt oder, was dasselbe ist,

$$\mathscr{A}(x,x) = \sum_{k=1}^{n} \lambda_k |\xi^k|^2,$$

mit

$$x = \sum_{k=1}^{n} \xi^k e_k; \quad \lambda_k \in \mathbf{R}, k = 1,\dots,n.$$

Beweis. Ist $\mathscr{A}(x,x) = 0$ für beliebiges x, so besitzt die Form $\mathscr{A}(x,x)$ die für eine willkürliche Basis notwendige Gestalt. Deshalb kann $\mathscr{A}(x,x) \not\equiv 0$ gesetzt werden.

Das bedeutet aber, daß sich in V ein Vektor e_1 finden läßt, für den

$$\mathscr{A}(e_1,e_1) \neq 0 \tag{7}$$

gilt.

Die Menge $V^{(1)} = \{x \in V \mid \mathscr{A}(x,e_1) = 0\}$ stellt einen $(n-1)$-dimensionalen linearen Raum dar.

Die Tatsache, daß $V^{(1)}$ ein Teilraum ist, resultiert aus der Linearität von $\mathscr{A}(x,y)$ nach dem ersten Argument. Seine Dimension ist gleich der Anzahl linear unabhängiger Lösungen der Gleichung $\mathscr{A}(x,e_1) = 0$ oder, ausführlicher geschrieben,

$$\eta^1 \mathscr{A}(f_1,e_1) + \cdots + \eta^n \mathscr{A}(f_n,e_1) = 0, \tag{8}$$

wobei $(f_1 \cdots f_n)$ irgendeine Basis von V und $x = \sum_{k=1}^{n} \eta^k f_k$ ist. (Damit keine Zweifel daran entstehen, daß wenigstens einer der Koeffizienten von (8) von null verschieden ist, kann man $f_1 = e_1$ setzen.)

Wir nehmen

$$\mathscr{A}^{(1)} = \mathscr{A}|_{V^{(1)}}$$

an. Ist $\mathscr{A}^{(1)}(x,x) \not\equiv 0$ in $V^{(1)}$, so konstruieren wir, nachdem wir einen Vektor $e_2 \in V^{(1)}$ gefunden haben, für den $\mathscr{A}^{(1)}(e_2,e_2) = \mathscr{A}(e_2,e_2) \neq 0$ gilt, einen linearen Teilraum

$$V^{(2)} = \{x \in V^{(1)} \mid \mathscr{A}^{(1)}(x, e_2) = 0\} \subset V^{(1)}$$

der Dimension $n-2$ und setzen $\mathscr{A}^{(2)} = \mathscr{A}^{(1)}|_{V^{(2)}} = \mathscr{A}|_{V^{(2)}}$ usw.

Den geschilderten Vorgang setzen wir solange fort, bis wir zu einem Teilraum $V^{(q)}$ gelangt sind, für den

$$\mathscr{A}^{(q)} = \mathscr{A}|_{V^{(q)}} = \mathscr{O}$$

gilt. Ist $V^{(q)} \neq \{O\}$, so betrachten wir nach Auswahl einer Basis $e_{q+1}, \ldots, e_n$ in diesem ein Vektorsystem $e_1, \ldots, e_q, e_{q+1}, \ldots, e_n$ und zeigen, daß dieses System linear unabhängig ist, also eine Basis von V bildet.

Es sei

$$\alpha^1 e_1 + \cdots + \alpha^n e_n = O. \tag{9}$$

Unter Beachtung der Tatsache, daß $\mathscr{A}(O,y) = 0$ für beliebiges y ist, erhalten wir wegen (9)

$$\mathscr{A}\left(\sum_{k=1}^{n} \alpha^k e_k, e_1\right) = 0.$$

Wir transformieren die linke Seite dieser Beziehung unter Berücksichtigung von $\mathscr{A}(e_k, e_1) = 0$ für ein beliebiges $k \geq 2$. Das liefert $\alpha^1 \mathscr{A}(e_1, e_1) = 0$, und daraus folgt wegen (7), daß $\alpha^1 = 0$ wird.

Durch ähnliche Überlegungen erhalten wir aus den Beziehungen

$$\mathscr{A}\left(\sum_{k=j}^{n} \alpha^k e_k, e_j\right) = 0, \quad j = 2, \ldots, q,$$

nacheinander $\alpha^2 = \cdots = \alpha^q = 0$.

Somit nimmt (9) die Form

$$\alpha^{q+1} e_{q+1} + \cdots + \alpha^n e_n = O$$

an. Wegen der linearen Unabhängigkeit des Systems $e_{q+1}, \ldots, e_n$ erhält man

$$\alpha^{q+1} = \cdots = \alpha^n = O,$$

und folglich kann die Linearkombination in der Formel (9) nur trivial sein, d. h., $e_1, \ldots, e_n$ ist Basis von V.

Wir bestimmen nun die Gestalt der Matrix der quadratischen Form $\mathscr{A}(x, x)$ bezüglich der Basis e. Nach unserer Konstruktion gilt

$$\mathscr{A}(e_j, e_k) = 0, \quad j > k.$$

Angesichts dessen, daß es sich um eine hermitesche Form handelt, gilt auch

$$\mathscr{A}(e_k, e_j) = 0, \quad j > k,$$

während $\lambda_k = \mathscr{A}(e_k, e_k) \in \mathbf{R}$, $k = 1, \ldots, n$, wird.

Also gilt $A(e) = \operatorname{diag}\{\lambda_1, \ldots, \lambda_n\}$.

Ist $x = \sum\limits_{k=1}^{n} \xi^k e_k$, so gilt

$$\mathscr{A}(x, x) = \sum_{k=1}^{n} \lambda_k \xi^k \overline{\xi^k} = \sum_{k=1}^{n} \lambda_k |\xi^k|^2.$$

Bemerkung. Man sieht leicht ein, daß das beim Nachweis des Satzes vorgeschlagene Verfahren zur Transformation der Matrix einer hermiteschen Form in die Diagonalform auch auf symmetrische Bilinearformen anwendbar ist.

Abschließend merken wir an, daß für quadratische hermitesche Formen natürliche Analoga

1. des Satzes von Jacobi,
2. des Kriteriums von Sylvester,
3. des Trägheitsgesetzes

gelten, die auch nach demselben Schema nachgewiesen werden können.

Schließlich geben wir in einem komplexen Raum durch Fixieren einer zu einer hermiteschen positiv definiten quadratischen Form polaren Semibilinearform die Struktur eines unitären Raumes vor.

5. Lineare Abbildungen unitärer Räume

5.1 Die Konjugation

5.1.1 Die konjugierte Abbildung

Es seien V und W unitäre Räume und $\mathscr{A}: V \to W$ eine lineare Abbildung.

Definition. Die lineare Abbildung $\mathscr{A}^*: W \to V$ heißt zu der linearen Abbildung $\mathscr{A}: V \to W$ *konjugiert*, wenn für beliebige Vektoren x aus V und y aus W die Gleichung

$$(\mathscr{A}x, y) = (x, \mathscr{A}^*y) \tag{1}$$

erfüllt wird.

Bemerkung. Das Skalarprodukt auf der linken Seite von (1) wird im unitären Raum W und das Skalarprodukt auf der rechten Seite derselben Gleichung im unitären Raum V berechnet.

Satz 1. *Es seien V und W unitäre Räume, $\mathscr{A} \in \mathscr{L}(V, W)$. Dann existiert stets eine konjugierte Abbildung $\mathscr{A}^* \in L(W, V)$, die durch* (1) *eindeutig festgelegt ist.*

Beweis. *Einzigkeit*: Wir nehmen zunächst an, daß die konjugierte Abbildung $\mathscr{A}^*$ existiert und beweisen, daß sie die einzige ist.

Es sei $y \in W$ ein willkürlich gewählter Vektor. Sein Bild $\mathscr{A}^*y$ liegt in V und kann folglich nach der Basis e von V (die als orthonormiert vorausgesetzt wird) entwickelt werden. Da ein beliebiger Vektor x aus V bezüglich einer orthonormierten Basis e in folgender Form geschrieben werden kann:

$$x = \sum_{k=1}^{n} (x, e_k)e_k$$

so folgt $\mathscr{A}^*y = \sum_{k=1}^{n} (\mathscr{A}^*y, e_k)e_k$.

Indem wir die Eigenschaften eines Skalarproduktes in einem unitären Raum und Formel (1) anwenden, formen wir die mit den Vektoren e_k verknüpften Multiplikatoren um und erhalten:

$$(\mathscr{A}^*y, e_k) = \overline{(e_k, \mathscr{A}^*y)} = \overline{(\mathscr{A}e_k, y)} = (y, \mathscr{A}e_k).$$

Somit ergibt sich

$$\mathscr{A}^* y = \sum_{k=1}^{n} (y, \mathscr{A} e_k) e_k,$$

und folglich wird das Bild eines willkürlichen Vektors y aus W bezüglich der Abbildung $\mathscr{A}^*$ durch die Art der Einwirkung der Ausgangsabbildung $\mathscr{A}$ auf die Vektoren $e_1, \ldots, e_n$ einer festgeschriebenen Basis e und den Vektor y selbst eindeutig festgelegt.

Existenz. Es sei jedem Vektor y aus W ein Vektor aus V nach folgender Regel (die wir mit $\mathscr{A}^*$ bezeichnen) zugeordnet:

$$\mathscr{A}^*\colon y \in W \mapsto \sum_{k=1}^{n} (y, \mathscr{A} e_k) e_k \in V. \tag{2}$$

Wir zeigen, daß die Abbildung (2) linear ist. Es gilt

$$\begin{aligned}\mathscr{A}^*(\lambda y + \lambda' y') &= \sum_{k=1}^{n} (\lambda y + \lambda' y', \mathscr{A} e_k) e_k \\ &= \lambda \sum_{k=1}^{n} (y, \mathscr{A} e_k) e_k + \lambda' \sum_{k=1}^{n} (y', \mathscr{A} e_k) e_k = \lambda \mathscr{A}^* y + \lambda' \mathscr{A}^* y'.\end{aligned}$$

Die Richtigkeit der Grundgleichung (1) läßt sich durch Vergleich der Skalarprodukte $(\mathscr{A} x, y)$ und $(x, \mathscr{A}^* y)$ bestätigen. Unter Benutzung der Eigenschaften des Skalarproduktes im unitären Raum und der Tatsache, daß die Basis e orthonormiert ist, erhält man, daß für beliebige Vektoren x aus V und y aus W die Werte

$$(\mathscr{A} x, y) = \left(\mathscr{A}\left(\sum_{k=1}^{n} (x, e_k) e_k \right), y \right) = \sum_{k=1}^{n} (x, e_k)(\mathscr{A} e_k, y)$$

und

$$\begin{aligned}(x, \mathscr{A}^* y) &= \left(\sum_{j=1}^{n} (x, e_j) e_j, \sum_{k=1}^{n} (y, \mathscr{A} e_k) e_k \right) = \sum_{k,j=1}^{n} (x, e_j)\overline{(y, \mathscr{A} e_k)}(e_j, e_k) \\ &= \sum_{k=1}^{n} (x, e_k)(\mathscr{A} e_k, y)\end{aligned}$$

gleich sind (die letzte Vereinfachung ist wegen $(e_j, e_k) = \delta_{jk}$ möglich).

5.1.2 Eigenschaften einer Konjugationsabbildung

Die Gleichung (1) legt also die Abbildung

$$*\colon \mathscr{L}(V, W) \to \mathscr{L}(W, V)$$

fest, die aus dem linearen Raum der linearen Abbildungen von V in W in den linearen Raum der linearen Abbildungen aus W in V wirkt. Wir geben hier einige Eigenschaften dieser Abbildung $*$ an:

a) $(\mathcal{A}^*)^* = \mathcal{A}$.
b) $(\alpha\mathcal{A})^* = \bar{\alpha}\mathcal{A}^*$, d. h., die Abbildung ist nicht linear.
c) $(\mathcal{A} + B)^* = \mathcal{A}^* + \mathcal{B}^*$.
d) Wenn $\mathcal{A} \in \mathcal{L}(V, W)$ und $\mathcal{B} \in \mathcal{L}(W, Z)$ gilt, so ist $(\mathcal{B}\mathcal{A})^* = \mathcal{A}^*\mathcal{B}^*$.

Beweisen wir beispielsweise die Eigenschaft b): Wir haben

$$((\alpha\mathcal{A})x, y) = \alpha(\mathcal{A}x, y) = \alpha(x, \mathcal{A}^*y) = (x, (\bar{\alpha}\mathcal{A}^*)y),$$

woraus wegen der Einzigkeit der konjugierten Abbildung die geforderte Beziehung $(\alpha\mathcal{A})^* = \bar{\alpha}\mathcal{A}^*$ folgt.

In ähnlicher Weise können die übrigen Eigenschaften gezeigt werden.

Wir führen hier noch einige für die weiteren Betrachtungen wichtigen Eigenschaften der Konjugationsabbildung $*$ in Bezug auf den Raum $\mathcal{L}(V, V)$ der linearen Operatoren an.

e) Wenn $\det \mathcal{A} \neq 0$ ist, so gilt $\det \mathcal{A}^* \neq 0$.

Beweis. Wir nehmen zunächst $\det \mathcal{A}^* = 0$ an. Das bedeutet, daß sich in V ein von null verschiedener Vektor y so finden läßt, daß $\mathcal{A}^*y = O$ ist. Wenn wir die beiden Seiten dieser letzten Gleichung skalar mit einem willkürlich gewählten Vektor x multiplizieren, erhalten wir $(x, \mathcal{A}^*y) = 0$ oder $(\mathcal{A}x, y) = 0$.

Unter Verwendung der Tatsache, daß der Operator $\mathcal{A}$ nicht ausgeartet ist und folglich in V surjektiv wirkt, kann man einen Vektor x so angeben, daß $\mathcal{A}x = y$ gilt. Daraus folgt, daß $(y, y) = 0$ ist. Das ist aber nur möglich, wenn $y = O$ ist.

Der erhaltene Widerspruch erlaubt den Schluß, daß auch der konjugierte Operator $\mathcal{A}^*$ nicht ausgeartet ist.

f) Wenn der Operator $\mathcal{A}$ nicht ausgeartet ist, so gilt $(\mathcal{A}^{-1})^* = (\mathcal{A}^*)^{-1}$.

Beweis. Nach Definition des konjugierten Operators ist

$$(\mathcal{A}^{-1}x, y) = (x, (\mathcal{A}^{-1})^*y).$$

Andererseits erhält man aus der offensichtlichen Gleichung

$$\mathcal{A}^*(\mathcal{A}^*)^{-1} = \mathcal{I}$$

(der Operator $\mathcal{A}^*$ soll gemäß Eigenschaft e) umgekehrt werden):

$$(\mathcal{A}^{-1}x, y) = (\mathcal{A}^{-1}x, \mathcal{I}y) = (\mathcal{A}^{-1}x, \mathcal{A}^*(\mathcal{A}^*)^{-1}y) = (\mathcal{A}\mathcal{A}^{-1}x, (\mathcal{A}^*)^{-1}y)$$
$$= (\mathcal{I}x, (\mathcal{A}^*)^{-1}y) = (x, (\mathcal{A}^*)^{-1}y).$$

Damit ergibt sich

$$(x, (\mathscr{A}^{-1})^* y) = (x, (\mathscr{A}^*)^{-1} y).$$

Nun folgern wir wegen der Willkürlichkeit der Vektoren x und y und der Einzigkeit der konjugierten Abbildung, daß $(\mathscr{A}^{-1})^* = (\mathscr{A}^*)^{-1}$ gilt.

Bemerkung. Die Konjugationsabbildung * wird für die euklidischen Räume genauso wie für die unitären definiert. Sie existiert immer und wird nach der linearen Ausgangsabbildung eindeutig festgelegt. Die Operation * erfüllt in den euklidischen Räumen die Eigenschaften a), c) bis f). Wir merken an, daß infolge dessen, daß α in der Eigenschaft b) reell ist, die konjugierte Abbildung für die euklidischen Räume V und W,

$$*\colon \mathscr{L}(V, W) \to \mathscr{L}(W, V),$$

linear ist.

Beispiel (*Linearform im unitären Raum*). Es sei V ein unitärer Raum und $\omega \in \mathscr{L}(V, \mathbf{C})$. Wir führen in $\mathbf{C}$ ein Skalarprodukt ein, indem wir für $\alpha, \beta \in \mathbf{C}$

$$(\alpha, \beta)\mathbf{C} = \alpha\overline{\beta}$$

setzen.

Nun ist $\mathbf{C}$ ebenfalls ein unitärer Raum, und die konjugierte Abbildung

$$\omega^*\colon y \in \mathbf{C} \mapsto \sum_{k=1}^{n} (y, \omega(e_k))e_k \in V$$

ist (eindeutig) definiert.

Da $(y, \omega(e_k)) = y\overline{\omega(e_k)}$ ist, so gilt

$$\omega^*(y) = y \sum_{k=1}^{n} \overline{\omega(e_k)}e_k.$$

Aus der Grundgleichung $(\omega(x), y)c = (x, \omega^*(y))$ erhalten wir

$$\omega(x)\bar{y} = (x, yh) \tag{1}$$

mit $h = \sum_{k=1}^{n} \overline{\omega(e_k)}e_k$

Da y aus $\mathbf{C}$ willkürlich ist, folgern wir, daß

$$\omega(x) = (x, h)$$

gilt.

Auf diese Weise wird jede Linearform im unitären Raum naturgemäß mit einem Skalarprodukt verknüpft.

5.1.3 Matrizen zueinander konjugierter Abbildungen

Es seien V und W unitäre Räume mit den Dimensionen n beziehungsweise k. Wir betrachten ein Paar zueinander konjugierter Abbildungen

$$\mathscr{A}\in\mathscr{L}(V,W) \quad \text{und} \quad \mathscr{A}^*\in\mathscr{L}(W,V).$$

Durch die Wahl der Basen e und f in den Räumen V beziehungsweise W konstruieren wir die Matrizen dieser Abbildungen

$$A(e,f)=(\alpha^j_m), \quad A^*(f,e)=(a^{*m}_j)$$

mit $\mathscr{A}e_m=\sum_{j=1}^{k}\alpha^j_m f_j, \quad \mathscr{A}^*f_j=\sum_{m=1}^{n}\alpha^{*m}_j e_m,$

$$(m=1,\ldots,n) \quad (j=1,\ldots,k).$$

Sind die Basen e und f orthonormiert, so erhalten wir aus den letzten Beziehungen

$$a^j_m=(\mathscr{A}e_m,f_j), \quad \alpha^{*m}_j=(\mathscr{A}^*f_j,e_m)$$
$$(m=1,\ldots,n; j=1,\ldots,k).$$

Daraus und weil

$$(\mathscr{A}e_m,f_j)=(e_m,\mathscr{A}^*f_j)$$

ist, schließen wir: $\alpha^{*m}_j=\overline{\alpha^j_m}$.

Definition. Die Matrix $B=(\beta^m_j)\in\mathbf{C}_{n\times k}$ heißt *konjugiert* zur Matrix $A=(\alpha^j_m)\in\mathbf{C}_{n\times k}$, wenn

$$\beta^m_j=\overline{a^j_m}, \quad m=1,\ldots,n; \quad j=1,\ldots,k.$$

Wir haben also folgendes Ergebnis erzielt:

Die Matrizen zueinander konjugierter Abbildungen sind bezüglich eines beliebigen Paares orthonormierter Basen ebenfalls zueinander konjugiert.

Behauptung. $\operatorname{rang}\mathscr{A}=\operatorname{rang}\mathscr{A}^*$.

Beweis. Der Beweis folgt aus der Tatsache, daß die Konjugationsabbildung den Matrizenrang nicht ändert und der Rang der Matrix einer Abbildung gleich dem Rang der Abbildung selbst ist.

5.1.4 Kerne und Bilder zueinander konjugierter Abbildungen

Für ein beliebiges Paar zueinander konjugierter Abbildungen $\mathscr{A}: V \to W$ und $\mathscr{A}^*: W \to V$ sind die Inklusionen

$$\ker \mathscr{A} \subset V, \quad \operatorname{im} \mathscr{A}^* \subset V, \quad \ker \mathscr{A}^* \subset W, \quad \operatorname{im} \mathscr{A} \subset W$$

trivial.

Behauptung. $V = \ker \mathscr{A} \oplus \operatorname{im} \mathscr{A}^*, \quad W = \ker \mathscr{A}^* \oplus \operatorname{im} \mathscr{A}$.

Beweis. Es sei $x \in \ker \mathscr{A}$. Dies bedeutet, daß $\mathscr{A}x = O_W$ ist, und folglich gilt für beliebiges $y \in W$ die Gleichung $(\mathscr{A}x, y) = 0$ oder $(x, \mathscr{A}^* y) = 0$.

Da die Vektoren x aus $\ker \mathscr{A}$ und y aus W willkürlich sind, schließen wir aus der letzten Gleichung, daß

$$\ker \mathscr{A} \perp \operatorname{im} \mathscr{A}^*$$

gilt. Unter Verwendung der Gleichungen

$$\operatorname{rang} \mathscr{A} = \operatorname{rang} \mathscr{A}^* \text{ und } \operatorname{defect} \mathscr{A} + \operatorname{rang} \mathscr{A} = \dim V$$

gelangen wir zu der Erkenntnis, daß die linearen Teilräume $\ker \mathscr{A}$ und $\operatorname{im} \mathscr{A}^*$ des Raumes V folgende Eigenschaften besitzen:

1. Ihr Durchschnitt besteht nur aus einem Nullvektor O_V.
2. Die Summe ihrer Dimensionen ist gleich der Summe des sie umfassenden Raumes V.

Gemäß Satz 2 von 1.5.2 gilt

$$V = \ker \mathscr{A} \oplus \operatorname{im} \mathscr{A}^*.$$

Die Zerlegung $W = \ker \mathscr{A}^* \oplus \operatorname{im} \mathscr{A}$ wird ähnlich bewiesen.

Bemerkung. Für die linearen Operatoren $\mathscr{A} \in \mathscr{L}(V, V)$ bleibt alles gültig, was in den letzten beiden Punkten behandelt wurde, nur muß natürlich die Matrix des linearen Operators bezüglich einer orthonormierten Basis $(e \equiv f)$ betrachtet werden.

5.1.5 Der Normaloperator

Definition. Ein linearer Operator $\mathscr{A}: V \to V$ heißt *normal*, wenn $\mathscr{A}^* \mathscr{A} = \mathscr{A} \mathscr{A}^*$ ist.

Hilfssatz. *Sind die linearen Operatoren $\mathscr{A}, \mathscr{B} \in \mathscr{L}(V, V)$ vertauschbar, d. h. $\mathscr{A}\mathscr{B} = \mathscr{B}\mathscr{A}$, so existiert ein Vektor $x_0 \neq O$ derart, daß $\mathscr{A}x_0 = \lambda x_0$, $\mathscr{B}x_0 = \mu x_0$ gilt.*

Mit anderen Worten: *Ein beliebiges Paar in einem komplexen Raum wirkender vertauschbarer linearer Operatoren besitzt einen Eigenvektor.*

Beweis. Es sei $W = W_{(\lambda)}$ ein Eigenteilraum des linearen Operators $\mathscr{A}$, der dem Eigenwert λ entspricht:

$$W_{(\lambda)} = \{x \in V \mid \mathscr{A}x = \lambda x\}.$$

Wir berechnen die Wirkung des Operators $\mathscr{A}\mathscr{B}$ auf einen willkürlich gewählten Vektor x aus W. Wir haben

$$\mathscr{A}(\mathscr{B}x) = (\mathscr{A}\mathscr{B})x = (\mathscr{B}\mathscr{A})x = \mathscr{B}(\mathscr{A}x) = \mathscr{B}(\lambda x) = \lambda\mathscr{B}x.$$

Das bedeutet, daß $\mathscr{B}x \in W$ ist. Wegen der Willkürlichkeit des Vektors $x \in W$ schließen wir, daß $\mathscr{B}(W) \subset W$ gilt.

Somit ist der Teilraum W invariant gegenüber dem Operator $\mathscr{B}$. Das erlaubt uns, einen induzierten Operator

$$\mathscr{B}|_W : W \to W$$

zu betrachten. Da W ein komplexer Raum ist, existiert zum Operator $\mathscr{B}|_W$ ein Eigenvektor $x_0 \in W$ mit $\mathscr{B}x_0 = \mu x_0$.

Aus der Tatsache, daß $x_0 \in W$ gilt, ergibt sich die Gleichung $\mathscr{A}x_0 = \lambda x_0$.

Mittels dieses Hilfssatzes beweisen wir folgendes Ergebnis:

Satz 2. *Der lineare Operator $\mathscr{A}: V \to V$ ist dann und nur dann normal, wenn im unitären Raum V eine orthonormierte Basis aus dessen Eigenvektoren existiert.*

Beweis. ($\Rightarrow$) Der Operator $\mathscr{A}$ sei normal. Nach Hilfssatz existiert ein Vektor e_1 (man kann $|e_1| = 1$ annehmen), für den

$$\mathscr{A}e_1 = \lambda_1 e_1, \quad \mathscr{A}^* e_1 = \mu_1 e_1$$

gilt.

Das orthogonale Komplement V^{n-1} des Vektors e_1 ist invariant bezüglich der Wirkung der Operatoren $\mathscr{A}$ und $\mathscr{A}^*$. Tatsächlich erhält man für einen willkürlichen Vektor $x \in V^{n-1}$

$$(\mathscr{A}x, e_1) = (x, \mathscr{A}^* e_1) = (x, \mu_1 e_1) = \bar{\mu}_1 (x, e_1) = 0,$$
$$(\mathscr{A}^* x, e_1) = (x, \mathscr{A}e_1) = (x, \lambda_1 e_1) = \bar{\lambda}_1 (x, e_1) = 0.$$

Damit sind die Vektoren $\mathscr{A}x$ und $\mathscr{A}^* x$ orthogonal zum Vektor e_1 und liegen ebenfalls in V^{n-1}.

Gemäß Hilfssatz läßt sich im Teilraum V^{n-1} ein Vektor e_2, $|e_2| = 1$ finden, für den

$$\mathscr{A}e_2 = \lambda_2 e_2, \quad \mathscr{A}^* e_2 = \mu_2 e_2$$

gilt. Sein orthogonales Komplement V^{n-2} im Teilraum V^{n-1} ist invariant gegenüber den Operatoren $\mathscr{A}^*$ und $\mathscr{A}$.

Durch weitere ähnliche Überlegungen kommen wir zu einem orthonormierten Vektorsystem $e_1, \ldots, e_n$, für welches

$$\mathscr{A} e_k = \lambda_k e_k, \quad \mathscr{A}^* e_k = \mu_k e_k, \quad k = 1, \ldots, n$$

gilt.

Bezüglich der Basis $e = (e_1 \cdots e_n)$ weisen die Matrizen der Operatoren $\mathscr{A}$ und $\mathscr{A}^*$ Diagonalform auf. Bevor wir die entsprechenden Formeln angeben, zeigen wir, daß $\bar{\lambda}_k = \mu_k$ für $k = 1, \ldots, n$ ist.

Tatsächlich gilt:

$$\begin{aligned}\lambda_k &= \lambda_k |e_k|^2 = \lambda_k(e_k, e_k) = (\lambda_k e_k, e_k) = (\mathscr{A} e_k, e_k)\\ &= (e_k, \mathscr{A}^* e_k) = (e_k, \mu e_k) = \bar{\mu}_k(e_k, e_k) = \bar{\mu}_k |e_k|^2 = \bar{\mu}_k.\end{aligned}$$

Also ist

$$A(e) = \operatorname{diag}\{\lambda_1, \ldots, \lambda_n\}, \quad A^*(e) = \operatorname{diag}\{\bar{\lambda}_1, \ldots, \bar{\lambda}_n\}.$$

($\Leftarrow$) Es sei $e = (e_1 \cdots e_n)$ eine orthonormierte Basis eines unitären Raumes V und

$$\mathscr{A} e_k = \lambda_k e_k, \quad k = 1, \ldots, n.$$

Wir bestimmen den linearen Operator $\mathscr{B}: V \to V$ mittels folgender Formeln:

$$\mathscr{B} e_k = \bar{\lambda}_k e_k, \quad k = 1, \ldots, n.$$

Da die Skalarprodukte $(\mathscr{A}x, y)$ und $(x, \mathscr{B}y)$, nämlich

$$\begin{aligned}(\mathscr{A}x, y) &= \left(\mathscr{A}\left(\sum_{k=1}^{n} \xi^k e_k\right), y\right) = \left(\sum_{k=1}^{n} \xi^k \mathscr{A} e_k, \sum_{j=1}^{n} \eta^j e_j\right)\\ &= \left(\sum_{k=1}^{n} \xi^k \lambda_k e_k, \sum_{j=1}^{n} \eta^j e_j\right) = \sum_{k,j=1}^{n} \lambda_k \xi^k \overline{\eta^j}(e_k, e_j) = \sum_{k=1}^{n} \lambda_k \xi^k \overline{\eta^k},\\ (x, \mathscr{B}y) &= \left(\sum_{k=1}^{n} \xi^k e_k, \mathscr{B}\left(\sum_{j=1}^{n} \eta^j e_j\right)\right)\\ &= \left(\sum_{k=1}^{n} \xi^k e_k, \sum_{j=1}^{n} \eta^j \bar{\lambda}_j e_j\right) = \sum_{k,j=1}^{n} \lambda_j \xi^k \overline{\eta^j}(e_k, e_j) = \sum_{k=1}^{n} \lambda_k \xi^k \overline{\eta^k}\end{aligned}$$

für beliebige Vektoren x und y aus V gleich sind, ist der Operator $\mathscr{B}$ zum Operator $\mathscr{A}$ konjugiert. Auf diese Weise gilt

$$\mathscr{A}^* e_k = \bar{\lambda}_k e_k, \quad k = 1, \ldots, n.$$

Wie vergewissern uns, daß die Wirkungen der Operatoren $\mathscr{A}^*\mathscr{A}$ und $\mathscr{A}\mathscr{A}^*$ auf einen willkürlichen Vektor x aus V das gleiche Resultat ergeben.

Wir erhalten

$$\mathscr{A}^*\mathscr{A}x = \mathscr{A}^*\mathscr{A}\left(\sum_{k=1}^{n} \xi^k e_k\right) = \sum_{k=1}^{n} \xi^k \mathscr{A}^*\mathscr{A} e_k = \sum_{k=1}^{n} \xi^k \mathscr{A}^*(\lambda_k e_k)$$

$$= \sum_{k=1}^{n} \lambda_k \xi^k \mathscr{A}^* e_k = \sum_{k=1}^{n} \lambda_k \xi^k \bar{\lambda}_k e_k = \sum_{k=1}^{n} \xi^k |\lambda_k|^2 e_k,$$

$$\mathscr{A}\mathscr{A}^* x = \sum_{k=1}^{n} \xi^k \mathscr{A}\mathscr{A}^* e_k = \sum_{k=1}^{n} \xi^k |\lambda_k|^2 e_k.$$

Bemerkung. Ist $\mathscr{A}$ ein normaler Operator, so ist $\mathscr{A}^*$ ebenfalls normal. Darüberhinaus existiert im unitären Raum V eine orthonormierte Basis, deren Vektoren als Eigenvektoren sowohl des Operators $\mathscr{A}$ als auch des Operators $\mathscr{A}^*$ auftreten.

5.1.6 Der unitäre Operator

Es sei V ein unitärer Raum.

Definition. Der lineare Operator $\mathscr{U}: V \to V$ heißt *unitär*, wenn $\mathscr{U}^*\mathscr{U} = \mathscr{I}$ gilt, wobei $\mathscr{I}: V \to V$ der identische Operator ist.

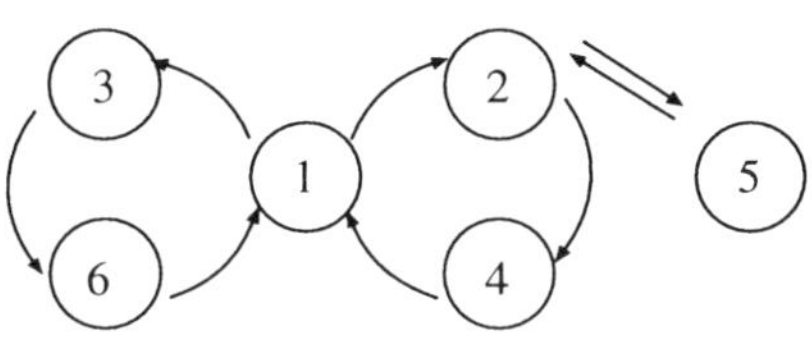

Abb. 25

Satz 3. *Es sei $\mathscr{U}$ ein linearer Operator in einem unitären Raum. Dann sind die folgenden Aussagen gleichwertig* (vgl. Abb. 25):

1. *$\mathscr{U} \in \mathscr{L}(V, V)$ ist ein unitärer Operator.*
2. *Für zwei beliebige Vektoren x und y aus V gilt die Gleichung $(\mathscr{U}x, \mathscr{U}y) = (x, y)$.*
3. *$\mathscr{U}\mathscr{U}^* = \mathscr{I}$.*
4. *Der lineare Operator $\mathscr{U}$ führt ein beliebiges orthonormiertes Vektorsystem aus V wiederum in ein orthonormiertes Vektorsystem über.*
5. *Der lineare Operator $\mathscr{U}$ ist isometrisch, d. h., es existiert ein beliebiger Vektor x aus V mit $|\mathscr{U}x| = |x|$.*
6. *Der lineare Operator $\mathscr{U}$ ist normal, und die Module aller seiner Eigenwerte sind gleich eins.*

Beweis. $1 \Rightarrow 2$. Wir formen das Produkt $(\mathscr{U}x, \mathscr{U}y)$ um:

$$(\mathscr{U}x, \mathscr{U}y) = (x, \mathscr{U}^*\mathscr{U}y) = (x, \mathscr{I}y) = (x, y).$$

$2 \Rightarrow 4$. Es sei $f_1, \ldots, f_k$ ein orthonormiertes System mit $(f_1, f_m) = \delta_{lm}$. Dann besitzt das System $\mathcal{U} f_1, \ldots, \mathcal{U} f_k$ folgende Eigenschaft:

$$(\mathcal{U} f_l, \mathcal{U} f_m) = (f_l, f_m) = \delta_{lm}$$

und ist folglich orthonormiert.

$1 \Rightarrow 3$. Daraus, daß $\mathcal{U}^* \mathcal{U} = \mathcal{I}$ ist, ergibt sich die Invertierbarkeit des Operators $\mathcal{U}$. Indem man beide Seiten der Gleichung von rechts mit $\mathcal{U}^{-1}$ multipliziert, überzeugt man sich davon, daß $\mathcal{U}^* = \mathcal{U}^{-1}$ ist.

Daraus kann man dann leicht die geforderte Gleichung $\mathcal{U}\mathcal{U}^* = \mathcal{U}\mathcal{U}^{-1} = \mathcal{I}$ ableiten.

$3 \Rightarrow 6$. Aus der Tatsache, daß $\mathcal{U}^* = \mathcal{U}^{-1}$ ist, folgt, daß $\mathcal{U}$ ein normaler Operator ist. Es sei λ der Eigenwert des Operators $\mathcal{U}$ und x der ihm entsprechende Eigenvektor. Man kann annehmen, daß $|x| = 1$ ist. Dann wird

$$\begin{aligned} 1 &= (x, x) = (\mathcal{U}^* \mathcal{U} x, x) = (\mathcal{U} x, \mathcal{U} x) \\ &= (\lambda x, \lambda x) = \lambda \bar{\lambda}(x, x) = |\lambda|^2. \end{aligned}$$

$6 \Rightarrow 1$. Aus $\mathcal{U}^* \mathcal{U} = \mathcal{U}\mathcal{U}^*$ folgt, daß im Raum V eine orthonormierte Basis $e = (e_1 \cdots e_n)$, bestehend aus den Eigenvektoren des Operators $\mathcal{U}$, existiert und

$$U(e) = \begin{pmatrix} \lambda_1 & & 0 \\ & \ddots & \\ 0 & & \lambda_n \end{pmatrix}, \quad U^*(e) = \begin{pmatrix} \bar{\lambda}_1 & & 0 \\ & \ddots & \\ 0 & & \bar{\lambda}_n \end{pmatrix},$$

gilt, wobei $\lambda_1, \ldots, \lambda_n$ entsprechende Eigenwerte sind.

Durch Multiplikation dieser Matrizen in einer beliebigen Reihenfolge, erhält man auf Grund der Bedingung $|\lambda_k|, k = 1, \ldots, n$, daß

$$U(e) U^*(e) = U^*(e) U(e) = 1$$

gilt. Dies bedeutet insbesondere: $\mathcal{U}^* \mathcal{U} = \mathcal{I}$.

$4 \Rightarrow 1$. Es seien $e_1, \ldots, e_n$ und $f_1 = \mathcal{U} e_1, \ldots, f_n = \mathcal{U} e_n$ orthonormierte Basen. Wir stellen nun die beiden willkürlich gewählten Vektoren x und y mit Hilfe der Basisvektoren dar:

$$x = \sum_{k=1}^{n} \xi^k e_k, \quad y = \sum_{j=1}^{n} \eta^j e_j.$$

Es ist klar, daß $(x, y) = \sum_{k=1}^{n} \xi^k \overline{\eta^k}$ ist.

Der Operator $\mathcal{U}$ transformiert die Vektoren x und y nach folgender Regel:

$$\mathcal{U} x = \mathcal{U}\left(\sum_{k=1}^{n} \xi^k e_k\right) = \sum_{k=1}^{n} \xi^k \mathcal{U} e_k = \sum_{k=1}^{n} \xi^k f_k, \quad \mathcal{U} y = \sum_{j=1}^{n} \eta^j f_j.$$

Da f eine orthonormierte Basis ist, gilt somit

$$(\mathcal{U}x, \mathcal{U}y) = \sum_{k=1}^{n} \xi^k \overline{\eta^k} = (x, y).$$

Aus dieser Beziehung erhält man die Gleichung

$$(x, \mathcal{U}^*\mathcal{U}y) = (x, y)$$

und weiterhin $(x, \mathcal{U}^*\mathcal{U} - \mathcal{I})y) = 0$.

Da x willkürlich gewählt wurde, erhält man $(\mathcal{U}^*\mathcal{U} - \mathcal{I})y = O$ für einen beliebigen Vektor y aus V. Daraus folgt $\mathcal{U}^*\mathcal{U} = \mathcal{I}$.

$2 \Rightarrow 5$. Es ist leicht einzusehen, daß folgende Behauptung gilt: Ist $x = y$, so erhalten wir

$$|\mathcal{U}x|^2 = (\mathcal{U}x, \mathcal{U}x) = (x, x) = |x|^2.$$

$5 \Rightarrow 2$. Wir benutzen die Identität

$$(x, y) = \tfrac{1}{4}(|x + y|^2 - |x - y|^2 + i|x + iy|^2 - i|x - iy|^2).$$

Ersetzen wir in dieser Gleichung den Vektor x durch $\mathcal{U}x$ und y durch $\mathcal{U}y$ und berücksichtigen, daß $\mathcal{U}$ ein isometrischer Operator ist, erhalten wir:

$$\begin{aligned}(\mathcal{U}x, \mathcal{U}y &= \tfrac{1}{4}(|\mathcal{U}x + \mathcal{U}y|^2 - |\mathcal{U}x - \mathcal{U}y|^2 + i|\mathcal{U}x + i\mathcal{U}y|^2 - i|\mathcal{U}x - i\mathcal{U}y|^2)\\ &= \tfrac{1}{4}(|\mathcal{U}(x + y)|^2 - |\mathcal{U}(x - y)|^2 + i|\mathcal{U}(x + iy)|^2 - i|\mathcal{U}(x - iy)|^2)\\ &= \tfrac{1}{4}(|x + y|^2 - |x - y|^2 + i|x + iy|^2 - i|x - iy|^2)\\ &= (x, y).\end{aligned}$$

Bemerkung. Die Matrix

$$U = (u_k^j)\mathbf{C}_{n \times n}$$

heißt *unitär*, wenn

$$U^*U = UU^* = I$$

ist.

Die Matrix des unitären Operators bezüglich der orthonormierten Basis ist unitär (das folgt aus der Tatsache, daß die Matrizen zueinander konjugierter Operatoren bezüglich einer orthonormierten Basis ebenfalls zueinander orthonormiert sind); die genannte Eigenschaft gestattet es, von den Operatorgleichungen $\mathcal{U}^*\mathcal{U} = \mathcal{U}\mathcal{U}^* = \mathcal{I}$ zu den Matrizengleichungen

$$U^*(e)U(e) = U(e)U^*(e) = 1$$

und weiter zu

$$\sum_{j=1}^{n} u_j^m \overline{u_j^k} = \sum_{j=1}^{n} u_m^j \overline{u_k^j} = \delta_{mk}$$

überzugehen.

Die Matrix eines unitären Operators besitzt bezüglich einer orthonormierten Basis aus den Eigenvektoren folgende Form:

$$\begin{pmatrix} e^{i\varphi_1} & & 0 \\ & \ddots & \\ 0 & & e^{i\varphi_n} \end{pmatrix}.$$

5.1.7 Der hermitesche Operator

Definition. Ein linearer Operator $\mathscr{A}: V \to V$ heißt *selbstadjungiert*, wenn $\mathscr{A}^* = \mathscr{A}$ ist.

Ist V ein unitärer Raum, so nennt man den Operator *hermitesch*, und ist V euklidisch, so heißt der Operator *symmetrisch*.

Es sei V ein unitärer Raum.

Satz 4. *Damit $\mathscr{A} \in \mathscr{L}(V, V)$ hermitesch ist, ist es notwendig und hinreichend, daß das Skalarprodukt $(\mathscr{A}x, y)$ eine hermitesche Form, oder (was dasselbe ist) daß $(\mathscr{A}x, x)$ reell für einen beliebigen Vektor x aus V ist.*

Beweis. Für jeden linearen Operator $\mathscr{A}$ ist das Produkt $(\mathscr{A}x, y)$ eine Semibilinearform. Wir setzen

$$\mathscr{B}(x, y) = (\mathscr{A}x, y).$$

Gilt $\mathscr{A} = \mathscr{A}^*$, so ist

$$\mathscr{B}(y, x) = (\mathscr{A}y, x) = (y, \mathscr{A}x) = \overline{(\mathscr{A}x, y)} = \overline{\mathscr{B}(x, y)}$$

woraus folgt, daß $\mathscr{B}(x, y)$ eine hermitesche Form ist.

Gilt aber $\mathscr{B}(x, y) = \overline{\mathscr{B}(y, x)}$, so ist

$$(\mathscr{A}x, y) = \mathscr{B}(x, y) = \overline{\mathscr{B}(y, x)} = \overline{(\mathscr{A}y, x)} = (x, \mathscr{A}y).$$

Eigenschaften des hermiteschen Operators

a) Ein hermitescher Operator ist normal.
b) Die Eigenwerte eines hermiteschen Operators sind reell.

Beweis. Es sei $\mathscr{A}x = \lambda x$, wobei $|x| = 1$ ist. Dann gilt

$$\begin{aligned} \lambda = \lambda \cdot 1 &= \lambda(x, x) = (\lambda x, x) = (\mathscr{A}x, x) = (x, \mathscr{A}x) = (x, \lambda x) \\ &= \bar{\lambda}(x, x) = \bar{\lambda} \cdot 1 = \bar{\lambda}. \end{aligned}$$

c) Die Eigenvektoren eines hermiteschen Operators, die den verschiedenen Eigenwerten zugeordnet sind, sind orthogonal.

Beweis. Es sei $\mathscr{A}x_1 = \lambda_1 x_1, \mathscr{A}x_2 = \lambda_2 x_2$ mit $\lambda_1 \neq \lambda_2$ und $x_1 \neq O$, $x_2 \neq O$. Dann gilt

$$(\mathscr{A}x_1, x_2) = \lambda_1(x_1, x_2), \quad (x_1, \mathscr{A}x_2) = \lambda_2(x_1, x_2).$$

Wenn man die zweite von der ersten Gleichung abzieht und die Tatsache benutzt, daß $(\mathscr{A}x_1, x_2) = (x_1, \mathscr{A}x_2)$ ist, erhält man $(\lambda_1 - \lambda_2)(x_1, x_2) = 0$, woraus die Behauptung folgt.

d) Die Matrix eines hermiteschen Operators ist bezüglich der orthonormierten Basis ebenfalls hermitesch.

Beweis. Es sei e eine orthonormierte Basis und

$$\mathscr{A}e_k = \sum_{j=1}^{n} \alpha_k^j e_j.$$

Durch skalare Multiplikation der beiden Seiten dieser Gleichung mit dem Vektor e_m erhält man

$$(\mathscr{A}e_k, e_m) = \left(\sum_j \alpha_k^j e_j, e_m \right) = \sum_j \alpha_k^j (e_j, e_m) = \alpha_k^m.$$

Daraus ergibt sich

$$\alpha_k^m = (\mathscr{A}e_k, e_m) = (e_k, \mathscr{A}e_m) = \overline{(\mathscr{A}e_m, e_k)} = \overline{\alpha_m^k}.$$

Daraus folgt, daß $A(e) = A^*(e)$ ist.

Auch das Gegenteil ist gültig: Ist die Matrix $A = (\alpha_k^m)$ eines linearen Operators $\mathscr{A}$ bezüglich der orthonormierten Basis hermitesch, so ist auch der Operator $\mathscr{A}$ selbst hermitesch.

Beweis. Aus $\alpha_k^m = \overline{\alpha_k^m}$ und wegen der Orthonormiertheit der Basis e erhält man

$$(\mathscr{A}e_k, e_m) = \alpha_k^m = \overline{\alpha_m^k} = \overline{(\mathscr{A}e_m, e_k)} = (e_k, \mathscr{A}e_m).$$

Dann folgt für willkürliche Vektoren x und y:

$$x = \sum_k \xi^k e_k, \quad y = \sum_m \eta^m e_m = (\mathscr{A}x, y)$$

$$= \left(\mathscr{A}\left(\sum_k \xi^k e_k \right), \sum_m \eta^m e_m \right) = \sum_{k,m} \xi^k \overline{\eta^m} (\mathscr{A}e_k, e_m)$$

$$= \sum_{k,m} \xi^k \overline{\eta^m} (e_k, \mathscr{A}e_m) = \left(\sum_k \xi^k e_k, \sum_m \eta^m \mathscr{A}e_m \right) = (x, \mathscr{A}y).$$

5.1.8 Der positive Operator

Definition. Ein hermitescher Operator $\mathscr{A}$ heißt *positiv* (*nichtnegativ*) dann und nur dann, wenn alle seine Eigenwerte positive (nichtnegativ) sind.

Beweis. Wir beschränken uns darauf, den Fall $\mathscr{A} > 0$ zu betrachten.

Da $\mathscr{A}$ ein hermitescher Operator ist, existiert in V eine Orthonormalbasis aus dessen Eigenvektoren: $(e_1 \cdots e_n)$, und für einen beliebigen Vektor $x = \sum_k \xi^k e_k$ wird die Beziehung

$$(\mathscr{A}x, x) = \left(\mathscr{A}\left(\sum_k \xi^k e_k\right), \sum_m \xi^m e_m \right)$$
$$= \sum_{k,m} \xi^k \overline{\xi^m} (\mathscr{A} e_k, e_m) = \sum_k \lambda_k |\xi^k|^2$$

erfüllt. Wenn man nun x aufeinanderfolgend gleich $e_1, \ldots, e_n$ annimmt, stellt man fest, daß $\lambda_1 > 0, \ldots, \lambda_n > 0$ gilt.

Der Beweis der entgegengesetzten Behauptung ist unmittelbar klar.

Behauptung. *Ein zu einer positiven Abbildung inverser Operator ist wiederum positiv.*

Beweis. Da

$$\det \mathscr{A} = \prod_{k=1}^{n} \lambda_k > 0$$

ist, ist der Operator $\mathscr{A}$ invertierbar. Ersetzt man in der oben bewiesenen Gleichung $(\mathscr{A}^*)^{-1} = (\mathscr{A}^{-1})^*$ den Operator $\mathscr{A}^*$ durch den Operator $\mathscr{A}$, so findet man, daß $\mathscr{A}^{-1} = (\mathscr{A}^{-1})^*$ gilt und daß folglich $\mathscr{A}^{-1}$ ein hermitescher Operator ist.

Seine Eigenwerte sind leicht nach dem Vorbild der Eigenwerte von $\mathscr{A}$ zu bestimmen:

$$\mathscr{A}^{-1} e_k = \frac{1}{\lambda_k} e_k.$$

Da noch $1/\lambda_k > 0$ gilt, ist $\mathscr{A}^{-1}$ positiv.

5.1.9 Die Wurzel eines Operators

Satz 5. *Es sei* $\mathscr{A} \geq 0$ (>0). *Dann existiert ein einziges* $\mathscr{B} \geq 0$ (>0) *derart, daß* $\mathscr{B}^2 = \mathscr{A}$ *ist.*

Beweis. *Existenz.* Es sei e eine Orthonormalbasis der Eigenvektoren des

Operators $\mathscr{A} \geq 0$:

$$\mathscr{A} e_k = \lambda_k e_k, \quad k = 1, \ldots, n.$$

Den Operator $\mathscr{B}$ bestimmen wir mittels folgender Formeln:

$$\mathscr{B} e_k = \sqrt{\lambda_k} e_k, \quad k = 1, \ldots, n.$$

Es ist klar, daß es sich bei $\mathscr{B}$ um einen hermiteschen Operator handelt. Aus $\lambda_k \geq 0$ ergibt sich $\mathscr{B} \geq 0$. Weiterhin gilt

$$\mathscr{B}^2 e_k = \lambda_k e_k = \mathscr{A} e_k, \quad k = 1, \ldots, n.$$

Da die Anwendungen der Operatoren $\mathscr{B}^2$ und $\mathscr{A}$ auf die Basisvektoren dasselbe Ergebnis liefern, resultiert daraus die geforderte Gleichung $\mathscr{B}^2 = \mathscr{A}$.
Einzigkeit. Es sei $\mathscr{C} \geq 0$ und $\mathscr{C}^2 = \mathscr{A}$. Wir zeigen, daß $\mathscr{C} = \mathscr{B}$ ist.

Da $\mathscr{C}$ hermitesch ist, existiert in V eine Orthonormalbasis f aus den Eigenvektoren von $\mathscr{C}$. Es seien nun $\mu_1, \ldots, \mu_n$ die zugehörigen Eigenwerte. Wegen

$$\mathscr{A} f_i = \mathscr{C}^2(f_j) = \mathscr{C}(\mu_j f_j) = \mu_j^2 f_j, \quad j = 1, \ldots, n,$$

können wir schließen, daß $f_1, \ldots, f_n$ auch Eigenvektoren des Operators $\mathscr{A}$ mit den Eigenwerten $\mu_1, \ldots, \mu_n$ sind.

Es ist klar, daß $\{\mu_1^2, \ldots, \mu_n^2\} = \{\lambda_1, \ldots, \lambda_n\}$ gilt.

Es sei nun e_+ ein willkürlich gewählter Eigenvektor des Operators $\mathscr{A}$ mit $\mathscr{A} e_+ = \lambda_+ e_+$. In dessen Entwicklung bezüglich der Basis f,

$$e_+ = \sum_{j=1}^{n} \alpha^j f_j,$$

können von null verschiedene Koeffizienten bei den Vektoren von f nur dort auftreten, wo sie demselben Eigenwert λ_+ hinsichtlich des Operators $\mathscr{A}$ ($\sqrt{\lambda_+}$ bezüglich $\mathscr{C}$) entsprechen. Wir schreiben dies symbolisch

$$e_+ = \sum_{+} a^j f_j$$

und berechnen $\mathscr{C} e_+$. Dann erhalten wir

$$\mathscr{C} e_+ = \sum_{+} a^j \mathscr{C} f_j = \sum_{+} \alpha^j \sqrt{\lambda_+} f_j = \sqrt{\lambda_+} \sum_{+} a^j f_j = \sqrt{\lambda_+} e_+.$$

Setzen wir e_+ nacheinander gleich $e_1, \ldots, e_n$, so erhalten wir

$$\mathscr{C} e_k = \sqrt{\lambda_k} e_k = \mathscr{B} e_k$$

für beliebiges $k = 1, \ldots, n$. Dies bedeutet aber, daß $\mathscr{C} = \mathscr{B}$ ist.

Definition. Den Operator $\mathscr{B}$ nennt man (*arithmetische*) *Quadratwurzel* aus $\mathscr{A}$ und bezeichnet sie mit $\sqrt{\mathscr{A}}$ bzw. $\mathscr{A}^{1/2}$.

Bemerkung. Es ist klar, daß aus einem nichtnegativen Operator eine Wurzel beliebigen ganzzahligen Grades gezogen werden kann. (Ein Operator $\mathscr{B} \geq 0$ heißt *m-te Wurzel* des Operators $\mathscr{A} \geq 0$, wenn $\mathscr{B}^m = \mathscr{A}$ ist.)

5.1.10 Ein singuläres Basispaar

Es seien V und W unitäre Räume, $\mathscr{A}: V \to W$ eine frei gewählte lineare Abbildung und $\mathscr{A}^*: W \to V$ eine zu $\mathscr{A}$ konjugierte lineare Abbildung.

Dann sind zwei lineare Operatoren $\mathscr{A}^*\mathscr{A}: V \to V$, $\mathscr{A}\mathscr{A}^*: W \to W$ definiert, die folgende Eigenschaften besitzen:

a) Die Operatoren $\mathscr{A}^*\mathscr{A}$ und $\mathscr{A}\mathscr{A}^*$ sind hermitesch.

Beweis. Wenn wir die Regeln der Konjugationsabbildung * anwenden, ergibt sich:

$$(\mathscr{A}^*\mathscr{A})^* = \mathscr{A}^*\mathscr{A}^{**} = \mathscr{A}^*\mathscr{A}, \quad (\mathscr{A}\mathscr{A}^*)^* = \mathscr{A}^{**}\mathscr{A}^* = \mathscr{A}\mathscr{A}^*.$$

b) Die Operatoren $\mathscr{A}^*\mathscr{A}$ und $\mathscr{A}\mathscr{A}^*$ sind nichtnegativ.

Beweis. Es sei x ein willkürlich gewählter Vektor aus V. Dann gilt

$$(\mathscr{A}^*\mathscr{A}x, x) = (\mathscr{A}x, \mathscr{A}x) \geq 0.$$

Analog gilt für einen beliebigen Vektor y aus W

$$(\mathscr{A}\mathscr{A}^*y, y) = (\mathscr{A}^*y, \mathscr{A}^*y) \geq 0.$$

Es ist klar, daß im Raum V eine Orthonormalbasis h aus den Eigenvektoren des Operators $\mathscr{A}^*\mathscr{A}$ und im Raum W eine Orthonormalbasis t aus den Eigenvektoren des Operators $\mathscr{A}\mathscr{A}^*$ existiert.

Im folgenden wird dem Operator $\mathscr{A}^*\mathscr{A}$ mehr Aufmerksamkeit gewidmet.

c) Die Bilder der Basisvektoren $h_1, \ldots, h_n$ sind nach Einwirkung der Abbildung $\mathscr{A}$ orthogonal, d. h.

$$(\mathscr{A}h_m, \mathscr{A}h_j) = 0, \quad m \neq j.$$

Beweis. Es seien $v_1^2 \geq \cdots \geq v_n^2 \geq 0$ Eigenwerte des Operators

$$\mathscr{A}^*\mathscr{A}: \mathscr{A}^*\mathscr{A}h_j = v_j^2 h_j.$$

Dann wird

$$(\mathscr{A}h_j, \mathscr{A}h_m) = (\mathscr{A}^*\mathscr{A}h_j, h_m) = v_j^2(h_j, h_m). \tag{1}$$

Angesichts dessen, daß die Basis h orthonormiert ist, erhält man daraus mit $m \neq j$ das Geforderte: $(\mathscr{A}h_j, \mathscr{A}h_m) = 0$.

Aus (1) folgt für $m = j$

$$|\mathscr{A}h_j| = v_j \geq 0.$$

Das bedeutet, daß $\mathscr{A}h_j \neq O_W$ dann und nur dann gilt, wenn $v_j \neq 0$ ist.

d) Der Vektor $\mathscr{A}h_j$ $(v_j \neq 0)$ ist der Eigenvektor des Operators $\mathscr{A}\mathscr{A}^*$ mit dem Eigenwert v_j^2.

Beweis.

$$\mathscr{A}\mathscr{A}^*(\mathscr{A}h_j) = \mathscr{A}(\mathscr{A}^*\mathscr{A}h_j) = \mathscr{A}(v_j^2 h_j) = v_j^2 \mathscr{A}h_j.$$

Satz 6. *Es existieren orthonormierte Basen* $h = (h \cdots h_n)$ *in einem Raum* V *und* $t = (t_1 \cdots t_k)$ *in einem Raum* W, *so daß*

$$\mathscr{A}h_j = \begin{cases} v_j t_j, & j = 1, \ldots, r; \\ O_W, & j = r+1, \ldots, n; \end{cases} \qquad \mathscr{A}^* t_i = \begin{cases} v_i h_i, & i = 1, \ldots, r; \\ O_V, & i = r+1, \ldots, k \end{cases} \tag{2}$$

gilt.

Beweis. Es sei $h_1, \ldots, h_r, h_{r+1}, \ldots, h_n$ eine orthonormierte Basis des Raumes V aus den Eigenvektoren des Operators $\mathscr{A}^*\mathscr{A}$, die den Eigenvektoren

$$v_1^2 \geq \cdots \geq v_r^2 > v_{r+1}^2 = \cdots = v_n^2 = 0$$

entsprechen. Im Raum W bilden die Vektoren

$$t_1 = \frac{1}{v_1}\mathscr{A}h_1, \ldots, t_r = \frac{1}{v_r}\mathscr{A}h_r$$

ein Orthonormalsystem (vgl. Eigenschaft c)). Wir ergänzen dieses zur Orthonormalbasis $t_1, \ldots, t_r, t_{r+1}, \ldots, t_k$ des Raumes. Aus

$$\mathscr{A}h_j = v_j t_j (j = 1, \ldots, r), \quad \mathscr{A}h_j = O_W (j = r+1, \ldots, n)$$

ergibt sich

$$A(h,t) = \underbrace{\begin{bmatrix} v_1 & & & & & \\ & \ddots & & & & 0 \\ & & v_r & & & \\ 0 & & & 0 & & \\ & & & & \ddots & \\ & & & & & 0 \end{bmatrix}}_{n} \Bigg\} k$$

Gemäß der Matrizeneigenschaft zueinander konjugierter Abbildungen bezüglich orthonormierter Basen (vgl. 5.1.3.) erhält man

$$A^*(t,h) = \underbrace{\begin{bmatrix} v_1 & & & & & \\ & \ddots & & & & 0 \\ & & v_r & & & \\ 0 & & & 0 & & \\ & & & & \ddots & \\ & & & & & 0 \end{bmatrix}}_{k} \Bigg\} n.$$

Daraus ergibt sich

$$\mathscr{A}^* t_i = v_i h_i (i = 1, \ldots, r), \quad \mathscr{A}^* t_i = O_W (i = r+1, \ldots, k).$$

Definition. Das Basispaar h und t, das die Eigenschaft (2) besitzt, heißt *singuläres Basispaar* für eine lineare Abbildung $\mathscr{A}$.

5.2 Zerlegungen eines linearen Operators

5.2.1 Die hermitesche Zerlegung

Satz 1. *Es sei $\mathscr{A} \in \mathscr{L}(V, V)$ in einem unitären Raum V. Dann existiert ein einziges Paar hermitescher Operatoren $\mathscr{B}, \mathscr{C} \in \mathscr{L}(V, V)$ mit $\mathscr{A} = \mathscr{B} + i\mathscr{C}$.*

Beweis. Man sieht leicht ein, daß die Operatoren

$$\mathscr{B} = \frac{1}{2}(\mathscr{A} + \mathscr{A}^*), \quad \mathscr{C} = \frac{2}{2i}(\mathscr{A} - \mathscr{A}^*)$$

die geforderten Eigenschaften besitzen. Beispielsweise gilt

$$\mathscr{C}^* = \left(\frac{1}{2i}(\mathscr{A} - \mathscr{A}^*)^* = -\frac{1}{2i}(\mathscr{A}^* - \mathscr{A}^{**}) = -\frac{1}{2i}(\mathscr{A}^* - \mathscr{A}) = \mathscr{C}.$$

Die Einzigkeit des Paares ergibt sich daraus, daß man unter der Voraussetzung einer Zerlegung der Form $\mathscr{A} = \mathscr{B} + i\mathscr{C}$ mit Rücksicht auf die Gleichung $\mathscr{A}^* = \mathscr{B} - i\mathscr{C}$ zu den Formeln

$$\mathscr{B} = \frac{1}{2}(\mathscr{A} + \mathscr{A}^*), \quad \mathscr{C} = \frac{1}{2i}(\mathscr{A} - \mathscr{A}^*) \tag{1}$$

kommt.

Folgerung. *Ein linearer Operator im unitären Raum ist dann und nur dann normal, wenn die Operatoren in dessen hermitescher Zerlegung vertauschbar sind.*

Beweis. Aus (1) erhält man durch direkte Berechnungen

$$\mathscr{B}\mathscr{C} - \mathscr{C}\mathscr{B} = \frac{1}{2i}(\mathscr{A}\mathscr{A}^* - \mathscr{A}^*\mathscr{A}).$$

Die Existenz dieser identischen Gleichung gewährleistet das Gewünschte.

5.2.2 Die polare Zerlegung

Satz 2. *Es sei $\mathscr{A} \in \mathscr{L}(V, V)$ ein willkürlicher Operator. Dann existieren ein hermitescher Operator $\mathscr{B} \geq 0$ und ein unitärer Operator $\mathscr{U}$ so, daß $\mathscr{A} = \mathscr{B}\mathscr{U}$ gilt.*

Beweis. Aus $\mathscr{A}^*\mathscr{A} \geq 0$ folgt die Existenz einer Orthonormalbasis $e_1, \ldots, e_n$ aus den nichtnegativen Eigenwerten

$$v_1^2 \geq \cdots \geq v_r^2 > v_{r+1}^2 = \cdots = v_n^2 = 0$$

entsprechenden Eigenvektoren des Operators $\mathscr{A}^*\mathscr{A}$ im Raum V.

Der Operator $\mathscr{A}$ führt die Basis $e_1, \ldots, e_n$ in ein Orthogonalsystem $f_1 = \mathscr{A}e_1, \ldots, f_n = \mathscr{A}e_n$ über.

Tatsächlich gilt

$$(f_k, f_m) = (\mathscr{A}e_k, \mathscr{A}e_m) = (\mathscr{A}^*\mathscr{A}e_k, e_m) = (v_k^2 e_k, e_m) = v_k^2 \delta_{km}.$$

Da $|f_k| = v_k$ ist, sind die ersten r Vektoren dieses Systems vom Nullvektor verschieden.

Unter der Annahme, daß

$$g_k = \frac{1}{v_k} f_k, \quad k = 1, \ldots, r$$

ist, erhält man ein Orthonormalsystem $g_1, \ldots, g_r$, dessen Vektoren die Gleichungen

$$\mathscr{A}e_k = v_k g_k, \quad k = 1, \ldots, r,$$

erfüllen. Wenn man dieses letzte System mit Hilfe der Vektoren $g_{r+1}, \ldots, g_n$ zu einer Orthonormalbasis des Raumes ergänzt hat, fügt man zu den zunächst r Gleichungen noch $n - r$ Gleichungen hinzu:

$$\mathscr{A}e_k = O = v_k g_k, \quad k = r + 1, \ldots, n.$$

Wir konstruieren jetzt die Operatoren $\mathscr{U}$ und $\mathscr{B}$:

$$\mathscr{U}e_k = g_k, \quad k = 1, \ldots, n,$$

(da der Operator $\mathscr{U}$ die orthonormierte Basis e in eine orthonormierte überführt, ist $\mathscr{U}$ unitär);

$$\mathscr{B}g_k = v_k g_k, \quad k = 1, \ldots, n$$

(es ist klar, daß der Operator $\mathscr{B}$ hermitesch und nichtnegativ ist).

Der Operator $\mathscr{B}\mathscr{U}$ wirkt auf die Vektoren der orthonormierten Basis e in gleicher Weise ein wie der Operator $\mathscr{A}$:

$$\mathscr{B}\mathscr{U}e_k = \mathscr{B}g_k = v_k g_k = f_k.$$

Deshalb gilt

$$\mathscr{A} = \mathscr{B}\mathscr{U}. \tag{2}$$

Definition. Die Zerlegung der Form (2) nennt man eine *polare Zerlegung* des Operators $\mathscr{A}$.

Folgerung 1. *Es gibt eine Zerlegung der Form $\mathscr{A} = \mathscr{V}\mathscr{C}$, wobei $\mathscr{V}$ ein unitärer und $\mathscr{C}$ ein nichtnegativer Operator ist.*

Beweis. Wir betrachten einen konjugierten Operator $\mathscr{A}^*$. Nach dem soeben bewiesenen Satz liegt eine Gleichung

$$\mathscr{A}^* = \mathscr{B}\mathscr{U}$$

vor, wobei $\mathscr{B} \geq 0$ und $\mathscr{U}$ unitär ist. Daraus folgt

$$\mathscr{A} = \mathscr{U}^*\mathscr{B}^* = \mathscr{U}^*\mathscr{B}.$$

Unter der Annahme, daß $\mathscr{V} = \mathscr{U}^*$ und $\mathscr{C} = \mathscr{B}$ ist, erhalten wir die Forderung.

Folgerung 2. *Der lineare Operator $\mathscr{A}$ sei nicht ausgeartet. Dann sind die Operatoren $\mathscr{B}$ und $\mathscr{U}$ in der polaren Zerlegung eindeutig bestimmt, wobei $\mathscr{B} > 0$ gilt.*

Beweis. Aus $\mathscr{A} = \mathscr{B}\mathscr{U}, \mathscr{A}^* = \mathscr{U}^*\mathscr{B}$ erhalten wir

$$\mathscr{A}\mathscr{A}^* = \mathscr{B}\mathscr{U}\mathscr{U}^*\mathscr{B} = \mathscr{B}\mathscr{I}\mathscr{B} = \mathscr{B}^2,$$

woraus weiterhin folgt:

$$\mathscr{B} = \sqrt{\mathscr{A}\mathscr{A}^*}, \quad \mathscr{U} = \mathscr{B}^{-1}\mathscr{A}.$$

5.3 Lineare Abbildungen im euklidischen Raum

5.3.1 Konjugationsabbildungen im euklidischen Raum

Es seien V und W euklidische Räume mit $\mathscr{A} \in \mathscr{L}(V, W)$.

Wir benutzen im folgenden die in 5.1 beschriebenen Eigenschaften von Konjugationsabbildungen:

1. Die konjugierte Abbildung $\mathscr{A}^*$ wird durch die Gleichung $(\mathscr{A}x, y) = (x, \mathscr{A}^*y)$ eindeutig festgelegt und existiert stets;

2. Die Konjugationssabildung $*: \mathscr{L}(V, W) \to \mathscr{L}(W, V)$ ist linear;

3. die Matrizen der zueinander konjugierten Abbildungen sind innerhalb der

Orthonormalbasen e (aus V) und f (aus W) durch die Gleichung $\mathscr{A}^*(f,e)=(\mathscr{A}(e,f))^{\mathrm{T}}$ miteinander verknüpft.

5.3.2 Der symmetrische Operator

Definition. Der lineare Operator $\mathscr{A}: V \to V$ heißt *symmetrisch*, wenn $(\mathscr{A}x, y) = (x, \mathscr{A}y)$ für beliebige Vektoren x und y aus V gilt.

Satz 1. *Es sei $\mathscr{A} \in \mathscr{L}(V, V)$ ein symmetrischer Operator. Dann existiert eine orthonormierte Basis von V aus den Eigenvektoren des Operators $\mathscr{A}$.*

Beweis. Zuerst zeigen wir, daß alle Eigenwerte des symmetrischen Operators reell sind. Dazu nehmen wir zunächst das Gegenteil an und führen die Annahme zum Widerspruch.

Es sei $\lambda = \alpha + i\beta, \beta \neq 0$, die Wurzel eines charakteristischen Polynoms von $\mathscr{A}$. Dann existiert ein zweidimensionaler Teilraum $L(x, y)$, der invariant gegenüber der Wirkung von $\mathscr{A}$ ist. Dabei gelten folgende Beziehungen:

$$\mathscr{A}x = \alpha x - \beta y, \quad \mathscr{A}y = \beta x + \alpha y.$$

Durch Multiplikation der ersten Gleichung mit dem Vektor y und der zweiten Gleichung mit dem Vektor x und durch Subtraktion der einen erhaltenen Gleichung von der anderen erhalten wir:

$$\begin{aligned} 0 &= (\mathscr{A}x, y) - (x, \mathscr{A}y) = (\alpha x - \beta y, y) - (x, \beta x + \alpha y) \\ &= -\beta((x,x) + (y,y)). \end{aligned}$$

Da x und y von null verschieden sind, kann die letzte Beziehung nur in dem Fall erfüllt sein, wenn $\beta = 0$ ist, was der Vermutung $\beta \neq 0$ widerspricht. Also kann man behaupten, daß eine beliebige Wurzel des charakteristischen Polynoms des symmetrischen Operators $\mathscr{A}$ eine reelle Zahl $\lambda \in \mathrm{R}$ ist.

Wir gehen nun zur Konstruktion der Basis über. Es sei λ_1 der Eigenwert des symmetrischen Operators $\mathscr{A}$ und $e_1, |e_1| = 1$, ein ihm zugehöriger Eigenvektor: $\mathscr{A}e_1 = \lambda_1 e_1$.

Wir setzen $L^{(1)} = L(e_1)$. Das orthogonale Komplement V^{n-1} zum Teilraum $L^{(1)}$ ist invariant gegenüber der Einwirkung von $\mathscr{A}$. In der Tat sei $x \in V^{n-1}$, d. h. $(x, e_1) = 0$. Dann wird

$$(\mathscr{A}x, e_1) = (x, \mathscr{A}e_1) = \lambda_1(x, e_1) = 0$$

oder, was dasselbe ist, $\mathscr{A}x \in V^{n-1}$.

Damit wird $V = V^n$ in eine direkte Summe eines ein- und eines $(n-1)$-dimensionalen Teilraumes zerlegt, die invariant gegenüber der Einwirkung von $\mathscr{A}$ sind:

$$V^n = L^{(1)} \oplus V^{n-1}.$$

Wir betrachten nun einen symmetrischen Operator

$$\mathscr{A}_{n-1} = \mathscr{A}|_{V^{n-1}}.$$

Es sei λ_2 sein Eigenwert und $e_2, |e_2| = 1$, ein ihm zugehöriger Eigenvektor: $\mathscr{A}e_2 = \mathscr{A}_{n-1}e_2 = \lambda_2 e_2$. Das orthogonale Komplement V^{n-2} einer linearen Hülle $L^{(2)} = Le_2$ in Raum V^{n-1} ist invariant gegenüber dem Operator $\mathscr{A}_{n-1}$ und folglich auch gegenüber $\mathscr{A}$. Somit gilt

$$V^n = L^{(1)} \oplus L^{(2)} \oplus V^{n-2},$$

wobei $V^{n-2} = (L^{(2)})^{\perp}$ ist.

Durch weitere ähnliche Überlegungen kommt man zu der Zerlegung

$$V = V^n = L^{(1)} \oplus L^{(2)} \oplus \cdots \oplus L^{(n)},$$

wobei $L^{(k)} = L(e_k)$ eine auf einem Einheits-Eigenvektor e_k eines Operators $\mathscr{A}: \mathscr{A}e_k = \lambda_k e_k$ aufgespannte lineare Hülle darstellt.

Der Konstruktion gemäß sind die Vektoren $e_1, \ldots, e_n$ orthonormiert.

Behauptung. *Der Operator $\mathscr{A}$ ist dann und nur dann symmetrisch, wenn seine Matrix $A(e)$ bezüglich der orthonormierten Basis e symmetrisch ist.*

Beweis. Der Beweis wird ebenso wie im unitären Fall geführt (daß der Operator hermitesch und seine Matrix bezüglich der Orthonormalbasis hermitesch ist, ist gleichbedeutend).

Beispiel. Der Differenzenoperator

$$\Lambda: \Omega_{0,N} \to \Omega_{1,N-1}$$

wirkt aus dem Raum der Gitterfunktionen $\Omega_{0,N} = \{y_i | i = 0, \ldots, N\}$ in den Raum der Gitterfunktionen $\Omega_{1,N-1} = \{y_i | i = 1, \ldots, N-1\}$ nach der Regel

$$\Lambda y_i = b_i y_{i+1} - c_i y_i + a_i y_{i-1}, \quad i = 1, \ldots, N-1.$$

Wir schreiben die Differenzenrandwertaufgabe

$$\Lambda y_i = -f_i, \quad i = 1, \ldots, \quad N-1, \quad y_0 = \mu, \quad y_1 = v$$

in Matrizenform:

$$AY = \Phi, \tag{*}$$

wobei

$$A = -\begin{bmatrix} -c_1 & b_1 & & & 0 \\ a_2 & -c_2 & b_2 & & \\ 0 & \ddots & \ddots & \ddots & \\ & & a_{N-1} & -c_{N-1} & \ddots \end{bmatrix} \in \mathbf{R}_{(N-1)\times(N-1)}$$

eine Dreidiagonalmatrix, $\Phi = (f_1 + a_1\mu, f_2, \ldots, f_{N-2}, f_{N-1} + b_{N-1}\nu)^T$ ein bekannter und $Y = (y_1, \ldots, y_{N-1})^T$ ein gesuchter Spaltenvektor der Höhe $N - 1$ sind.

Die Beziehung (*) kann als lineare Operatorgleichung angesehen werden, wobei

$$A: \Omega_{1,N-1} \to \Omega_{1,N-1}$$

ist. Wir führen im Raum $\Omega_{1,N-1}$ ein Skalarprodukt

$$(y, z) = \frac{1}{N} \sum_{i=1}^{N-1} y_i z_i$$

ein. Es sei $b_i = a_{i+1}, i = 1, \ldots, N - 1$. Dann ist die Matrix A symmetrisch, und es gilt die Gleichung

$$(Ay, z) = (y, Az).$$

Diese Beziehung bringt die Symmetrieeigenschaft des Operators A und folglich auch des Differenzenoperators Λ zum Ausdruck.

Der Begriff der positiven Abbildung, der Wurzel des Operators und des singulären Basispaares sowie deren Eigenschaften werden ohne Änderung auf den euklidischen Fall übertragen.

Wir gehen nun zur Betrachtung eines Analogons einer unitären Transformation über (ein nichtausgearteter Operator wird öfter eine Transformation genannt).

5.3.3 Die orthogonale Transformation

Definition. Ein Operator $\mathcal{P} \in \mathcal{L}(V, V)$ heißt *orthogonal*, wenn für beliebige x und y aus V die Gleichung $(\mathcal{P}x, \mathcal{P}y) = (x, y)$ gilt.

Satz 2. *Folgende Aussagen sind gleichwertig:*

a) $\mathcal{P}$ *ist ein orthogonaler Operator.*
b) $\mathcal{P}$ *ist ein isometrischer Operator.*
c) *Der lineare Operator* $\mathcal{P}$ *transformiert eine Orthonormalbasis wiederum in eine solche.*
d) $\mathcal{P}^* = \mathcal{P}^{-1}$.
e) $\mathcal{P}\mathcal{P}^* = \mathcal{P}^*\mathcal{P} = \mathcal{I}$.
f) *Die Matrix* $\Pi(e)$ *des Operators* $\mathcal{P}$ *ist bezüglich der Orthonormalbasis* e *orthogonal.*

Beweis. $1 \Rightarrow 2$. Wir setzen in der Definition $x = y$, dann erhält man die Forderung:

$$|\mathcal{P}x| = \sqrt{(\mathcal{P}x, \mathcal{P}x)} = \sqrt{(x, x)} = |x|.$$

$2 \Rightarrow 1$. Aus der identischen Gleichung

$$(x, y) = \tfrac{1}{2}(|x+y|^2 - |x|^2 - |y|^2)$$

folgt: Wenn $\mathscr{P}$ seine Länge beibehält (isometrisch ist), so behält $\mathscr{P}$ auch das Skalarprodukt bei, d. h., $\mathscr{P}$ ist orthogonal.

$1 \Rightarrow 3$. Die Aussage gilt offensichtlich.

$3 \Rightarrow 1$. Nach Voraussetzung ist

$$(\mathscr{P}e_k, \mathscr{P}e_m) = (e_k, e_m) = \delta_{km}.$$

Es seien $x = \sum_k \xi^k e_k$, $y = \sum_k \eta^m e_m$ willkürlich gewählte Vektoren. Dann gilt

$$(\mathscr{P}x, \mathscr{P}y) = \sum_{k,m} \xi^k \eta^m (\mathscr{P}e_k, \mathscr{P}e_m) = \sum_{k,m} \xi^k \eta^m (e_k, e_m) = (x, y).$$

$1 \Rightarrow 4$. Aus den Gleichungen

$$(\mathscr{P}x, \mathscr{P}y) = (x\mathscr{P}^*\mathscr{P}y) = (x, y)$$

schließen wir, daß $\mathscr{P}^*\mathscr{P} = \mathscr{I}$ ist. Daraus ergeben sich die Invertierbarkeit des Operators $\mathscr{P}$ und die Gültigkeit der Gleichung $\mathscr{P}^* = \mathscr{P}^{-1}$.

$4 \Rightarrow 5$. Aus der letzten Beziehung werden die geforderten Gleichungen ohne weiteres abgeleitet.

$5 \Rightarrow 1$. Man sieht leicht ein, daß

$$(\mathscr{P}x, \mathscr{P}y) = (x, \mathscr{P}^*\mathscr{P}y) = (x, y)$$

ist.

$1 \Rightarrow 6$. Es sei e eine orthonormierte Basis und

$$\mathscr{P}e_k = \sum_m \pi_k^m e_m, \quad \mathscr{P}e_q = \sum_q \pi_q^p e_p.$$

Dann gilt

$$(\mathscr{P}e_k, \mathscr{P}e_q) = \sum_m \pi_k^m \pi_q^m.$$

Dies bedeutet, daß $\Pi(e) = (\pi_k^m)$ eine orthogonale Matrix ist:

$$\Pi(e)\Pi^{\mathrm{T}}(e) = I.$$

$6 \Rightarrow 1$. Es sei $\Pi = \Pi(e)$ eine orthogonale Matrix. Da Π nicht ausgeartet ist, ist $e' = e\Pi$ eine Basis.

Wir berechnen die Gramsche Matrix des Systems e'. Dabei erhalten wir

$$\Gamma(e') = e'^{\mathrm{T}}e' = (e\Pi)^{\mathrm{T}}e\Pi = \Pi^{\mathrm{T}}\Gamma(e)\Pi = \Pi^{\mathrm{T}}\Pi = I.$$

Somit ist e' orthonormiert.

Bemerkung. Die orthogonale Transformation (wir erinnern daran, daß der orthogonale Operator nicht ausgeartet und deshalb eine Transformation ist) behält die Winkel zwischen den Vektoren bei, da

$$\cos \varphi = \frac{(x, y)}{|x| \cdot |y|}$$

gilt.

5.3.4 Die einfachste Form der Matrix einer orthogonalen Transformation

Aus der Eigenschaft f) der orthogonalen Transformation resultiert, daß $\det \mathscr{P} = \pm 1$ ist.

Definition. Eine orthogonale Transformation heißt *eigentlich* (*behält die Orientierung bei*), wenn $\det \mathscr{P} = 1$ ist, und sie heißt *nichteigentlich*, wenn $\det \mathscr{P} = -1$ ist.

Wir rechtfertigen nun diese Definition.

1. *Eindimensionaler Fall.* Es sei $\dim V = 1$. Dann hat man $\mathscr{P}x = \lambda x$ für einen beliebigen Vektor x, wobei λ die Wurzel eines charakteristischen Polynoms ist. Daraus folgt

$$(x, x) = (\mathscr{P}x, \mathscr{P}x) = \lambda^2 (x, x),$$

also $\lambda = \pm 1$. Folglich wird entweder $\mathscr{P}_+ x = x$ und $\Pi_+ = (1)$ oder $\mathscr{P}_- x = -x$ und $\Pi_- = (-1)$.

2. *Zweidimensionaler Fall.* Es sei $\dim V = 2$ und $e = (e_1 e_2)$ eine Orthonormalbasis. Dann ist die Matrix

$$\Pi = \Pi(e) = \begin{pmatrix} \alpha & \beta \\ \gamma & \delta \end{pmatrix}$$

orthogonal.

a) Es sei $\alpha\delta - \beta\gamma = 1$. Dann ergibt sich

$$\begin{pmatrix} \alpha & \beta \\ \gamma & \delta \end{pmatrix}^{-1} = \begin{pmatrix} \alpha & \gamma \\ \beta & \delta \end{pmatrix}$$

wegen der Orthogonalität der Matrix. Andererseits gilt

$$\begin{pmatrix} \alpha & \beta \\ \gamma & \delta \end{pmatrix}^{-1} = \begin{pmatrix} \delta & -\beta \\ -\gamma & \alpha \end{pmatrix}.$$

Somit ist

$$\Pi(e)=\begin{pmatrix}\beta & -\beta\\ \beta & \alpha\end{pmatrix}.$$

Da $\alpha^2+\beta^2=1$ ist, existiert ein φ derart, daß

$$\alpha=\cos\varphi,\quad \beta=\sin\varphi$$

für $0\le\varphi<2\pi$ gilt.

Jede orthogonale Eigentransformation eines zweidimensionalen Raumes besitzt bezüglich einer willkürlichen orthonormierten Basis eine Matrix der Form

$$\begin{pmatrix}\cos\varphi & -\sin\varphi\\ \sin\varphi & \cos\varphi\end{pmatrix}$$

(Drehung in einer Ebene um einen Wikel φ).

b) Es sei $\alpha\delta-\gamma\beta=1$. Dann besitzt die charakteristische Gleichung

$$t^2-(\alpha+\delta)t-1=0$$

eine reelle Wurzel. Folglich existiert zum Operator $\mathscr{P}$ der Eigenvektor $f_1, |f_1|=1$: $\mathscr{P}f_1=\lambda_1 f_1$. Da $\mathscr{P}$ eine orthogonale Transformation darstellt, ist $\lambda_1=\pm 1$. Angesichts der Tatsache, daß $\mathscr{P}$ den Winkel zwischen den Vektoren und deren Längen nicht ändert, geht der zu f_1 orthogonale Einheitsvektor f_2 unter Einwirkung der Transformation $\mathscr{P}$ in einen zu f_1 orthogonalen Einheitsvektor, den Vektor $\pm f_2$ über. Damit hat die Matrix $\Pi(f)$ der orthogonalen Transformation $\mathscr{P}$ bezüglich der Basis $(f_1 f_2)$ die Form

$$\begin{pmatrix}\pm 1 & 0\\ 1 & \pm 1\end{pmatrix}.$$

Da $\det\mathscr{P}=-1$ ist, so bedeutet dies

$$\text{entweder}\begin{pmatrix}1 & 0\\ 0 & -1\end{pmatrix}\quad\text{oder}\quad\begin{pmatrix}-1 & 0\\ 0 & 1\end{pmatrix}$$

(Spiegelung bezüglich einer der Koordinatenachsen).

c) *n-dimensionaler Fall.*

Satz 3. *Es sei $\mathscr{P}: V\to V$ eine orthogonale Transformation. Dann existiert in V* *eine Orthonormalbasis e so, daß*

$$\Pi(e)=\begin{bmatrix} 1 & & & & & & & & & \\ & \ddots & & & & & & & 0 & \\ & & 1 & & & & & & & \\ & & & -1 & & & & & & \\ & & & & \ddots & & & & & \\ & & & & & -1 & & & & \\ & & & & & & \cos\varphi_1 & -\sin\varphi_1 & & \\ & & & & & & \sin\varphi_1 & \cos\varphi_1 & & \\ & & 0 & & & & & & \ddots & \\ & & & & & & & & & \cos\varphi_k - \sin\varphi_k \\ & & & & & & & & & \sin\varphi_k - \cos\varphi_k \end{bmatrix}$$

gilt.

Wir beweisen zunächst eine Hilfsbehauptung.

Hilfssatz. *Es seien $\mathscr{P}: V \to V$ eine orthogonale Transformation, $W \subset V$ ein invarianter Teilraum.*

Dann ist das orthogonale Komplement $W^{\perp}$ ebenfalls invariant gegenüber $\mathscr{P}$.

Beweis. Entsprechend der Bedingung ist $\mathscr{P}(W) \subset W$. Da aber der Operator $\mathscr{P}$ nicht ausgeartet ist, behält er die Dimension bei, daher ist $\mathscr{P}(W) = W$ oder, was dasselbe ist, $\mathscr{P}^{-1}(W) = W$.

Der Vektor y liege in $W^{\perp}$, d.h. $(x, y) = 0$ für einen beliebigen Vektor x aus W.

Um die Richtigkeit der Inklusion $\mathscr{P}y \in W^{\perp}$ zu beweisen, betrachten wir ein Skalarprodukt $(\mathscr{P}y, x)$, wobei x in W willkürlich gewählt wurde. Man erhält

$$(\mathscr{P}y, x) = (y, \mathscr{P}^* x) = (y, \mathscr{P}^{-1} x) = 0$$

(hier haben wir davon Gebrauch gemacht, daß für die orthogonale Transformation $\mathscr{P}$ die Gleichung $\mathscr{P}^* = \mathscr{P}^{-1}$ gilt. Außerdem benutzten wir die Tatsache, daß $\mathscr{P}^{-1}$ für einen beliebigen Vektor x aus W in W liegt).

Beweis des Satzes. Da $\mathscr{P}$ ein linearer Operator im reellen Raum ist, existiert stets ein invarianter entweder ein- oder zweidimensionaler Teilraum W. Gemäß dem eben bewiesenen Hilfssatz ist dessen orthogonales Komplement W ebenfalls invariant. Es gilt die Zerlegung

$$V = W \oplus V_{(1)},$$

wobei $V_{(1)} = W^{\perp}$ ist. Durch die Wahl einer Orthonormalbasis in W erhalten wir

$$W = W_{(1)} \text{ – eindimensional}, \quad W = W_{(1)} \text{ – zweidimensional},$$

$$\Pi = \begin{bmatrix} \pm 1 & 0 \cdots 0 \\ 0 & \\ \vdots & \square \\ 0 & \end{bmatrix}; \quad \Pi = \begin{bmatrix} \cos\varphi & -\sin\varphi & 0\cdots 0 \\ \sin\varphi & \cos\varphi & 0\cdots 0 \\ 0 & 0 & \\ \vdots & \vdots & \square \\ 0 & 0 & \end{bmatrix}.$$

Der in $V_{(1)}$ induzierte lineare Operator

$$\mathscr{P}_{(1)} = \mathscr{P}|_{V_{(1)}} \colon V_{(1)} \to V_{(1)}$$

ist orthogonal. Wenden wir die oben angegebenen Überlegungen auf diesen Operator und den Raum $V_{(1)}$ an (wir merken an, daß $\dim V_{(1)} < \dim V$ gilt), finden wir $W_{(2)}$ und $V_{(2)}$, die invariant gegenüber $\mathscr{P}_{(1)}$ und so beschaffen sind, daß

$$V_{(1)} = W_{(2)} \oplus V_{(2)}$$

gilt.

Wenn wir den Gedankengang weiter fortführen, kommen wir nach einer endlichen Anzahl von Schritten (jedesmal erfolgt eine Erniedrigung der Dimension) zu einer Zerlegung des Raumes V in eine direkte Summe von ein- und zweidimensionalen Teilräumen, die erstens invariant und zweitens paarweise orthogonal sind. Durch Vereinigung von deren Orthonormalbasen bezüglich der im Raum V bestehenden Basis e erhalten wir unter Beachtung von 1. und 2. unsere Forderung.

Bevor wir dem eben erzielten Ergebnis eine geometrische Deutung geben, formulieren wir zwei Definitionen (Abb. 26).

Definition 1. Eine orthogonale Eigentransformation mit der Matrix

$$\begin{bmatrix} 1 & & & & & & & 0 \\ & \ddots & & & & & & \\ & & 1 & & & & & \\ & & & \cos\varphi & -\sin\varphi & & & \\ & & & \sin\varphi & \cos\varphi & & & \\ 0 & & & & & 1 & & \\ & & & & & & \ddots & \\ & & & & & & & 1 \end{bmatrix}$$

heißt *einfache Drehung* des euklidischen Raumes $\mathbf{E}^n$; das ist eine Drehung in einer zweidimensionalen Ebene $\mathbf{E}^2$, die die Vektoren aus $\mathbf{E}^{n-2} = (\mathbf{E}^2)^\perp$ unverändert läßt.

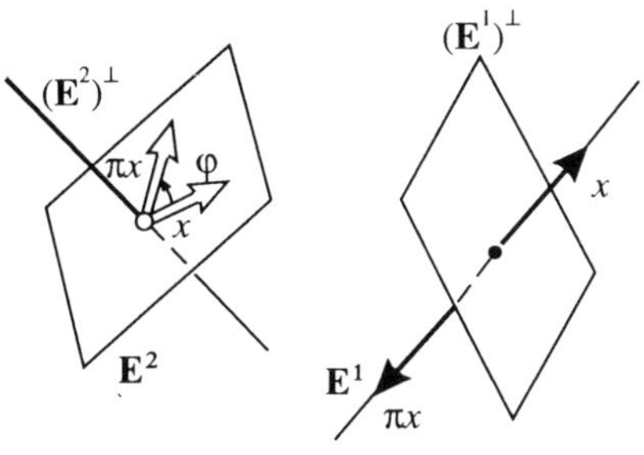

Abb. 26

Definition 2. Eine uneigentliche orthogonale Transformation mit der Matrix

$$\begin{bmatrix} 1 & & & & & & \\ & \ddots & & & & & \\ & & 1 & & & & 0 \\ & & & -1 & & & \\ 0 & & & & 1 & & \\ & & & & & \ddots & \\ & & & & & & 0 \end{bmatrix}$$

heißt *einfache Reflexion* eines euklidischen Raumes $\mathbf{E}^n$. Sie ändert die Richtung sämtlicher Vektoren der Geraden $\mathbf{E}^1$ in die entgegengesetzte und läßt die Vektoren aus $\mathbf{E}^{n-1} = (\mathbf{E}^1)^\perp$ unverändert.

Satz 4. *Jede orthogonale Transformation kann als Superposition einer endlichen Anzahl einfacher Drehungen und einfacher Reflexionen dargestellt werden.*

5.3.5 Die Zerlegung eines linearen Operators im euklidischen Raum

Definition. Ein linearer Operator $\mathscr{A}: V \to V$ heißt *schiefsymmetrisch*, wenn sein konjugierter und sein entgegengesetzter Operator zusammenfallen: $\mathscr{A}^* = -\mathscr{A}$.

Satz 5. *Es sei $\mathscr{A} \in \mathscr{L}(V, V)$ ein willkürlicher Operator. Dann existiert ein einziges Paar von Operatoren $\mathscr{B}$ und $\mathscr{C} \in \mathscr{L}(V, V)$ derart, daß $\mathscr{B}$ symmetrisch, $\mathscr{C}$ schiefsymmetrisch und $\mathscr{A} = \mathscr{B} + \mathscr{C}$ ist.*

Beweis. Es ist leicht nachzuprüfen, daß die Operatoren

$$\mathscr{B} = \tfrac{1}{2}(\mathscr{A} + \mathscr{A}^*), \quad \mathscr{C} = \tfrac{1}{2}(\mathscr{A} - \mathscr{A}^*)$$

der Behauptung des Satzes genügen; die Einzigkeit daraus, daß die Zerlegung $\mathscr{A} = \mathscr{B} + \mathscr{C}$ mit $\mathscr{B}$ symmetrisch und $\mathscr{C}$ schiefsymmetrisch durch die Konjugationsabbildung in $\mathscr{A}^* = \mathscr{B} - \mathscr{C}$ übergeführt wird. Daraus folgt einfach

$$\mathscr{B} = \tfrac{1}{2}(\mathscr{A} + \mathscr{A}^*) \quad \text{und} \quad \mathscr{C} = \tfrac{1}{2}(\mathscr{A} - \mathscr{A}^*)$$

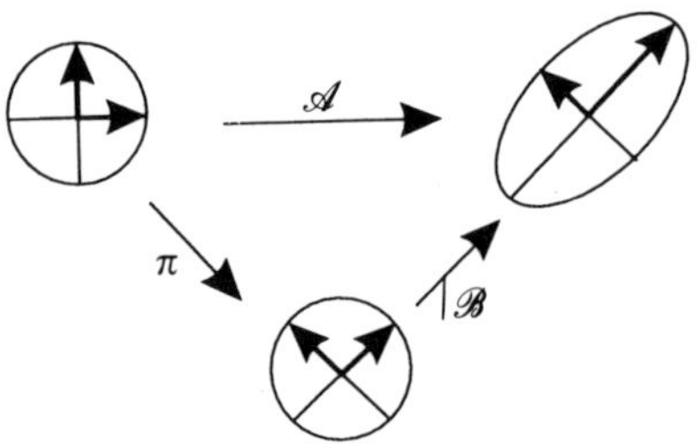

Abb. 27

Satz 6. *Es sei $\mathscr{A} \in \mathscr{L}(V, V)$ ein willkürlicher Operator. Dann gilt:*

1. *Es existieren ein nichtnegativer Operator $\mathscr{B} \geq 0$ und eine orthogonale Transformation $\mathscr{P}$ derart, daß $\mathscr{A} = \mathscr{B}\mathscr{P}$ ist* (Abb. 27).

2. *Wenn der Operator $\mathscr{A}$ nicht ausgeartet ist, so ist die genannte Zerlegung einzig; hierbei gilt $\mathscr{B} = \sqrt{\mathscr{A}\mathscr{A}^*}, \mathscr{P} = \mathscr{B}^{-1}\mathscr{A}$.*

5.4 Quadratische Formen im euklidischen Raum

5.4.1 Die Bilinearform im euklidischen Raum

Es sei V ein n-dimensionaler euklidischer Raum.

Satz 1. *Es sei $\mathscr{B}(x, y)$ eine in V vorgegebene Bilinearform. Dann existiert ein eindeutig definierter linearer Operator $\mathscr{A}: V \to V$, so daß für beliebige Vektoren x und y aus V die Gleichung $\mathscr{B}(x, y) = (\mathscr{A}x, y)$ erfüllt wird.*

Beweis. *Existenz.* Es sei e eine Orthonormalbasis in V. Wir berechnen $\mathscr{B}(e)$ und erhalten $\mathscr{B}(e) = (\beta_{kj})$ mit $\beta_{kj} = \mathscr{B}(e_k, e_j)$. Dann gilt

$$\mathscr{B}(x, y) = \sum_{k,j=1}^{n} \beta_{kj}\xi^k\eta^j.$$

Nun konstruieren wir einen linearen Operator $\mathscr{A}: V \to V$ nach folgender Vorschrift:

$$\mathscr{A}e_k = \sum_{m=1}^{n} \alpha_k^m e_m,$$

wobei $\alpha_k^m = \beta_{km}$ ist, d. h., die Matrizen des Operators $\mathscr{A}$ und der Form $\mathscr{B}$ sind bezüglich der Basis gleich: $A(e) = B(e)$.

Dann gilt

$$\mathscr{A}x = \sum_k \xi^k \mathscr{A} e_k = \sum_{k,m} \xi^k \alpha_k^m e_m$$

und

$$(\mathscr{A}x, y) = \sum_{k,m} \xi^k \eta^j \alpha_k^m (e_m, e_j) = \sum_{k,j} \xi^k \eta^j \alpha_k^j$$
$$= \sum_{k,j} \beta_{kj} \xi^k \eta^j = \mathscr{B}(x, y).$$

Einzigkeit. Es sei $\mathscr{B}(x, y) = (\hat{\mathscr{A}}x, y)$ mit $\hat{\mathscr{A}}: V \to V$ ein linearer Operator. Dann gilt

$$(\mathscr{A}x, y) = (\hat{\mathscr{A}}x, y)$$

für beliebige Vektoren x und y aus V. Daraus erhalten wir $((\hat{\mathscr{A}} - \mathscr{A})x, y) = 0$ für einen beliebigen Vektor y aus V. Wenn wir $y = (\hat{\mathscr{A}} - \mathscr{A})x$ annehmen, kommen wir auf die Gleichung $(\hat{\mathscr{A}} - \mathscr{A})x = O$, aus der wegen der Willkürlichkeit des Vektors x folgt, daß $\mathscr{A} = \hat{\mathscr{A}}$ ist.

Bemerkung 1. Ist die Bilinearform $\mathscr{B}$ symmetrisch, so ist $\mathscr{A}$ ein symmetrischer Operator.

Bemerkung 2. Der Satz gilt auch dann, wenn V unitär und $\mathscr{B}(x, y)$ eine Semilinearform ist. Ist dabei $\mathscr{B}$ hermitesch, so ist auch $\mathscr{A}$ hermitesch.

5.4.2 Die Hauptachsentransformation einer quadratischen Form

Satz 2. *Es sei $\mathscr{B}(x, x)$ eine im euklidischen Raum V vorgegebene quadratische Form. Dann existiert in V eine Orthonormalbasis e derart, daß*

$$\mathscr{B}(x, x) = \sum_k \lambda_k (\xi^k)^2 \tag{1}$$

mit $x = \sum_k \xi^k e_k$ gilt.

Beweis. Nach Satz 1 (vgl. oben) läßt die zu $\mathscr{B}(x, x)$ polare Linearform eine Darstellung

$$\mathscr{B}(x, y) = (\mathscr{A}x, y)$$

zu, wobei $\mathscr{A}$ ein symmetrischer Operator ist. Deshalb existiert in V eine

Orthonormalbasis e aus den Eigenvektoren von $\mathscr{A}$, und für einen beliebigen Vektor $x = \sum_k \xi^k e_k$ gilt die Zerlegung

$$\mathscr{A}x = \sum_k \xi^k \lambda_k e_k.$$

Daraus ergibt sich

$$\mathscr{B}(x, x) = (\mathscr{A}x, x) = \sum_k \lambda_k (\xi^k)^2.$$

Definition. Der Vorgang der Konstruktion einer Orthonormalbasis, bezüglich der die vorgegebene quadratische Form in der Gestalt (1) geschrieben werden kann, heißt *Hauptachsentransformation* der quadratischen Form.

Satz 3 (über ein Paar quadratischer Formen). *Es seien V ein n-dimensionaler reeller Raum, $\mathscr{B}(x, x)$ und $\mathscr{C}(x, x)$ in V vorgegebene quadratische Formen mit $\mathscr{C}(x, x) > 0$. Dann existiert in V eine Basis e derart, daß*

$$\mathscr{B}(x, x) = \sum_k \lambda_k (\xi^k)^2, \quad \mathscr{C}(x, x) = \sum_k (\xi^k)^2$$

mit $x = \sum_k \xi^k e_k$ gilt.

Beweis. Wir führen in V ein Skalarprodukt ein, für welches laut Definition

$$(x, y) \equiv \mathscr{C}(x, y)$$

gilt. Damit wird der Raum V in einen euklidischen Raum transformiert. Nach dem vorangegangenen Satz existiert in diesem euklidischen Raum eine Orthonormalbasis e, für die

$$\mathscr{B}(x, x) = \sum_k \lambda_k (\xi^k)^2$$

mit $x = \sum_k \xi^k e_k$ ist.

Da e eine Orthonormalbasis ist, gilt

$$(x, x) \equiv \mathscr{C}(x, x) = \sum_k (\xi^k)^2.$$

Bemerkung. Ähnliche Aussagen gelten im komplexen Fall für hermitesche quadratische Formen; die Beweise verlaufen annähernd gleich.

5.5 Hyperflächen zweiten Grades im euklidischen Punktraum

5.5.1 Punkträume

Es sei V ein n-dimensionaler reeller linearer Raum.

Wir betrachten eine nichtleere Menge Ω, deren Elemente wir *Punkte* nennen und mit großen lateinischen Buchstaben $A, B, \ldots$ bezeichnen.

Die Abbildung

$$r: \Omega \times \Omega \to V$$

weist jedem geordneten Punktepaar aus der Menge Ω einen Vektor aus dem Raum V zu:

$$(A, B) \in \Omega \times \Omega \mapsto r(A, B) \in V$$

Sie wird folgendermaßen bezeichnet: $r(A, B) = \overline{AB}$.

Definition 1. Der Punkt A heißt *Anfang*, und der Punkt B heißt *Ende* des Vektors $\overline{AB}$.

Wir beschränken uns auf die Betrachtung von Abbildungen mit den folgenden Eigenschaften:

1. Für einen beliebigen Punkt A aus Ω und einen beliebigen Vektor r aus V läßt sich ein Punkt B derart finden, daß $\overline{AB} = r$ ist.
2. Für je drei beliebige Punkte A, B, C aus Ω wird die Gleichung

   $$\overline{AB} + \overline{BC} + \overline{CA} = O$$

   erfüllt.
3. Aus der Gleichung $\overline{AB} = O$ folgt stets $A = B$.

Definition 2. Eine Menge, die die Eigenschaften 1 bis 3 besitzt und auf der eine Abbildung r: $\Omega \times \Omega \to V$ erklärt ist, nennt man einen *n-dimensionalen reellen Punktraum*, und seine Elemente heißen *Punkte*.

Bemerkung. Natürlich können Punkträume auch über einem frei gewählten Körper betrachtet werden.

Wir betrachten einige Beispiele für Punkträume.

Beispiel 1. Die Konstruktion eines linearen Vektorraumes $\mathscr{V}_2$ in der Ebene wird beim Studium der analytischen Geometrie bei gleichzeitiger Konstruktion einer Abbildung r mit den Eigenschaften 1 bis 3 durchgeführt. Die Ebene tritt hier als Menge Ω auf.

Beispiel 2. Wenn sowohl die Menge Ω als auch der Raum V mit dem n-dimensionalen Koordinatenraum $\mathbf{R}^n$ zusammenfallen, dann wird

$$A = (\alpha^1, \ldots, \alpha^n), \quad B = (\beta^1, \ldots, \beta^n) \mapsto \overline{AB} = (\beta^1 - \alpha^1, \ldots, \beta^n - \alpha^n).$$

Den so erhaltenen Punktraum nennt man einen *n-dimensionalen Punkt-Koordinatenraum.*

Aus 1 bis 3 und den Axiomen für den linearen Raum resultieren unmittelbar folgende Behauptungen:

a) Für einen beliebigen Punkt A aus Ω gilt $\overline{AA} = O$.

Beweis. Wir benutzen Eigenschaft 2. Wenn $A = B = C$ *gilt*, erhalten wir $3\overline{AA} = O$.

b) Für zwei beliebige Punkte A und B aus Ω gilt die Gleichung $\overline{AB} = -\overline{BA}$.

Beweis. Wir benutzen wiederum Eigenschaft 2. Unter der Annahme $B = C$ erhalten wir bei Berücksichtigung von a) die Gleichung $\overline{AB} + \overline{BA} = O$.

c) Für drei beliebige Punkte A, B, C aus Ω gilt die Gleichung $\overline{AB} + \overline{BC} = \overline{AC}$.

Beweis. Die geforderte Beziehung folgt aus Eigenschaft 2, die in eine äquivalente Form $\overline{AB} + \overline{BC} = -\overline{CA}$ umgeschrieben wurde, und aus b).

d) Aus der Gleichheit der Vektoren $\overline{AB}$ und $\overline{AC}$ ergibt sich die Gleichheit der Punkte B und C.

Beweis. Nach c) ist $\overline{AC} = \overline{AB} + \overline{BC}$. Da nach Voraussetzung $\overline{AB} = \overline{AC}$ gilt, ist auch $\overline{BC} = O$. Daraus erhalten wir wegen Eigenschaft 3, daß $B = C$ ist.

Wir fixieren nun einen willkürlichen Punkt O aus Ω. Dann kann jedem Punkt A aus Ω ein Vektor aus V nach folgender Regel zugeordnet werden:

$$r\colon A \in \Omega \mapsto \overline{OA} \in V \tag{1}$$

Wir bezeichnen diese Abbildung durch $r(A)$.

e) Die Abbildung (1) ist umkehrbar eindeutig.

Beweis. *Injektivität.* Aus der Gleichung $r(A) = r(B)$ (oder, was das gleiche ist, $\overline{OA} = \overline{OB}$) folgt wegen d) $A = B$.

Surjektivität. Es sei r ein willkürlich gewählter Vektor aus V. Dann läßt sich nach Eigenschaft 1 ein Punkt A aus Ω derart finde, daß $r(A) = \overline{OA} = r$ ist.

Definition 3. Der Vektor $r(A)$ heißt *Radiusvektor* des Punktes A mit Ursprung im Punkt O.

Es sei $e = (e_1 \cdots e_n)$ eine Basis in V. Dann kann jedem Punkt A aus Ω ein geordnetes Tupel von Zahlen $(\alpha^1 \cdots \alpha^n)$ eineindeutig zugewiesen werden, das aus folgender Beziehung ermittelt wird:

$$r(A) = \overline{OA} = \sum_{j=1}^{n} \alpha^j e_j. \tag{2}$$

Definition 4. Das aus dem Bezugspunkt $O \in \Omega$ und der Basis e von V bestehende Tupel $\{O; e_1, \ldots, e_n\}$ wird *(affines Koordinaten-n-)Bein eines* Punktraumes genannt.

Definition 5. Die durch die Beziehung (2) festgelegten Zahlen $\alpha^1, \ldots, \alpha^n$ werden *(affine) Koordinaten* des Punktes A in bezug auf das Koordinaten-n-Bein $\{O; e_1, \ldots, e_n\}$ genannt und mit $A(a^1, \ldots, \alpha^n)$ bezeichnet.

Behauptung. *Für beliebige Punkte* $A(\alpha^1, \ldots, \alpha^n)$ *und* $B(\beta^2, \ldots, \beta^n)$ *gilt folgende Formel*:

$$\overline{AB} = \overline{OB} - \overline{OA} = \sum_{j=1}^{n} (\beta^j - \alpha^j) e_j.$$

Definition 6. Der Punktraum $\mathscr{E}$ heißt *euklidisch*, wenn V ein euklidischer Raum ist.

Definition 7. Ist der Punktraum euklidisch und die Basis e orthonormiert, so werden die affinen Koordinaten eines Punktes *kartesische Koordinaten* genannt.

Im euklidischen Punktraum $\mathscr{E}$ betrachten wir natürlich die kartesischen Koordinaten von Punkten.

5.5.2 Reduzierte Gleichungen der Hyperflächen zweiten Grades

Es sei $\mathscr{E}^n$ ein n-dimensionaler euklidischer Punktraum und O ein willkürlich gewählter Anfangspunkt. Dann wird jedem Punkt M aus $\mathscr{E}^n$ ein Vektor $x = \overline{OM}$ zugeordnet.

Ist $\{O; e\}$ ein orthonormiertes Koordinaten-n-Bein, so gilt

$$M(\xi^1, \ldots, \xi^n), \quad \text{wobei } \overline{OM} = \xi^1 e_1 + \cdots + \xi^n e_n \text{ ist.}$$

Wir betrachten eine quadratische Form $\mathscr{A}(x, x)$, die nicht identisch null ist, und eine Linearform $\mathscr{B}(x)$.

Definition 1. Eine Punktmenge in einem Punktraum $\mathscr{E}^n$, für deren Elemente die Gleichung

$$\mathscr{A}(x, x) + 2\mathscr{B}(x) + \gamma = 0 \tag{1}$$

gilt, wobei γ eine Konstante ist, heißt *Hyperfläche zweiten Grades.*

Bei Verwendung der Koordinatendarstellung von Vektoren und Formen kann die Gleichung (2) folgendermaßen geschrieben werden:

$$\sum_{k,j=1}^{n} \alpha_{kj}\xi^k\xi^j + 2\sum_{m=1}^{n} \beta_m\xi^m + \gamma = 0, \tag{1'}$$

wobei

$$\mathscr{A}(e_k, e_j) = \alpha_{kj}, \mathscr{B}(e_m) = \beta_m, \quad x = \sum_{k=1}^{n} \xi^k e_k$$

gilt.

Definition 2. Die Gleichung (1) (und die Gleichung (1')) nennt man *allgemeine Gleichung einer Hyperfläche zweiten Grades* (in einem orthonormierten Koordinaten-n-Bein).

Bemerkung. Es ist zu beachten, daß die Punktmenge, deren Koordinaten (1') genügen, leer sein kann.

Wir zeigen nun, daß sich für eine beliebige Hyperfläche zweiten Grades im euklidischen Punktraum ein orthonormiertes Koordinaten-n-Bein derart angeben läßt, daß die Gleichung der Hyperfläche sich als

$$\lambda_1(\xi^1)^2 + \cdots + \lambda_r(\xi^r)^2 + \gamma = 0 \tag{A}$$

oder

$$\lambda_1(\xi^1)^2 + \cdots + \lambda_r(\xi^r)^2 = 2\mu\xi^{r+1} \tag{B}$$

schreiben läßt (hier sind $(\xi^1, \ldots, \xi^n)$ die Koordinaten eines willkürlichen Punktes M der Hyperfläche in einem Koordinaten-n-Bein $\{O; e_1, \ldots, e_n\}$).

Erster Schritt. Bekanntlich läßt sich für eine beliebige quadratische Form $\mathscr{A}(x, x)$ eine Orthonormalbasis f derart angeben, daß für einen beliebigen Vektor $x = \sum_k \eta^k f_k$ die Zerlegung

$$\mathscr{A}(x, x) = \sum_k \lambda_k(\eta^k)^2$$

gilt. Beim Übergang vom Koordinaten-n-Bein $\{O; e\}$ zum Koordinaten-n-Bein $\{O; f\}$ läßt sich die Gleichung (1') der Hyperfläche in eine Gleichung der folgenden Form transformieren:

$$\sum_{k=1}^{n} \lambda_k(\eta^k)^2 + 2\sum_{k=1}^{n} \mu_k\eta^k + \gamma = 0. \tag{2}$$

Der erste Schritt stellt also einen Basiswechsel dar:

$$\{O; e\} \to \{O; f\}.$$

Zweiter Schritt. Man kann annehmen, daß

$$\lambda_1 \neq 0, \ldots, \lambda_r \neq 0, \quad \lambda_{r+1} = \cdots = \lambda_n = 0$$

ist, wobei $r = \operatorname{rang} \mathscr{A}(x, x)$ gilt.

Wir betrachten $\lambda_k \neq 0$, $k = 1, \ldots, r$. Dann wird

$$\lambda_k(\eta^k)^2 + 2\mu_k\eta^k = \lambda_k\left(\eta^k + \frac{\mu_k}{\lambda_k}\right)^2 - \frac{\mu_k^2}{\lambda_k}.$$

Wir transformieren nun die Koordinaten mit Hilfe folgender Formeln:

$$\widehat{\eta}^k = \eta^k + \frac{\mu_k}{\lambda_k}(k = 1, \ldots, r), \quad \widehat{\eta}^k = \eta^k(k = r + 1, \ldots, n).$$

Diese Schreibweise gestattet es, Gleichung (2) in einer etwas anderen Form darzustellen:

$$\sum_{k=1}^{r} \lambda_k(\widehat{\eta}^k)^2 + 2 \sum_{k=r+1}^{n} \mu_k\widehat{\eta}^k + \hat{\gamma} = 0, \tag{3}$$

wobei $\hat{\gamma} = \gamma - \sum_{k=1}^{r} \frac{\mu_k^2}{\lambda_k}$ ist.

Der zweite Schritt ist also ein Anfangspunktwechsel:

$$\{O; f\} \to \{\hat{O}; f\}.$$

Wir ziehen einige Konsequenzen. Es sind zwei Fälle möglich:

(A) $\mu_{r+1} = \cdots = \mu_n = 0$.
(B) Unter den $\mu_{r+1}, \ldots, \mu_n$ gibt es solche, die von null verschieden sind.

Im Fall A werden keine weiteren Transformationen von Raumkoordinaten benötigt (vgl. Formel (A)).

Wir wenden uns nun dem Fall B zu.

Dritter Schritt. Es sei $\mu_k \neq 0$, wobei $r + 1 \leqslant r \leqslant n$ gelte. Wir transformieren die Koordinaten mit Hilfe folgender Vorschriften:

$$\zeta^k = \widehat{\eta}^k, \quad k = 1, \ldots, r;$$

$$\zeta^{r+1} = -\frac{1}{\mu} \sum_{k=r+1}^{n} \mu_k\widehat{\eta}^k;$$

$$\zeta^q = \sum_{k=r+1}^{n} v_k^q\widehat{\eta}^k, \quad q = r + 2, \ldots, n.$$

Hier wird der Zahlenfaktor μ aus der Bedingung

$$\mu^2 = \sum_{k=r+1}^{n} \mu_k^2$$

gewählt, während die Koeffizienten in den Ausdrücken so zu bestimmen sind, daß die Matrix

$$\left[\begin{array}{ccc|c} 1 & & 0 & \\ & \ddots & & 0 \\ 0 & & 1 & \\ \hline & & & \mu_{r+1}/\mu \cdots \mu_n/\mu \\ & 0 & & \boxed{v_k^q} \end{array}\right]$$

orthogonal wird. Das ist notwendig, damit die dieser Koordinatentransformation entsprechende neue Basis wieder orthonormiert ist).

Der dritte Schritt stellt also einen weiteren Basiswechsel dar:

$$\{\hat{O}; f\} \to \{\hat{O}; h\}.$$

Im Ergebnis der durchgeführten Transformationen gehen wir von der Gleichung (3) zur Gleichung

$$\sum_{k=1}^{r} \lambda_k (\zeta^k)^2 = 2\mu\zeta^{r+1} - \hat{\zeta} \tag{4}$$

über.

Im Fall $\hat{\gamma} \neq 0$ entsteht die Notwendigkeit, einen weiteren Schritt durchzuführen.

Vierter Schritt. Wenn man die Koordinaten mit Hilfe der Vorschriften

$$\tilde{\zeta}^k = \zeta^k (k \neq r+1), \quad \tilde{\zeta}^{r+1} = \zeta^{r+1} - \frac{\hat{\gamma}}{2\mu}$$

transformiert, wird (4) in folgende Beziehung übergeführt:

$$\lambda_1(\tilde{\zeta}^1)^2 + \cdots + \lambda_r(\tilde{\zeta}^r)^2 = 2\mu\tilde{\zeta}^{r+1}.$$

Der vierte Schritt ist also cine weitere Übertragung

$$\{\hat{O}; h\} \to \{\tilde{O}; h\}.$$

Bemerkung. Es ist zu beachten, daß bei Koordinatenübergängen ein gewisser algebraischer Ausdruck umgeformt wird, der keinem geometrischen Objekt zugeordnet werden kann.

5.5.3 Klassifizierung der Hyperflächen zweiten Grades im euklidischen Punktraum

Im vorangegangenen Abschnitt wurde gezeigt, daß sich im euklidischen Punktraum ein orthonormiertes Koordinaten-n-Bein $\{O; e\}$ derart auswählen läßt, daß sich die Gleichung

$$\mathscr{A}(x, x) + 2\mathscr{B}(x) + \gamma = 0$$

der vorgegebenen Hyperfläche Γ_{n-1} auf eine der nachstehenden Formen

$$\lambda_1(\xi^1)^2 + \cdots + \lambda_r(\xi^r)^2 + \gamma = 0, \tag{A}$$

$$\lambda_1(\xi^1)^2 + \cdots + \lambda_r(\xi^r)^2 = 2\mu\xi^{r+1} \tag{B}$$

reduzieren läßt, wobei gilt: $\lambda_1 \neq 0, \ldots, \lambda_r \neq 0, \quad \mu \neq 0; \quad x = \sum_{k=1}^{n} \xi^k e_k.$

Wir vereinfachen die Gleichungen (A) und (B) weiter.

Fall A. Wir nehmen an, daß

$$\alpha_k = \begin{cases} \sqrt{|\gamma/\lambda_k|} & \text{gilt, wenn } \gamma \neq 0 \text{ ist,} \\ \sqrt{1/|\lambda_k|} & \text{gilt, wenn } \gamma = 0 \text{ ist.} \end{cases}$$

Dann wird (A) auf die folgende Form reduziert:

$$\frac{(\xi^1)^2}{\alpha_1^2} + \cdots + \frac{(\xi^p)^2}{\alpha_p^2} - \frac{(\xi^{p+1})^2}{\alpha_{p+1}^2} - \cdots - \frac{(\xi^r)^2}{\alpha_r^2} = \begin{cases} 1 \\ 0 \end{cases}, \tag{Z}$$

(durch Umnumerieren von Koordinaten oder, was dasselbe ist, von Basisvektoren, kann man immer erreichen, daß zuerst (falls vorhanden) positive Summanden auftreten; es ist aber auch der Fall möglich, daß alle positiven oder alle negativen Summanden fehlen).

Wir beginnen die Betrachtung mit dem *nichtausgearteten Fall* $r = n$.

Z^1) $p = n$: $\mathscr{I}^{n-1}$ – $(n -)$-dimensionales Ellipsoid,
$p = 0$: imaginäres $(n - 1)$-dimensionales Ellipsoid,
$0 < p < n$: $\mathscr{F}^{n-1}$ – $(n - 1)$-dimensionale Hyperboloide;
Z^0) $p = 0, n$: imaginärer Kegel,
$0 < p < n$: $\mathscr{K}^{n-1}$ – $(n - 1)$-dimensionale Kegel zweiter Ordnung.

Nun betrachten wir den *ausgearteten Fall* $r < n$.

Wir betrachten ein orthonormiertes Koordinaten-n-Bein $\{O; e_1, \ldots, e_r\}$ und einen entsprechenden r-dimensionalen euklidischen Punktraum. Für die Punkte des Raumes $\mathscr{E}^r$ beschreiben die Gleichungen (Z) einen nichtausgearteten Fall ($(r - 1)$-dimensionales Ellipsoid, $(r - 1)$-dimensionale Hyperboloide und Kegel zweiter Ordnung). Um eine Vorstellung von den Hyperflächen im gesamten Raum $\mathscr{E}^n$ zu erhalten, ist es notwendig, in jedem Punkt von Γ_{r-1} eine zu $L(e_{r+1}, \ldots, e_n)$ parallele $(n - 1)$-Ebene unterzubringen.

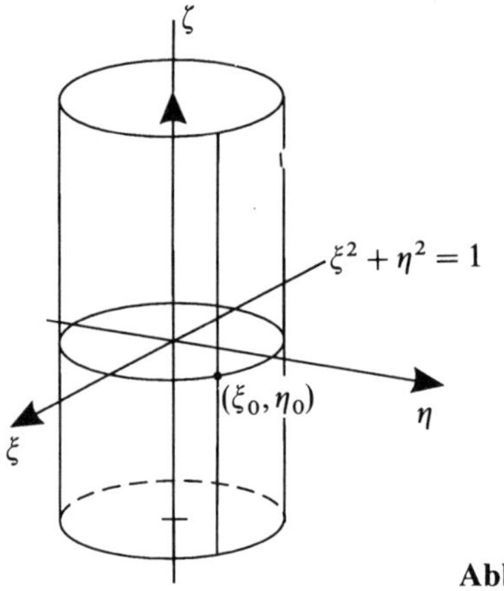

Abb. 28

Die Menge der in allen derartigen Ebenen liegenden Punkte des $\mathscr{E}^n$ bildet eine Ausgangshyperfläche Γ_{n-1} (vgl. Abb. 28).

Γ_{n-1} stellt also einen Zylinder $\Gamma_{n-1}=\Gamma_{r-1}\times\mathscr{E}^{n-r}$ mit einer Oberfläche Γ_{r-1} als Leitfläche (die durch die Gleichung (Z) definiert wird) und mit Erzeugungsflächen, die parallel zu $\mathscr{E}^{n-r}$ sind, dar.

Fall B. Wir nehmen

$$\alpha_k=\sqrt{\frac{\mu}{\lambda_k}},\quad k=1,\dots,r$$

an. Dann wird die Beziehung (B) auf die folgende Form reduziert:

$$\frac{(\xi^1)^2}{\alpha_1^2}+\dots+\frac{(\xi^p)^2}{\alpha_p^2}-\frac{(\xi^{p+1})^2}{\alpha_{p+1}^2}-\dots-\frac{(\xi^r)^2}{\alpha_r^2}=2\xi^{r+1}. \tag{II}$$

Im nichtausgearteten Fall $r=n-1$ stellt die Menge der Punkte des durch die Gleichung (II) beschriebenen Raumes $\mathscr{E}^n$ ein $(n-1)$-dimensionales Paraboloid $\mathscr{P}^{n-1}$ dar, während im ausgearteten Fall eine Zylinderfläche entsteht.

Wir gehen nun darauf näher ein.

Es sei also $r<n-1$. Wir betrachten ein orthonormiertes Koordinaten-n-Bein $\{O;e_1,\dots,e_{r+1}\}$ und einen ihm entsprechenden $(r+1)$-dimensionalen euklidischen Punktraum $\mathscr{E}^{r+1}$. In diesem Raum stellt die Hyperfläche Γ_r ein r-dimensionales Paraboloid $\mathscr{P}^r$ dar. Um eine Vorstellung vom Aufbau der Hyperfläche Γ_{n-1} im gesamten Raum $\mathscr{E}^n$ zu erhalten, muß man in jedem Punkt der Oberfläche $\mathscr{P}^r$ eine zu $L(e_{r+2},\dots,e_n)=L^{\perp}(e_1,\dots,e_{r+1})$ parallele Ebene unterbringen. Die Menge der in allen derartigen Ebenen liegenden Punkte des $\mathscr{E}^n$ bildet die Ausgangshyperfläche Γ_{n-1}.

Γ_{n-1} stellt also einen (parabolischen) Zylinder $\mathscr{P}^r\times\mathscr{E}^{n-r-1}$ mit einer Leitfläche $\mathscr{P}^r$ (die durch die Gleichung (II) bestimmt wird) und Erzeugungsflächen $(n-r-1)$, die parallel zu $\mathscr{E}^{n-r-1}$ sind, dar.

Beispiel. Wir betrachten in einem fünfdimensionalen Raum $\mathscr{E}^5$ eine durch die Gleichung $\xi^2 = 2\eta$ vorgegebene Hyperfläche. Es sei (ξ_0, η_0, x, y, z) ein Punkt aus $\mathscr{E}^5$, dessen Koordinaten durch die Gleichung $\xi_0^2 = 2\eta_0$ verknüpft sind. Man sieht leicht ein, daß die Punktmenge $(\xi_0, \eta_0, x, y, z)\}$ (mit x, y, z frei wählbar aus $\mathbf{R}$) im Raum $\mathscr{E}^5$ eine dreidimensionale affine lineare Mannigfaltigkeit darstellt, die zu

$$\{(0, 0, x, y, z) | x, y, z \in \mathbf{R}\}$$

parallel ist.

Die Vereinigung der drei Flächen der beschriebenen Form ist gerade die gesuchte Hyperfläche.

6. Normierte Räume

6.1 Die Vektornorm

6.1.1 Definition und Beispiele

Es sei V ein linearer Raum über einem Zahlenkörper **P**(**Q**, **R**, **C**).

Definition 1. Der Raum V heißt *normiert*, wenn eine Abbildung

$$|\cdot|: V \to \mathbf{R}$$

vorgegeben ist, d. h., jedem Vektor x aus V wird eine Zahl $|x|$, die Vektornorm von x, mit folgenden Eigenschaften zugeordnet:

1. $|x| \geq 0, \quad |x| = O \Leftrightarrow x = O.$
2. $|\alpha x| = |\alpha|\,|x|, \quad \alpha \in \mathrm{P}.$
3. $|x + y| \leq |x| + |y|$ (*Dreiecksungleichung*).

Wir betrachten einige Beispiele.

Beispiel 1. Es sei V ein n-dimensionaler euklidischer Raum. Wir zeigen, daß in diesem Raum auf viele verschiedene Weisen eine Norm eingeführt (er normiert) werden kann.

a) $|x|_E = \sqrt{(x, x)}$ ist eine euklidische Norm. (Beweis der Eigenschaften der Norm vgl. 2.1.2.)
b) Es sei $\mathscr{A}: V \to V$ eine positive Abbildung. Dann kann man aus dieser die Quadratwurzel $\mathscr{A}^{1/2}$ ziehen.

Wir betrachten ein Skalarprodukt $(\mathscr{A}x, x)$ und überzeugen uns leicht davon, daß $|x|_{\mathscr{A}} = |\mathscr{A}^{1/2}x|_E$ alle Eigenschaften der Norm erfüllt.

Definition 2. Der Wert $|x|_{\mathscr{A}}$ heißt *Energienorm* des Vektors x und wird durch den Operator $\mathscr{A}$ festgelegt.

Wir weisen auf zwei Eigenschaften der Energienorm hin:

$$|x|^2_{\mathscr{A}+\mathscr{B}} = |x|^2_{\mathscr{A}} + |x|^2_{\mathscr{B}}, \quad |x|^2_{\alpha\mathscr{A}} = \alpha|x|^2_{\mathscr{A}}$$

$\mathscr{A}$ und $\mathscr{B}$ sind hier positive Abbildungen, $\alpha > 0$.

Beispiel 2. Es sei $x = (\xi^1, \ldots, \xi^n)$ ein willkürlicher Vektor in einem beliebigen

Koordinatenraum $\mathbf{Q}^n$, $\mathbf{R}^n$ oder $\mathbf{C}^n$. Dann ist

$$|x|_p = \left(\sum_{k=1}^{n} |\xi^k|^p \right)^{1/p}, \quad p \in N$$

die Norm. (Der Beweis der Dreiecksungleichung wird im Fall $p = 2$ mit Hilfe der Cauchy-Bunjakowskischen Ungleichung und bei $p \geq 3$ mit Hilfe der Hölderschen Ungleichung geführt.)

Aufgabe. Beweisen Sie, daß

$$|x|_\infty = \max_{1 \leq k \leq n} |\xi^k|$$

eine Vektornorm im Koordinatenraum $\mathbf{C}^k$ ist.

Beispiel 3. Wir betrachten den komplexen Raum $\mathbf{C}_{k \times n}$ der Rechtecksmatrizen vom Typ $k \times n$. Dann sind

$$|A|_1 = \max_{1 \leq j \leq n} \sum_{i=1}^{k} |\alpha_{ij}|,$$

$$|A|_2 = \left(\sum_{i=1}^{k} \sum_{j=1}^{r} |\alpha_{ij}|^2 \right)^{1/2},$$

$$|A|_\infty = \max_{1 \leq i \leq k} \sum_{j=1}^{n} |\alpha_{ij}|$$

die Normen der Matrix $A = (\alpha_{ij}) \in \mathbf{C}_{k \times n}$.

6.1.2 Kugel und Kugelfläche im endlichdimensionalen normierten Raum

Es sei V *ein* n-dimensionaler normierter Raum, x_0 ein bestimmter Vektor aus V, $r > 0$.

Definition 1. Die Menge der Vektoren

$$B_0^n(x_0, r) = \{x \,\|\, x - x_0| < r\}$$

aus V wird *n-dimensionale offene Kugel* mit dem Radius r und dem Mittelpunkt x_0 genannt.

Die Menge der Vektoren

$$S^{n-1}(x_0, r) = \{x \,\|\, x - x_0| = r\}$$

aus V wird $(n-1)$-*dimensionale Kugelfläche* mit dem Radius r und dem Mittelpunkt x_0 genannt.

Die Menge der Vektoren

$$B^n(x_0, r) = \{x \| x - x_0| \leq r\}$$

aus V heißt *n-dimensionale abgeschlossene Kugel* mit dem Radius r und dem Mittelpunkt x_0.

Definition 2. Man sagt, daß eine Folge von Vektoren $\{x_k\}$ bezüglich der Norm gegen den Vektor a *konvergiert*, wenn

$$\lim_{k \to \infty} |x_k - a| = 0$$

ist; den Vektor a nennt man eine *Grenze* der Folge $\{x_k\}$.

Wir bezeichnen den Vorgang der Konvergenz mit $x_k \to a$.

Für unsere weiteren Betrachtungen benötigen wir die folgende Eigenschaft der (abgeschlossenen) Kugel und der Kugelfläche.

Satz 1. *Es sei $\{x_k\}$ eine willkürliche Folge von Vektoren der Menge*

$$B^n(x_0, r)(S^{n-1}(x_0, r)).$$

Dann existiert eine Teilfolge $\{x_m\}$ der Folge $\{x_k\}$, die bezüglich der Norm gegen den Vektor a aus $B^n(x_0, r)(S^{n-1}(x_0, r))$ konvergiert.

Beweis. Wir beweisen den eben formulierten Satz für den Fall einer euklidischen Norm (die auf der Basis eines Skalarproduktes eingeführt wurde; vgl. Beispiel 1a) im Raum V. Weiterhin setzen wir zur Vereinfachung der Berechnungen $x_0 = O$ voraus.

Wir wählen im Raum V eine Orthonormalbasis $e_1, \ldots, e_n$. Dann genügt die Norm eines beliebigen Vektors

$$x_k = \sum_{j=1}^{n} \xi_k^j e_j$$

aus $\{x_k\} \subset B^n(r)$ der Beziehung

$$|x_k|_E = \left(\sum_{j=1}^{n} |\xi_k^j|^2 \right)^{1/2} \leq r.$$

Dies bedeutet insbesondere, daß die Zahlenfolgen

$$\{\xi_k^1\}, \{\xi_k^2\}, \ldots, \{\xi_k^n\}$$

begrenzt sind. Nach dem Satz von Bolzano-Weierstraß, der aus der Analysis bekannt ist, existiert zu der Folge $\{\xi_k^1\}$ eine konvergente Teilfolge $\{\xi_l^1\}$, $\xi_l^1 \to \alpha^1$.

Geht man nun zu einer Auswahl von Teilfolgen

$$\{\xi_l^1\}, \{\xi_l^2\}, \dots, \{\xi_l^n\}$$

über, erhält man aufgrund des gleichen Satzes aus der Teilfolge $\{\xi_l^2\}$ eine konvergente Teilfolge $\{\xi_q^2\}$: $\xi_q^2 \to \alpha^2$.

Führt man diesen Gedankengang weiter fort, erhält man im Ergebnis eine Auswahl aus n Koordinatenfolgen

$$\{\xi_m^1\}, \{\xi_m^2\}, \dots, \{\xi_m^n\},$$

für die jeweils folgendes gilt:

$$\xi_m^1 \to \alpha^1, \xi_m^2 \to \alpha^2, \dots, \xi_m^n \to \alpha^n.$$

Wir setzen nun $a = \sum_{j=1}^{n} \alpha^j e_j$ an. Dann erfüllt die Ausgangsfolge $\{x_k\}$ für die Teilfolge $\{x_m\}$ mit $x_m = \sum_{j=1}^{n} \xi_m^j e_j$ folgende Limesbeziehung:

$$|x_m - a| = \left(\sum_{j=1}^{n} |\xi_m^j - \alpha^j|^2 \right)^{1/2} \to 0.$$

Also konvergiert die Teilfolge $\{x_m\}$ bezüglich der Norm gegen den Vektor a.

Wir zeigen nun, daß $a \in B^n(r)$ gilt.

Aus der Dreiecksungleichung leitet man leicht ab, daß für beliebige Vektoren x und y aus V die Ungleichung

$$||x| - |y|| \leq |x - y|$$

gilt. In unserem Fall heißt dies:

$$||x_m| - |a|| \leq |x_m - a| \to 0.$$

Daraus und aus $|x_m| \leq r$ erhält man $|a| \leq r$.

Durch ähnliche Überlegungen gelangt man für die Kugelfläche $S^{n-1}(r)$ zu $|a| = r$.

6.1.3 Äquivalente Normen

Es sei V ein n-dimensionaler komplexer linearer Raum, auf dem zwei verschiedene Normen $|x|_1$ und $|x|_2$ erklärt sind.

Definition. Zwei Normen $|\cdot|_1$ und $|\cdot|_2$ heißen *äquivalent* (Bezeichnung: $|\cdot|_1 \sim |\cdot|_2$), wenn sich positive Konstanten c_1 und c_2 finden lassen, so daß für einen beliebigen Vektor x aus V die Ungleichungen

$$|x|_2 \leq c_1 |x|_1, \quad |x|_1 \leq c_2 |x|_2$$

erfüllt sind.

Satz 2. *Zwei beliebige Normen im Raum V sind äquivalent.*

Beweis. Wir wählen eine Basis $e_1, \ldots, e_n$ in V aus und führen ein Skalarprodukt

$$(x, y) = \sum_{k=1}^{n} \xi^k \overline{\eta^k},$$

mit $x = \sum_k \xi^k e_k$ und $y = \sum_k \eta^k e_k$ sowie eine euklidische Form

$$|x|_E = \left(\sum_{k=1}^{n} |\xi^k|^2 \right)^{1/2}$$

ein. $|\cdot|$ sei eine andere Norm in V. Wir zeigen, daß $|\cdot|_E \sim |\cdot|$ ist (vgl. Abb. 29).

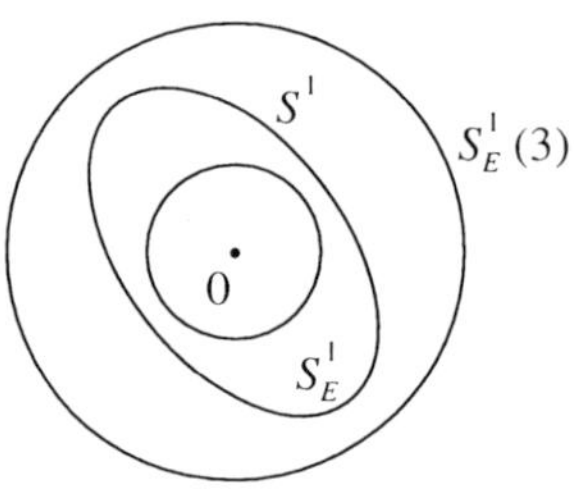

Abb. 29

1. $|x| \leq c_1 |x|_E$.

Es sei $M = \max\{|e_1|, \ldots, |e_n|\}$. Dann erhält man für einen beliebigen Vektor x aus V

$$|x| = \left| \sum_k \xi^k e_k \right| \leq \sum_k |\xi^k| |e_k|$$

$$\leq M \cdot \sum_k |\xi^k| \cdot 1 \leq M \sqrt{\sum_k |\xi^k|^2} \sqrt{n}$$

(die letzte Abschätzung resultiert aus der Cauchy-Bunjakowskischen Ungleichung). Unter der Annahme $c_1 = M\sqrt{n}$ erhält man die Forderung $|x| \leq c_1 |x|_E$.

2. $|x|_E \leq c_2 |x|$.

Wir betrachten die Menge

$$S^{n-1} = \{x \in V \mid |x| = 1\},$$

eine Einheitskugelfläche bezüglich der Norm $|\cdot|$, und zeigen, daß die Koordinaten aller Vektoren aus S^{n-1} in ihrer Gesamtheit begrenzt sind.

Wir setzen das Gegenteil voraus: Es sei irgendeine Koordinate (wir nehmen an, die erste) unbegrenzt. Dies bedeutet, daß sich für ein beliebiges m aus $\mathbf{N}$ ein Vektor x_m finden läßt, der der Bedingung $|x_m| = 1$ genügt und so beschaffen ist, daß $|\xi_m^1| > m$ ist. Dann gilt

$$|x_m|_E = \sqrt{\sum_k |\xi_m^k|^2} \geq |\xi_m^1| > m.$$

Wir betrachten nun eine Folge von Vektoren

$$y_m = \frac{x_m}{|x_m|_E},$$

die zur euklidischen Einheitskugelfläche S_E^{n-1} gehören. Nach Satz 1 (vgl. 6.1.2) können wir annehmen, daß $y_m \to b$ bezüglich der Norm $|\cdot|_E$ gilt, wobei $|b|_E = 1$ ist. Also gilt $b \neq O$.

Aus der Konvergenz bezüglich der Norm $|\cdot|_E$ ergibt sich nach der im Teil 1 bewiesenen Ungleichung $|x| \leq c_1 |x|_E$, daß

$$|y_m - b| \leq c_1 |y_m - b|_E$$

ist, d. h., die Folge y_m konvergiert bezüglich der Norm $|\cdot|$ gegen b.

Da $|x_m| = 1$ und $|x_m|_E > m$ ist, gilt

$$|y_m| = \frac{|x_m|}{|x_m|_E} < \frac{1}{m} \to 0 (m \to \infty).$$

Also gilt $y_m \to O$ bezüglich der Norm $|\cdot|$. Daraus folgt $b = O$, was den gewünschten Widerspruch liefert.

So kann angenommen werden, daß

$$N = \sup_{|x|=1} \max_{1 \leq k \leq n} |\xi^k| < \infty$$

gültig ist.

Da für einen beliebigen Vektor $x = \sum_k \xi^k e_k \neq O$ die Beziehung

$$\frac{x}{|x|} = \sum_k \frac{\xi^k}{|x|} e_k \in S^{n-1}$$

erfüllt ist, gilt nach dem Bewiesenen $|\xi^k| \leq N |x|$.

Deshalb ist

$$|x|_E = \sqrt{\sum_k |\xi^k|^2} \leq \sqrt{nN^2 |x|^2}.$$

Angenommen, es ist $c_2 = \sqrt{n} N$, so erhält man $|x|_E \leq c_2 |x|$. Um den Beweis des

Satzes abzuschließen, bemerken wir, daß aus der Äquivalenz von $|\cdot|_E$ und $|\cdot|_1$ und der von $|\cdot|_E$ und $|\cdot|_2$ die Äquivalenz von $|\cdot|_1$ und $|\cdot|_2$ folgt.

Bemerkung. Aus dem eben bewiesenen Satz resultiert, daß die unter 6.1.2 bewiesene Eigenschaft der abgeschlossenen Kugel und der Kugelfläche nicht nur für die euklidische, sondern auch für eine beliebige Norm gültig ist, weil aus der Äquivalenz der Normen folgt, daß die Konvergenz oder Divergenz der Vektorfolge nicht von der Wahl der Norm abhängt.

6.2 Die Norm einer linearen Abbildung

6.2.1 Übereinstimmende und untergeordnete Normen

Es seien V und W endlichdimensionale komplexe Räume. Der lineare Raum $\mathscr{L}(V, W)$ der linearen Abbildungen von V in W kann (wie jeder lineare Raum) auf vielerlei Weise normiert werden.

Definition 1. Die Norm der linearen Abbildung $\mathscr{A}$ heißt mit den Vektornormen in V und W *übereinstimmend*, wenn für einen beliebigen Vektor x aus V die Ungleichung

$$|\mathscr{A}x|_W \leq |\mathscr{A}|\,|x|_V$$

erfüllt ist.

Wir beachten eine interessante Eigenschaft der koordinierten Norm eines linearen Operators im komplexen Raum.

Behauptung. *Es sei λ der Eigenwert eines linearen Operators $\mathscr{A}$, dessen Norm mit der Norm in V übereinstimmt. Dann ist $|\lambda| \leq |\mathscr{A}|$.*

Beweis. Nach der Bedingung existiert ein Vektor x, $|x| = 1$, für den $\mathscr{A}x = \lambda x$ ist. Daraus ergibt sich

$$|\lambda| = |\lambda|\,|x| = |\lambda x| = |\mathscr{A}\,x| \leq |\mathscr{A}|\,|x| = |\mathscr{A}|.$$

Möge nun die Norm $|\mathscr{A}|$ der linearen Abbildung $\mathscr{A}$ mit den Normen in V und W übereinstimmen. Dann gilt für einen beliebigen von null verschiedenen Vektor x *aus* V die Ungleichung

$$\frac{|\mathscr{A}x|}{|x|} \leq |\mathscr{A}|.$$

Da die rechte Seite dieser Ungleichung nicht von der Wahl des Vektors x abhängt, so gilt

$$\sup_{x \neq O_V} \frac{|\mathscr{A}x|}{|x|} \leq |\mathscr{A}|.$$

Wir nehmen

$$\mu(\mathscr{A}) = \sup_{x \neq O_V} \frac{|\mathscr{A}x|}{|x|} \tag{1}$$

an. Es leuchtet ein, daß

$$\mu(\mathscr{A}) = \sup_{x \neq O_V} \left|\mathscr{A}\left(\frac{x}{|x|}\right)\right| = \sup_{|y|=1} |\mathscr{A}y|$$

gilt.

Behauptung. *$\mu(\mathscr{A})$ ist eine Norm in $\mathscr{L}(V, W)$.*

Beweis. Man sieht leicht ein, daß $\mu(\mathscr{A}) \geq 0$ ist. Aus $\mu(\mathscr{A}) = 0$ erhält man $|\mathscr{A}y| = 0$ für einen beliebigen Vektor y, also ist $\mathscr{A} = \mathscr{O}$. Die beiden anderen Eigenschaften, nämlich

$$\mu(a\mathscr{A}) = |a|\,\mu(\mathscr{A})$$

und

$$\mu(\mathscr{A} + \mathscr{B}) \leq \mu(\mathscr{A}) + \mu(\mathscr{B})$$

ergeben sich aus den Eigenschaften der oberen Grenze.

Definition 2. Die durch die Formel (1) definierte Zahl $\mu(\mathscr{A})$ nennt man eine den Normen der Räume V und W *untergeordnete Norm* der linearen Abbildung $\mathscr{A}$.

Die untergeordnete Norm ist also die kleinste aller (mit den vorliegenden Verktornormen) übereinstimmenden Normen.

Satz 1. *Es seien $\mathscr{A} \in \mathscr{L}(V, W)$, $\mathscr{B} \in \mathscr{L}(W, Z)$. Dann gilt $\mu(\mathscr{B}\mathscr{A}) \leq \mu(\mathscr{B})\mu(\mathscr{A})$.*

Beweis. Wie man leicht sieht, gilt

$$\begin{aligned}\mu(\mathscr{B}\mathscr{A}) &= \sup_{|x|=1} |\mathscr{B}\mathscr{A}x| = \sup_{|x|=1} \left(\left|\mathscr{B}\left(\frac{\mathscr{A}x}{|\mathscr{A}x|}\right)\right| \cdot |\mathscr{A}x|\right) \\ &\leq \sup_{|y|=1} |\mathscr{B}y| \sup_{|x|=1} |\mathscr{A}x| = \mu(\mathscr{B})\mu(\mathscr{A}).\end{aligned}$$

Beispiel. Es sei $V = \mathbf{R}^n$, $W = \mathbf{R}^k$ und $A \in \mathbf{R}_{k \times n}: \mathbf{R}^n \to \mathbf{R}^k$. Wir zeigen, daß die Norm

$$|A|_1 = \max_{1 \leq j \leq n} \sum_{i=1}^{k} |\alpha_{ij}| \tag{2}$$

den Vektornormen

$$|x|_1 = \sum_{j=1}^{n} |\xi^j| \quad \text{und} \quad |y|_1 = \sum_{i=1}^{k} |\eta^k|$$

untergeordnet ist.

Wir haben

$$\mu_1(A) = \sup_{|x|_1=1} |Ax|_1 = \sup_{\sum_{j=1}^n |\xi^j|=1} \sum_{i=1}^{k} \left| \sum_{j=1}^{n} \alpha_{ij}\xi^j \right|.$$

Es sei j_0 derjenige Wert des Index j bei dem auf der rechten Seite von (2) eine Gleichheit erreicht wird. Wir betrachten den Vektor $x_0 = (0, \underset{j_0}{1}, \dots, 0) \in \mathbf{R}^n$. Dann lautet

$$\mu_1(A) \geq \sum_{i=1}^{k} |\alpha_{ij_0}| = |A|_1.$$

Andererseits gilt

$$\mu_1(A) \leq \sup_{\sum_{j=1}^n |\xi^j|=1} \sum_{j=1}^{n} \left(|\xi^j| \sum_{i=1}^{k} |\alpha_{ij}| \right) \leq \max_{1 \leq j \leq n} \sum_{i=1}^{k} |\alpha_{ij}| = |A|_1,$$

woraus $\mu_1(A) = |A|_1$ folgt.

Auf ähnliche Weise wird nachgewiesen, daß die Norm

$$|A|_\infty = \max_{1 \leq i \leq k} \sum_{j=1}^{n} |\alpha_{ij}|$$

den Vektornormen

$$|x|_\infty = \max_{1 \leq j \leq n} |\xi^j| \quad \text{und} \quad |y|_\infty = \max_{1 \leq i \leq k} |\eta^i|$$

untergeordnet ist.

6.2.2 Die Spektralnorm

Es seien V und W unitäre Räume, $\mathscr{A}: V \to W$ eine lineare Abbildung.

Definition. Die Zahl

$$|\mathscr{A}| = \sup_{|x|_E=1} |\mathscr{A}x|_E = \sup_{|x|_E=1} \sqrt{(\mathscr{A}x, \mathscr{A}x)}$$

heißt *Spektralnorm der* linearen Abbildung $\mathscr{A}$.

Satz 2. *Es gilt* $|\mathscr{A}| = \sqrt{\max\{v_1^2, \dots, v_n^2\}}$, *wobei* $v_1^2, \dots, v_n^2$ *die Eigenwerte des Operators* $\mathscr{A}^*\mathscr{A}$ sind.

Beweis. Wir wählen in V eine Orthonormalbasis aus den Eigenvektoren einer halbpositiven Abbildung $\mathscr{A}^*\mathscr{A} \geq 0$. Dann gilt

$$|\mathscr{A}|^2 = \sup_{|x|_E=1} (\mathscr{A}x, \mathscr{A}x) = \sup_{|x|_E=1} (x, \mathscr{A}^*\mathscr{A}x)$$

$$= \sup_{\sum_{j=1}^n |\xi|^2=1} \sum_{j=1}^n v_j^2 |\xi^j|^2 \leq \max_{1\leq j\leq n} v_j^2.$$

Da alle v_j^2 nicht negativ sind, ist $x = \sum_{j=1}^n \xi^j e_j$.

Um sich davon zu überzeugen, daß das Maximum erreicht ist, genügt es, den Vektor x_0 mit den Koordinaten $\xi^{j_0} = 1, \xi^j = 0, j \neq j_0$ zu nehmen.

Folgerung. *Ist $\mathscr{A}$ ein hermitescher Operator, so gilt:*

$$|\mathscr{A}| = \max|\lambda(\mathscr{A})| \sup_{|x|=1} |(\mathscr{A}x, x)|.$$

Die Spektralnorm besitzt noch eine merkwürdige Eigenschaft.

Behauptung. *Die Spektralnorm einer linearen Abbildung ändert sich bei unitären Transformationen der Räume nicht.*

Beweis. Es seien $\mathscr{U}_1$ und $\mathscr{U}_2$ unitäre Transformationen der Räume V beziehungsweise W. Wir berechnen das Quadrat der Spektralnorm der linearen Abbildung $\mathscr{B} = \mathscr{U}_2\mathscr{A}\mathscr{U}_1$:

$$|\mathscr{B}|^2 = \sup_{|x|=1} (\mathscr{B}x, \mathscr{B}x) = \sup_{|x|=1} (\mathscr{U}_2\mathscr{A}\mathscr{U}_1x, \mathscr{U}_2\mathscr{A}\mathscr{U}_1x)$$

$$= \sup_{|\mathscr{U}_1x|=1} (\mathscr{U}_2\mathscr{A}(\mathscr{U}_1x), \mathscr{U}_2\mathscr{A}(\mathscr{U}_1x)) = \sup_{|y|=1} (\mathscr{U}_2\mathscr{A}y, \mathscr{U}_2\mathscr{A}y)$$

$$= \sup_{|y|=1} (\mathscr{A}y, \mathscr{U}_2^*\mathscr{U}_2\mathscr{A}y) = \sup_{|y|=1} (\mathscr{A}y, \mathscr{A}y) = |\mathscr{A}|^2.$$

6.2.3 Die euklidische Matrizennorm

Es seien $\mathbf{C}^n$ und $\mathbf{C}^k$ Koordinatenräume und $A: \mathbf{C}^n \to \mathbf{C}^k$. Wir nehmen

$$|A|_E = \left(\sum_{i=1}^k \sum_{j=1}^n |\alpha_{ij}|^2 \right)^{1/2}$$

an, wobei $A = (a_{ij}) \in \mathbf{C}_{k\times n}$ ist.

Man kann leicht nachweisen, daß $|A|_E$ eine Norm im Raum $\mathbf{C}_{k\times n}$ ist.

Wir betrachten einige ihrer Eigenschaften.

a) Es seien $A \in \mathbf{C}_{k \times n}$ und $B \in \mathbf{C}_{1 \times k}$. Dann ist

$$|BA|_E \leq |B|_E |A|_E.$$

Beweis.

$$|BA|_E \leq \left(\sum_{i=1}^{l} \sum_{j=1}^{n} \left| \sum_{s=1}^{k} \beta_{is}\alpha_{sj} \right|^2 \right)^{1/2} \leq \left(\sum_{i=1}^{l} \sum_{j=1}^{n} \left(\sum_{s=1}^{k} |\beta_{is}| |\alpha_{sj}|^2 \right) \right)^{1/2}$$

$$\leq \left(\sum_{i=1}^{l} \sum_{j=1}^{n} \left(\sum_{s=1}^{k} |\beta_{is}|^2 \right) \left(\sum_{t=1}^{k} |\alpha_{tj}|^2 \right) \right)^{1/2}$$

$$= \left(\left(\sum_{i=1}^{l} \sum_{s=1}^{k} |\beta_{is}|^2 \right) \left(\sum_{t=1}^{k} \sum_{j=1}^{n} |\alpha_{tj}|^2 \right) \right)^{1/2} |B|_E \cdot |A|_E.$$

b) Die Norm $|A|_E$ stimmt mit den Vektornormen

$$|x|_2 = (\Sigma |\xi^j|^2)^{1/2} \quad \text{und} \quad |y|_2 = (\Sigma |\eta^s|^2)^{1/2}$$

überein.

Beweis. Der Beweis verläuft nach dem gleichen Schema wie der für Eigenschaft a).

c) $|A|_E^2 = \operatorname{tr}(A^*A) = \operatorname{tr}(AA^*)$.

Der **Beweis** wird durch unmittelbare Berechnung geführt.

d) $|A|_E^2 = \sum_{j=1}^{n} v_j^2$, wobei $v_1^2, \ldots, v_n^2$ die Eigenwerte der Matrix A^*A sind.

e) $|A|_E^2 = \sum_{i=1}^{k} v_j^2$, wobei $v_1^2, \ldots, v_k^2$ die Eigenwerte der Matrix AA^* sind.

Beweis. Der Beweis der Eigenschaften d) und e) wird folgendermaßen geführt: Die Summe der Eigenwerte ist gleich der Spur der Matrix, womit wir zu Eigenschaft c) kommen.

Es sei $\mathscr{A}: V \to W$ eine lineare Abbildung, die die Vektoren des unitären Raumes V in Vektoren des unitären Raumes W überführt. Wir wählen in V und W Orthonormalbasen e beziehungsweise f und berechnen bezüglich dieses Basispaares eine euklidische Norm der Matrix $A(e,f)$ der linearen Abbildung $\mathscr{A}$. Es sei ferner e' und f' ein anderes Paar orthonormierter Basen in V beziehungsweise W. Dann wird

f) $|A(e', f'|_E = |A(e, f)|_E$.

Beweis. Tatsächlich seien S und T Übergangsmatrizen von dem Basispaar e, f zum anderen Basispar $e', f' : e' = eS$, $f' = fT$. Dann ist $TA' = AS$. Durch Berechnung von $|TA'|_E^2$ und $|AS|_E^2$ erhält man

$$|AS|_E^2 = \mathrm{tr}(ASS^*A^*) = \mathrm{tr}(AA^*) = |A|_E^2,$$

$$|TA'|_E^2 = \mathrm{tr}(A'^*T^*TA') = \mathrm{tr}(A'^*A') = |A'|_E^2.$$

6.2.4 Extremaleigenschaften der Eigenwerte eines selbstadjungierten Operators

Wir setzen voraus, daß V ein n-dimensionaler euklidischer Raum, $\mathscr{A}: V \to V$ ein symmetrischer Operator ist. (Der Fall eines unitären Raumes und eines hermiteschen Operators wird ohne irgendwelche Änderungen betrachtet.) Wir konstruieren in V eine Orthonormalbasis aus den Eigenvektoren des Operators $\mathscr{A}$: $e = (e_1 \cdots e_n)$. Es seien $\lambda_1 \leq \cdots \leq \lambda_n$ die jeweiligen Eigenwerte.

Hilfssatz. *Der Vektor x aus $L(e_t, \ldots, e_s) \cap S_E^{n-1}$ mit $1 \leq t < s \leq n$ sei frei wählbar; S_E^{n-1} sei eine euklidische Kugelfläche. Dann gilt*

$$\lambda_t \leq (\mathscr{A}x, x) \leq \lambda_s.$$

Beweis. Unter Einwirkung des Operators $\mathscr{A}$ geht der Vektor $x = \sum_{k=t}^{s} \xi^k e_k$ in den Vektor

$$\mathscr{A}x = \sum_{k=t}^{s} \xi^k \lambda_k e_k$$

über. Infolge der Tatsche, daß $e_1, \ldots, e_n$ orthonormierte Vektoren sind, erhalten wir

$$(\mathscr{A}x, x) = \sum_{k=t}^{s} \lambda_k |\xi^k|^2.$$

Unter Beachtung des Verfahrens der Numerierung der Basisvektoren und ihrer zugehörigen Eigenwerte sowie der Bedingung

$$\sum_{k=t}^{s} |\xi^k| = 1$$

erhalten wir

$$\lambda_t \leq (\mathscr{A}x, x) \leq \lambda_s.$$

Die Gleichheiten treten bei den Vektoren e_t und e_s auf.

Wir betrachten nun eine Menge von Vektoren

$$S^{r-1} = L(e_1, \ldots, e_r) \cap S_E^{n-1}.$$

Es sind Vektoren einer linearen Hülle $L(e_1, \dots, e_r)$, deren Längen gleich eins sind. Nach dem Hilfssatz wird für einen beliebigen Vektor aus dieser Menge $x \in S^{r-1}$ die Ungleichung

$$(\mathscr{A}x, x) \leq \lambda_r$$

erfüllt.

Es sei V^{n-r+1} ein willkürlicher $(n-r+1)$-dimensionaler Teilraum von V und

$$S^{n-r}(V^{n-r+1}) = V^{n-r+1} \cap S_E^{n-1}.$$

Da $r + (n-r+1) = n+1 > n$ ist, existiert ein für S^{r-1} und $S^{n-r}(V^{n-r+1})$ gemeinsamer Vektor x_0. Durch Berechnung von $(\mathscr{A}x_0, x_0)$ kommt man zu dem Schluß (Abb. 30):

$$\inf_{S^{n-r}(V^{n-r+1})} (\mathscr{A}x, x) \leq \lambda_r.$$

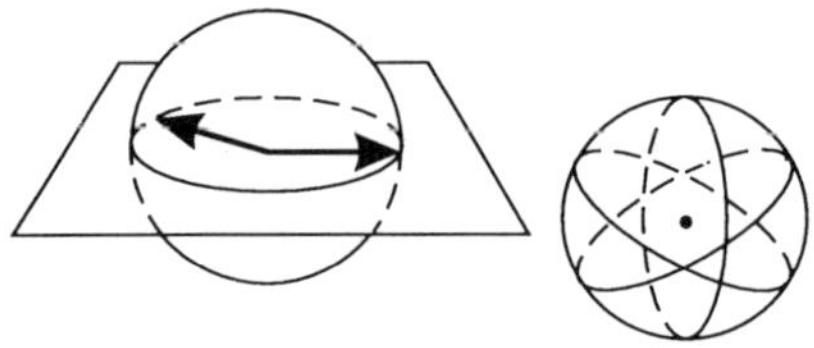

Abb. 30

Unter der Annahme $S^{n-r} = L(e_r, \dots, e_n) \cap S_E^{n-1}$ kann man andererseits auf Grund des Hilfssatzes aufschreiben, daß $\lambda_r \leq (\mathscr{A}x, x)$ für einen beliebigen Vektor $x \in S^{n-r}$ gilt.

Daraus folgt

$$\lambda_r \leq \inf_{S^{n-r}} (\mathscr{A}x, x)$$

und also

$$\sup_{(V^{n-r+1})} \inf_{S^{n-r}(V^{n-r+1})} (\mathscr{A}x, x) = \lambda_r.$$

Wir betrachten zwei symmetrische Operatoren $\mathscr{A}$ und $\mathscr{B}$, die durch die Ungleichung $\mathscr{B} - \mathscr{A} \geq 0$ verknüpft sind. Es seien $\lambda_1 \leq \dots \leq \lambda_n$ und $\mu_1 \leq \dots \leq \mu_n$ entsprechende Eigenwerttupel dieser Operatoren. Dann gilt folgende Aussage:

$$\lambda_k \leq \mu_k, \quad k = 1, \dots, n.$$

Beweis. Entsprechend der Bedingung ist

$$((\mathscr{B} - \mathscr{A})x, x) \geq 0$$

oder, was das gleiche ist,

$$(\mathscr{A}x, x) \leq (\mathscr{B}x, x).$$

Dies bedeutet, daß

$$\inf_{S^{n-r}} (\mathscr{A}x, x) \leq \inf_{S^{n-r}} (\mathscr{B}x, x)$$

und ferner

$$\sup_{\{S^{n-r}\}} \inf_{S^{n-r}} (\mathscr{A}x, x) \leq \sup_{\{S^{n-r}\}} \inf_{S^{n-r}} (\mathscr{B}x, x)$$

gilt.

Daraus können wir auf Grund der Extremaleigenschaften der Eigenwerte eines symmetrischen Operators schließen, daß

$$\lambda_k \leq \mu_k$$

gilt.

6.3 Lineare Operatorgleichungen im unitären Raum

6.3.1 Bedingungen für die Lösbarkeit linearer Gleichungen

Wir betrachten eine Gleichung

$$\mathscr{A}z = u,$$

wobei $\mathscr{A}: V \to W$ eine lineare Abbildung, u aus W ein bekannter und z aus V ein gesuchter Vektor sind. Die Räume V und W sind unitär.

Definition. Die homogene Gleichung

$$\mathscr{A}^* w = O_V$$

heißt die zur Gleichung $\mathscr{A}z = u$ *adjungierte* Gleichung.

Weiter oben wurde nachgewiesen, daß die Räume V und W Darstellungen folgender Form zulassen:

$$V = \ker \mathscr{A} \oplus \operatorname{im} \mathscr{A}^*, \quad W = \operatorname{im} \mathscr{A} \oplus \ker A^*$$

(vgl. 5.1.4). Wir nutzen diese Zerlegungen, um die Bedingungen für die Lösbarkeit der Gleichung $\mathscr{A}z = u$ herauszufinden.

Satz 1 (*Fredholmsche Alternative*). *Entweder besitzt die Gleichung $\mathscr{A}z = u$ für einen beliebigen Vektor u aus W eine Lösung oder die adjungierte Gleichung hat eine von null verschiedene Lösung.*

Beweis. $\mathscr{A}z = u$ besitze eine Lösung für eine beliebige rechte Seite u. Das heißt, daß $u \in \operatorname{im} \mathscr{A}$ ist. Daraus und aus der Zerlegung des Raumes W schließen wir, daß $\ker \mathscr{A}^* = \{O_W\}$ ist.

Die adjungierte Gleichung $\mathscr{A}^*w = O_V$ besitze eine von null verschiedene Lösung. Das heißt, daß der Kern ker $\mathscr{A}^*$ nicht trivial ist. Dann kann man auf Grund der Darstellung des Raumes W folgern, daß in diesem Raum ein Vektor u existiert, der nicht zum Bild im $\mathscr{A}$ gehört.

Bemerkung. Wenn $\mathscr{A}$ ein linearer Operator ist, d. h., wenn $\mathscr{A}: V \to V$ gilt, so ist der Satz in der folgenden Fassung richtig: *Entweder hat die Gleichung $\mathscr{A}z = u$ eine einzige Lösung für beliebiges u oder die adjungierte Gleichung $\mathscr{A}^*w = O$ besitzt eine von null verschiedene Lösung.*

Aus der Zerlegung $W = \operatorname{im} \mathscr{A} \oplus \ker \mathscr{A}^*$ ergibt sich auch die folgende Behauptung.

Satz 2. *Die Operatorgleichung $\mathscr{A}z = u$ ist genau dann lösbar, wenn der Vektor u zum Kern ker $\mathscr{A}^*$ der adjungierten Abbildung orthogonal ist.*

6.3.2 Die normale Lösung

Die Operatorgleichung

$$\mathscr{A}z = u \tag{1}$$

mit $\mathscr{A} \in \mathscr{L}(V, W)$ sei lösbar.

Wir bezeichnen die Gesamtheit aller Lösungen der Gleichung (1) mit $H(\mathscr{A}, u)$:

$$H(\mathscr{A}, u) = \{z \mid \mathscr{A}z = u\}.$$

Definition. Eine Lösung der Gleichung (1) heißt *normale Lösung*, wenn sie die Beziehung

$$|z_0| = \inf_{H(\mathscr{A}, u)} |z|$$

erfüllt.

Mit anderen Worten: Die normale Lösung z_0 ist eine Lösung der geringsten Länge.

Satz 3. *Die normale Lösung existiert stets und ist die einzige.*

Beweis. Die Gesamtheit $H(\mathscr{A}, u)$ stellt eine lineare affine Mannigfaltigkeit dar. Tatsächlich ergibt sich daraus, daß die Vektoren z' und z'' in $H(\mathscr{A}, u)$ liegen, daß $\mathscr{A}z' = u$, $\mathscr{A}z'' = u$ ist, daß $\mathscr{A}(z'' - z') = O$ und also $z'' - z' \in \ker \mathscr{A}$ ist.

Andererseits erhält man für einen beliebigen Vektor $z \in z' + \ker \mathscr{A}$, wobei $z' \in H(\mathscr{A}, u)$ fixiert ist,

$$\begin{aligned} \mathscr{A}z &= \mathscr{A}(z' + w) \\ &= \mathscr{A}z' + \mathscr{A}w = \mathscr{A}z' = u. \end{aligned}$$

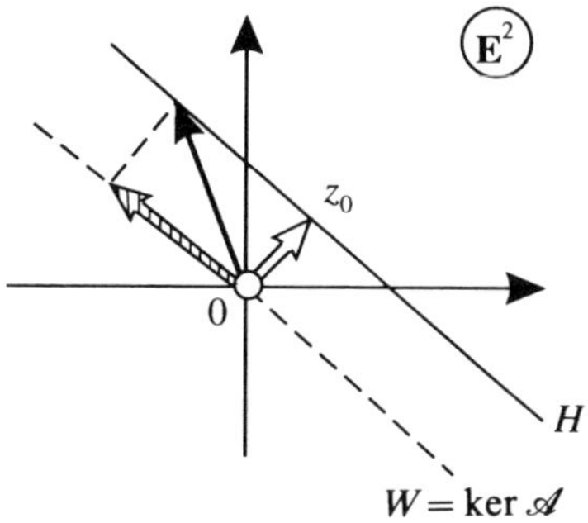

Abb. 31

Somit gilt $z \in H(\mathscr{A}, u)$ und folglich

$$H(\mathscr{A}, u) = z + \ker \mathscr{A},$$

wobei z irgendeine Lösung der Gleichung (1) ist (Abb. 31).

Wir zerlegen den Vektor z in eine Summe aus einer orthogonalen Projektion v auf einen Teilraum $\ker \mathscr{A}$ und einer orthogonalen Komponente z_0: $z = z_0 + v$.

Es leuchtet ein, daß z_0 eine Lösung der Gleichung (1),

$$H(\mathscr{A}, u) = z_0 + \ker \mathscr{A}$$

und $z_0 \perp \ker \mathscr{A}$ ist.

Wir zeigen nun, daß die Lösung z_0 die geringste Länge (unter den Längen sämtlicher Lösungen der Gleichung (1)) aufweist.

Es sei $z = z_0 + v$ eine willkürliche Lösung von (1). Hier ist $v \in \ker \mathscr{A}$, d. h., $z_0 \perp v$. Nach dem Satz des Pythagoras gilt

$$|z|^2 = |z_0|^2 + |v|^2.$$

Daraus folgt $|z| \geq |z_0|$ für ein beliebiges z aus $H(\mathscr{A}, u)$. Folglich ist z_0 eine normale Lösung.

Wir zeigen, daß die normale Lösung eindeutig bestimmt ist. Es sei z_1 ebenfalls eine normale Lösung der Gleichung (1). Das bedeutet, daß $|z_0| = |z_1|$ ist, es gilt aber auch die Gleichung $z_1 = z_0 + v_1$.

Nach dem Satz von Pythagoras gilt:

$$|z_1|^2 = |z_0|^2 + |v_1|^2.$$

Daraus folgt $v_1 = O$ und $z_1 = z_0$.

Bemerkung. Die normale Lösung ist orthogonal zum Kern der Abbildung $\mathscr{A}$. Sie ist die einzige Lösung, die orthogonal zur Gesamtheit der Lösungen der homogenen Gleichung $\mathscr{A} z = O$ ist.

6.3.3 Die Pseudolösung und die normale Pseudolösung

Die Operatorgleichung

$$\mathscr{A}z = u \tag{1}$$

sei für einen gegebenen Vektor $u \in W$ unlösbar.

Bevor man diesen Fall betrachtet, ist es zweckmäßig, einen Teil einer lebhaften Diskussion zwischen dem Leiter der Abteilung für lineares Glück, F. S. Kiwrin, und dem Leiter der Abteilung für den Sinn des Lebens, K. H. Hunta zu zitieren (A. u. B. Strugatzki, *Montag beginnt am Sonnabend*, Moskau 1979, S. 189):

»...sie hat keine Lösung.
- Wir wissen selbst, daß sie keine Lösung hat, – sagte Hunta, sofort borstig werdend. – Wir wollen wissen, wie sie zu lösen ist.
- Du redest aber sonderbar, Christo... Wie kann man eine Lösung suchen, wenn es sie nicht gibt. Es ist Unsinn...
- Entschuldige, Theodor, du bist es, der hier sonderbar redet. Es hat ja keinen Sinn, eine Lösung zu suchen, wenn es sie sowieso gibt. Es geht um die Frage, was mit einer Aufgabe anzufangen ist, die keine Lösung hat. Das ist eine sehr prinzipielle Frage...«

Bei dem Versuch, diese Frage zu beantworten, führen wir den Begriff einer Pseudolösung ein.

Definition 1. Der Vektor z^0 heißt *Pseudolösung* der Gleichung (1), wenn

$$|\mathscr{A}_{z^0} - u| = \inf_{z \in V} |\mathscr{A}z - u|$$

gilt, d. h., wenn der Vektor z^0 die Norm der Differenz $\mathscr{A}z - u$ minimiert.

Wir zeigen, daß die Pseudolösung von (1) stets existiert.

Dazu schreiben wir die letzte Beziehung etwas anders auf. Wir erhalten

$$|\mathscr{A}z^0 - u| = \inf_{w \in \operatorname{im} \mathscr{A}} |w - u| = \mathrm{d}(u, \operatorname{im} \mathscr{A}).$$

Dies bedeutet (vgl. 2.1.7, Aufgabe 1), daß $\mathscr{A}z^0$ eine Orthogonalprojektion des Vektors u auf das Bild der Abbildung $\mathscr{A}$ ist (Abb. 32).

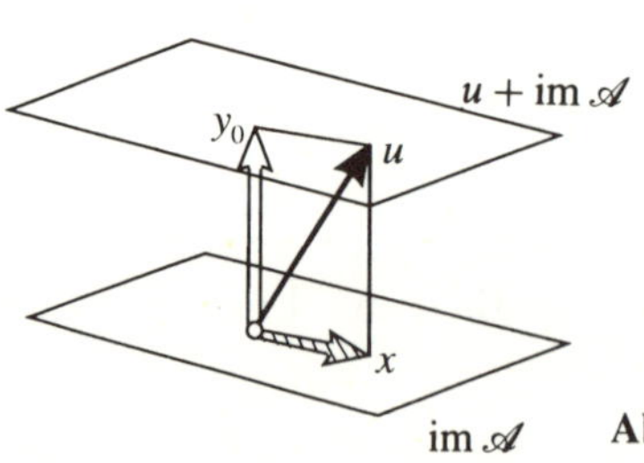

Abb. 32

Auf Grund der Eindeutigkeit der Zerlegung

$$u = x + y,$$

mit $x \in \operatorname{im} \mathscr{A}$, $y \in \ker \mathscr{A}^*$, erhalten wir, daß $\mathscr{A} z^0 = x$, also z^0 die Lösung der Gleichung

$$\mathscr{A} z = x \tag{2}$$

ist.

Analog zur normalen Lösung einer Operatorgleichung führen wir eine normale Pseudolösung ein.

Definition 2. Eine Pseudolösung der geringsten Länge oder, was das gleiche ist, eine normale Lösung der Gleichung (2) heißt *normale Pseudolösung* der Gleichung (1).

Aus der Tatsache, daß die normale Pseudolösung (1) eine normale Lösung der Gleichung (2) ist, ergibt sich folgende Behauptung.

Satz 4. *Die normale Pseudolösung existiert und ist die einzige.*

Definitin 3. Die Gleichung

$$\mathscr{A}^* \mathscr{A} z = \mathscr{A}^* u \tag{3}$$

heißt *normale Gleichung* zu (1).

Satz 5. *Der Vektor z^0 aus dem Raum V ist Pseudolösung der Gleichung* (1) *dann und nur dann, wenn z^0 auch Lösung der normalen Gleichung* (3) *ist.*

Beweis. Vorher wurde gezeigt, daß z^0 die Pseudolösung der Gleichung (1) dann und nur dann ist, wenn z^0 Lösung der Gleichung (2) ist.

Wir zeigen, daß die Gleichung (2) gleichbedeutend mit der Gleichung

$$\mathscr{A}^* \mathscr{A} z = \mathscr{A}^* x \tag{4}$$

ist. Wenn man $\mathscr{A}^* x$ auf die linke Seite überträgt, erhält man, daß $\mathscr{A}^*(\mathscr{A} z - x) = O_V$ und also $\mathscr{A} z - x \in \ker \mathscr{A}^*$ ist. Daraus, daß $\mathscr{A} z - x$ zugleich in im $\mathscr{A}$ liegt, und aus der Beziehung $\ker \mathscr{A}^* \perp \operatorname{im} \mathscr{A}$, resultiert eine Gleichung $\mathscr{A} z - x = O_W$ und ferner

$$\mathscr{A} z = x.$$

Das Gegenteil ist ebenfalls klar.

Es bleibt nur zu zeigen, daß die Gleichungen (3) und (4) gleichwertig sind. Das folgt daraus, daß

$$\mathscr{A}^* u = \mathscr{A}^*(x + y) = \mathscr{A}^* x$$

gilt.

6.3.4 Die Quasilösung

Es seien V und W euklidische Räume, und $\mathscr{A}: V \to W$ eine lineare Abbildung. Wir führen in V und W eine euklidische Norm $|x| = \sqrt{(x,x)}$ und in $\mathscr{L}(V, W)$ irgendeine mit den Normen von V und W übereinstimmende Norm ein.

Wir betrachten eine Operatorgleichung

$$\mathscr{A} z = u. \tag{1}$$

Bei praktischen Aufgaben ist des öfteren statt des genauen Wertes der rechten Seite u nur dessen Näherungswert $\tilde{u}$ bekannt, wobei der Vektor $\tilde{u}$ nicht immer zum Bild im $\mathscr{A}$ der linearen Abbildung gehören muß.

Ein Weg, die Schwierigkeiten, die im Zusammenhang mit dem Fehlen einer Lösung für die Gleichung (1) entstehen, zu umgehen, ist die Einführung des Begriffs der Quasilösung.

Es sei $M \subset V$ eine vorgegebene Menge.

Definition. Der Vektor $\tilde{z}$, für den

$$|\mathscr{A}\tilde{z} - u| = \inf_M |\mathscr{A} z - u|$$

gilt, heißt *Quasilösung* der Operatorgleichung (1) auf der Menge M (Abb. 33).

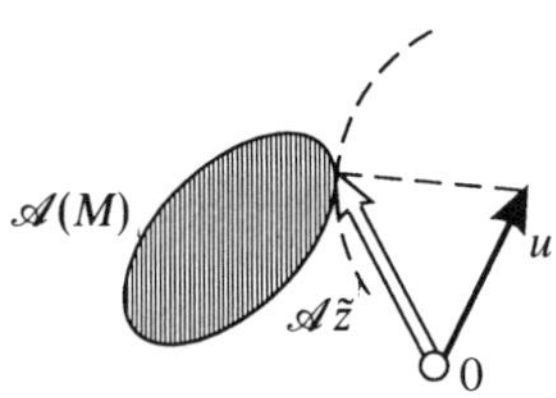

Abb. 33

Bemerkung. Falls $M \equiv V$ ist, stellt der Vektor $\tilde{z}$ eine Pseudolösung der Gleichung (1) dar. Damit ist klar, daß im allgemeinen Fall nicht nur eine Quasilösung vorliegen kann.

Wir weisen auf einige einfache hinreichende Voraussetzungen für die Abbildung $\mathscr{A}$ und die Menge M hin, unter denen die Quasilösung existiert und eindeutig bestimmt (sowie von der rechten Seite stetig abhängig) ist.

Es sei M ein n-dimensionale abgeschlossene Kugel B^n mit dem Radius r und dem Mittelpunkt im Nullpunkt.

Dann existiert auf M für beliebiges u aus W eine Quasilösung. Das ergibt sich aus den folgenden Eigenschaften der Funktion $f(z) = |\mathscr{A} z - u|$, die

1. stetig ist:

$$|f(z_1) - f(z_2)| = ||\mathscr{A} z_1 - u| - |\mathscr{A} z_2 - u|| \\ \le |\mathscr{A}(z_1 - z_2)| \le |\mathscr{A}||z_1 - z_2|,$$

2. den Minimalwert für irgendeinen Vektor aus einer begrenzten abgeschlossenen Menge B^n erreicht, auf der sie vorgegeben ist.

Es sei $\ker \mathscr{A} = \{O_V\}$.
Wir zeigen, daß dann die Quasilösung $\tilde{z}$ auf $M = B^n$ die einzige ist.

Bemerkung. Wenn $u \in \mathscr{A}(M)$ gilt, so fällt die Quasilösung z mit der üblichen (genauen) Lösung zusammen.

Wir nehmen $\tilde{u} = \mathscr{A}\tilde{z}$, $\rho = |\tilde{u} - u|$ an.

Es sei $\hat{z}, \hat{z} \neq \tilde{z}$, ebenfalls eine Quasilösung auf M. Da der Kern trivial ist, gilt,

$$\tilde{u} = \mathscr{A}\tilde{z} \neq \mathscr{A}\hat{z} = \hat{u}$$

und

$$|\tilde{u} - u| = |\hat{u} - u| = \rho.$$

Wir betrachten einen Vektor $z^* = \frac{1}{2}(\tilde{z} + \hat{z})$. Wir setzen $\mathscr{A}z^* = u^*$ mit $u^* = (\tilde{u} + \hat{u})/2$ an.

Nun bewerten wir eine Differenz $|u^* - u|$. Wir erhalten

$$|u^* - u^2| = \left|\frac{\tilde{u} - u}{2} + \frac{\hat{u} - u}{2}\right|^2 = \frac{1}{4}|\tilde{u} - u|^2 + \frac{1}{4}|\hat{u} - u|^2$$
$$- 2\frac{|\tilde{u} - u|}{2} \cdot \frac{|\hat{u} - u|}{2} \cos\varphi = \rho^2 \cos^2\frac{\varphi}{2} \leq \rho^2.$$

(Abb. 34). Somit ist $|u^* - u| < \rho$, wenn $\varphi \neq 0$ ist.

Die Ungleichung $|\mathscr{A}z^* - u| < \rho$ widerspricht der Tatsache, daß

$$\min_M |\mathscr{A}z - u| = \rho$$

gilt.

Damit ist erwiesen, daß die Quasilösung auf einer n-dimensionalen abgeschlossenen Kugel die einzige Lösung ist.

Bemerkung. Als Menge M kann eine willkürliche begrenzte abgeschlossene konvexe Menge verwendet werden.

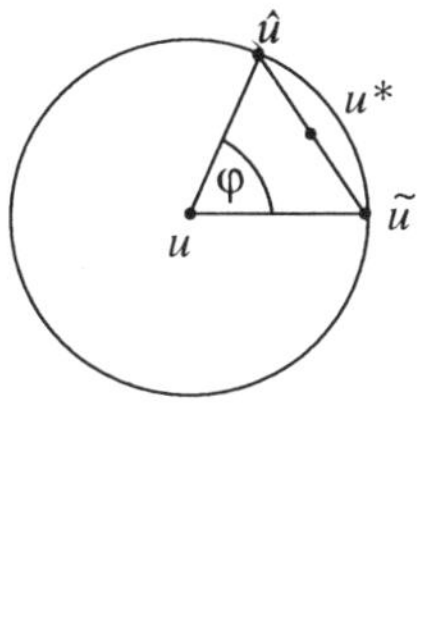

Abb. 34

Satz 6. *Es sei M eine begrenzte abgeschlossene konvexe Menge aus V, der Kern der Abbildung $\mathcal{A}$ sei trivial, ein Vektor u aus W willkürlich gewählt. Dann besitzt die Operatorgleichung $\mathcal{A}z = u$ genau eine Quasilösung.*

6.4 Regularisierungsverfahren bei der Suche nach einer Normallösung

6.4.1 Korrekt und nicht korrekt gestellte Aufgaben

Es seien V und W euklidische Räume, $\mathcal{A}: V \to W$ eine lineare Abbildung. Wir führen in V und W euklidische Normen und in $\mathcal{L}(V, W)$ eine beliebige koordinierte Operatornorm $|\mathcal{A}|$ ein.

Wir betrachten die Gleichung

$$\mathcal{A}z = u. \tag{1}$$

Definition 1. Die Aufgabe, zu einem vorgegebenen Vektor u aus einer Menge X des Raumes W einen Vektor z aus dem Raum V zu suchen, so daß die Gleichung (1) erfüllt wird, heißt *korrekt gestellt*, wenn

1. für einen beliebigen Vektor u der Menge X eine Lösung existiert;
2. die Lösung z eindeutig bestimmt ist;
3. die Aufgabe stabil ist, d. h., zu einem beliebigen $\varepsilon > 0$ läßt sich ein $\delta(\varepsilon) > 0$ angeben, so daß aus den Ungleichungen

   $$|\tilde{\mathcal{A}} - \mathcal{A}| < \delta, \quad |\tilde{u} - u| < \delta$$

   folgt, daß die Lösungen z und $\tilde{z}$ der jeweiligen Gleichungen der Ungleichung $|\tilde{z} - z| < \varepsilon$ gehorchen.

Als Beispiel für eine korrekt gestellte Aufgabe kann die Suche nach einer Quasilösung der Gleichung (1) auf einer begrenzten abgeschlossenen konvexen Menge dienen, die unter 6.3.4 betrachtet wurde.

Definition 2. Die Aufgabe, die den eben aufgezählten Forderungen nicht genügt, wird *nicht korrekt gestellt* genannt.

Wir zeigen, daß die Aufgabe, eine Normallösung der Gleichung (1) zu suchen, instabil und folglich nicht korrekt gestellt ist.

Beispiel. Die Normallösung eines linearen Systems

$$\left.\begin{aligned} x + y &= 1 \\ 2x + 2y &= 2 \end{aligned}\right\}; \quad A = \begin{pmatrix} 1 & 1 \\ 2 & 2 \end{pmatrix}, \quad u = \begin{pmatrix} 1 \\ 2 \end{pmatrix},$$

besitzt die Form $z_0 = (1/2, 1/2)^{\mathrm{T}}, |z_0| = \sqrt{2}/2$ (Abb. 35).

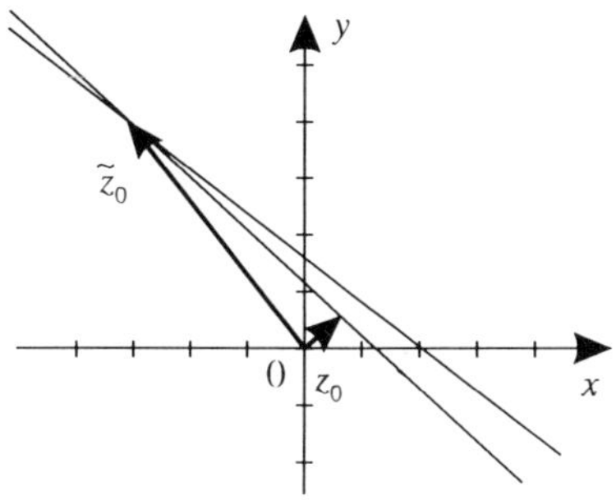

Abb. 35

Wir betrachten ein System

$$\left.\begin{aligned} x+y&=1\\ 2x+2{,}0004y&=2{,}002\end{aligned}\right\}; \quad \tilde{A}=\begin{pmatrix}1 & 1\\ 2 & 2{,}0004\end{pmatrix}, \quad \tilde{u}=\begin{pmatrix}1\\ 2{,}002\end{pmatrix},$$

welches eine einzige Lösung $z_0=(-4{,}5)^{\mathrm{T}}$ besitzt.

Man sieht leicht ein, daß die geringen Änderungen der Ausgangsdaten

$$|\tilde{A}-A|=0{,}0004, \quad |\tilde{u}-u|=0{,}002$$

zu einem beträchtlichen Unterschied in den Normallösungen

$$|\tilde{z}_0-z_0|=\tfrac{9}{2}\sqrt{2}$$

führen.

In diesem Zusammenhang interessiert uns die Frage: Wie sind Näherungslösungen der Gleichung (1) zu konstruieren, die bei geringen Änderungen der Ausgangsdaten beständig sind?

6.4.2 Das glättende Funktional

Definition 1. Eine in V vorgegebene Funktion $f(z)$ heißt *konvex*, wenn für zwei beliebige Vektoren z_1 und z_2 und für beliebige nichtnegative Zahlen λ_1 und λ_2, die die Bedingung $\lambda_1+\lambda_2=1$ erfüllen, die Gleichung

$$f(\lambda_1 z_1+\lambda_2 z_2)\leq \lambda_1 f(z_1)+\lambda_2 f(z_2)$$

gilt.

Wir zeigen, daß die Funktion

$$f(z)=|Az-u|^2$$

im gesamten Raum V konvex ist.

Wir erhalten

$$\begin{aligned} f(\lambda_1 z_1+\lambda_2 z_2)&=|A(\lambda_1 z_1+\lambda_2 z_2)-u|^2=|\lambda_1(Az_1-u)+\lambda_2(Az_2-u)|^2\\ &=\lambda_1|Az_1-u|^2+\lambda_2|Az_2-u|^2-\lambda_1\lambda_2(Az_1-Az_2)^2\\ &\leq \lambda_1|Az_1-u|^2+\lambda_2|Az_2-u|^2=\lambda_1 f(z_1)+\lambda_2 f(z_2).\end{aligned}$$

Man sieht leicht ein, daß die Funktion $f(z)$ außerdem auch stetig ist. Das folgt daraus, daß für beliebige Vektoren z_1 und z_2 aus V die Beziehung

$$||Az_1 - u| - |Az_2 - u|| \leq |Az_1 - Az_2| \leq |A||z_1 - z_2|$$

erfüllt ist.

Definition 2. Die Funktion $f(z)$ nennt man *streng konvex*, wenn für zwei beliebige Vektoren $z_1 \neq z_2$ und für beliebige positive Zahlen λ_1 und λ_2, $\lambda_1 + \lambda_2 = 1$, die Ungleichung

$$f(\lambda_1 z_1 + \lambda_2 z_2) < \lambda_1 f(z_1) + \lambda_2 f(z_2)$$

erfüllt wird.

Man überzeugt sich leicht davon, daß die Funktion $f(z) = |z|^2$ streng konvex ist. Tatsächlich gilt

$$\begin{aligned}|\lambda_1 z_1 + \lambda_2 z_2|^2 &= \lambda_1^2 |z_1|^2 + 2\lambda_1\lambda_2(z_1, z_2) + \lambda_2^2 |z_2|^2 \\ &= \lambda_1 |z_1|^2 + \lambda_2 |z_2|^2 - \lambda_1\lambda_2(z_1 - z_2)^2 < \lambda_1 |z_1|^2 + \lambda_2 |z_2|^2.\end{aligned}$$

Daraus, daß die Summe einer konvexen und einer streng konvexen Funktion streng konvex ist, folgt, daß auch

$$F(z) = |\mathscr{A}z - u|^2 + \alpha |z|^2, \alpha > 0,$$

eine streng konvexe Funktion ist (Abb. 36). Es ist klar, daß $F(z)$ stetig ist.

Wir zeigen nun, daß $F(z)$ genau eine Minimumstelle aufweist.

Es sei $R > 0$ eine Zahl. Außerhalb der Kugel $B^n(R)$ wird die Funktion $F(z)$ von unten durch eine Zahl αR^2 abgeschätzt, also gilt $F(z) \to \infty$ bei $R \to \infty$.

Wir berechnen $A = \inf F(z)$.

Wird R genügend groß gewählt, kann mit $A < \alpha R^2$ gerechnet werden.

Wegen der außerhalb der Kugel $B^n(R)$ geltenden Abschätzung $F(z) > \alpha R^2$ existiert eine Zahl R_0 derart, daß

$$A = \inf_{B^n(R_0)} F(z)$$

ist. Da $F(z)$ stetig ist, läßt sich in der Kugel $B^n(R_0)$ ein Vektor z_0 mit $F(z_0) = A$

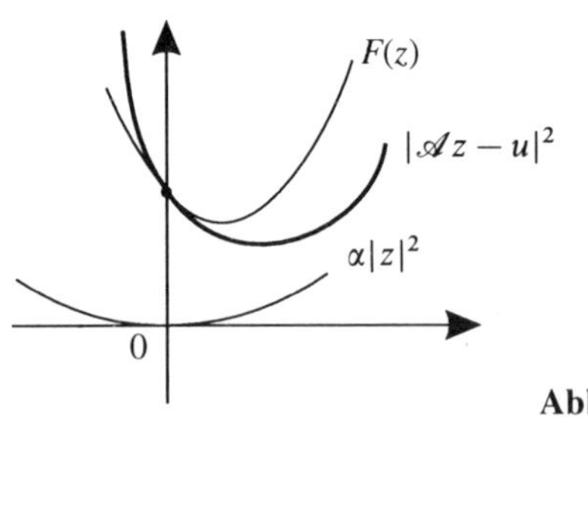

Abb. 36

finden, und wegen der strengen Konvexität der Funktion $F(z)$ folgt, daß es nur einen derartigen Vektor geben kann. Gilt tatsächlich $F(z_1) = A$, wobei $z_1 \in B^n(R_0)$, so muß der Vektor $z = \frac{1}{2}(z_0 + z_1)$ in der Kugel $B^n(R_0)$ liegen.

Aber es gilt

$$F\left(\frac{z_0 + z_1}{2}\right) < \tfrac{1}{2}(F(z_0) + F(z_1)) = A,$$

was der Minimalität von A widerspricht.

Definition. Die Funktion

$$F(z) = |\mathscr{A}z - u|^2 + \alpha|z|^2, \alpha > 0$$

heißt *glättendes Funktional* für die Operatorgleichung (1).

Damit ist folgende Behauptung bewiesen.

Satz 1. *Für ein beliebiges* $\alpha > 0$ *gibt es genau einen Vektor* z_α *aus* V, *der das glättende Funktional* $F(z)$ *minimiert, d. h., einen Vektor, der die Gleichung* $F(z_\alpha) = \min_{z \in V} F(z)$ *erfüllt.*

Die Aufgabe, einen das Funktional $F(z)$ minimierenden Vektor zu suchen, ist gegen geringe Störungen der Ausgangsdaten beständig, während die Aufgabe, eine Lösung für die Gleichung (1) zu finden, gewöhnlich nicht stabil ist.

6.4.3 Der Satz von Tychonow

Es sei z_0 eine Normallösung der Operatorgleichung

$$\mathscr{A}z = u. \tag{1}$$

Wir betrachten eine δ-Näherung der Ausgangsdaten $\{\mathscr{A}, u\}$, d. h. ein Paar $\{\tilde{\mathscr{A}}, \tilde{u}\}$, so daß

$$|\tilde{\mathscr{A}} - \mathscr{A}| < \delta, |\tilde{u} - u| < \delta \tag{2}$$

gilt, und schätzen $|\tilde{\mathscr{A}}z - \tilde{u}|$ ab. Wir erhalten

$$\begin{aligned} |\tilde{\mathscr{A}}z - \tilde{u}| &= |(\tilde{\mathscr{A}} - \mathscr{A})z - (\tilde{u} - u) + (\mathscr{A}z - u)| \\ &\leq |\tilde{\mathscr{A}} - \mathscr{A}||z| + |\tilde{u} - u| + |\mathscr{A}z - u| \leq (|z| + 1)\delta + |\mathscr{A}z - u|. \end{aligned} \tag{3}$$

Die Ungleichung

$$|\mathscr{A}z - u| \leq (|z| + 1)\delta + |\tilde{\mathscr{A}}z - \tilde{u}| \tag{4}$$

wir durch ähnliche Überlegungen nachgewiesen.

Falls z die Normallösung der Gleichung (1) ist mit $z = z_0$, wird die Abschätzung (3) zu

$$|\tilde{\mathscr{A}} z_0 - \tilde{u}| \leq (|z_0| + 1)\delta \tag{5}$$

vereinfacht.

Wir setzen nun $\tilde{F}(z) = |\tilde{\mathscr{A}} z - \tilde{u}|^2 + \alpha |z|^2$ an.

Den das glättende Funktional $\tilde{F}(z)$ minimierenden Vektor bezeichnen wir mit z_α. Dann gilt

$$\alpha |z_\alpha|^2 \leq |\tilde{\mathscr{A}} z_\alpha - \tilde{u}|^2 + \alpha |z_\alpha|^2 = \tilde{F}(z_\alpha) \leq \tilde{F}(z_0).$$

Diese Ungleichung ergibt sich daraus, daß z_α das Funktional $\tilde{F}(z)$ minimiert. Unter Verwendung von

$$\tilde{F}(z_\alpha) \leq \tilde{F}(z_0) = |\tilde{\mathscr{A}} z_0 - \tilde{u}|^2 + \alpha |z_0|^2 \leq (|z_0| + 1)^2 \delta^2 + \alpha |z_0|^2 \tag{6}$$

(vgl. Ungleichung (5)) erhalten wir

$$\alpha |z_\alpha|^2 \leq (|z_0| + 1)^2 \delta^2 + \alpha |z_0|^2.$$

Somit ist

$$|z_\alpha|^2 \leq |z_0|^2 + (|z_0| + 1)^2 \frac{\delta^2}{\alpha}. \tag{7}$$

Aus

$$|\mathscr{A} z_\alpha - u| \leq (|z_\alpha| + 1)\delta + |\tilde{\mathscr{A}} z_\alpha - \tilde{u}|$$

(vgl. Formel (4)) und der Abschätzung

$$|\tilde{\mathscr{A}} z_\alpha - \tilde{u}|^2 \leq \tilde{F}(z_\alpha) \leq (|z_0| + 1)^2 \delta^2 + \alpha |z_0|^2$$

(vgl. (6)) folgt, daß

$$\lim_{\substack{\alpha \to 0 \\ \delta \to 0}} |\mathscr{A} z_\alpha - u| = 0 \tag{8}$$

ist

Zusätzlich verlangen wir: Wenn α und δ gegen null gehen, muß

$$\frac{\delta^2}{\alpha} \to 0 \tag{9}$$

gelten, und wir zeigen, daß dann $z_\alpha \to z_0$ bezüglich einer im Raum V gewählten (und folglich auch bezüglich einer beliebigen anderen) Norm gilt.

Wir nehmen das Gegenteil an. Für ein bestimmtes $\varepsilon_0 > 0$ mögen sich Zahlenfolgen $\{\delta_k\}$ und $\{\alpha_k\}$ sowie δ_k-Näherungen $\{\tilde{\mathscr{A}}_k, \tilde{u}_k\}$ von Ausgangsdaten angeben lassen, so daß

1. $\delta_k \to 0, \quad \alpha_k \to 0, \quad \delta_k^2/\alpha_k \to 0;$
2. $|z_{\alpha_k} - z_0| \geq \varepsilon_0$

gilt, wobei $\{z_{\alpha_k}\}$ eine Vektorenfolge ist, die die Funktionale

$$\tilde{F}_k(z) = |\tilde{\mathscr{A}}_k z - \tilde{u}_k|^2 + \alpha_k |z|^2$$

minimiert.

Wenn man auf die Abschätzung (7) zurückgreift, kommt man zu dem Schluß, daß die Folge $\{z_{\alpha_k}\}$, beginnend mit der Nummer N, bezüglich der Norm

$$|z_{\alpha_k}| \leq c = \text{const.}$$

begrenzt ist. Aus ihr wird eine konvergente Teilfolge $\{z_{\alpha_m}\}$ derart ausgewählt, wie dies an anderer Stelle beschrieben wird.

Es sei

$$\hat{z} = \lim_{m \to \infty} z_{\alpha_m}.$$

Dann ist wegen der Limesbeziehung (8) $\mathscr{A}\hat{z} - u = O$, und folglich ist z eine Lösung der Gleichung (1).

Wegen (7) gilt

$$|\hat{z}| \leq |z_0|,$$

und folglich ist $|\hat{z}| = |z_0|$, d. h., $\hat{z}$ ist eine Normallösung der Gleichung (1).

Angesichts der Einzigkeit der Normallösung erhalten wir $\hat{z} = z_0$, was den erforderlichen Widerspruch liefert.

Damit gilt $z_\alpha \to z_0$ bei $\alpha \to 0$, $\delta \to 0$, $\alpha^2/\delta \to 0$ (Abb. 37).

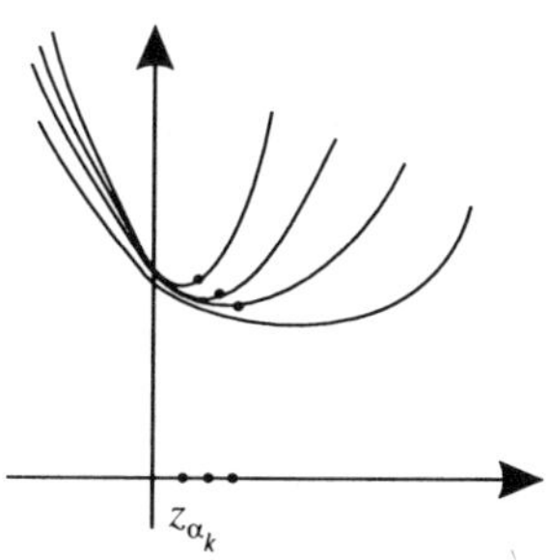

Abb. 37

Wir formulieren nun die eben bewiesene Behauptung.

Satz 2. *Es seien z_0 eine Normallösung der Operatorgleichung* (1), $\{\tilde{\mathscr{A}}, \tilde{u}\}$ *eine δ-Näherung der Ausgangsdaten* $\{\mathscr{A}, u\}$. *Die Funktion $\alpha(\delta)$ sei auf dem Intervall*

$[0, \Delta]$ *stetig und positiv, und außerdem seien für* $\delta \to 0$ *die Limesbeziehungen* $\alpha(\delta) \to 0$, $\delta^2/\alpha(\delta) \to 0$ *erfüllt. Dann existiert für ein beliebiges* $\varepsilon > 0$ *ein* $\delta_0 > 0$, *so daß für beliebige* δ *und* α, *die den Bedingungen*

$$\delta < \delta_0, \quad \frac{\delta^2}{\alpha(\delta)} \leq \alpha \leq \alpha(\delta_0),$$

unterliegen, der Vektor z_0, *der das Funktional*

$$\tilde{F}(z) = |\tilde{\mathscr{A}} z - \tilde{u}|^2 + \alpha |z|^2,$$

minimiert, der Ungleichung $|z_\alpha - z_0| < \xi$ *genügt.*

7. Konvexe Mengen

7.1 Definition und einfachste Eigenschaften

Es sei V ein reeller linearer Raum, aus dem wir zwei Vektoren willkürlich auswählen.

Definition 1. Jeder Vektor z, der durch die Formel

$$z = \lambda x + \lambda y \text{ mit } \lambda \geq 0, \mu \geq 0 \quad \text{und } \lambda + \mu = 1$$

definiert ist, heißt *konvexe Kombination* der Vektoren x und y und wird folgendermaßen bezeichnet:

$$[x, y] = \{z \mid z = \lambda x + \mu y, \quad \lambda \geq 0, \quad \mu \geq 0, \quad \lambda + \mu = 1\}.$$

Definition 2. Die Menge X von Vektoren aus V heißt *konvex*, wenn für zwei beliebige Vektoren x und y aus X eine Inklusion $[x, y] \subset X$ gilt (Abb. 38).

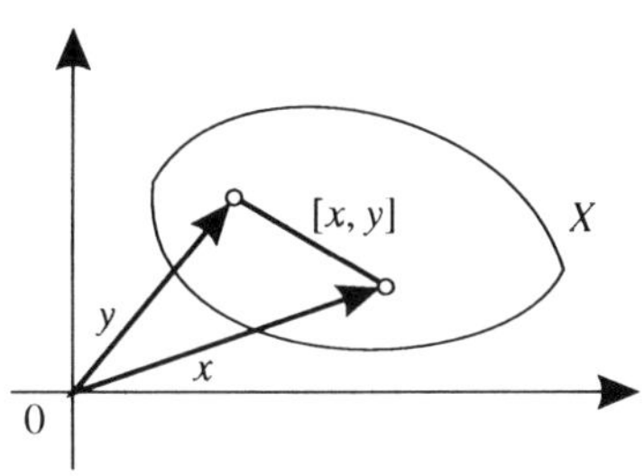

Abb. 38

Beispiel 1. Wir zeigen, daß die lineare affine Mannigfaltigkeit (LAM) konvex ist.

Dazu wählen wir in einer LAM H zwei willkürliche Vektoren x und y. Aus der Tatsache, daß die LAM H eine Darstellung $H = x + L(-x + H)$ zuläßt, folgt, daß für ein beliebiges $\lambda \in \mathbf{R}$ der Vektor $(1 - \lambda)x + \lambda y$ aus der Menge $[x, y]$ zu H gehört. Damit gilt $[x, y] \subset H$, und folglich ist H konvex.

Beispiel 2. Wir wählen als Raum V einen Raum folgender Beschaffenheit:

$$\mathbf{R}^n = \{\xi = (\xi^1, \ldots, \xi^n) / \xi^1, \ldots, \xi^n \in \mathbf{R}\}$$

und betrachten eine lineare Funktion

$$\mathscr{F}(\xi) = \alpha_1\xi^1 + \cdots + \alpha_n\xi^n + \beta,$$

wobei $\alpha_1, \ldots, \alpha_n, \beta \in \mathbf{R}$ mit $\sum_{j=1}^{n} |\alpha_j| > 0$.

Wir zeigen, daß die Menge $H^+ = \{\xi | \mathscr{F}(\xi) \geq 0\}$ konvex ist (Abb. 39).

Dazu wählen wir in H^+ zwei willkürliche Vektoren ξ und η derart aus, daß $\mathscr{F}(\xi) \geq 0, \mathscr{F}(\eta) \geq 0$ und setzen

$$\zeta = \lambda\xi + \mu\eta, \quad \lambda \geq 0, \quad \mu \geq 0, \quad \lambda + \mu = 1$$

voraus. Nun bewerten wir $\mathscr{F}(\zeta)$. Wir erhalten

$$\begin{aligned}\mathscr{F}(\zeta) &= \mathscr{F}(\lambda\xi + \mu\eta) = \sum_{j=1}^{n} \alpha_j(\lambda\xi^j + \mu\eta^j) + \beta \\ &= \lambda \sum_{j=1}^{n} \alpha_j\xi^j + \mu \sum_{j=1}^{n} \alpha_j\eta^j + (\lambda + \mu)\beta \\ &= \lambda\left(\sum_{j=1}^{n} \alpha_j\xi^j + \beta\right) + \mu\left(\sum_{j=1}^{n} \alpha_j\eta^j + \beta\right) = \lambda\mathscr{F}(\xi) + \mu\mathscr{F}(\eta) \geq 0\end{aligned}$$

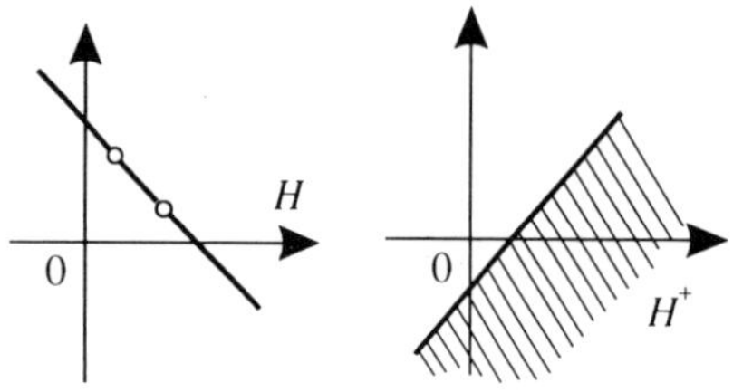

Abb. 39

Definition 3. Die Menge H^+ wird *abgeschlossener Halbraum* genannt.

Ähnlich wird die Konvexität eines offenen Halbraumes $H_0^+ = \{\xi | \mathscr{F}(\xi) > 0\}$ sowie H_0^- und H^- bewiesen.

Behauptung. *Der Durchschnitt konvexer Mengen ist entweder leer oder konvex.*

Beweis. Es seien $X_1, \ldots, X_k$ konvexe Mengen, deren Durchschnitt $X = \bigcap_{i=1}^{k} X_i$ nicht leer ist (Abb. 40). Wir wählen in X willkürlich zwei Vektoren x' und x'' aus. Es ist klar, daß die Vektoren x' und x'' auch allen X_i angehören.

Wegen der Konvexität der Mengen X_i gilt eine Inklusion $[x', x''] \subset X_i$, $i = 1, \ldots, k$. Daraus ergibt sich $[x', x''] \subset X$.

Bemerkung. Die Behauptung ist für eine beliebige Auswahl konvexer Mengen gültig.

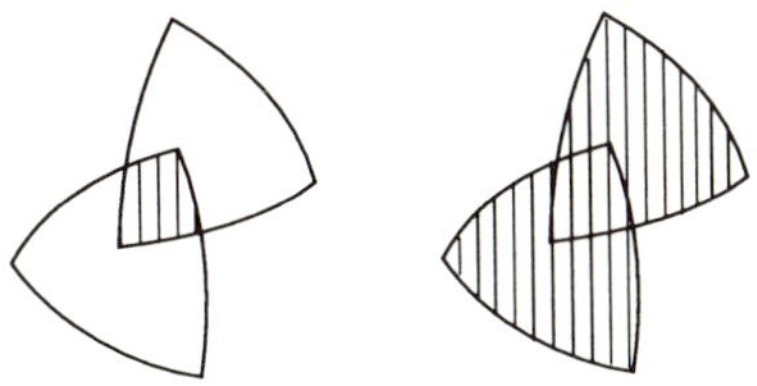

Abb. 40

Beispiel 3. Die Menge

$$I^n = \{\xi \mid \xi \in \mathbf{R}^n, 0 \leq \xi^j \leq 1, j = 1, \ldots, n\}$$

ist konvex als Durchschnitt $2n$ abgeschlossener Halbräume

$$\{\xi \mid \xi^1 \geq 0\}, \ldots, \{\xi \mid \xi^n \geq 0\}, \quad \{\xi \mid \xi^1 \leq 1\}, \ldots, \{\xi \mid \xi^n \leq 1\}$$

Definition 4. Die Menge I^n nennt man einen *n-dimensionalen abgeschlossenen Einheitswürfel* (Abb. 41).

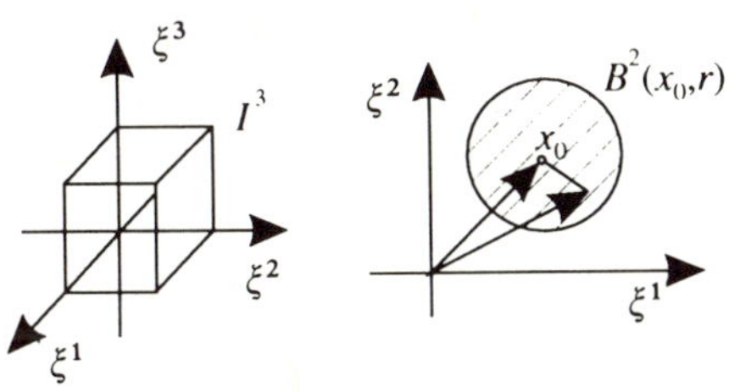

Abb. 41

Bemerkung. Die Vereinigung konvexer Mengen ist nicht unbedingt konvex.

Beispiel 4. Es seien V ein n-dimensionaler euklidischer Raum, $|x| = \sqrt{(x, x)}$ die Länge des Vektors x, r eine positive Zahl, x_0 ein Vektor aus V.

Definition 5. Eine Menge

$$\{x \mid x \in V, |x - x_0| \leq r\}$$

nennt man eine *abgeschlossene n-dimensionale Kugel* mit dem Radius r und dem Mittelpunkt x_0 und bezeichnet sie mit $B^n(x_0, r)$.

Behauptung. *Die abgeschlossene Kugel ist eine konvexe Menge.*

Beweis. Wir wählen in der Kugel zwei willkürliche Vektoren x' und x'' und betrachten deren konvexe Kombination

$$x = \lambda' x' + \lambda'' x'', \quad \lambda' + \lambda'' = 1, \quad \lambda' \geq 0, \quad \lambda'' \geq 0.$$

Wir schätzen $|x - x_0|$ ab. Da

$$x - x_0 = \lambda'(x' - x_0) + \lambda''(x'' - x_0)$$

ist, gilt

$$|x - x_0| \leq \lambda'|x' - x_0| + \lambda''|x'' - x_0|.$$

Aus den Ungleichungen

$$|x' - x_0| \leq r, \quad |x'' - x_0| \leq r$$

folgt, daß $|x - x_0| \leq r$ ist.

Definition 6. Eine Menge

$$\{x \in V \,|\, |x - x_0| < r\}$$

heißt *offene n-dimensionale Kugel* mit dem Radius r und dem Mittelpunkt x_0 und wird mit $B_0^n(x_0, r)$ bezeichnet.

Behauptung. *Die offene Kugel ist eine konvexe Menge.*

7.2 Operationen über konvexen Mengen

Wir betrachten bestimmte Operationen über konvexen Mengen, deren Ergebnisse wieder konvexe Mengen sind.

1. *Die Addition*

Definition 1. Eine Menge Z, die durch die Formel

$$Z = \{z = x + y \,|\, x \in X, y \in Y\}$$

definiert ist, heißt *Summe* der Mengen X und Y aus V. Sie wird mit $X + Y$ bezeichnet.

Behauptung. *Die Summe konvexer Mengen ist wiederum eine konvexe Menge.*

Beweis. Es sei X eine Summe konvexer Mengen X_1 und X_2: $X = X_1 + X_2$ (Abb. 42).

Wir wählen aus der Menge X zwei Vektoren x und y. In jeder der Mengen $X_k, k = 1, 2$ lassen sich Vektoren x_k und $y_k, k = 1, 2$ angeben, so daß

$$x = x_1 + x_2, \quad y = y_1 + y_2 \tag{1}$$

gilt.

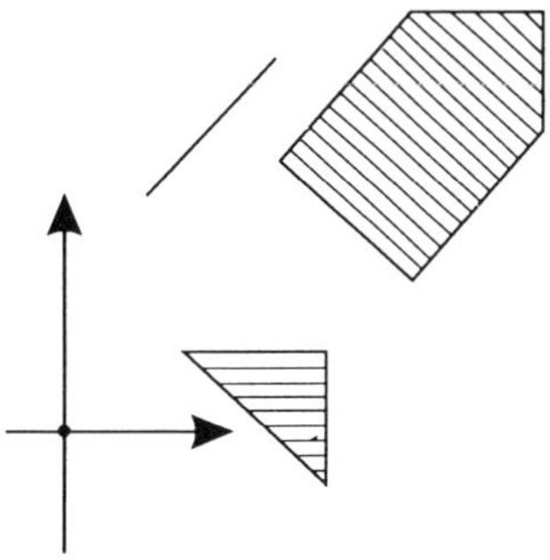

Abb. 42

Wir betrachten einen Vektor

$$z = \lambda x + \mu y, \quad \lambda \geq 0, \quad \mu \geq 0, \quad \lambda + \mu = 1.$$

Wenn wir die Formel (1) anwenden, erhalten wir

$$z = \lambda(x_1 + x_2) + \mu(y_1 + y_2) = (\lambda x_1 + \mu y_1) + (\lambda x_2 + \mu y_2).$$

Wegen der Konvexität der Mengen X_k gehören die Vektoren $\lambda x_k + \mu y_k$ zu $X_k, k = 1, 2$. Deshalb gehört auch deren Summe, nämlich der Vektor z, ebenfalls zu X.

Definition 2. Die Summe $X + Y$ heißt *direkte Summe* (Bezeichnung $X \dotplus Y$), wenn für einen beliebigen Vektor z aus $X + Y$ die Zerlegung $x + y$ mit $x \in X$, $y \in Y$ die einzige Zerlegung ist.

Behauptung. *Die direkte Summe konvexer Mengen ist wieder eine konvexe Menge.*

2. *Die Subtraktion* (nach Minkowski)

Es sei X eine Menge von Vektoren aus dem Raum V; a sei ein fester Vektor aus V.

Wir führen folgende Bezeichnung ein:

$$X_a = a + X = \{a + x \mid x \in X\}.$$

Definition 3. Eine Menge Z, die durch die Formel

$$Z = \bigcap_{y \in Y} X_y$$

definiert ist, heißt *Differenz* der Mengen X und Y aus V und wird mit $X - Y$ bezeichnet.

Behauptung. *Wenn die Menge X konvex ist, so ist die Differenz X − Y konvex (oder leer)* (Abb. 43).

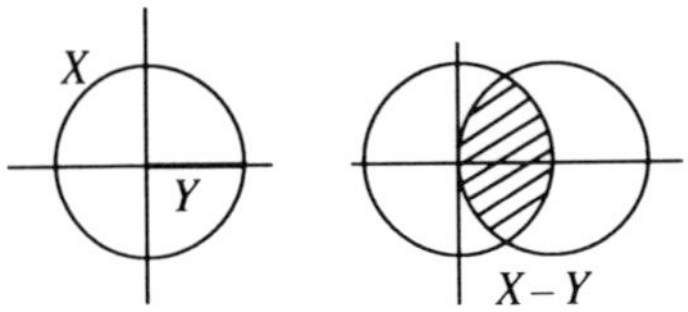

Abb. 43

Beweis. Der Beweis beruht auf der Tatsache, daß der Durchschnitt konvexer Mengen entweder leer oder konvex ist (die Verschiebung X_y der konvexen Menge X um den Vektor y ist wieder eine konvexe Menge).

Eigenschaften der Subtraktion

a) $X - Y = V \setminus ((V \setminus X) + Y)$
b) Die Differenz $X - Y$ besteht aus allen Vektoren z, die für einen willkürlich gewählten Vektor y aus der Menge Y die Darstellung einer Differenz $x - y$ zulassen, wobei x ein entsprechend gewählter Vektor aus X ist.
c) $(X - Y) - Z = (X - Z) - Y = X - (Y + Z)$
d) $(X - Z) + Y \subset (X + Y) - Z.$
e) $(X + Y) \cup (X + Z) = X + (Y \cup Z)$
f) $(X - Y) \cap (X - Z) = X - (Y \cup Z)$
g) $(Y - X) \cap (Z - X) = (Y \cap Z) - X$
h) $(X + Y) \cap (X + Z) \supset X + (Y \cap Z)$
i) $(X - Y) \cup (X - Z) \subset X - (Y \cap Z)$

3. *Das Produkt mit einer Zahl*

Definition 4. Eine Menge Y, die durch $Y = \{y = \alpha x \mid x \in X\}$ definiert wird, heißt *Produkt* einer Menge X mit einer Zahl $\alpha \in \mathbf{R}$ und wird mit αX bezeichnet.

Behauptung. *Das Produkt einer konvexen Menge mit einer Zahl ist wieder eine konvexe Menge* (Abb. 44).

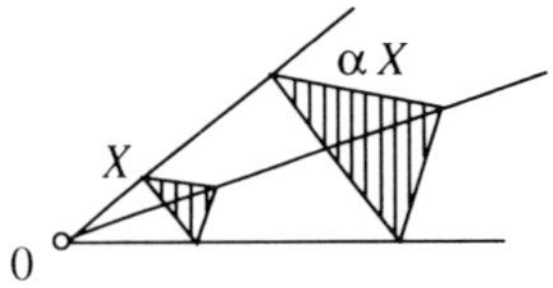

Abb. 44

Beweis. Es sei Y ein Produkt einer konvexen Menge X mit einer Zahl α: $Y = \alpha X$. Wir wählen in der Menge Y willkürlich zwei Vektoren y_1 und y_2 und zeigen, daß der Vektor

$$y = \lambda_1 y_1 + \lambda_2 y_2, \quad \lambda_1 \geq 0, \quad \lambda_2 \geq 0, \quad \lambda_1 + \lambda_2 = 1$$

auch zu Y gehört.

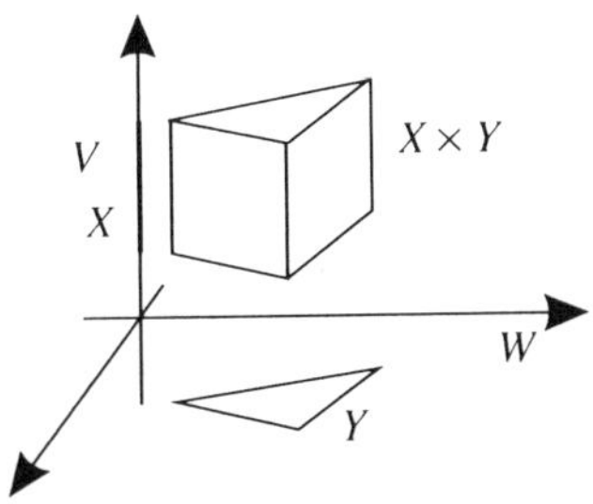

Abb. 45

Da $y_1 = \alpha x_1, y_2 = \alpha x_2$ ist, so gilt $y = \alpha(\lambda_1 x_1 + \lambda_2 x_2)$. Wegen der Konvexität der Menge X ist der Vektor $x = \lambda_1 x_1 + \lambda_2 x_2 \in X$, und folglich gilt $y = \alpha x \in Y$.

4. *Das kartesische Produkt*

Definition 5. Eine Menge Z, die durch die Formel

$$Z = \{z = (x, y) | x \in X, y \in Y\} \subset V \times W$$

definiert wird, heißt *Produkt* aus einer Menge $X \in V$ und einer Menge $Y \in W$ und wird mit $X \times Y$ bezeichnet.

Behauptung. *Das kartesische Produkt konvexer Mengen ist ebenfalls eine konvexe Menge* (Abb. 45).

Beweis. Es sei X ein kartesisches Produkt der konvexen Mengen X_1 und X_2: $X = X_1 \times X_2$. Wir wählen in X willkürlich zwei Vektoren x und y und zeigen, daß der Vektor

$$z = \lambda x + \mu y, \quad \lambda \geq 0, \quad \mu \geq 0, \quad \lambda + \mu = 1$$

ebenfalls zu X gehört.

Da $x = (x_1, x_2), y = (y_1, y_2)$ mit $x_k, y_k \in X_k, k = 1, 2$, läßt der Vektor z folgende Darstellung zu

$$z = \lambda(x_1, x_2) + \mu(y_1, y_2) = (\lambda x_1 + \mu y_1, \lambda x_2 + \mu y_2)$$

wegen der Konvexität von $X_k, k = 1, 2$, sind die Vektoren $\lambda x_k + \mu y_k \in X_k$ und folglich ist $z \in X$.

5. *Das Bild einer konvexen Menge*

Behauptung. *Das Bild einer konvexen Menge bei einer linearen Abbildung ist wiederum eine konvexe Menge* (Abb. 46).

Beweis. Es sei X eine konvexe Menge aus einem Raum V und $\mathscr{A}: V \to W$ eine lineare Abbildung. Wir zeigen, daß die Menge

$$\mathscr{A}(X) = \{y = \mathscr{A}x \mid x \in X\}$$

konvex ist.

Wir wählen aus der Menge $\mathscr{A}(X)$ willkürlich zwei Vektoren y_1 und y_2 und beweisen, daß der Vektor

$$y = \lambda_1 y_1 + \lambda_2 y_2, \quad \lambda_1 \geq 0, \quad \lambda_2 \geq 0, \quad \lambda_1 + \lambda_2 = 1$$

ebenfalls zu dieser Menge gehört.

Gemäß der Definition der Menge $\mathscr{A}(X)$ lassen sich Vektoren x_1 und $x_2 \in X$ derart finden, daß $\mathscr{A}x_1 = y_1, \mathscr{A}x_2 = y_2$ ist. Deshalb läßt der Vektor y eine Darstellung

$$y = \lambda_1 \mathscr{A}x_1 + \lambda_2 \mathscr{A}x_2 = \mathscr{A}(\lambda_1 x_1 + \lambda_2 x_2)$$

zu und gehört somit zu $\mathscr{A}(X)$, denn $\lambda_1 x_1 + \lambda_2 x_2 \in X$.

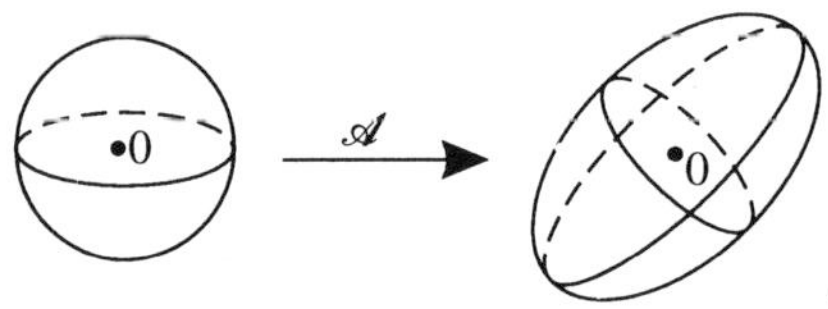

Abb. 46

7.3 Die konvexe Hülle einer Menge

Es sei X eine willkürliche nichtleere Menge aus einem Raum V.

Definition 1. Eine Menge C mit den Eigenschaften

1. $X \subset C$,
2. C ist konvex,
3. ist $X \subset Y$ und Y konvex, so gilt $C \subset Y$,

heißt *konvexe Hülle* einer Menge X und wird mit conv X bezeichnet.

Es ist klar, daß eine konvexe Hülle einer Menge, falls sie existiert, eindeutig bestimmt ist.

Definition 2. Ein Vektor x, der durch $x = \sum_{i=1}^{k} \alpha_i x_1$ mit $\sum_{i=1}^{k} \alpha_i = 1, \alpha_1 \geq 0, \ldots,$ $\alpha_k \geq 0$ definiert ist, heißt *konvexe Kombination* der Vektoren $x_1, \ldots, x_k$.

Wir bezeichnen mit $C(X)$ die Gesamtheit aller möglichen konvexen Kombinationen aus X:

$$C(X) = \left\{ \sum_{i=1}^{k} \alpha_i x_i \mid x_i \in X, \sum_{i=1}^{k} \alpha_i = 1, \alpha_i \geq 0, k \in N \right\}$$

und zeigen, daß die konvexe Hülle der Menge X mit $C(X)$ übereinstimmt.

Satz (über eine konvexe Hülle). *Die konvexe Hülle einer willkürlichen Menge stimmt mit der Gesamtheit aller möglichen Kombinationen ihrer Vektoren überein.*

Beweis. Wir zeigen, daß die Menge $C(X)$ die Eigenschaften 1 bis 3 von Definition 1 besitzt.

1. Um sich von der Gültigkeit der Inklusion $X \subset C(X)$ zu überzeugen, genügt es, konvexe Kombinationen für $k = 1$ zu betrachten.

2. Wir wählen in $C(X)$ zwei beliebige Vektoren x und y und zeigen, daß der Vektòr

$$z = \lambda x + \mu y, \quad \lambda \geq 0, \quad \mu \geq 0, \quad \lambda + \mu = 1$$

ebenfalls zu $C(X)$ gehört.

Nach Definition der Menge $C(X)$ lassen sich die gewählten Vektoren wie folgt darstellen:

$$x = \sum_{i=1}^{k} \alpha_i x_i, \tag{1}$$

wobei $x_i \in X$, $\sum_{i=1}^{k} \alpha_i = 1$, $\alpha_i \geq 0$

und

$$y = \sum_{j=1}^{m} \beta_j y_j \tag{2}$$

mit $y_j \in X$, $\sum_{j=1}^{m} \beta_j \geq 1$, $\beta_j \geq 0$ ist.

Bei Beachtung dieser Beziehungen kann der Vektor z folgendermaßen geschrieben werden:

$$z = \sum_{i=1}^{k} (\lambda\alpha_i)x_i + \sum_{j=1}^{m} (\mu\beta_j)y_i.$$

Weil $x_i \in X$ und $y_j \in Y$,

$$\sum_{i=1}^{k} (\lambda\alpha_i) + \sum_{j=1}^{m} (\mu\beta_j) = 1, \quad \lambda\alpha_i \geq 0, \quad \mu\beta_j \geq 0,$$

können wir schließen, daß $z \in C(X)$ ist.

Das bedeutet, daß $C(X)$ konvex ist.

3. Es sei Y eine beliebige konvexe Menge, die X enthält. Wir beweisen, daß $C(X) \subset Y$. Wir führen den Beweis mittels Induktion nach der Anzahl k der konvexen Kombination.

Dazu prüfen wir zunächst, ob jede konvexe Kombination zweier beliebiger Punkte aus X (definitionsgemäß ist eine solche Kombination für $k = 2$ in $C(X)$ enthalten) zu Y gehört.

Es seien x_1 und x_2 zwei beliebige Vektoren aus X. Nach Voraussetzung gehören diese Vektoren auch zur Menge Y. Da Y konvex ist, gilt $[x_1, x_2] \subset Y$. Andererseits stellt die Menge $[x_1, x_2]$ eine Auswahl aller möglichen konvexen Kombinationen

$$\alpha_1 x_1 + \alpha_2 x_2, \quad \alpha_1 + \alpha_2 = 1, \quad \alpha_1 \geq 0, \quad \alpha_2 \geq 0$$

dar, von denen jede zu $C(X)$ gehört.

Wir nehmen nun an, daß jede konvexe Kombination von $k = l$ Vektoren aus X zu Y gehört, und zeigen, daß unter dieser Annahme eine beliebige konvexe Kombination von $k = l + 1$ Vektoren aus X ebenfalls Y angehört.

Es seien $x_1, \ldots, x_l, x_{l+1}$ willkürliche Vektoren aus X, und wir betrachten deren konvexe Kombination

$$x = \sum_{i=1}^{l+1} \alpha_i x_i, \quad \sum_{i=1}^{l+1} \alpha_i = 1, \quad \alpha_i \geq 0.$$

Es ist klar, daß $x \in C(X)$ ist. Es sind nun zwei Fälle möglich.

a) $\alpha_{l+1} = 1$. Dann gilt $\alpha_1 = \cdots = \alpha_l = 0$, und der Vektor x fällt mit dem Vektor $x_{l+1} \in X$ zusammen. Da nach Voraussetzung $X \subset Y$ gilt, so ist in diesem Fall $x \in Y$.

b) $\alpha_{l+1} < 1$. Dann ist

$$\alpha = \alpha_1 + \cdots + \alpha_l = 1 - \alpha_{l+1} > 0. \tag{3}$$

Berücksichtigt man diese Beziehung (3), kann der Vektor

$$x = \sum_{i=1}^{l} \alpha_i x_i + \alpha_{l+1} x_{l+1}$$

auch wie folgt ausgedrückt werden:

$$x = \alpha x' + \alpha_{l+1} x_{l+1} \tag{4}$$

wobei

$$x' = \sum_{i=1}^{l} \frac{\alpha_i}{\alpha} x_i \tag{5}$$

ist.

Die auf der rechten Seite der Formel (5) stehende Kombination der Vektoren $x_1, \ldots, x_l$ ist konvex (Abb. 47), denn es gilt

$$\sum_{i=1}^{l} \frac{\alpha_i}{\alpha} = \frac{1}{\alpha} \sum_{i=1}^{l} \alpha_i = 1, \quad \frac{\alpha_i}{\alpha} \geq 0$$

Deshalb ist auch laut Induktionsannahme der Vektor $x' \in Y$.

Wir bemerken nun, daß der durch Formel (4) definierte Vektor x eine konvexe Kombination von Vektoren x' und x_{l+1} aus Y ist und daher wegen der Konvexität von Y dieser Menge ebenfalls angehört.

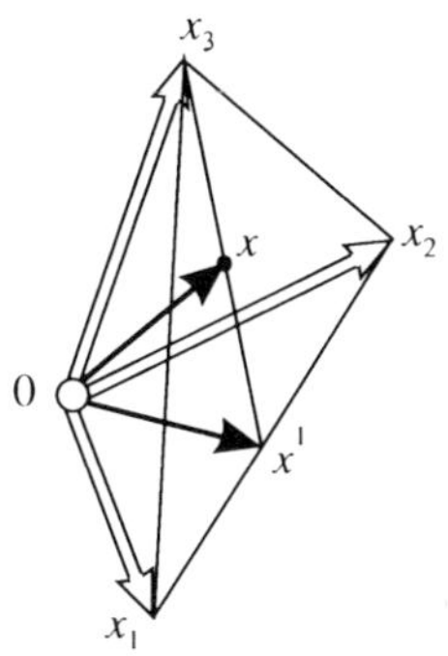

Abb. 47

Behauptung. *Wenn $X \subset Y$ gilt, so gilt auch $C(X) \subset C(Y)$.*

Beispiel. Im reellen linearen Raum $\mathbf{R}_{n \times n}$ der quadratischen Matrizen n-ter Ordnung betrachten wir eine Auswahl vertauschbarer Matrizen (eine Matrix heißt *vertauschbar*, wenn sie in jeder Zeile und jeder Spalte nur eine 1 besitzt, während alle anderen $n^2 - n$ Elemente gleich null sind). Zwischen den vertauschbaren Matrizen n-ter Ordnung und den Permutationen $\sigma \in S_n$ besteht folgende Beziehung: Jeder Permutation $\{\sigma(1), \ldots, \sigma(n)\}$ ist eine vertauschbare Matrix zugeordnet, deren Elemente α_{ij} durch die Regel

$$\alpha_{ij} = \begin{cases} 1, & i = \sigma(j) \\ 0, & i \neq \sigma(j) \end{cases}$$

gegeben sind.

Wir betrachten eine konvexe Hülle einer Menge vertauschbarer Matrizen $A_1, \ldots, A_m$ mit $m = n!$:

$$\Omega_n = C(A_1, \ldots, A_m).$$

Die Matrizen der konvexen Hülle Ω besitzen eine interessante Eigenschaft.

Es sei $A = (\alpha_{ij}) \in \Omega_n$. Dann gilt

$$A = \sum_{k=1}^{m} \lambda_k A_k, \quad \sum_k \lambda_k = 1, \quad \lambda_k \geq 0.$$

Diese Beziehung läßt sich under der Voraussetzung $A_k = (\alpha_{ij}^k)$ auch anders schreiben:

$$\alpha_{ij} = \sum_{k=1}^{m} \lambda_k \alpha_{ij}^k.$$

Man sieht leicht ein, daß $\alpha_{ij} \geq 0$ ist.

Wir berechnen nun $\sum_{i=1}^{n} \alpha_{ij}$ und $\sum_{j=1}^{n} \alpha_{ij}$.

Es gilt

$$\sum_{i=1}^{n} \alpha_{ij} = \sum_{i=1}^{n} \sum_{k=1}^{m} \lambda_k \alpha_{ij}^k,$$

für jedes i sind unter dem zweiten Summenzeichen nur $(n-1)!$ Faktoren α_{ij}^k von null verschieden, also gleich 1. O.B.d.A. kann man annehmen, daß die Matrizen $A_1, \ldots, A_m$ derart numeriert sind, daß in der ersten Gruppe der $(n-1)!$ Matrizen die Elemente in der Position $(1, j)$ gleich 1, in der zweiten Gruppe dieser Matrizen die Elemente in der Position $(2, j)$ gleich 1 sind, usw. Diese Tatsache gestattet es, die letzte Gleichung in die folgende Form zu bringen:

$$\sum_{i=1}^{n} \alpha_{ij} = \sum_{k=1}^{n!} \lambda_k \alpha_{ij}^k + \cdots + \sum_{k=1}^{n!} \lambda_k \alpha_{nj}^k$$

$$= \sum_{k=1}^{n-1} \lambda_k + \sum_{k=n}^{2n-1} \lambda_k + \cdots + \sum_{k=n!-n+1}^{n!} \lambda_k = \sum_{k=1}^{n!} \lambda_k = 1.$$

Analog beweist man, daß $\sum_{j=1}^{n} \alpha_{ij} = 1$ gilt.

Definition. Eine Matrix $A = (\alpha_{ij}) \in \mathbf{R}_{n \times m}$ heißt *doppelstochastisch*, wenn ihre Elemente α_{ij} folgende Bedingungen erfüllen:

$$\sum_{i=1}^{n} \alpha_{ij} = \sum_{j=1}^{n} \alpha_{ij} = 1, \quad \alpha_{ij} \geq 0.$$

Die konvexe Hülle der vertauschbaren Matrizen $A_1, \ldots, A_{n!}$ stellt also eine Menge doppelstochastischer Matrizen Ω_n dar, die eine wichtige Rolle in den Anwendungen spielen.

7.4 Drei Sätze über konvexe Mengen

Statz 1 (*Satz von Radon*). *Wir nehmen an, daß die Teilmenge X eines n-dimensionalen linearen Raumes V mindestens $n+2$ Vektoren enthält. Dann kann die Menge X in Form einer Vereinigung von leeren durchschnittsfremden Teilmengen dargestellt werden, deren konvexe Hüllen einen nichtleeren Durchschnitt besitzen* (Abb. 48).

Beweis.

a) Wir nehmen zunächst an, daß die Menge X aus genau $n+2$ Vektoren besteht:

$$X = \{x_1, \ldots, x_{n+2}\}.$$

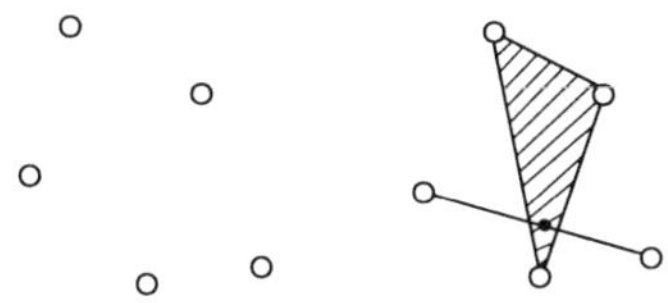

Abb. 48

Bekanntlich ist jede Menge aus $n+2$ Vektoren in einem n-dimensionalen Raum affin abhängig. Deshalb existiert eine nichttriviale Linearkombination von Vektoren $x_1,\ldots,x_{n+2}$ so, daß

$$\lambda_1 x_1 + \cdots + \lambda_{n+2} x_{n+2} = O \tag{1}$$

ist, wobei

$$\lambda_1 + \cdots + \lambda_{n+2} = 0 \tag{2}$$

gilt.

Da nicht alle λ_i in (2) gleich null sind, lassen sich unter ihnen unbedingt negative finden. Dies bedeutet, daß die Menge der Indizes

$$J = \{i \mid \lambda_i < 0\}$$

nicht leer ist; sie umfaßt aber auch nicht alle Zahlen $1,\ldots,n+2$.

Wir transformieren die Beziehungen (1) und (2) in folgende Form:

$$\sum_{j \notin J} \lambda_j x_j = \sum_{i \in J} (-\lambda_i) x_i, \quad \sum_{j \notin J} \lambda_i = \sum_{i \in J} (-\lambda_i) \tag{3}$$

Nun teilen wir die beiden Seiten der Gleichung (3) durch

$$\lambda = \sum_{j \notin J} \lambda_j = \sum_{i \in J} (-\lambda_i).$$

Es ist leicht nachzuprüfen, daß der erhaltene Vektor

$$y = \sum_{j \notin J} \frac{\lambda_j}{\lambda} x_j = \sum_{i \in J} \left(-\frac{\lambda_i}{\lambda}\right) x_i$$

eine konvexe Kombination von Vektoren sowohl aus der Teilmenge

$$X_1 = \{x_j \mid x_j \in X, j \notin J\}$$

als auch aus der Teilmenge

$$X_2 = \{x_i \mid x_i \in X, i \in J\}$$

ist.

Das bedeutet, daß der Vektor y den konvexen Hüllen jeder der Teilmengen X_1 und X_2 angehört. Damit ist

$$y \in C(X_1) \cap C(X_2),$$

und es gilt folglich

$$C(X_1) \cap C(X_2) \neq \emptyset$$

Die Teilmengen X_1 und X_2 bilden eine Unterteilung der Menge X: Sie sind nicht leer, schneiden sich nicht, und ihre Vereinigung stimmt mit der Menge X überein.

b) Falls card $X > n + 2$ ist, läßt sich die Menge X folgendermaßen darstellen:

$$X = X' \cup X'',$$

wobei

$$X' = \{x_i, \ldots, x_{n+2}\}, \quad X'' = X \backslash X'$$

gilt.

In dem unter a) angegebenen Verfahren läßt sich die Teilmenge X' derart in zwei Teile X'_1 und X'_2 zerlegen, daß

$$C(X'_1) \cap C(X'_2) \neq \emptyset \tag{4}$$

ist. Wir setzen $X_1 = X'_1, X'_2 \cup X''$. Aus $X'_2 \subset X_2$ folgt

$$C(X'_2) \subset C(X_2) \tag{5}$$

Wenn wir (4) und (5) vergleichen, sehen wir, daß der Durchschnitt $C(X_1) \cap C(X_2)$ nicht leer ist.

Satz 2 (*Satz von Carathéodory*). *Es sei X eine nichtleere Menge von Vektoren eines n-dimensionalen Raumes V, y ein willkürlicher Vektor ihrer konvexen Hülle C(X).*

Dann lassen sich in X Vektoren $x_1, \ldots, x_m$ $(m \leq n + 1)$ *finden, deren konvexe Kombination gleich dem Vektor y ist.*

Beweis. Nach Definition besteht die Menge C(X) aus allen möglichen konvexen Kombinationen beliebiger Vektoren aus X. Deshalb lassen sich für einen gegebenen Vektor y in X Vektoren $x_1, \ldots, x_l$ finden, deren konvexe Kombination gleich y ist:

$$y = \sum_{i=1}^{l} \alpha_i x_i, \tag{6}$$

mit

$$\sum_{i=1}^{l} \alpha_i = 1, \quad \alpha_i > 0. \tag{7}$$

Ist $l \leq n + 1$, so ist die Behauptung bewiesen. Die Anzahl l der Vektoren im System

$$X_0 = \{x_1, \ldots, x_i\}$$

sei größer als $n+1$. Wir zeigen nun, daß dann aus der Menge X_0 ein Teil der Vektoren derart ausgeschlossen werden kann, daß der Vektor y durch die restlichen Vektoren in der Form (6), (7) darstellbar ist.

Wegen der Ungleichung $l \geq n+2$ folgt, daß das System der Vektoren $x_1, \ldots, x_l$ affin abhängig ist. Das bedeutet, daß sich von Null verschiedene Zahlen $\beta_1, \ldots, \beta_l$ und solche, für die

$$\sum_{i=1}^{l} \beta_i x_i = O, \tag{8}$$

und

$$\sum_{i=1}^{l} \beta_i = 0 \tag{9}$$

gilt, finden lassen.

Unter den Zahlen β_i in der Gleichung (9) gibt es auch negative. Daher ist die Menge der Indizes

$$J = \{i \mid \beta_i < 0\}$$

nicht leer. Wir betrachten die Beziehung

$$\gamma_i = \frac{\alpha_i}{\beta_i}, \quad i \in J,$$

und wählen darunter die größte aus:

$$\gamma_k = \max_J \gamma_i.$$

Wir multiplizieren die beiden Seiten der Gleichungen (8) und (9) mit γ_k und subtrahieren die erhaltenen Gleichungen von (6) bzw. (7). Dann gelangen wir zu der Formel

$$y = \sum_{i=1}^{l} \delta_i x_i, \quad \sum_{i=1}^{l} \delta_i = 1, \tag{10}$$

wobei $\delta_i = \alpha_i - \beta_i \gamma_k$ gilt.

Jetzt bestimmen wir die Vorzeichen der Koeffizienten δ_i. Es sind drei Fälle möglich:

1	$i \notin J$	$\delta_i = \underset{\substack{\vee \\ 0}}{\alpha_i} - \underset{\substack{\vee\!\vert \\ 0}}{\beta_i}\underset{\substack{\wedge \\ 0}}{\gamma_k} > 0$
2	$i = k$	$\delta_i = 0$
3	$i \in J \setminus k$	$\delta_i = \underset{\substack{\wedge \\ 0}}{\beta_i}\underset{\substack{\wedge\!\vert \\ 0}}{(\gamma_i - \gamma_k)} \geq 0$

Aus der Tabelle sieht man, daß die Koeffizienten δ_i nicht negativ sind und mindestens einer von ihnen gleich null wird. Das bedeutet, daß der Vektor y eine konvexe Kombination von maximal $l-1$ Vektoren aus X_0 ist.

Die Verringerung der Anzahl der Summanden in der konvexen Kombination (6) wurde infolge der affinen Abhängigkeit der Vektoren $x_1, \ldots, x_l$ möglich.

Wir wenden uns nun den Beziehungen (10) zu, wobei wir uns bei den weiteren Betrachtungen nur auf die Vektoren x_i beschränken, deren Koeffizienten δ_i positiv sind.

Ist die Anzahl dieser Vektoren kleiner oder gleich $n+1$, so ist die Behauptung bewiesen.

Enthält dagegen das erhaltene Teilsystem $X_1 \in X_0$ eine größere Anzahl von Vektoren (mehr als $n+1$), so ist es affin abhängig, und die oben durchgeführten Betrachtungen können für dieses Teilsystem wiederholt werden.

Setzen wir die Betrachtungen in dieser Weise fort, gelangen wir bei entsprechendem Weglassen von Vektoren nach endlich vielen Schritten zu einem Teilsystem $x_{i_q}, \ldots, x_{i_m}$ $(m \leq n+1)$, welches die erforderliche Eigenschaft

$$y = \sum_{q=1}^{m} \lambda_q x_{i_q}, \quad \sum_{q=1}^{m} \lambda_q = 1, \quad \lambda_q \geq 0$$

besitzt.

Satz 3 (*Satz von Helly*). *Eine endliche Schar $\mathscr{H}$ konvexer Mengen in einem n-dimensionalen Raum V besitze folgende Eigenschaft: Der Durchschnitt einer endlichen Anzahl beliebiger Mengen aus $\mathscr{H}$ sei nicht leer. Dann läßt sich ein Vektor finden, der in sämtlichen Mengen von $\mathscr{H}$ enthalten ist.*

Beweis. Wir betrachten eine Schar $\mathscr{H}$ konvexer Mengen $X_1, \ldots, X_s$, deren Anzahl s der Bedingung $s \geq n+1$ genügt.

Weiterhin gelte für eine beliebige Auswahl $i_1, \ldots, i_{n+1}$, die der Bedingung

$$1 \leq i < \ldots < i_{n+1} \leq s$$

genügt, die Beziehung

$$X_{i_1} \cap \ldots \cap X_{i_{n+1}} \neq \emptyset. \tag{11}$$

Wir müssen zeigen, daß der Durchschnitt $\bigcap_{j=1}^{s} X_j$ nicht leer ist.

Den Beweis führen wir durch Induktion nach der Anzahl s der Mengen der Schar $\mathscr{H}$.

Bei $s = n+1$ wird die Behauptung des Satzes trivial erfüllt.

Wir nehmen an, daß für eine beliebige Schar, die aus $s = m-1 \geq n+1$ konvexen Mengen besteht und der Bedingung (11) genügt, die Behauptung des Satzes bewiesen ist.

Wir betrachten eine Schar von $s = m \geq n+2$ Mengen $X_1, \ldots, X_n$, die der Bedingung (11) unterliegen und konvex sind.

Nach Induktionsannahme kann für ein beliebiges $i = 1, \ldots, m$ ein Vektor

$$x_i \in \bigcap_{\substack{j=1 \\ j \neq i}}^{m} X_j \tag{12}$$

angegeben werden. Speziell bemerken wir, daß $x_i \notin X_i$, $i = 1, \ldots, m$, und $x_i \in X_j$, $j \neq i$, ist.

Die Menge $X = \{x_1, \ldots, x_m\}$ enthält mindestens $n+2$ Vektoren und kann nach dem Satz von Radon in zwei Teilmengen X' und X'' zerlegt werden, die folgende Eigenschaften besitzen:

1. $X = X' \cup X''$,
2. $X' \cap X'' = \emptyset$,
3. $C(X') \cap C(X'') \neq \emptyset$.

Durch Umnumerierung der Mengen $X_1, \ldots, X_m$ kann jederzeit, falls erforderlich, erreicht werden, daß

$$X' = \{x_1, \ldots, x_k\} \quad \text{und} \quad X'' = \{x_{k+1}, \ldots, x_m\}$$

gilt.

Aus (12) ist ersichtlich, daß

$$X' = \{x_1, \ldots, x_k\} \subset X_i, \quad i = k+1, \ldots, m$$

ist. Wegen der Konvexität der Mengen X_i gilt die Inklusion

$$C(X') \subset X_i, \quad i = k+1, \ldots, m. \tag{13}$$

Ähnliche Eigenschaften besitzt die Menge X'':

$$X'' = \{x_{k+1}, \ldots, x_m\} \subset X_j, \quad j = 1, \ldots, k,$$

und

$$C(X'') \subset X_j, \quad j = 1, \ldots, k. \tag{14}$$

Aus den Beziehungen (13) und (14) ergibt sich, daß

$$C(X') \cap C(X'') \subset X_l, \quad l = 1, \ldots, m$$

gilt. Das bedeutet, daß

$$\bigcap_{l=1}^{m} X_l \neq \emptyset$$

ist.

Beispiel 1. Wir betrachten im Raum $\mathbf{R}^n$ die konvexen Mengen

$$X_l = \{\xi \in \mathbf{R}^n \mid \xi^1 \geq l\}, \quad l \in \mathbf{N}.$$

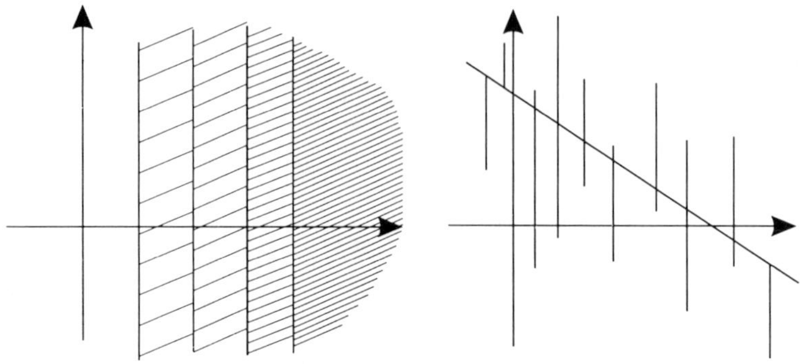

Abb. 49

Der Durchschnitt einer beliebigen endlichen Anzahl von Mengen $X_1, \dots X_l, \dots$ dieser Schar ist nicht leer. Im Raum $\mathbf{R}^n$ existiert aber kein Vektor, der gleichzeitig zu allen diesen Mengen gehört.

Dieses Beispiel zeigt, daß bei einer unendlichen Anzahl konvexer Mengen der oben beschriebenen Schar die Behauptung des Satzes ohne zusätzliche Annahmen nicht gültig ist (Abb. 49).

Beispiel 2 (*Anwendung des Satzes von Helly*).

Definition. Eine beliebige Gerade, die alle Mengen einer Schar von Mengen schneidet, heißt *gemeinsame Transversale* dieser Schar.

Es sei Q eine endliche Schar paralleler Geradenstücke in einer Ebene, von denen je drei eine gemeinsame Transversale besitzen.

Wir zeigen, daß dann eine gemeinsame Transversale der Schar Q existiert.

Zum Beweis führen wir Koordinaten x, y in einer Ebene derart ein, daß die geraden Stücke aus der Schar Q parallel zur Achse Oy parallel sind.

Wir lassen den trivialen Fall weg, in dem alle geraden Stücke auf einer Geraden liegen, welche die gemeinsame Transversale ist. Dann können wir uns auf die Betrachtung von Geraden der Form $y = kx + b$ beschränken.

Die Schar Q möge aus den geraden Stücken

$$\alpha_i = \{(x, y) | x = x_i, \quad y_i^- \leq y \leq y_i^+\}$$

bestehen.

Im Raum $\mathbf{R}^2$ betrachten wir die Mengen $X_i = X_i(\alpha_i) = \{(k, b)|$, die durch die Gleichung $y = kx + b$ vorgegebene Gerade schneidet das Geradenstück $\alpha_i\}$, $i = 1, \dots, m$.

Wir zeigen, daß jede Menge X_i konvex ist. Dazu bezeichnen wir mit (k, b) eine frei wählbare konvexe Kombination von Paaren (k', b') und (k'', b'') aus X_i:

$$k = \lambda' k' + \lambda'' k'', \quad b = \lambda' b' + \lambda'' b'', \tag{15}$$

wobei $\lambda' + \lambda'' = 1, \quad \lambda' \geq 0, \quad \lambda'' \geq 0$ ist.

Die Geraden $y = k'x + b'$ und $y = k''x + b''$ mögen das Geradenstück α_i in den Punkten (x_i, y_i') und (x_i, y_i'') schneiden. Das bedeutet, daß

$$y_i^- \leq y_i' \leq y_i^+, \quad y_i^- \leq y_i'' \leq y_i^+ \tag{16}$$

gilt.

Wir betrachten die Gerade $y = kx + b$, wobei k und b durch (15) definiert sind, und setzen $x = x_i$. Dann ist

$$\begin{aligned} y_i = kx_i + b &= (\lambda'k' + \lambda''k'')x_i + (\lambda'b' + \lambda''b'') \\ &= \lambda'(k'x_i + b') + \lambda''(k''x_i + b'') = \lambda'y_i' + \lambda''y_i''. \end{aligned}$$

Wir multiplizieren die erste Ungleichung (16) mit λ', die zweite mit λ'' und addieren die erhaltenen Ergebnisse:

$$y_i^- \leq \lambda'y_i' + \lambda''y_i'' \leq y_i^+.$$

Damit ist bewiesen, daß die Gerade $y = kx + b$ das Geradenstück α_i ebenfalls schneidet. Die Menge X_i ist also konvex.

Wir formulieren die Aufgabenstellung im Blick auf die konstruierten Mengen X_i, $i = 1, \ldots, m$, um.

Die Existenz der gemeinsamen Transversalen $y = kx + b$ für drei beliebige Geradenstücke der Schar Q ist gleichbedeutend damit, daß je drei der konvexen Mengen $X_1, \ldots, X_m$ des Raumes $\mathbf{R}^2$ ein gemeinsames Element (der Form (k, b)) aufweisen. Nach dem Satz von Helly existiert ein Paar

$$(k_0, b_0) \in \bigcap_{i=1}^{m} X_i,$$

was auf die Existenz einer gemeinsamen Transversalen $y = k_0x + b_0$ der Schar Q schließen läßt.

7.5 Konvexe Vielflache

In diesem Abschnitt lernen wir die Eigenschaften der konvexen Hülle einer Menge, die aus einer endlichen Anzahl von Vektoren besteht, kennen.

Wir betrachten eine endliche Menge von Vektoren von $x_1, \ldots, x_m$ aus einem Raum V.

Definition 1. Die konvexe Hülle $C(x_1, \ldots, x_m)$ wird *konvexes Vielflach* genannt.

Beispiel 1. Die Menge Ω_n doppelt stochastischer Matrizen ist ein konvexes Vielflach im Raum $\mathbf{R}_{n \times n}$.

Satz *(über die Ecken eines Vielflachs). Es sei X eine endliche Menge von Vektoren aus V.*

a) Dann existiert eine Teilmenge $Y \subset X$, deren konvexe Hülle mit der Menge X zusammenfällt und so beschaffen ist, daß kein Vektor aus Y zur konvexen Hülle der restlichen Vektoren aus Y gehört.
b) Die Menge Y, die die Bedingungen a) erfüllt, ist eindeutig bestimmt.

Beweis

1. *Existenz.* Ist keiner der Vektoren der Menge X eine konvexe Kombination ihrer restlichen Vektoren, so ist die Behauptung gültig: Die gesuchte Menge Y stimmt mit X überein.

Es sei per definitionem

$$x_1 \in C(x_2, \ldots, x_m). \tag{1}$$

Wir zeigen, daß dann die konvexen Hüllen der Mengen X und $X \setminus x_1$ zusammenfallen:

$$C(x_1, x_2, \ldots, x_m) = C(x_2, \ldots, x_m).$$

Wir beweisen zunächst die Gültigkeit der Inklusion

$$C(x_1, x_2, \ldots, x_m) \subset C(x_2, \ldots, x_m).$$

Es genügt, Vektoren der Form

$$y = \lambda_1 x_1 + \sum_{i=2}^{m} \lambda_i x_i \tag{2}$$

zu betrachten, wobei $\lambda_1 + \sum_{i=2}^{m} \lambda_i = 1$ bei $\lambda_1 > 0$, $\lambda_i \geq 0$ ist.

Die Bedingungen (1) können folgendermaßen geschrieben werden:

$$x_1 = \sum_{i=2}^{m} \mu_i x_i, \tag{3}$$

wobei $\sum_{i=2}^{m} \mu_i = 1$, $\mu_i \geq 0$ ist.

Durch Einsetzen des Ausdrucks (3) für den Vektor x_1 in die Formel (2) erhalten wir

$$y = \sum_{i=2}^{m} (\lambda_1 \mu_i + \lambda_i) x_i.$$

Wir ermitteln die Summe der Koeffizienten in dieser Linearkombination. Wir erhalten

$$\sum_{i=2}^{m} (\lambda_1 \mu_i + \lambda_i) = \lambda_1 \sum_{i=2}^{m} \mu_i + \sum_{i=2}^{m} \lambda_i = \lambda_1 + \sum_{i=2}^{m} \lambda_i = 1.$$

Aus der Tatsache, daß die Koeffizienten $\lambda_1\mu_i + \lambda_i$, $i = 2, \ldots, m$ nicht negativ sind, kann man schließen, daß der Vektor y eine konvexe Kombination der Vektoren $x_2, \ldots, x_m$ darstellt.

Auf diese Weise gilt $y \in C(x_2, \ldots, x_m)$. Die umgekehrte Inklusion

$$C(x_1, x_2, \ldots, x_m) \supset C(x_2, \ldots, x_m)$$

ist trivial.

Wir betrachten nun eine Menge $X_1 = \{x_2, \ldots, x_m\}$.

Ist keiner der Vektoren von X_1 eine konvexe Kombination der übrigen, so ist die Behauptung gültig: Als gesuchte Menge Y nehmen wir die Menge X_1.

Gehört aber ein Vektor der Menge X_1 zur konvexen Hülle der übrigen Vektoren aus X_1, so wiederholen wir die angeführten Überlegungen.

Im Ergebnis der beschriebenen Methode der „Elimination" erhalten wir nach einer endlichen Anzahl von Schritten eine Auswahl Y von Vektoren

$$y_1 = x_{i_1}, \ldots, y_p = x_{i_p},$$

die die erforderlichen Eigenschaften besitzt:

a) $C(y_1, \ldots, y_p) = C(x_1, \ldots, x_m)$,

b) $y_1 \notin C(y_1, \ldots, \widehat{y_i}, \ldots, y_p), \quad i = 1, \ldots, p$ $\quad (*)$

(das Zeichen ^ bedeutet, daß der Vektor y_i in dieser konvexen Hülle weggelassen wird – *Tarnkappe*).

b) *Einzigkeit*. Wir betrachten die Menge $Z = \{z_1, \ldots, z_q\}$, die ebenfalls die Eigenschaften $(*)$ besitzt.

Aus der Koinzidenz der konvexen Hüllen $C(Y) = C(Z)$ folgt, daß die Vektoren der Menge Y in Form konvexer Kombinationen von Vektoren der Menge Z und die Vektoren der Menge Z in Form konvexer Kombinationen von Vektoren der Menge Y dargestellt werden können:

$$y_l = \sum_{i=1}^{q} \alpha_{li} z_i, \quad \sum_{i=1}^{q} \alpha_{li} = 1, \quad \alpha_{li} \geq 0, \quad l = 1, \ldots, p, \tag{4}$$

$$z_l = \sum_{j=1}^{p} \beta_{ij} y_j, \quad \sum_{j=1}^{p} \beta_{ij} = 1, \quad \beta_{ij} \geq 0, \quad i = 1, \ldots, q. \tag{5}$$

Wir zeigen zuerst, daß $Y \subset Z$ ist.

Indem wir die Vektoren z_i in (4) durch die entsprechenden Vektoren y_j in (5) ersetzen, erhalten wir

$$y_l = \sum_{i=1}^{q} \alpha_{li} \left(\sum_{j=1}^{p} \beta_{ij} y_j \right) = \sum_{j=1}^{p} \left(\sum_{i=1}^{q} \alpha_{li} \beta_{ij} \right) y_j, \quad l = 1, \ldots, p.$$

Das Ergebnis bezeichnen wir folgendermaßen:

$$\gamma_{ij} = \sum_{i=1}^{q} \alpha_{li} \beta_{ij}.$$

Dann erhalten wir

$$y_l = \sum_{j=1}^{p} \gamma_{lj} y_j, \quad l = 1, \dots p. \tag{6}$$

Wir bemerken, daß

$$\sum_{j=1}^{p} \gamma_{ij} = \sum_{j=1}^{p} \left(\sum_{i=1}^{q} \alpha_{li} \beta_{ij} \right) = \sum_{i=1}^{q} \alpha_{li} \left(\sum_{j=1}^{p} \beta_{ij} \right) = \sum_{i=1}^{q} \alpha_{li} = 1$$

und außerdem $0 \leq \gamma_{lj} \leq 1, l, j = 1, \dots, p$, ist.

Wir transformieren die Formel (6) auf die Form

$$(1 - \gamma_{ll}) y_l = \sum_{j \neq l} \gamma_{lj} y_j \tag{7}$$

und untersuchen die beiden möglichen Fälle $\gamma_{ll} < 1$ und $\gamma_{ll} = 1$.

Im ersten Fall kann der Vektor y_l als Linearkombination der restlichen Vektoren von Y dargestellt werden. Dazu ist es ausreichend, die beiden Seiten der Gleichung (7) durch $1 - \gamma_{ll}$ zu dividieren:

$$y_l = \sum_{j \neq l} \frac{\gamma_{lj}}{1 - \gamma_{ll}} y_j. \tag{8}$$

Die Linearkombination in der Gleichung (8) ist wegen der nichtnegativen Koeffizienten

$$\frac{\gamma_{ij}}{1 - \gamma_{ll}}$$

und der Gleichung

$$\sum_{j \neq l} \frac{\gamma_{lj}}{1 - \gamma_{ll}} = \frac{1}{1 - \gamma_{ll}} \sum_{j \neq l} \gamma_{lj} = \frac{1 - \gamma_{ll}}{1 - \gamma_{ll}} = 1$$

konvex.

Die erhaltene Inklusion $y_l \in C(y_1, \dots, \widehat{y_l}, \dots, y_p)$ widerspricht der Bedingung (*), die von Menge Y erfüllt werden muß.

Damit ist bewiesen, daß

$$\gamma_{ll} = 1 \tag{9}$$

und folglich

$$\gamma_{lj} = 0, \quad j \neq l \tag{10}$$

gilt.

Wir schreiben die Formeln (9) und (10) ausführlicher und erhalten

$$\sum_{i=1}^{q} \alpha_{li} \beta_{il} = 1 \tag{11}$$

und

$$\sum_{i=1}^{q} \alpha_{li}\beta_{ij} = 0, \quad j \neq l.$$

Wir untersuchen die erste der erhaltenen Gleichungen. Aus der Abschätzung

$$1 = \sum_{i=1}^{q} \alpha_{li}\beta_{il} \leq \max_{1 \leq i \leq q} \beta_{il} \sum_{i=1}^{q} \alpha_{li} = \max_{1 \leq i \leq q} \beta_{il}$$

ergibt sich, daß

$$\beta_{i_l l} = \max_{1 \leq i \leq q} \beta_{il} = 1 \tag{12}$$

gilt. Da $\sum_{j=1}^{p} \beta_{i_l j} = 1$ ist, folgt, daß

$$\beta_{i_l j} = 0, \quad j \neq l \tag{13}$$

gilt.

Wir greifen nun auf die Beziehung (5) (bei $i = i_l$) zurück. Wegen (12) und (13) ist

$$z_{i_l} = y_l, \quad l = 1, \ldots, p.$$

Da die Auswahl l willkürlich ist, ergibt sich, daß $Y \subset Z$ gilt.

Durch Vertauschen der Rollen von Y und Z und Wiederholung der oben durchgeführten Überlegungen erhalten wir $Z \subset Y$, d. h., es gilt $p = q$ und $Y = Z$.

Definition 2. Die Vektoren $y_1, \ldots, y_p$, aus denen die Menge Y zusammengesetzt ist, heißen *Ecken eines konvexen Vielflaches* $C(X)$ und werden mit $M(y_1, \ldots, y_p)$ bezeichnet (Abb. 50).

Beispiel. Die vertauschbaren Matrizen stellen Ecken eines Vielflaches doppelt stochastischer Matrizen Ω_n dar.

Die Menge der Vektoren $x_0, x_1, \ldots, x_k$ sei affin unabhängig.

Definition 3. Ein konvexes Vielflach $M(x_0, x_1, \ldots, x_k)$ heißt *n-dimensionales Simplex* und wird mit $\sigma^k = \sigma^k(x_0, x_1, \ldots, x_k)$ bezeichnet.

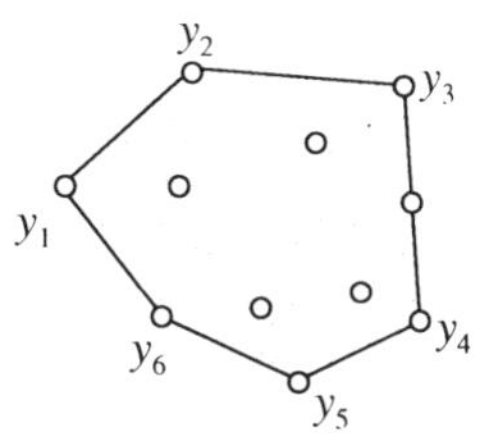

Abb. 50

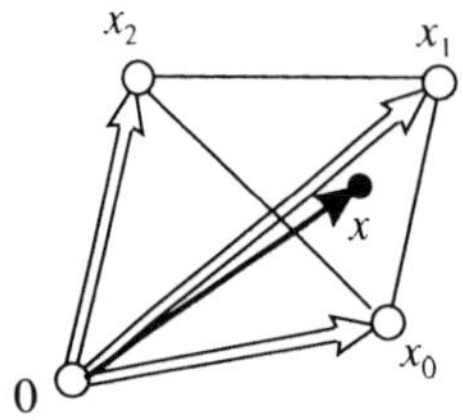

Abb. 51

Es ist klar, daß die Vektoren $x_0, x_1, \ldots, x_k$ Ecken des Simplexes σ^k sind. Wir betrachten einen Vektor x aus σ^k:

$$x = \lambda_0 x_0 + \cdots + \lambda_k x_k, \tag{14}$$

wobei $\lambda_0 + \cdots + \lambda_k = 1, \lambda_i \geq 0$ ist.

Behauptung. *Für einen vorgegebenen Vektor $x \in \sigma^k$ ist die Auswahl $\lambda_0, \ldots, \lambda_k$ eindeutig definiert.*

Beweis. Wir nehmen an, daß der Vektor x noch eine weitere Zerlegung der Form (14) zuläßt:

$$x = \mu_0 x_0 + \cdots + \mu_k x_k, \tag{15}$$

wobei $\mu_0 + \cdots + \mu_k = 1, \mu_i \geq 0$ ist (Abb. 51).

Dann gilt

$$\begin{aligned}(\mu_0 - \lambda_0)x_0 + \cdots + (\mu_k - \lambda_k)x_k = O,\\ (\mu_0 - \lambda_0) + \cdots + (\mu_k - \lambda_k) = 0.\end{aligned} \tag{16}$$

Da die Schar der Vektoren $x_0, \ldots, x_k$ affin unabhängig ist, erhalten wir aus Gleichung (16), daß $\mu_i - \lambda_i = 0$ ist, $i = 0, \ldots, k$.

Definition 4. Die Zahlen $\lambda_0, \ldots, \lambda_k$ heißen *baryzentrische Koordinaten* des Vektors $x \in \sigma^k(x_0, \ldots, x_k)$.

7.6 Konvexe Kegel

7.6.1 Definition und Beispiele

Definition 1. Eine nichtleere Menge K, die

1. eine Summe $x + y$ beliebiger Vektoren x und y,
2. ein Produkt αx aus einem beliebigen Vektor x und einer willkürlichen nichtnegativen Zahl α

enthält, heißt *konvexer Kegel* im linearen Raum V.

Definition 2. Eine Linearkombination $\sum_{i=1}^{m} \lambda_i x_i$ von Vektoren $x_1, \ldots, x_m$ wird *nichtnegativ* genannt, wenn $\lambda_i \geqslant 0$ für $i = 1, \ldots, m$ ist.

Einfachste Eigenschaften

a) Ein konvexer Kegel enthält wegen $O = 0x$ einen Nullvektor.
b) Ein konvexer Kegel enthält eine nichtnegative Linearkombination beliebiger Komponenten.
c) Ein konvexer Kegel ist eine konvexe Menge, da jede konvexe Kombination ein Spezialfall einer nichtnegativen Menge ist.
d) Der Durchschnitt konvexer Kegel ist wieder ein konvexer Kegel.

Beispiele (Abb. 52).

1. Linearer Teilraum.
2. Nichtnegativer Ortant $R^n_{\text{ort}} = \{\xi \in \mathbf{R}^n | \xi^1 = 0, \ldots, \ \xi_n \geq 0\}$.
3. Abgeschlossener Halbraum $H^+ = \{\xi \in \mathbf{R}^n | \alpha_1 \xi^1 + \cdots + \alpha_n \xi^n \geq 0\}$.
4. $K = \left\{\xi \in \mathbf{R}^n \,\middle|\, \sum_{i=1}^{r} (\xi^i)^2 - \sum_{j=r+1}^{n} (\xi^j)^2 \leq 0, \xi^j \geq 0\right\}$.
5. Die Lösungsmenge eines linearen Ungleichungssystems

$$\begin{cases} \alpha_{11}\xi^1 + \cdots + \alpha_{1n}\xi^n \geq 0, \\ \cdots\cdots\cdots\cdots\cdots\cdots \\ \alpha_{m1}\xi^1 + \cdots + \alpha_{mn}\xi^n \geq 0 \end{cases}$$

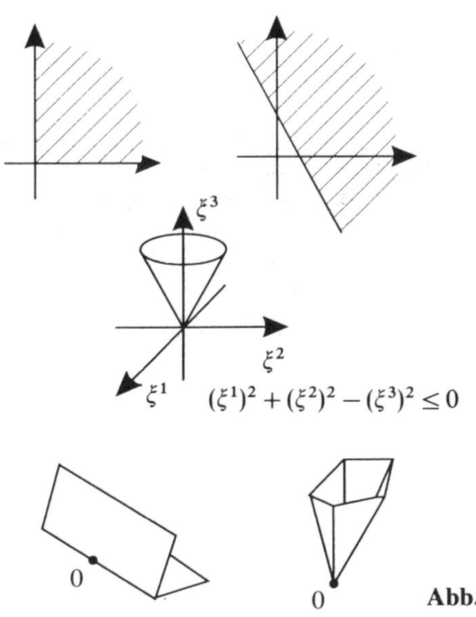

Abb. 52

ist ein Durchschnitt abgeschlossener Halbräume

$$H_k^+ = \{\xi \in \mathbf{R}^n \mid \alpha_{k1}\xi^1 + \cdots + \alpha_{kn}\xi^n \geq 0\}, \quad k = 1, \ldots, m.$$

Der Lösungskegel des Systems ist $K_S = \bigcap_{k=1}^{m} H_k^+$.

6. Es sei V ein unitärer Raum. Wir betrachten eine Menge halbpositiver Operatoren bezüglich Vektoren aus V:

$$\{\mathscr{A} \in \mathscr{L}(V, V) \mid \mathscr{A} \geq 0\}.$$

Wir zeigen, daß diese Menge ein konvexer Kegel in $\mathscr{L}(V, V)$ ist. Für beliebige nichtnegative Zahlen λ und μ wird die Ungleichung

$$\lambda(\mathscr{A}x, x) + \mu(\mathscr{B}x, x) \geq 0$$

für alle Vektoren x aus V und für beliebige halbpositive Operatoren $\mathscr{A}$ und $\mathscr{B}$ erfüllt.

7.6.2 Die Kegelhülle einer Menge

Es sei X eine willkürliche nichtleere Menge aus V.

Definition 1. Die Gesamtheit aller möglichen nichtnegativen Linearkombinationen von Vektoren einer Menge X wird eine (durch die Menge X erzeugte) *Kegelhülle* der Menge X genannt (Abb. 53) und mit

$$\operatorname{Con}(X) = \{\alpha_1 x_1 + \cdots + \alpha_m x^m \mid x_i \in X, \quad \alpha_i \geq 0, \quad m \in N\}.$$

bezeichnet.

Es gelten folgende Behauptungen:

1. *Die Kegelhülle ist ein konvexer Kegel.*
2. *Ein konvexer Kegel, der eine Menge X enthält, enthält auch deren Kegelhülle.*

Hieraus können wir eine äquivalente Definition der Kegelhülle einer Menge ableiten.

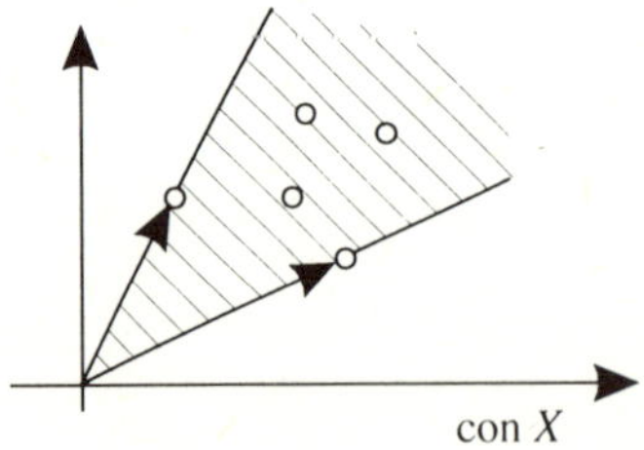

Abb. 53

Definition 2. Ein konvexer Kegel $K(X)$, der folgende Eigenschaft besitzt: Gilt $X \subset K$, wobei K ein konvexer Kegel ist, so gilt auch $K(X) \subset K$, heißt *Kegelhülle* der Menge X.

7.6.3 Der mehrflächige Kegel

Definition 1. Die Kegelhülle einer endlichen Menge von Vektoren wird *mehrflächiger Kegel* genannt.

Definition 2. Ein Kegel K heißt *spitz*, wenn aus $x \in K$ und $(-x) \in K$ folgt, daß x ein Nullvektor ist.

Hilfssatz. *Eine nichtnegative Linearkombination von Vektoren ungleich null eines spitzes Kegels stimmt mit einem Nullvektor genau dann überein, wenn sie trivial ist.*

Beweis. ($\Rightarrow$) Es seien K ein spitzer Kegel und $x_1, \ldots, x_m$ von null verschiedene Vektoren aus K. Wir setzen eine nichtnegative Linearkombination dieser Vektoren gleich dem Nullvektor:

$$\sum_{i=1}^{m} \lambda_i x_i = O, \quad \lambda_i \geq 0. \tag{1}$$

Wir nehmen an, daß der Koeffizient $\lambda_k > 0$ ist. Dann kann Gleichung (1) nach x_k aufgelöst werden:

$$x_k = -\sum_{i \neq k} \frac{\lambda_i}{\lambda_k} x_i. \tag{2}$$

Der Vektor

$$y = \sum_{i \neq k} \frac{\lambda_i}{\lambda_k} x_i \tag{3}$$

besitzt folgende Eigenschaften: $y \in K$ (denn die Linearkombination (3) ist nicht negativ) und $(-y) = x_k \in K$ (wegen Bedingung (2)) und fällt deshalb mit dem Nullvektor zusammen. Das widerspricht der Bedingung $x_k \neq O$. Folglich ist $\lambda_k = 0$.

Satz 1 (*über die Kegelkanten*). *Es sei K ein mehrflächiger spitzer Kegel, der durch eine Menge X erzeugt wird.*

a) Dann existiert eine Teilmenge $Y(X)$, deren Kegelhülle mit K zusammenfällt, so daß kein Vektor aus Y in Form einer nichtnegativen Linearkombination der restlichen Vektoren aus Y dargestellt werden kann.

b) Die Vektoren der Menge Y sind bezüglich positiver Multiplikatoren eindeutig definiert.

Beweis

a) *Existenz.* Wir nehmen an, daß die Menge X aus den Vektoren $x_1, \dots, x_m$ besteht und geben ein Verfahren zur Konstruktion einer Menge Y an, die sich aus Vektoren $y_1, \dots, y_p$ zusammensetzt und folgende Eigenschaften besitzt:

1. $\mathrm{Con}(y_1, \dots, y_p) = \mathrm{Con}(x_1, \dots, x_m)$,
2. $y_1 \notin \mathrm{Con}(y_1, \dots, \hat{y}_1, \dots, y_p)$, $l = 1, \dots, p$. (*)

Wenn keiner der Vektoren x_i in Form einer nichtnegativen Linearkombination der restlichen Vektoren X dargestellt werden kann, so ist die Behauptung richtig: Als Mange Y kann X selbst genommen werden.

Möge einer der Vektoren aus X der Kegelhülle der restlichen Vektoren aus X angehören. Für die Definition nehmen wir an, daß

$$x_1 \in \mathrm{Con}(x_2, \dots, x_m) \tag{4}$$

gilt, und zeigen, daß die Kegelhüllen der Mengen $\{x_1, \dots, x_m\}$ und $\{x_2, \dots, x_m\}$ zusammenfallen:

$$\mathrm{Con}(x_1, x_2, \dots, x_m) = \mathrm{Con}(x_2, \dots, x_m).$$

Der willkürlich gewählte Vektor $y \in \mathrm{Con}(x_1, \dots, x_m)$ kann folgendermaßen dargestellt werden:

$$y = \lambda_1 x_1 + \sum_{i=2}^{m} \lambda_i x_i, \quad \lambda_i \geq 0.$$

Aus der Annahme (4) folgt, daß der Vektor

$$x_1 = \sum_{i=2}^{m} \mu_i x_i, \quad \mu_i \geq 0$$

ist. Nach Einsetzen dieser Formel in die vorhergehende Gleichung erhalten wir, daß

$$y = \sum_{i=2}^{m} (\lambda_1 \mu_i + \lambda_i) x_i$$

ist, und y also $\mathrm{Con}(x_2, \dots, x_m)$ angehört. Damit ist die Inklusion

$$\mathrm{Con}(x_1, x_2, \dots, x_m) \subset \mathrm{Con}(x_2, \dots, x_m)$$

unter Beweis gestellt. Die umgekehrte Inklusion

$$\mathrm{Con}(x_1, x_2, \dots, x_m) \supset \mathrm{Con}(x_2, \dots, x_m)$$

ist trivial.

Wir betrachten eine Menge

$$X_1 = \{x_2, \ldots, x_m\}.$$

Wenn sich keiner der Vektoren dieser Menge in Form einer nichtnegativen Linearkombination der restlichen Vektoren aus X_1 darstellen läßt, so ist die Behauptung bewiesen: Y stimmt mit X_1 überein.

Wenn wenigstens ein Vektor aus X_1 der Kegelhülle der übrigen angehört, wiederholen wir die oben angestellten Überlegungen.

Wir erhalten nach einer endlichen Anzahl von Schritten eine Auswahl Y von Vektoren

$$y_1 = x_{i_1}, \ldots, y_p = x_{i_p},$$

die die erforderlichen Eigenschaften besitzt.

b) *Einzigkeit.* Die Menge $Z = \{z_1, \ldots, z_q\}$ besitze ebenfalls die Eigenschaften (*).

Aus der Übereinstimmung der Kegelhüllen $\mathrm{Con}(Y) = \mathrm{Con}(Z)$ folgt, daß die Vektoren aus der Menge Y in Form nichtnegativer Linearkombinationen von Vektoren der Menge Z,

$$y_l = \sum_{i=1}^{q} \alpha_{li} z_i, \quad \alpha_{li} \geq 0, \quad l = 1, \ldots, p, \tag{5}$$

und die Vektoren der Menge Z entsprechend in Form nichtnegativer Linearkombinationen von Vektoren aus Y,

$$z_i = \sum_{j=1}^{p} \beta_{ij} y_j, \quad \beta_{ij} \geq 0, \quad i = 1, \ldots, q, \tag{6}$$

dargestellt werden können.

Bemerkung. In jeder der nichtnegativen Linearkombinationen (5) und (6) existiert mindestens ein positiver Koeffizient.

Durch Substitution der Vektoren z_i auf den rechten Seiten der Gleichungen (5) durch die Ausdrücke (6) erhalten wir

$$y_l = \sum_{i=1}^{q} \alpha_{li} \left(\sum_{j=1}^{p} \beta_{ij} y_j \right) = \sum_{j=1}^{p} \left(\sum_{i=1}^{q} \alpha_{li} \beta_{ij} \right) y_j, \quad l = 1, \ldots, p, \tag{7}$$

oder

$$y_l = \sum_{j=1}^{p} \gamma_{lj} y_j, \quad l = 1, \ldots, p,$$

wobei

$$\gamma_{lj} = \sum_{i=1}^{q} \alpha_{li} \beta_{ij} \geq 0, \quad l, j = 1, \ldots, p \tag{8}$$

gilt. Mehr noch, es gilt $\gamma_{ll} > 0$, denn $y_l \notin \mathrm{Con}(y_1, \ldots, \hat{y}_l, \ldots, y_p)$.

Wir zeigen, daß $\gamma_{ll} = 1$ ist.

Dazu nehmen wir zunächst an, daß $\gamma_{11} < 1$ gilt. Wenn wir die Gleichung (7) in die Form

$$(1 - \gamma_{ll})y_l = \sum_{j \neq l} \gamma_{lj} y_j$$

umschreiben und die beiden Seiten durch den Koeffizienten von y_1 dividieren, erhalten wir

$$y_l = \sum_{j \neq l} \frac{\gamma_{lj}}{1 - \gamma_{ll}} y_j.$$

Wegen der nichtnegativen Koeffizienten dieser Linearkombination wird die Beziehung

$$y_l \in \breve{\mathrm{C}}\mathrm{on}(y_1, \ldots, \widehat{y_l}, \ldots, y_p)$$

erfüllt, was der Bedingung widerspricht.

Also ist $\gamma_{ll} \geq 1$. Die Beziehung (7) läßt sich bequem folgendermaßen umschreiben:

$$\sum_{j \neq l} \gamma_{lj} y_j + (\gamma_{ll} - 1) y_l = O.$$

Angesichts dessen, daß der betrachtete Kegel spitz ist, und wegen des Hilfssatzes ist diese letzte Linearkombination trivial:

$$\gamma_{ll} = 1, \quad \gamma_{lj} = 0, \quad j \neq l.$$

Dann erhalten wir aus den Formeln (8)

$$\sum_{i=1}^{q} \alpha_{li} \beta_{il} = 1, \quad \sum_{i=1}^{q} \alpha_{li} \beta_{ij} = 0, \quad j \neq l. \tag{9}$$

Wegen der oben angegebenen Bemerkung ist wenigstens eine der Zahlen α_{li} positiv.

Es sei z. B. $\alpha_{li} > 0$. Dann gilt

$$\beta_{i_l j} = 0, \quad j = 1, \ldots, p, \quad j \neq l. \tag{10}$$

Wiederum ist wegen der Bemerkung wenigstens eine der Zahlen $\beta_{i_l j}$ in der Zerlegung (6) (bei $i = i_l$) positiv:

$$z_{i_l} = \sum_{j=1}^{p} \beta_{i_l j} y_j.$$

Unter Berücksichtigung der Beziehung (10) schließen wir, daß $\beta_{i_l j} > 0$ und $z_i = \beta_{i_l} y_l$ ist.

Wir setzen $\delta_l = 1/\beta_{i_l l}$. Dann gilt

$$y_l = \delta_l z_{i_l}, \quad \delta_l > 0, \quad l = 1, \ldots, p. \tag{11}$$

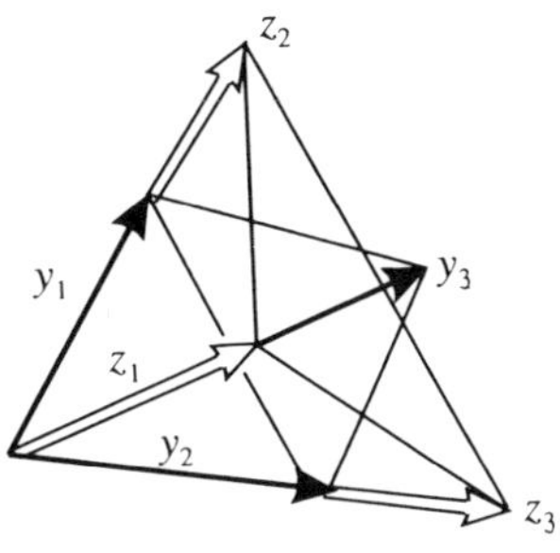

Abb. 54

Durch Vertauschen der Mengen Y und Z in den obigen Betrachtungen erhalten wir analog, daß

$$z_i = \varepsilon_i y_{jl}, \quad \varepsilon_i > 0, \quad i = 1, \ldots, q \tag{12}$$

ist.

Aus (11) und (12) ergibt sich insbesondere, daß p gleich q ist. Also haben wir bewiesen, daß durch Multiplikation der Vektoren der Menge Z (beziehungsweise Y) mit passenden positiven Koeffizienten alle Vektoren von Y (beziehungsweise Z) gewonnen werden können, womit der Einzigkeitsbeweis abgeschlossen ist (Abb. 54).

Aufgabe. Zeigen Sie, daß

$$\begin{array}{ccc} \operatorname{lin}(X) & \supset & \operatorname{aff}(X) \\ \cup & & \cup \\ \operatorname{con}(X) & \supset & \operatorname{conv}(X) \end{array}$$

gilt (Abb. 55).

Satz 2. *Es sei K ein mehrflächiger Kegel. Dann existieren ein linearer Teilraum W und ein spitzer mehrflächiger Kegel Q, so daß $K = W \oplus Q$ ist. Der lineare Teilraum W ist dabei eindeutig definiert* (Abb. 56).

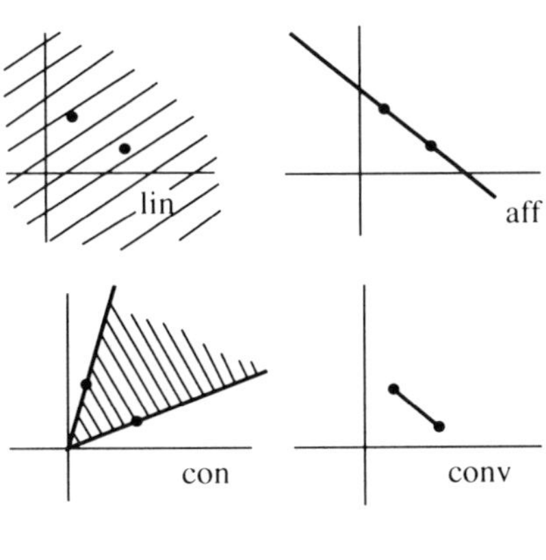

Abb. 55

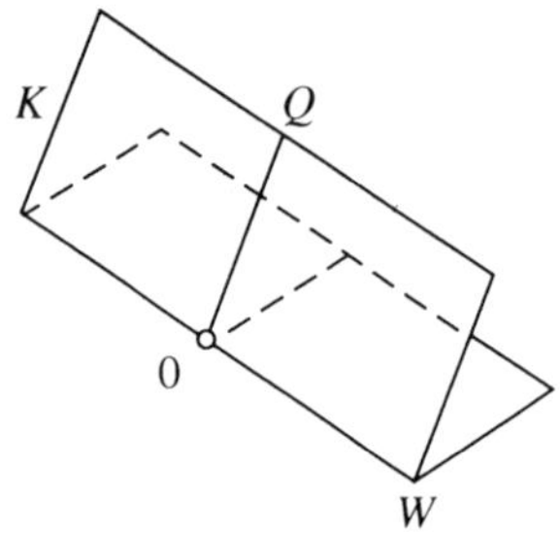

Abb. 56

Beweis. Ist der Kegel K spitz, so ist der Beweis trivial. Trifft dies aber nicht zu, so enthält K einen linearen Teilraum, dessen Dimension nicht kleiner als 1 ist. Unter den im Kegel K enthaltenen linearen Räumen wählen wir denjenigen mit der maximalen Dimension aus. Es ist klar, daß dieser Teilraum eindeutig bestimmt ist. Wir bezeichnen ihn mit W und betrachten eine Zerlegung des Raumes V in eine direkte Summe

$$V = W \oplus W^{\delta},$$

wobei W^{δ} irgendein zusätzlicher Teilraum ist.

Die Menge $Q = K \cap W^{\delta}$ ist ein mehrflächiger spitzer Kegel. Es ist klar, daß $W \oplus Q \subset K$ gilt. Nun sei $x \in K$. Aus der Zerlegung $x = w + w^{\delta}$ mit $w \in W$, $w^{\delta} \in W^{\delta}$, und aus der Tatsache, daß $(-w) \in W$ gilt, ergibt sich eine Beziehung $w^{\delta} = x - w \in K \cap W^{\delta}$.

Also gilt $K \subset W \oplus Q$ und folglich $K = W \oplus Q$.

7.7 Konvexe Mengen in Punkträumen

Es seien $O, A_1, \ldots, A_k$ Punkte in einem n-dimensionalen Punktraum $\mathscr{A}^n$.

Definition 1. Der Punkt A, der durch die Beziehung

$$\overline{OA} = \sum_{i=1}^{k} \lambda_i \overline{OA} \tag{13}$$

mit $\sum_{i=1}^{k} \lambda_i = 1$, $\lambda_i \geq 0$ definiert ist, heißt *konvexe Kombination* der Punkte $A_1, \ldots, A_k$.

Satz 1. *Der Punkt A sei durch die Formel* (13) *festgelegt, O^* sei ein beliebiger Punkt im Raum $\mathscr{A}^n$. Dann gilt*

$$\overline{O^*A} = \sum_{i=1}^{k} \lambda_i \overline{O^*A_i}. \tag{14}$$

Bemerkung. Wenn der Satz 1 richtig ist, hängt die Bestimmung der konvexen Kombination von Punkten nicht von der Wahl des Bezugspunktes ab.

Beweis. Wir multiplizieren die offensichtlich richtigen Gleichungen

$$\overline{O^*A_i} = \overline{O^*O} + \overline{OA_i}, \quad i = 1, \ldots, k$$

mit dem jeweiligen Koeffizienten λ_i und summieren die Ergebnisse. Bei Beachtung der Gleichung

$$\sum_{i=1}^{k} \lambda_i = 1$$

kann das Ergebnis wie folgt geschrieben werden:

$$\sum_{i=1}^{k} \lambda_i \overline{O^*A_i} = \overline{O^*O} + \sum_{i=1}^{k} \lambda_i \overline{OA_i}.$$

Wegen (13) ist die rechte Seite der letzten Formel gleich

$$\overline{O^*O} + \overline{OA} = \overline{O^*A}.$$

Durch Vergleich dieser beiden Beziehungen erhalten wir wie gefordert (14).

Der soeben bewiesene Satz gestattet es, zur Berechnung der konvexen Kombination von Punkten anstelle von (13) folgende Formel zu gebrauchen:

$$A = \lambda_1 A_1 + \cdots + \lambda_k A_k = \sum_{i=1}^{k} \lambda_i A_i, \quad \sum_{i=1}^{k} \lambda_i = 1, \quad \lambda_i \geq 0. \tag{15}$$

Es ist klar, daß bei Wahl eines beliebigen Koordinaten-n-Beines die zugeordneten der Punkte A und $A_i, i = 1, \ldots, k$, durch analoge Beziehungen

$$\alpha^j = \sum_{i=1}^{k} \lambda_i \alpha_i^j, \quad j = 1, \ldots, n$$

verknüpft sind.

Beispiel. Der Punkt $A = \frac{1}{3}A_1 + \frac{1}{3}A_2 + \frac{1}{3}A_3$ ist der Schwerpunkt des Punktsystems A_1, A_2, A_3.

Bemerkung. Beim Beweis des Satzes 1 wurde die Nichtnegativität der Zahlen λ_i nicht berücksichtigt. Deshalb kann auch der Begriff einer affinen Punktkombination auf den Punktraum übertragen werden:

$$A = \sum_{i=1}^{k} \lambda_i A_i, \quad \sum_{i=1}^{k} \lambda_i = 1.$$

Es seien A und B Punkte des Raumes $\mathscr{A}^n$.

Definition 2. Eine Menge von Punkten, die durch

$$L_{AB} = \{C = (1-t)A + tB \mid t \in R\}$$

definiert wird, heißt *Gerade*, die durch die Punkte A und B geht.

Definition 3. Die Menge von Punkten, die durch die Formel

$$AB = \{C = (1-t)A + tB \mid 0 \leq t \leq 1\}$$

festgelegt wird, heißt *Strecke* mit dem Anfangspunkt A und Endpunkt B.

Definition 4. Eine Menge $X \in \mathscr{A}^n$ heißt konvex, wenn für zwei beliebige Punkte A und B aus X die Strecke AB ebenfalls zu X gehört.

Der oben bewiesene Satz 1 erlaubt es, alle für konvexe Mengen in linearen Räumen bewiesenen Behauptungen auf konvexe Mengen in Punkträumen anzuwenden und entsprechend neu zu formulieren.

Beispiel. Es seien $x^1, \ldots, x^n$ Koordinaten in einem n-dimensionalen Punktraum. Wenn der Raum euklidisch ist, so stellt die Punktmenge, deren Koordinaten die Ungleichung $x^T x \leq 1$ mit $x = (x^1, \ldots, x^n)^T$ erfüllen, eine n-dimensionale abgeschlossene Kugel mit dem Einheitsradius und dem Zentrum in Punkt O dar.

Es sei $A \in \mathbf{R}_{n \times n}$ eine nichtausgeartete Matrix. Die Umformung $y = Ax$ transformiert diese Kugel in ein n-dimensionales Ellipsoid

$$y^T B y \leq 1,$$

wobei $B = (A^{-1})^T A^{-1}$ ist. Da diese Umformung linear ist (umgeformt werden lediglich die Vektoren des Koordinaten-n-Beines, der Anfang bleibt ohne Änderung), ist das Ellipsoid eine konvexe Menge.

Es ist klar, daß die Übertragung (des Anfangspunktes) von $z = y + a$ die Konvexität ebenfalls nicht verletzt.

Damit ist ein willkürliches Ellipsoid

$$(z-a)^T B(z-a) \leq 1$$

eine konvexe Menge.

7.8 Die Symmetrisierung

Wir betrachten eine weitere Operation, die eine konvexe Menge wiederum in eine solche überführt.

Es seien $\mathscr{E}^{n+1}$ ein $(n+1)$-dimensionaler euklidischer Punktraum und X eine beschränkte abgeschlossene konvexe Menge.

(Die Menge heißt beschränkt, wenn eine in dieser Menge enthaltene Kugel mit dem Zentrum im Anfangspunkt existiert. Die Abgeschlossenheit besagt, daß die Menge alle ihre Grenzpunkte enthält.)

Es sie L_0 eine beliebige Gerade in einem Raum $\mathscr{E}^{n+1}$. Wir wählen in diesem Raum ein orthonormiertes Koordinaten-n-Bein $\{O; e_1, \ldots, e_{n+1}\}$ so, daß $O \in L_0$, $e_{n+1} \parallel L_0$ ist, und betrachten ein Bündel von Geraden, die parallel zur Achse $O\xi^{n+1}$ sind.

Mit $\{L\}$ bezeichnen wir die Menge derjenigen Geraden des Bündels, die die Menge X schneiden. Es sei L eine beliebige Gerade aus $\{L\}$. Die Koordinaten der Punkte der Geraden L unterliegen den Bedingungen

$$\xi^1 = \alpha^1, \ldots, \xi^n = \alpha^n, \quad \xi^{n+1} \in \mathbf{R},$$

wobei $\alpha^1, \ldots, \alpha^n$ Konstanten sind. Das schreiben wir folgendermaßen:

$$L = \{M(\xi^1, \ldots, \xi^{n+1} \mid \xi^i = \alpha^i, i = 1, \ldots, n\}.$$

Wir betrachten nun einen Durchschnitt der Geraden L mit der Menge X: $a = L \cap X$.

Es ist klar, daß a eine Strecke (der Geraden L) ist.

Wir ordnen der Strecke a eine Strecke a_S nach folgender Regel zu: Wenn

$$a = \{M(\xi^1, \ldots, \xi^{n+1}) \mid \xi^i = \alpha^i, \quad i = 1, \ldots, n, \quad \alpha^{n+1} \leq \xi^{n+1} \leq \alpha_+^{n+1}\}$$

ist, so gilt

$$a_S = \left\{M(\xi^1, \ldots, \xi^{n+1}) \mid \xi^i = \alpha^i, \quad i = 1, \ldots, n, \right.$$
$$\left. \frac{\alpha_-^{n+1} - \alpha_+^{n+1}}{2} \leq \xi^{n+1} \leq \frac{\alpha_+^{n+1} - \alpha_-^{n+1}}{2} \right\}$$

(Abb. 57).

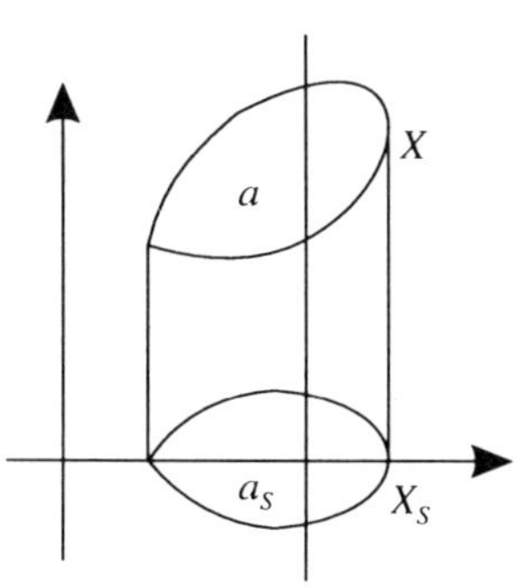

Abb. 57

Nach einer solchen Umformung geht die Menge X in eine Menge X_S über, die folgende Eigenschaften besitzt:

a) Die Menge X_S ist symmetrisch in bezug auf eine Koordinatenhyperebene $\xi^{n+1}=0$.
Die Symmetrie bezüglich der Hyperbene $\xi^{n+1}=0$ wird in folgendem Sinne verstanden: Wenn der Punkt

$$M(\xi^1,\dots,\xi^n,\xi^{n+1})\in X_S$$

ist, so ist auch

$$M_S(\xi^1,\dots,\xi^n,-\xi^{n+1})\in X_S.$$

b) Die Menge X_S ist konvex.

Um dies zu zeigen, führen wir den wichtigen Begriff der konvexen Funktion ein. Dazu betrachten wir in der Hyperbene $\xi^{n+1}=0$ eine konvexe Menge H. Es sei

$$\xi^{n+1}=(\xi^1,\dots,\xi^n)$$

eine Funktion, die in den Punkten $(\xi^1,\dots,\xi^n)$ der Menge H vorgegeben ist.

Definition. Die Funktion $\xi^{n+1}=f(\xi^1,\dots,\xi^n)$ wird *konvex* in einer konvexen Menge H bezüglich der Hyperebene $\xi^{n+1}=0$ genannt, wenn für beliebige Punkte

$$\xi=(\xi^1,\dots,\xi^n) \quad \text{und} \quad \eta=(\eta^1,\dots,\eta^n)$$

aus H und beliebige nichtnegative Zahlen λ und μ, die durch die Bedingung $\lambda+\mu=1$ verknüpft sind, die Ungleichung

$$f(\lambda\xi+\mu\eta)\le\lambda f(\xi)+\mu f(\eta) \tag{16}$$

oder, ausführlicher geschrieben,

$$f(\lambda\xi^1+\mu\eta^1,\dots,\lambda\xi^n+\mu\eta^n)\le\lambda f(\xi^1,\dots,\xi^n)+\mu f(\eta^1,\dots,\eta^n)$$

erfüllt wird.

Die in der Menge H vorgegebene Funktion

$$\xi^{n+1}=g(\xi^1,\dots,\xi^n)$$

heißt *konkav*, wenn $(-g)$ konvex ist.

Bemerkung. Der Begriff der konvexen Funktion wurde bereits weiter oben für ein Vektorargument eingeführt, wobei der Definitionsbereich mit dem Gesamtraum übereinstimmte.

Behauptung. *Sind die Funktionen f_1 und f_2 konvex auf der Menge H, so ist die Funktion $f=\alpha_1 f_1+\alpha f_2$ mit $\alpha_1\ge 0,\alpha_2\ge 0$ ebenfalls in der Menge H konvex.*

Beweis. Es genügt, die Ungleichung (16) für die beiden Funktion f_1 und f_2 aufzuschreiben und sie dann zu summieren.

Bemerkung. Wenn f konvex und g konkav ist, so ist

$$\tfrac{1}{2}f + \tfrac{1}{2}(-g)$$

eine konvexe Funktion.

Wir projizieren eine beschränkte abgeschlossene konvexe Menge $X \subset \mathscr{E}^{n+1}$ auf die Hyperebene $\xi^{n+1} = 0$. Wir bezeichnen diese Projektion mit H. Es ist klar, daß die Menge H konvex ist.

Die durch einen willkürlichen Punkt $\xi = (\xi^1, \ldots, \xi^n)$ der Menge H parallel zur Achse ξ^{n+1} verlaufende Gerade L_M schneidet die Menge H auf einer (eventuell auch ausgearteten) Strecke *1*. Die Strecke *1* ist durch zwei Punkte – ihre Endpunkte –

$$M_-(\xi^1, \ldots, \xi^n, \xi_-^{n+1}) \quad \text{und} \quad M_+(\xi^1, \ldots, \xi^n, \xi_+^{n+1})$$

eindeutig definiert, wobei $\xi_-^{n+1} \leq \xi_+^{n+1}$ ist.

Durch Zuordnung der $(n+1)$-ten Koordinate des unteren Endpunktes M_- zum Punkt $\xi = (\xi^1, \ldots, \xi^n)$ erhalten wir eine Funktion

$$\xi^{n+1} = f(\xi^1, \ldots, \xi^n),$$

die auf der konvexen Menge H vorgegeben ist (Abb. 58).

Diese Funktion ist konvex. In der Tat mögen wir den Punkt N_- in ähnlicher Weise (mit Hilfe einer durch $\eta \in H$ parallel zur Achse ξ^{n+1} verlaufenden Geraden L_N) erhalten haben. Da die Punkte N_- und M_- der Menge X angehören und diese konvex ist, so liegt deren konvexe Kombination

$$\lambda M_- + \mu N_- \; (\lambda \geq 0, \; \mu \geq 0, \; \lambda + \mu = 1)$$

in X. Dies bedeutet, daß

$$f(\lambda\xi + \mu\eta) \leq \lambda f(\xi) + \mu f(\eta)$$

gilt.

Daraus resultiert insbesondere, daß die Menge der Punkte $M \in \mathscr{E}^{n+1}$, deren Koordinaten der Bedingung

$$\xi^{n+1} \geq f(\xi^1, \ldots, \xi^n)$$

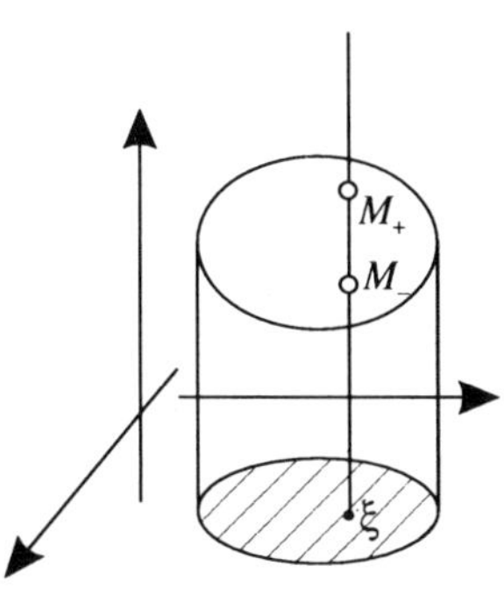

Abb. 58

– der sogenannten „Obergraphik" der Funktion $f(\xi)$ – genügen, konvex ist.

Verfährt man mit dem oberen Endpunkt M_+ der Strecke ähnlich, erhält man eine konkave Funktion

$$\xi^{n+1} = g(\xi^1, \ldots, \xi^n).$$

Die konvexe Menge X kann also wie folgt geschrieben werden:

$$X = \{[\xi^1, \ldots, \xi^n, \xi^{n+1})|(\xi^1, \ldots, \xi^n) \in H,\ f(\xi^1, \ldots, \xi^n) \leq \xi^{n+1} \leq g(\xi^1, \ldots, \xi^n)\}.$$

Durch ein Bündel von zur Achse ξ^{n+1} parallel gerichteten Geraden wird die Menge X nach obiger Vorschrift in die Menge

$$X_S = \{(\xi^1, \ldots, \xi^n, \xi^{n+1})|(\xi^1, \ldots, \xi^n) \in H, \tfrac{1}{2}[f(\xi^1, \ldots, \xi^n) - g(\xi^1, \ldots, \xi^n)] \leq \xi^{n+1} \leq \tfrac{1}{2}[g(\xi^1, \ldots, \xi^n) - f(\xi^1, \ldots, \xi^n)]\}$$

umgeformt.

Da $\frac{1}{2}(f-g)$ eine konvexe Funktion ist, so ist die erhaltene Menge X_S auch konvex (ebenso wie die Ausgangsmenge X).

Definition. Die Umformung $X \to X_S$ der konvexen Menge X wird *Symmetrisierung* von X genannt.

Die Operation der Symmetrisierung (bezüglich einer Hyperebene) führt uns also aus der Klasse der konvexen Mengen nicht heraus.

Hier ist es angebracht, auch andere Arten der Symmetrisierung zu erwähnen, die ebenfalls die genannten Eigenschaften besitzen.

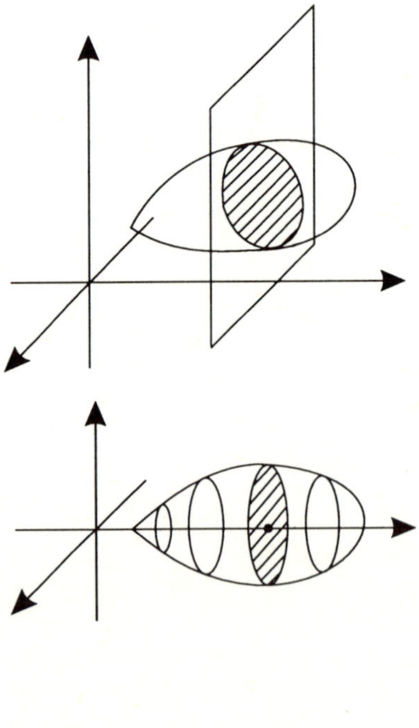

Abb. 59

Der Einfachheit halber beschränken wir uns auf einen dreidimensionalen Fall. Es sei X ein konvexer Körper im Raum $\mathscr{E}^3$. Ein nichttrivialer Durchschnitt des Körpers X mit der Ebene $\xi^1 = \text{const}$ ist ein planarer abgeschlossener konvexer Bereich. Wir bestimmen seinen Flächeninhalt und konstruieren in dieser Ebene einen gleichgroßen Kreis mit dem Zentrum im Punkt $(\xi^1, 0, 0)$. Wenn man mit allen Querschnitten derart verfährt, erhält man einen Rotationskörper (Abb. 59). Es ist interessant zu sehen (und auch nicht schwer zu beweisen), daß auch eine solche Symmetrisierung (bezüglich der Achse) nicht aus der Klasse der konvexen Mengen herausführt. Im mehrdimensionalen Fall kann man die Symmetrisierung bezüglich einer Ebene beliebiger Dimensionen bestimmen.

Wir führen noch zwei Eigenschaften der Symmetrisierung ohne ausführliche Erläuterungen und Beweise an.

c) Die Symmetrisierung ändert das Volumen eines Körpers nicht:

$$\text{vol}(X) = \text{vol}(X_S).$$

d) Der Flächeninhalt der Oberfläche eines konvexen Körpers verringert sich nicht:

$$\text{sq}(\partial X) \leq \text{sq}(\partial X_S).$$

8. Elemente der Tensoralgebra

8.1 Der Tensorbegriff

8.1.1 Beispiele

Es sei V ein n-dimensionaler reeller linearer Raum. In den vorangegangenen Abschnitten wurde dem Studium der Eigenschaften geometrischer Objekte wie Vektoren, linearen Operatoren, Linear- und Bilinearformen usw. viel Aufmerksamkeit gewidmet. Bezüglich einer festen Basis $e=(e_1 \cdots e_n)$ des Raumes V wurde jedem dieser Objekte (dem Vektor x, der Linearform ω: $V \to \mathbf{R}$, dem linearen Operator $\mathscr{A}$: $V \to V$, der Bilinearform $\mathscr{B}$: $V \times V \to \mathbf{R}$) ein geordneter Komplex von Zahlen – deren Komponenten – zugeordnet.

geometrisches Objekt	Komponenten	Anzahl der Komponenten
Vektor	ξ^j	n
Linearform	α_i	n
linearer Operator	α_i^j	n^2
Bilinearform	β_{ij}	n^2

Beim Übergang von einer Basis zur anderen änderten sich diese Zahlen. Wir erinnern uns an diesen Vorgang.

Es sei $f=(f_1 \cdots f_n)$ eine weitere Basis des Raumes V. Dann ist

$$f=eK, \quad e=f\Lambda,$$

wobei $K=(\kappa_i^m)$, $\Lambda=(\lambda_i^m)$, $i, m=1,\dots,n$, und $\Lambda K = K\Lambda = I$, d. h.

$$\sum_m \kappa_m^i \lambda_j^m = \sum_k \lambda_k^i \kappa_j^k = \delta_j^i$$

ist.

Wenn wir die Komponenten der geometrischen Objekte bezüglich der neuen Basis mit den gleichen Buchstaben, der Bequemlichkeit halber aber mit einem Strich links oben bezeichnen, erhalten wir

Vektor	$'\xi^j = \sum_i \xi^i \lambda_i^j$
Linearform	$'\alpha_j = \sum_i \alpha_i \kappa_j^i$
linearer Operator	$'\alpha_m^k = \sum_{i,j} \alpha_j^i \kappa_m^j \lambda_i^k$
Bilinearform	$'\beta_{km} = \sum_{i,j} \beta_{ij} \kappa_k^i \kappa_m^j$

Für eine beliebige Basis wird also jedes der Objekte x, ω, $\mathscr{A}$, $\mathscr{B}$ durch einen geordneten Komplex $n^k (k = 1$ oder $2)$ von Zahlen festgelegt, die sich beim Übergang zur anderen Basis nach bestimmten (für die Objekte der gleichen Art einheitlichen) Regeln ändern.

Wir merken an, daß gewisse Objekte, deren Berechnung die Vorgabe der Basis erfordert, von der Wahl der Basis gar nicht abhängen. Das sind z. B. Rang, Determinante und Spur eines linearen Opearators, Rang und Index einer Bilinearform.

Wir versuchen nun, das oben Gesagte aus einer anderen (allgemeineren) Sicht zu betrachten.

8.1.2 Definition eines Tensors

Definition. Man sagt, daß im Raum V ein *Tensor T vom Typ* $\binom{p}{q}$ vorgegeben ist, wenn

1. in jeder Basis (e) ein geordneter Komplex von n^{p+q} Zahlen

$$T^{i_1 \cdots i_p}_{j_1 \cdots j_q} \quad \begin{matrix} 1 \le i_1 \le n, \ldots, 1 \le i_p \le n, \\ 1 \le j_1 \le n, \ldots, 1 \le j_q \le n \end{matrix}$$

vorgegeben wird, welche die *Komponenten* des Tensors T bezüglich einer Basis e sind;

2. für den Komplex der Komponenten

$$'T^{k_1 \cdots k_p}_{l_i \cdots l_q} \quad \begin{matrix} 1 \le k_1 \le n, \ldots, 1 \le k_p \le n, \\ 1 \le l_1 \le n, \ldots, 1 \le l_q \le n \end{matrix}$$

des Tensors T bezüglich der Basis f die Formel

$$'T^{k_1 \cdots k_p}_{l_1 \cdots l_q} = \sum_{i_1} \cdots \sum_{i_p} \cdots \sum_{j_1} \cdots \sum_{j_q} T^{i_1 \cdots i_p}_{j_1 \cdots j_q} \lambda^{k_1}_{i_1} \cdots \lambda^{k_p}_{i_p} \kappa^{j_1}_{l_1} \cdots \kappa^{j_q}_{l_q}$$

– das *Transformationsgesetz* für die Komponenten eines Tensors T – gilt (alle Indizes, über die summiert wird, ändern sich unabhängig von 1 bis n).

Die oberen Indizes der Komponenten des Tensors heißen *kontravariante* und die unteren *kovariante Indizes*. Der Tensor

$$T = (T^{i_1 \cdots i_p}_{j_1 \cdots j_q})$$

ist p-mal kontra- und q-mal kovariant. Sein *Rang* ist gleich $p+q$.

Beispiele für Tensoren.

1. Ein Skalar ist ein Tensor vom Typ $\binom{0}{0}$, ein Vektor ist ein Tensor vom Typ $\binom{1}{0}$, eine Linearform (der Kovektor) ist ein Tensor vom Typ $\binom{0}{1}$, ein linearer Operator ist ein Tensor vom Typ $\binom{1}{1}$, eine Bilinearform ist ein Tensor vom Typ $\binom{0}{2}$.

2. Das Kroneckersymbol δ^i_j ist ein Tensor vom Typ $\binom{1}{1}$:

$$'\delta^k_m = \sum_{i,j} \delta^i_j \lambda^k_i \kappa^j_m = \sum_i \lambda^k_i \kappa^i_m = \delta^k_m.$$

Wir schreiben das Transformationsgesetz für die Komponenten des Tensors T vom Typ $\binom{p}{q}$ in der folgenden kürzeren Form:

$$'T^{k_1 \cdots k_p}_{l_1 \cdots l_q} = \sum_{(i),(j)} T^{i_1 \cdots i_p}_{j_1 \cdots j_q} \lambda^{k_1}_{i_1} \cdots \lambda^{k_p}_{i_p} \kappa^{j_1}_{l_1} \cdots \kappa^{j_q}_{l_q}, \tag{1}$$

wobei $i = (i_1 \cdots i_p)$, $j = (j_1 \cdots j_q)$ sind und das Symbol $\sum_{(i),(j)}$ bedeutet, daß die Summierung über jeden Index $i_1, \ldots, i_p, j_1, \ldots, j_q$ durchgeführt wird, der sich unabhängig von 1 bis n ändert.

Wir bemerken, daß die Wahl der Buchstaben zur Bezeichnung der Summationsindizes (1) willkürlich ist.

Das Transformationsgesetz (1) heißt *Tensorgesetz vom Typ* $\binom{p}{q}$. Man sieht leicht ein, daß die Position jedes der Indizes bei den Tensorkomponenten (oben oder unten) mit dem Transformationsgesetz zusammenhängt.

Wir drücken nun die Komponenten $T^{i_1 \cdots i_p}_{j_1 \cdots j_q}$ des Tensors T bezüglich der Basis e durch dessen Komponenten bezüglich der Basis f aus: $'T^{k_1 \cdots k_p}_{l_1 \cdots l_q}$.

Behauptung. *Es gilt die Formel*

$$T^{i_1 \cdots i_p}_{j_1 \cdots j_q} = \sum_{(k),(l)} {'T}^{k_1 \cdots k_p}_{l_1 \cdots l_q} \kappa^{i_1}_{k_1} \cdots \kappa^{i_p}_{k_p} \lambda^{l_1}_{j_1} \cdots \lambda^{l_q}_{j_q}. \tag{2}$$

Beweis. Wir formen den auf der rechten Seite von (2) stehenden Ausdruck bei Verwendung des Gesetzes (1)

$$'T^{k_1 \cdots k_p}_{l_1 \cdots l_q} = \sum_{(s),(t)} T^{s_1 \cdots s_p}_{t_1 \cdots t_q} \lambda^{k_1}_{s_1} \cdots \lambda^{k_p}_{s_p} \kappa^{t_1}_{l_1} \cdots \kappa^{t_q}_{l_q}.$$

und der offensichtlich gültigen Formeln

$$\sum_k \lambda^k_s \kappa^i_k = \delta^i_s, \quad \sum_l \kappa^t_l \lambda^l_j = \delta^t_j$$

um. Dann erhalten wir

$$\sum_{(k),(l)} {}'T^{k_1 \cdots k_p}_{l_1 \cdots l_q} \kappa^{i_1}_{k_1} \cdots \kappa^{i_p}_{k_p} \lambda^{l_1}_{j_1} \cdots \lambda^{l_q}_{j_q}$$

$$= \sum_{(k),(l)} \left(\sum_{(s),(t)} T^{s_1 \cdots s_p}_{t_1 \cdots t_q} \lambda^{k_1}_{s_1} \cdots \lambda^{k_p}_{s_p} \kappa^{t_1}_{l_1} \cdots \kappa^{t_q}_{l_q} \right) \kappa^{i_1}_{k_1} \cdots \kappa^{i_p}_{k_p} \lambda^{l_1}_{j_1} \cdots \lambda^{l_q}_{j_q}$$

$$= \sum_{(s),(t)} T^{s_1 \cdots s_p}_{t_1 \cdots t_q} \left(\sum_{(k),(l)} (\lambda^k_{s_1} \kappa^{i_1}_{k_1}) \cdots (\lambda^{k_p}_{s_p} \kappa^{i_p}_{k_p})(\kappa^{t_1}_{l_1} \lambda^{l_1}_{j_1}) \cdots (\kappa^{t_q}_{l_q} \lambda^{l_q}_{j_q}) \right)$$

$$= \sum_{(s),(t)} T^{s_1 \cdots s_p}_{t_1 \cdots t_q} \delta^{i_1}_{s_1} \cdots \delta^{i_p}_{s_p} \delta^{t_1}_{j_1} \cdots \delta^{t_q}_{j_q} = T^{i_s \cdots i_p}_{j_1 \cdots j_q}.$$

Bemerkung. Da die Beziehungen (1) als System von n^{p+q} linearen Gleichungen bezüglich der n^{p+q} Unbekannten $T^{i_1 \cdots i_p}_{j_1 \cdots j_q}$ angesehen werden können, so bedeutet die eben bewiesene Behauptung, daß dieses Linearsystem eindeutig lösbar ist.

Wir überzeugen uns nun davon, daß die Definition des Tensors korrekt ist.

Satz 1. *Es seien p und q beliebige nichtnegative ganze Zahlen. Dann existiert im Raum V ein Tensor vom Typ* $\binom{p}{q}$.

Beweis. Wir wählen im Raum V eine Basis e. Einen willkürlich gewählten Komplex von n^{p+q} Zahlen

$$T^{i_1 \cdots i_p}_{j_1 \cdots j_q} (1 \le i_1, \ldots, i_p, j_1, \ldots, j_q \le n)$$

werden wir als Gesamtheit der Komponenten eines Tensors vom Typ $\binom{p}{q}$ bezüglich dieser Basis betrachten.

Zunächst deuten wir an, wie die Komponenten des Tensors bezüglich einer beliebigen anderen Basis konstruiert werden.

Es sei f eine Basis des Raumes V; Wir bestimmen die Komponenten $'T^{k_1 \cdots k_p}_{l_1 \cdots l_q}$ nach folgender Regel: $f_j = \sum_i \kappa^i_j e_i, \quad e_i = \sum_j \lambda^j_i f_j$.

$$'T^{k_1 \cdots k_p}_{l_1 \cdots l_q} = \sum_{(i),(j)} T^{i_1 \cdots i_p}_{j_1 \cdots j_q} \lambda^{k_1}_{i_1} \cdots \lambda^{k_p}_{i_p} \kappa^{j_1}_{l_1} \cdots \kappa^{j_q}_{l_q}. \tag{1}$$

Um sich davon zu überzeugen, daß damit im Raum V wirklich ein Tensor vom Typ $\binom{p}{q}$ konstruiert worden ist, genügt es zu prüfen, ob das Transformationsgesetz für die Komponenten von einer willkürlich gewählten Basis zu einer anderen ein Tensorgesetz ist.

Es seien f und g zwei beliebige Basen im Raum V:

$$g_k = \sum_j \mu_k^j f_j, \quad f_j = \sum_k \nu_j^k g_k.$$

Die Komponenten $'T_{l_1 \cdots l_q}^{k_1 \cdots k_p}$ bezüglich der Basis f bestimmen wir nach der Formel (1) und die Komponenten bezüglich der Basis e nach folgender Regel:

$$''T_{s_1 \cdots s_q}^{m_1 \cdots m_p} = \sum_{(i),(j)} T_{j_1 \cdots j_q}^{i_1 \cdots i_p} \tau_{i_1}^{m_1} \cdots \tau_{i_p}^{m_p} \sigma_{s_1}^{j_1} \cdots \sigma_{s_q}^{j_q}, \tag{3}$$

wobei $g_k = \sum_i \sigma_k^i e_i, \quad e_i = \sum_k \tau_i^k g_k$ sind.

Wir zeigen nun, daß das genannte Tensortransformationsgesetz $\left(\text{vom Typ } \binom{p}{q}\right)$ auch beim Übergang von den Komponenten $'T_{l_1 \cdots l_q}^{k_1 \cdots k_p}$ zu den Komponenten $''T_{s_1 \cdots s_q}^{m_1 \cdots m_p}$ beibehalten wird.

Ehe wir auf der rechten Seite der Formel (3) den Ausdruck (2) für $T_{j_1 \cdots j_q}^{i_1 \cdots i_p}$ einsetzen, beachten wir, daß $\mu_s^l = \sum_j \lambda_j^l \sigma_s^j, \quad \nu_k^m = \sum_i \kappa_k^i \tau_i^m$ gilt.

Bereits jetzt sieht man leicht ein, daß gilt:

$$\begin{aligned} ''T_{s_1 \cdots s_q}^{m_1 \cdots m_p} &= \sum_{(i),(j)} \left(\sum_{(k),(l)} {'T}_{l_1 \cdots l_q}^{k_1 \cdots k_p} \kappa_{k_1}^{i_1} \cdots \kappa_{k_p}^{i_p} \lambda_{j_1}^{l_1} \cdots \lambda_{j_q}^{l_q} \right) \tau_{i_1}^{m_1} \cdots \tau_{i_p}^{m_p} \sigma_{s_1}^{j_1} \cdots \sigma_{s_q}^{j_q} \\ &= \sum_{(k),(l)} T_{l_1 \cdots l_q}^{k_1 \cdots k_p} \left(\sum_{(i),(j)} (\kappa_{k_1}^{i_1} \tau_{i_1}^{m_1}) \cdots (\kappa_{k_p}^{i_p} \tau_{i_p}^{m_p})(\lambda_{j_1}^{l_1} \sigma_{s_1}^{j_1}) \cdots (\lambda_{j_q}^{l_q} \sigma_{s_q}^{j_q}) \right) \\ &= \sum_{(k),(l)} {'T}_{l_1 \cdots l_q}^{k_1 \cdots k_p} \nu_{k_1}^{m_1} \cdots \nu_{k_p}^{m_p} \mu_{s_1}^{l_1} \cdots \mu_{s_q}^{l_q} \end{aligned}$$

ist.

Bemerkung. In der Praxis verfährt man bei der Vorgabe des Tensors in der Regel folgendermaßen: Bezüglich der gewählten Basis (die oft in natürlicher Weise für die zu betrachtende Aufgabe geeignet ist) werden die Komponenten des Tensors und sein Typ angegeben. Das Transformationsgesetz gestattet es, die Komponenten des Tensors falls notwendig in einer beliebigen anderen Basis zu finden.

Wir führen nun den Begriff der Gleichheit von Tensoren ein.

Definition. Die Tensoren T und S heißen *gleich*, wenn sie ein und demselben Typ angehören und alle ihre Komponenten in irgendeiner Basis jeweils gleich sind (Bezeichnung: $T = S$).

Es seien $T^{i_1 \cdots i_p}_{j_1 \cdots j_q}$ und $S^{i_1 \cdots i_q}_{j_1 \cdots j_q}$ die Komponenten der Tensoren T und S vom Typ $\binom{p}{q}$ bezüglich der Basis e.

Die Gleichung $T = S$ bedeutet, daß $T^{i_1 \cdots i_p}_{j_1 \cdots j_q} = S^{i_1 \cdots i_p}_{j_1 \cdots j_q}$ für sämtliche $i_1, \ldots, i_p$, $j_1, \ldots, j_q$ ist, die der Bedingung $1 \leq i_1 \leq n, \ldots, 1 \leq i_p \leq n$, $1 \leq j_1 \leq n, \ldots, 1 \leq j_q \leq n$ genügen.

Aus dem Transformationsgesetz für Tensoren ergibt sich, daß der genannte Zusammenhang zwischen den Komponenten beim Übergang zu einer beliebigen anderen Basis beibehalten wird: Wenn $'T^{k_1 \cdots k_p}_{l_1 \cdots l_q}$ und $'S^{k_1 \cdots k_p}_{l_1 \cdots l_q}$ Komponenten der gleichen Tensoren T und S bezüglich der Basis f sind, so ist

$$'T^{k_1 \cdots k_p}_{l_1 \cdots l_q} = {}'S^{k_1 \cdots k_p}_{l_1 \cdots l_q}$$

für beliebige $k_1, \ldots, k_p$, $l_1, \ldots, l_q$, die die Bedingung

$$1 \leq k_1 \leq n, \ldots, \quad 1 \leq k_p \leq n, \quad 1 \leq l_1 \leq n, \ldots, \quad 1 \leq l_q \leq n$$

erfüllen.

Definition. Ein Tensor $\tilde{T}$ heißt *entgegengesetzt* zum Tensor T, wenn bezüglich einer gewissen Basis e die Gleichungen

$$\tilde{T}^{i_1 \cdots i_p}_{j_1 \cdots j_q} = -T^{i_1 \cdots i_p}_{j_1 \cdots j_q}$$

erfüllt werden.

Es ist klar, daß beim Übergang zu einer anderen Basis die genannte Eigenschaft beibehalten wird.

8.1.3 Algebraische Tensoroperationen

a) *Die Linearkombination von Tensoren.* Es seien

$$T = (T^{i_1 \cdots i_p}_{j_1 \cdots j_q}) \text{ und } S = (S^{i_1 \cdots i_p}_{j_1 \cdots j_q})$$

Tensoren des Typs $\binom{p}{q}$, α und β willkürliche Zahlen. Dann ist die Linearkombination

$$U = \alpha T + \beta S$$

ebenfalls ein Tensor des Typs $\binom{p}{q}$ mit den Komponenten

$$U^{i_1 \cdots i_p}_{j_1 \cdots j_q} = \alpha T^{i_1 \cdots i_p}_{j_1 \cdots j_q} + \beta S^{i_1 \cdots i_p}_{j_1 \cdots j_q}.$$

Damit bildet die Gesamtheit der Tensoren von einem Typ einen linearen Raum, wobei die Dimension dieses Raumes gleich der Anzahl der Komponenten ist.

b) *Multiplikation von Tensoren.* Es sei $T=(T^{i_1\cdots i_p}_{j_1\cdots j_q})$ ein Tensor vom Typ $\binom{p}{q}$ und $S=(S^{i_{p+1}\cdots i_{p+r}}_{j_{q+1}\cdots j_{q+m}})$ ein Tensor von Typ $\binom{r}{m}$. Wir setzen

$$U^{i_1\cdots i_{p+r}}_{j_1\cdots j_{q+m}}=T^{i_1\cdots i_p}_{j_1\cdots j_q}\cdot S^{i_{p+1}\cdots i_{p+r}}_{j_{q+1}\cdots j_{q+m}}.$$

Dann ist $U=(U^{i_1\cdots i_{p+r}}_{j_1\cdots j_{q+m}})$ ein Tensor vom Typ $\binom{p+r}{q+m}$ (Bezeichnung: $U=T\otimes S$).

Wir merken an, daß im allgemeinen $T\otimes S\neq S\otimes T$ ist.

c) *Die Transponierung eines Tensors.* Es sei $T=(T^{i_1\cdots i_p}_{j_1\cdots j_q})$ ein Tensor vom Typ $\binom{p}{q}$, wobei $q\geq 2$ ist.

A. Wir betrachten eine Permutation von Zahlen $(1\cdots q)$ folgender Form:

$$\sigma=\begin{pmatrix}1\cdots r\cdots s\cdots q\\ 1\cdots s\cdots r\cdots q\end{pmatrix};$$

σ vertauscht nur die Plätze der Zahlen r und s $(1\leq r<s\leq n)$. Wir setzen nun

$$\tilde{T}^{i_1\cdots i_p}_{j_1\cdots j_r\cdots j_s\cdots j_q}=T^{i_1\cdots i_p}_{j_1\cdots j_s\cdots j_r\cdots j_q}.$$

Dann ist $\tilde{T}=(\tilde{T}^{i_1\cdots i_p}_{j_1\cdots j_q})$ ein Tensor vom Typ $\binom{p}{q}$.

Man sagt, daß der Tensor T durch Transponierung des Tensors T bezüglich zweier unterer Indizes (dem r-ten und dem s-ten Index) erhalten wird.

B. Die Transponierungsoperation kann für eine beliebige Anzahl unterer Indizes definiert werden.

Wir betrachten die Permutation

$$\sigma=\begin{pmatrix}1\cdots q\\ \sigma(1)\cdots\sigma(q)\end{pmatrix}.$$

Auf die Auswahl $(j)=(j_1\cdots j_q)$ wirkt die Permutation nach der Regel

$$\sigma(j)=\begin{pmatrix}j_1\cdots j_q\\ j_{\sigma(1)}\cdots j_{\sigma(q)}\end{pmatrix}$$

oder, was das gleiche ist, $\sigma(j_1\cdots j_q)=(j_{\sigma(1)}\cdots j_{\sigma(q)})$.

Man sagt, daß der Tensor $\tilde{T}=(T^{i_1\cdots i_p}_{j_1\cdots j_q})$ durch Transponierung des Tensors

T bezüglich der unteren Indizes mit Hilfe der Permutation σ erhalten wird, wenn

$$\tilde{T}^{i_1 \cdots i_p}_{j_1 \cdots j_q} = T^{i_1 \cdots i_q}_{\sigma(j_1 \cdots j_q)}$$

gilt.

C. Die Transponierung bezüglich der oberen Indizes wird analog definiert.

D. Die Transponierung eines Tensors mit Hilfe einer Permutation der Indizes verschiedener Typen (oberer oder unterer) ist nicht definiert.

d) *Tensorverjüngung.* Es sei $T = (T^{i_1 \cdots i_p}_{j_1 \cdots j_q})$ ein Tensor vom Typ $\binom{p}{q}$, wobei $p \geq 1$, $q \geq 1$ sind. Wir setzen

$$\begin{aligned}\tilde{T}^{i_1 \cdots \widehat{i_k} \cdots i_p}_{j_1 \cdots \widehat{j_m} \cdots j_q} &= \tilde{T}^{i_1 \cdots i_{k-1} i_{k+1} \cdots i_p}_{j_1 \cdots j_{m-1} j_{m+1} \cdots j_q} \\ &= T^{i_1 \cdots i_{k-1} 1 i_{k+1} \cdots i_p}_{j_1 \cdots j_{m-1} 1 j_{m+1} \cdots j_q} + \cdots + T^{i_1 \cdots i_{k-1} n i_{k+1} \cdots i_p}_{j_1 \cdots j_{m-1} n j_{m+1} \cdots j_q}.\end{aligned}$$

Dann ist $\tilde{T} = (\tilde{T}^{i_1 \cdots i_{k-1} i_{k+1} \cdots i_p}_{j_1 \cdots j_{m-1} j_{m+1} \cdots j_q})$ ein Tensor vom Typ $\binom{p-1}{q-1}$, der *Verjüngung* des Tensors T bezüglich des k-ten oberen und m-ten unteren Index genannt wird.

e) *Symmetrische und alternierende Tensoren*

A. **Definition.** Ein Tensor heißt *symmetrisch* (bezüglich der unteren Indizes), wenn jeder Tensor, der aus der Transponierung zweier beliebiger unterer Indizes hervorgeht, mit ihm übereinstimmt.

Als Beispiel für einen symmetrischen Tensor vom Typ $\binom{0}{2}$ kann eine symmetrische Bilinearform dienen.

Es sei $T = (T^{i_1 \cdots i_p}_{j_1 \cdots j_q})$ ein Tensor vom Typ $\binom{p}{q}$. Wir setzen

$$S^{i_1 \cdots i_p}_{j_1 \cdots j_q} = T^{i_1 \cdots i_p}_{(j_1 \cdots j_q)} = \frac{1}{q!} \sum_{(\sigma)} T^{i_1 \cdots i_p}_{(j_1 \cdots j_q)}$$

(es wird über alle möglichen Permutationen der Indizes $j_1, \ldots, j_q$ summiert). Dann ist $S = (S^{i_1 \cdots i_p}_{j_1 \cdots j_q})$ ein Tensor vom Typ $\binom{p}{q}$, der bezüglich der unteren Indizes symmetrisch ist.

B. **Definition.** Ein Tensor heißt *schiefsymmetrisch* (bezüglich der unteren Indizes), wenn jeder Tensor, der aus der Transponierung zweier beliebiger unterer Indizes hervorgeht, zu ihm entgegengesetzt ist.

Es sei $T = (T^{i_1 \cdots i_p}_{j_1 \cdots j_q})$ ein Tensor vom Typ $\binom{p}{q}$. Wir setzen

$$A^{i_1 \cdots i_p}_{j_1 \cdots j_q} = T^{i_1 \cdots i_p}_{(j_1 \cdots j_q)} = \frac{1}{q!} \sum_{(\sigma)} \operatorname{sign} \sigma \, T^{i_1 \cdots i_p}_{\sigma(j_1 \cdots j_q)}$$

(es wird über alle möglichen Permutationen der Indizes $j_1, \ldots, j_q$ summiert). Dann ist $A = (A^{i_1 \cdots i_p}_{j_1 \cdots j_q})$ ein Tensor vom Typ $\binom{p}{q}$, der bezüglich der unteren Indizes schiefsymmetrisch ist.

C. Die Symmetrisierung und Alternierung eines Tensors kann analog für obere Indizes vorgenommen werden.

D. Die Symmetrisierung und Alternierung eines Tensors kann auch bezüglich eines Teils der Indizes vorgenommen werden.

Beim Erlernen der Technik des Umgangs mit den Indizes und zur Vereinfachung der Darstellung ist eine Regel zur Abkürzung der Summierung von Nutzen.

Wir betrachten beispielsweise folgenden Ausdruck: $\sum_{j=1}^{n} A^i_j B^j_k$. Wir bemerken, daß der Summationsindex j in diesem Ausdruck doppelt aufritt. Nach Weglassen des Summenzeichens schreiben wir ihn folgendermaßen: $A^i_j B^j_k$.

Wir vereinbaren, daß die Wiederholung eines Index bedeutet, daß (auch bei fehlendem Summenzeichen) über diesen Index summiert wird. Deshalb ist der zuletzt genannte Ausdruck folgendermaßen zu verstehen:

$$A^i_j B^j_k = A^i_1 B^1_k + \cdots + A^i_n B^n_k.$$

Wir formulieren nun die *Regel zur verkürzten Summierung.*

Wenn in irgendeinem Ausdruck irgendein Index wiederholt (zweimal) auftritt, so wird über diesen Index summiert, das Summenzeichen aber weggelassen.

Unter Benutzung der eben formulierten Regel schreiben wir beispielsweise das Transformationsgesetz (1) folgendermaßen:

$$'T^{k_1 \cdots k_p}_{l_1 \cdots l_q} = T^{i_1 \cdots i_p}_{j_1 \cdots j_q} \lambda^{k_1}_{i_1} \cdots \lambda^{k_p}_{i_p} \kappa^{j_1}_{l_1} \cdots \kappa^{j_q}_{l_q}.$$

Auf der rechten Seite dieses Ausdrucks wird über die sich wiederholenden Indizes $i_1, \ldots, i_p, j_1, \ldots, j_q$ summiert.

Satz 2. *Führt man die unter a) bis e) beschriebenen algebraischen Operationen durch, so ergeben sich als Resultat stets wieder Tensoren.*

Beweis. a) Die Komponenten der Tensoren T und S änderen sich nach demselben Gestz. Wir schreiben dieses Transformationsgesetz sowohl nach S

als auch nach T auf. Wir multiplizieren die dabei auftretenden Ausdrücke mit α beziehungsweise β und erhalten durch Summation, daß sich die Komponenten eines geometrischen Objektes U beim Übergang zu einer neuen Basis nach den gleichen Regeln ändern wie S und T.

b) Durch Multiplikation der die Transformationsgesetze für die Komponenten der Tensoren T uns S beschreibenden Formeln erhalten wir, daß sich die Komponenten eines geometrischen Objektes U nach einem Tensorgesetz vom Typ $\begin{pmatrix} p+r \\ q+m \end{pmatrix}$ ändern.

Den Beweis der Eigenschaften c) und d) führen wir für Tensoren vom Typ $\begin{pmatrix} 1 \\ 2 \end{pmatrix}$ durch. Ungeachtet der Tatsache, daß dies ein sehr spezieller Fall ist, tritt eigentlich keine Beschränkung der Allgemeinheit auf, da an den zu analysierenden Operationen genau zwei Indizes, entweder vom Typ c) oder verschiedener Typen d), aktiv beteiligt sind.

c) Wir betrachten einen Tensor $T=(T^i_{rs})$ und setzen

$$\tilde{T}^i_{rs} = T^i_{sr}, \quad '\tilde{T}^k_{lm} = 'T^k_{ml}.$$

Die Komponenten des Tensors T werden nach der Regel

$$'T^k_{lm} = T^i_{rs}\lambda^k_i \kappa^r_l \kappa^s_m \tag{$*$}$$

umgeformt.

Indem wir die Tatsache benutzen, daß die Wahl der Buchstaben zur Bezeichnung der Summationsindizes die Summe selbst nicht beeinflußt, vertauschen wir die Plätze der Indizes r und s in der letzten Formel. Dann ist

$$'T^k_{lm} = T^i_{sr}\lambda^k_i \kappa^s_l \kappa^r_m.$$

Wenn wir jetzt die Plätze von l und m vertauschen, erhalten wir

$$'\tilde{T}^k_{lm} = 'T^k_{ml} = T^i_{sr}\lambda^k_i \kappa^s_m \kappa^r_l = \tilde{T}^i_{rs}\lambda^k_i \kappa^r_l \kappa^s_m.$$

Dies bedeutet, daß $\tilde{T} = (\tilde{T}^i_{rs})$ ein Tensor vom Typ $\begin{pmatrix} 1 \\ 2 \end{pmatrix}$ ist.

d) Wir setzen $\tilde{T}_r = T^s_{rs}$, $'T_l = 'T^m_{lm}$. Indem wir wieder auf die Regel ($*$) zurückgreifen, erhalten wir $'T^m_{lm} = T^i_{rs}\lambda^m_i \kappa^r_l \kappa^s_m$. Daraus folgt wegen $\lambda^m_i \kappa^s_m = \delta^s_i$, daß $\tilde{T} = (\tilde{T}_r)$ ein Tensor vom Typ $\begin{pmatrix} 0 \\ 1 \end{pmatrix}$ ist.

Wichtige Bemerkung. Es ist nutzbringend, den Beweis der Eigenschaften c) und d) für den Tensor $T^{i_1 \cdots i_p}_{j_1 \cdots j_q}$ für den allgemeinen Fall durchzuführen. Diese Vorgehensweise gestattet es, sich von der Richtigkeit der Behauptung des Satzes 2 und der vor dem Beweis der einzelnen Eigenschaften angestellten Überlegungen zu überzeugen. Weiterhin dienen die ausführlichen Rechnungen als Übung auf dem Weg zur Beherrschung der Technik des Umgangs mit den Indizes, des sogenannten *Indexformalismus.*

e) Die Transponierung ändert den Tensortyp nicht (Eigenschaft c)). Die Linearkombination von Tensoren ist wiederum ein Tensor des gleichen Typs (Eigenschaft a)). Wir müssen uns nur noch davon überzeugen, daß die Transponierungsoperation den Tensor entweder nicht ändert (bei der Symmetrisierung) oder ihn in den entgegengesetzten ändert (bei der Alternierung).

Bei der Transponierung wird der Tensor S in einen gleichen umgeformt, weil diese Operation lediglich die Reihenfolge der ihn zusammensetzenden Tensoren ändert.

Bei der Alternierung wird ein Tensor A zu einem ihm entgegengesetzten umgeformt, weil sich nicht nur die Reihenfolge der ihn zusammensetzenden Tensoren, sondern auch das Vorzeichen jedes einzelnen dieser Tensoren ändert.

Beispiele

1. Der Operator $\mathscr{A} = (A^i_j)$ ist ein Tensor vom Typ $\binom{1}{1}$. Seine Verjüngung, dic Zahl tr $\mathscr{A} = A^i_i = A^1_1 = \cdots A^n_n$ (die Spur des Operators) ist ein Tensor vom Typ $\binom{0}{0}$ (Skalar).

2. Die früher eingeführte Multiplikation der linearen Operatoren $\mathscr{A} = (A^i_j)$ und $\mathscr{B} = (B^r_m)$ ist eine Verjüngung eines Tensorproduktes $\mathscr{A} \otimes \mathscr{B} = (A^i_j B^r_m)$:

$$A^i_j B^j_m.$$

8.1.4 Beispiele für Tensoren aus Physik und Mechanik

In diesem Abschnitt betrachten wir ausschließlich Tensoren im dreidimensionalen euklidischen Punktraum $\mathscr{E}^3$, und es spielen nur rechtwinklige kartesische Koordinatensysteme eine Rolle.

(1) Wir betrachten ein System N materieller Massenpunkte m_i mit den Koordinaten (x^i_1, x^i_2, x^i_3), $i = 1, \ldots, N$. Sind die Punkte starr miteinander verbunden, d.h., bei Bewegung ändert sich ihre Anordnung nicht, so haben wir es mit einem starren System, einem „Festkörper", zu tun.

In der Dynamik eines Systems materieller Punkte spielt ein symmetrischer Tensor vom Typ $\binom{0}{2}$ zweiten Grades eine große Rolle:

$$I_{jk} = \delta_{jk} \sum_{i=1}^{N} m_i((x^i_1)^2 + (x^i_2) + (x^i_3)^2) - \sum_{i=1}^{N} m_i x^i_j x^i_k.$$

Er heißt *Trägheitstensor* des Festkörpers, wird durch die Eigenschaften dieses Körpers definiert und verbindet den Drehimpuls $L = (L_1, L_2, L_3)$ mit der

Winkelgeschwindigkeit $\omega = (\omega_1, \omega_2, \omega_3)$:

$$L_i = \sum_{j=1}^{3} I_{ij}\omega_j.$$

(2) Ein kristalliner Stoff ist anisotrop – seine Eigenschaften sind in verschiedener Hinsicht unterschiedlich. Bei Einwirkung eines elektrischen Feldes werden die elektrischen Ladungen in den atomaren Systemen verschoben, und in den Kristallteilchen entsteht ein Dipolmoment. Das induzierte Dipolmoment hängt von der Richtung des Feldes ab.

Es sei $E = (E_1, E_2, E_3)$ eine elektrische Feldstärke. Dann wird der Polarisationsvektor $P = (P_1, P_2, P_3)$ wie folgt definiert:

$$P_i = \sum_j \alpha_{ij} E_j,$$

wobei (α_{ij}) ein Polarisationstensor ist, der durch die elektrischen Eigenschaften des Kristalls gekennzeichnet wird. Dies ist ein symmetrischer Tensor zweiten Grades vom Typ $\binom{0}{2}$.

Die für die Polarisation einer Volumeneinheit von O bis P aufgewendete Arbeit (Dichte der Energie u_p) wird nach folgender Formel ermittelt:

$$u_p = \frac{1}{2} \sum_{i,j=1}^{3} \alpha_{ij} E_i E_j.$$

Wir stellen die Frage, welche Felder $E = (E_1, E_2, E_3)$ der gegebenen Energiedichte $u_p = u_*$ entsprechen.

Da die Feldenergie stets positiv und endlich ist, erhalten wir unter der Voraussetzung, daß α_{ij} und u_* bekannt sind, eine elliptische Gleichung:

$$\sum_{i,j} \alpha_{ij} E_i E_j = 2u_*. \qquad (*)$$

Damit wird ein beliebiger zur Erzeugung der vorgegebenen Energiedichte erforderliche Vektor E durch Punkte festgelegt, die auf einem Ellipsoid (*) liegen (Abb. 60).

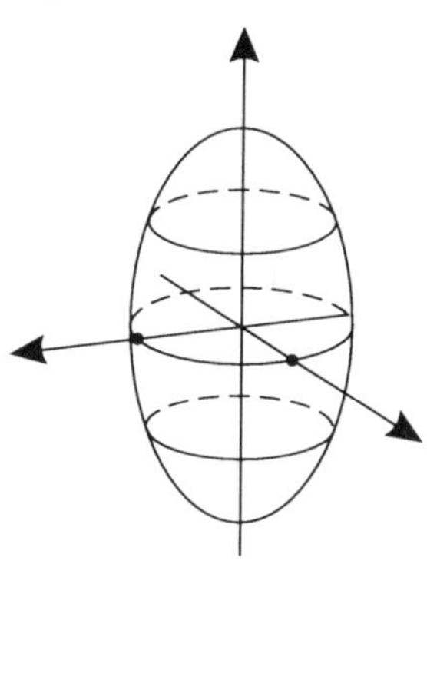

Abb. 60

Die in diesen beiden Beispielen betrachteten Tensoren sind symmetrisch, d. h., die Matrizen (I_{ij}) und (α_{ij}) sind symmetrisch. Dies besagt, daß ein Koordinatensystem existiert, in dem diese Matrizen eine Diagonalform aufweisen. Die drei aufeinander senkrecht stehenden Achsen eines solchen Koordinatensystems heißen *Hauptachsen.* Es sind die Hauptachsen eines Energieellipsoids.

Bezüglich der Richtung der Hauptachsen erhalten wir:

$L \parallel \omega$ (Beispiel 1) ist die *Trägheitsachse.*
$P \parallel E$ (Beispiel 2) ist die *Polarisationsachse.*

Man kann noch andere Beispiele für Tensoren anführen.

(3) *Tensoren zweiten Grades*:

Der *Spannungstensor* (S_{ij}), der die inneren Kräfte in einem Werkstoff beschreibt; der *Verformungstensor* (T_{ij}) eines elastischen Körpers.

(4) *Ein Tensor dritten Grades*:

Bei Auftreten einer Spannung entsteht in einem Kristall ein elektrisches Feld, das dem Spannungstensor

$$E_i = \sum P_{ijk} S_{jk}$$

proportional ist.

Die piezoelektrischen Koeffizienten P_{ijk} bilden einen Tensor (*piezoelektrischer Effekt*).

(5) *Ein Tensor vierten Grades*:

Bei willkürlichen Verformungen eines elastischen Körpers ist der Verformungstensor T_{ij} mit dem Spannungstensor (S_{ij}) durch ein System linearer Relationen

$$T_{ij} = \sum \gamma_{ijkl} S_{kl}$$

verknüpft (*Hookesches Gesetz*). Der Tensor γ_{ijkl} wird, falls der Werkstoff isotrop ist, durch Vorgabe nur zweier Konstanten a und b definiert:

$$\gamma_{ijkl} = a\delta_{ij}\delta_{kl} + b(\delta_{ik}\delta_{jl} + \delta_{il}\delta_{jk}).$$

8.2 Der metrische Tensor

8.2.1 Die metrische Struktur eines Raumes

Es sei bezüglich der Vektoren eines metrischen n-dimensionalen reellen linearen Raumes V eine nichtausgeartete symmetrische Bilinearform $g(x, y)$ vorgegeben. Wir schreiben sie fest und setzen

$$\langle x, y \rangle = g(x, y).$$

Falls $g(x, y)$ eine symmetrische, in bezug auf eine positiv definite quadratische Form polare Bilinearform ist, erhält der Raum V die Struktur eines euklidischen Raumes, während $a\langle x, y\rangle$ ein Skalarprodukt aus den Vektoren x und y darstellt.

Es sei $e = (e_1 \cdots e_n)$ eine Basis des Raumes V. Wir betrachten die Gesamtheit der Komponenten

$$g_{ij} = \langle e_i, e_j\rangle.$$

Es ist klar, daß $g = (g_{ij})$ ein Tensor vom Typ $\binom{0}{2}$ ist. Wir nennen ihn einen *metrischen Tensor* oder einfach eine *Metrik*.

Sind $x = \xi^i e_i$, $y = \eta^j e_j$, so ist $\langle x, y\rangle = g_{ij}\xi^i\eta^j$.

In Kapitel 4, in dem von Bilinearformen die Rede war, ist folgendes bewiesen worden:

Die Bilinearform $g(x, y)$ ist dann und nur dann nicht ausgeartet, wenn $\det(g_{ij}) \neq 0$ ist.

Damit ist in einer beliebigen Basis ein Übergang von g_{ij} zu einer inversen Matrix möglich. Wir bezeichnen die Komponenten der inversen Matrix mit g^{ij}. Dann gilt

$$g_{ik}g^{kj} = \delta_i^j, \quad g^{jk}g_{ki} = \delta_i^j.$$

Behauptung. *g^{ij} ist ein Tensor vom Typ* $\binom{2}{0}$, d. h.

$$'g^{st} = g^{ij}\lambda_i^s\lambda_j^t. \tag{1}$$

Beweis. Es genügt zu zeigen, daß die Matrix $'g^{st}$, die durch (1) definiert ist, eine inverse Matrix zur Matrix

$$'g_{st} = g_{ij}\kappa_s^i\kappa_t^j$$

ist. Wir erhalten

$$'g^{sm}\,'g_{mt} = (g^{ij}\lambda_i^s\lambda_j^m)(g_{kl}\kappa_m^k\kappa_t^l) = g^{ij}g_{kl}\lambda_i^s\kappa_t^l(\lambda_j^m\kappa_m^k) = g^{ij}g_{kl}\lambda_i^s\kappa_t^l\delta_j^k = (g^{ij}g_{jl})\lambda_i^s\kappa_t^l$$
$$= \delta_l^i\lambda_i^s\kappa_t^l = \lambda_i^s\kappa_t^i = \delta_t^s.$$

Analog wird die Gleichung $'g_{tm}\,'g^{ms} = \delta_t^s$ geprüft.

8.2.2 Operationen zum Herunter- und Heraufziehen von Indizes

Es sei $g = (g_{ij})$ eine Metrik des Raumes V. Ist $T_{j_1 \cdots j_q}^{i_1 \cdots i_p}$ ein Tensor vom Typ $\binom{p}{q}$, so kann ein Tensor vom Typ $\binom{p-1}{q+1}$ nach folgender Regel:

$$T^{i_2\cdots i_p}_{i_1 j_1\cdots j_q} = g_{i_1 k} T^{k i_2\cdots i_p}_{j_1\cdots j_q}, \tag{2}$$

d. h. durch Faltung des Produkts aus dem metrischen Tensor g_{ij} und dem Ausgangstensor T, konstruiert werden.

Die Regel (2) heißt *Herunterziehen des oberen Indexes* i_1.

Analog wird die Regel zum Heraufziehen des unteren Indexes j_1 abgeleitet:

$$T^{j_1 i_1\cdots i_p}_{j_2\cdots j_q} = g^{j_1 k} T^{i_1\cdots i_p}_{k j_2\cdots j_q}. \tag{3}$$

Behauptung. *Zieht man einen Index herunter und dann herauf, so ergibt sich ein Ausgangstensor.*

Beweis. Wenn man bei dem auf der linken Seite der Formel (2) stehenden Tensor den Index i_1 heraufzieht, erhält man

$$g^{i_1 m} T^{i_2\cdots i_p}_{m j_1\cdots j_q} = g^{i_1 m} g_{mk} T^{k i_2\cdots i_p}_{j_1\cdots j_q} = \delta^{i_1}_{k} T^{k i_2\cdots i_p}_{j_1\cdots j_q} = T^{i_1\cdots i_p}_{j_1\cdots j_q}.$$

Beispiele

1. Es sei $g(x, y)$ ein gewöhnliches Skalarprodukt. Die Komponenten des Tensors ξ^j vom Typ $\binom{1}{0}$ können als (kontravariante) Koordinaten eines Vektors $x = \xi^j e_j$ gedeutet werden.

Wenn man den Index wegläßt, erhält man

$$\xi_i = g_{ij}\xi^j = \langle e_i, e_j \rangle \xi^j = \langle e_i, \xi^j e_j \rangle = \langle e_i, x \rangle.$$

Das Herunterziehen des Indexes y bei der Koordinate ξ^j des Vektors x führt also zu einer skalaren Projektion dieses Vektors auf den Basisvektor. Dies ist eine kovariante Koordinate des Vektors x (Abb. 61).

Wir merken an, daß

$$\langle x, y \rangle = g_{ij}\xi^i \eta^j = g^{ij}\xi_i \eta_j$$

ist.

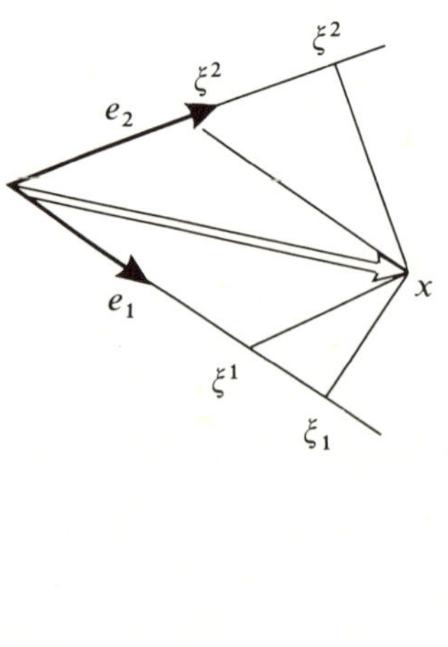

Abb. 61

2. Der Tensor $\mathscr{A} = (A^i_j)$ vom Typ $\binom{1}{1}$ kann als linearer Operator im Raum V angesehen werden. Ist die Metrik vorgegeben, kann man den oberen Index herunterziehen:

$$A_{ij} = g_{ik} A^k_j.$$

Dann ergibt sich ein Tensor vom Typ $\binom{0}{2}$, der die Bilinearform

$$\mathscr{A}(x, y) = \mathscr{A}_{ij} \xi^i \eta^j = \xi^i g_{ik} A^k_j \eta^j = \langle x, \mathscr{A} y \rangle \tag{4}$$

definiers.

Umgekehrt kann durch Heraufziehen des Indexes eines Tensors vom Typ $\binom{0}{2}$ ein linearer Operator konstruiert werden.

Wir erinnern uns an folgende

Definition. Ein linearer Operator heißt *symmetrisch*, wenn

$$\langle \mathscr{A} x, y \rangle = \langle x, \mathscr{A} y \rangle$$

gilt und *schiefsymmetrisch*, wenn

$$\langle \mathscr{A} x, y \rangle = -\langle x, \mathscr{A} y \rangle$$

ist.

Aus (4) ist ersichtlich, daß die (Schief)Symmetrie eines Operators gleichbedeutend mit der (Schief)Symmetrie der Bilinearform ist.

Bemerkung. Wenn der Raum euklidisch, die Koordinaten rechtwinklig kartesisch und die Transformationen orthogonal sind, brauchen die oberen und unteren Indizes beim Tensor nicht unterschieden zu werden – sie werden einheitlich transformiert (wir erinnern uns, daß die Matrix der orthogonalen Transformation orthogonal ist und die zu dieser Matrix inverse mit einer transponierten Matrix übereinstimmt).

8.2.3 Die pseudoeuklidische Metrik

Es sei g die Metrik eines n-dimensionalen reellen Raumes. Die quadratische Form

$$I = g_{ij} \xi^i \xi^j$$

läßt sich durch den Wechsel der Koordinaten $\xi^i = \lambda^i_k \eta^k$ auf die Normalform bringen. Falls

$$I = (\eta^1)^2 + \cdots + (\eta^p)^2 - (\eta^{p+1})^2 - \cdots - (\eta^n)^2$$

gilt, sagt man, daß g_{ij} eine pseudoeuklidische Metrik von Typ $(p, n-p)$ ist. Ein Raum mit einer solchen Metrik wird *pseudoeuklidisch* genannt und mit $\mathbf{R}^n_{p,q}, q = n - p$, bezeichnet.

Besonders wichtig ist der Fall $\mathbf{R}^n_{n-1,1}$.

Definition. Der in der speziellen Relativitätstheorie benutzte Raum $\mathbf{R}^4_{3,1}$ heißt *Minkowski-Raum.*

8.2.4 Die Lorentz-Transformation

Im euklidischen Raum nimmt die Metrik g_{ij} bezüglich der orthonormierten Basis die Form $\operatorname{diag}\{1, \ldots, 1\}$ an, die bei den orthogonalen Transformationen beibehalten wird.

Wir versuchen, eine Transformation zu finden, die die Diagonalform der pseudoeuklidischen Metrik beibehält:

$$\operatorname{diag}\{1, \ldots, 1, -1, \ldots, -1\}.$$

Der Einfachheit halber beschränken wir uns auf den Raum $\mathbf{R}^2_{1,1}$ und betrachten die Transformation einer Ebene, die den Punkt 0 unverändert läßt:

$$x' = ax + by, \quad y' = cx + dy.$$

Wir verlangen, daß

$$x^2 - y^2 = x'^2 - y'^2$$

gilt, d.h., daß das „Kreuz" $x^2 - y^2 = 0$ wieder in ein „Kreuz" $x'^2 - y'^2 = 0$ übergeht (Abb. 62).

Aus der Beziehung

$$(ax + by)^2 - (cx + dy)^2 = x^2 - y^2$$

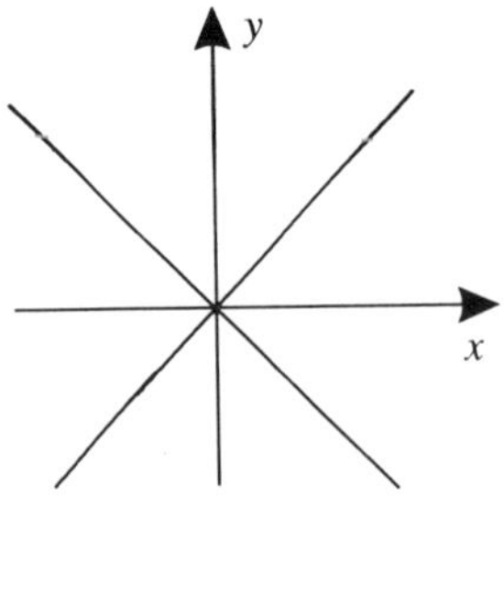

Abb. 62

folgt, daß

$$a^2 - c^2 = 1, \quad ab - cd = 0, \quad b^2 - d^2 = -1$$

gilt. Es ist klar, daß $a \neq 0$ ist.

Wir nehmen $a = \pm \operatorname{ch} \psi$ an, wobei ψ der Winkel einer hyperbolischen Drehung ist.

Durch einfache Umformungen kann man sich davon überzeugen, daß die Matrix

$$A = \begin{pmatrix} a & b \\ c & d \end{pmatrix}$$

auf eine der vier folgenden zurückgeführt wird:

$$\begin{pmatrix} \operatorname{ch}\psi & \operatorname{sh}\psi \\ \operatorname{sh}\psi & \operatorname{ch}\psi \end{pmatrix}, \begin{pmatrix} \operatorname{ch}\psi & -\operatorname{sh}\psi \\ \operatorname{sh}\psi & -\operatorname{ch}\psi \end{pmatrix}, \begin{pmatrix} -\operatorname{ch}\psi & \operatorname{sh}\psi \\ -\operatorname{sh}\psi & \operatorname{ch}\psi \end{pmatrix}, \begin{pmatrix} -\operatorname{ch}\psi & -\operatorname{sh}\psi \\ -\operatorname{sh}\psi & -\operatorname{ch}\psi \end{pmatrix}.$$

Ebenso wie im euklidischen Fall bilden die erhaltenen Transformationen eine Gruppe. Diese Gruppe heißt *Lorentzgruppe.*

Wir setzen

$$\operatorname{th}\psi = \frac{v}{c}, \quad y = ct.$$

Dann erhalten wir aus der Matrix

$$\begin{pmatrix} \operatorname{ch}\psi & -\operatorname{sh}\psi \\ -\operatorname{sh}\psi & \operatorname{ch}\psi \end{pmatrix}$$

durch einfache Berechnungen, daß die entsprechende Transformation der Ebene folgendermaßen geschrieben werden kann:

$$x' = \frac{x - vt}{\sqrt{1 - v^2/c^2}}, \quad t' = \frac{x - v/cx}{\sqrt{1 - v^2/c^2}}.$$

Hier handelt es sich um die in der speziellen Relativitätstheorie bestens bekannten Transformationen, die auf Vorschlag von Poincaré *Lorentz-Transformationen* genannt werden.

Anhang

Mathematische Hilfsmittel, auf die in einzelnen Kapiteln Bezug genommen wird

Matrizen, Determinanten, lineare Systeme

Definition 1. Ein Tupel von $m \times n$ Zahlen a_{ij} $(i = 1, \ldots, m;\ j = 1, \ldots, n)$, das in Form eines rechteckigen Schemas

$$A = \begin{pmatrix} \alpha_{11} & \alpha_{12} & \cdots & \alpha_{1n} \\ \alpha_{21} & \alpha_{22} & \cdots & \alpha_{2n} \\ \cdots & \cdots & \cdots & \cdots \\ \alpha_{m1} & \alpha_{m2} & \cdots & \alpha_{mn} \end{pmatrix}$$

geschrieben wird, heißt *Matrix A der Dimension m* $\times$ *n.* Die Zahlen α_{ij} sind die *Elemente der* Matrix.

Das Tupel $(\alpha_{i1}\ \ \alpha_{i2}\ \cdots\ \alpha_{in})$ ist die *i-te Zeile* und das Tupel

$$\begin{pmatrix} \alpha_{1j} \\ \alpha_{2j} \\ \cdots \\ \alpha_{mj} \end{pmatrix}$$

die *j-te Spalte* der Matrix A $(i = 1, \ldots, m;\ j = 1, \ldots, n)$.

Eine Matrix der Dimension $1 \times n$ heißt *Zeile,* eine Matrix der Dimension $m \times 1$ *Spalte.*

Man bezeichnet die Menge aller möglichen Matrizen der Dimension $m \times n$ mit reellen Elementen mit $\mathbf{R}_{m \times n}$.

Definition 2. Die Matrizen $A = (\alpha_{ij})$ und $B = (\beta_{ij})$ heißen *gleich, wenn* für beliebige $i = 1, \ldots, m;\ j = 1, \ldots, n$ gilt: $A, B \in \mathbf{R}_{m \times n}$ und $\alpha_{ij} = \beta_{ij}$. Bezeichnung: $A = B$.

Definition 3. Eine Matrix $C = (\gamma_{ij}) \in \mathbf{R}_{m \times n}$, deren Elemente nach der Formel

$$\gamma_{ij} = \alpha_{ij} + \beta_{ij}\ (i = 1, \ldots, m;\ j = 1, \ldots, n)$$

berechnet werden, heißt *Summe* der Matrizen $A = (\alpha_{ij}) \in \mathbf{R}_{m \times n}$ und $B = (\beta_{ij}) \in \mathbf{R}_{m \times n}$ und wird mit $A + B$ bezeichnet.

Definition 4. Eine Matrix $B=(\beta_{ij})\in\mathbf{R}_{m\times n}$, deren Elemente nach der Formel

$$\beta_{ij}=\lambda\alpha_{ij}\ (i=1,\ldots,m;\ j=1,\ldots,n)$$

berechnet werden, heißt *Produkt* einer Matrix $A=(\alpha_{ij})\in\mathbf{R}_{m\times n}$ mit einer Zahl $\lambda\in\mathbf{R}$ und wird mit λA bezeichnet.

Definition 5. Eine Matrix $C=(\gamma_{ij})\in\mathbf{R}_{m\times l}$, deren Elemente nach der Formel

$$\gamma_{ij}=\alpha_{i1}\beta_{1j}+\cdots+\alpha_{in}\beta_{nj}=\sum_{k=1}^{n}\alpha_{ik}\beta_{kj}$$

$$(i=1,\ldots,m;\ j=1,\ldots,n)$$

berechnet werden, heißt *Produkt* der Matrizen $A=(\alpha_{ij})\in\mathbf{R}_{m\times n}$ und $B=(\beta_{ij})\in\mathbf{R}_{m\times l}$ und wird mit AB bezeichnet.

Summationsvorschrift: Es sei $A=(\alpha_{ij})\in\mathbf{R}_{m\times n}$. Dann ist

$$\sum_{j=1}^{n}\sum_{i=1}^{m}\alpha_{ij}=\sum_{i=1}^{m}\sum_{j=1}^{n}\alpha_{ij}.$$

Eigenschaften der Multiplikation von Matrizen:

a) Es sei $A\in\mathbf{R}_{m\times n}$, $B\in\mathbf{R}_{n\times 1}$, $C\in\mathbf{R}_{l\times q}$. Dann gilt $(AB)C=A(BC)$.
b) Es sei $A\in\mathbf{R}_{m\times n}$, $B,C\in\mathbf{R}_{n\times l}$, $D\in\mathbf{R}_{l\times q}$. Dann gilt $A(B+C)=AB+AC$, $(B+C)D=BD+CD$.

Definition 6. Die Matrix

$$\begin{pmatrix}\alpha_{11} & \alpha_{21} & \cdots & \alpha_{m1}\\ \alpha_{12} & \alpha_{22} & \cdots & \alpha_{m2}\\ \cdots & \cdots & \cdots & \cdots\\ \alpha_{1n} & \alpha_{2n} & \cdots & \alpha_{mn}\end{pmatrix}\in\mathbf{R}_{n\times m}$$

heißt *Transponierte* zur Matrix $A=(\alpha_{ij})\in\mathbf{R}_{m\times n}$ und wird mit A^{T} bezeichnet.

Eigenschaften der Transponierungsoperation:

a) $(A^{\mathrm{T}})^{\mathrm{T}}=A$.
b) $(A+B)^{\mathrm{T}}=A^{\mathrm{T}}+B^{\mathrm{T}}$.
c) $(\lambda A)^{\mathrm{T}}=\lambda A^{\mathrm{T}}$.
d) $(AB)^{\mathrm{T}}=B^{\mathrm{T}}A^{\mathrm{T}}$.

Vereinbarung über eine Bezeichnung: Die Matrix $A=(\alpha_{ij})\in\mathbf{R}_{m\times n}$ werde kürzer in folgender Form geschrieben:

$$A=\begin{pmatrix}a_1\\ \vdots\\ a_m\end{pmatrix},\quad \text{wobei}\quad a_i=(\alpha_{i1}\ \cdots\ \alpha_{in})\ \text{ist},\quad i=1,\ldots,m.$$

Definition 7. Die folgenden drei Typen von Transformationen heißen *elementare Grundtransformationen der Matrixzeilen*:

1. Vertauschen von zwei Zeilen einer Matrix:

$$\begin{bmatrix} a_1 \\ \cdots \\ a_k \\ \cdots \\ a_l \\ \cdots \\ a_m \end{bmatrix} \mapsto \begin{bmatrix} a_1 \\ \cdots \\ \alpha_l \\ \cdots \\ a_k \\ \cdots \\ a_m \end{bmatrix}$$

2. Multiplikation einer Zeile der Matrix mit einer von null verschiedenen Zahl:

$$\begin{pmatrix} a_1 \\ \cdots \\ a_k \\ \cdots \\ a_m \end{pmatrix} \mapsto \begin{pmatrix} a_1 \\ \cdots \\ \beta a_k \\ \cdots \\ a_m \end{pmatrix}, \quad \beta \neq 0;$$

3. Addition einer mit einer Zahl multiplizierten Zeile der Matrix mit einer anderen Zeile:

$$\begin{bmatrix} a_1 \\ \cdots \\ a_k \\ \cdots \\ a_l \\ \cdots \\ a_m \end{bmatrix} \mapsto \begin{bmatrix} a_1 \\ \cdots \\ a_k \\ \cdots \\ a_l + \gamma a_k \\ \cdots \\ a_m \end{bmatrix}.$$

Definition 8. Eine Matrix, welche die beiden folgenden Eigenschaften besitzt:

(1) Ist die i-te Zeile eine Nullzeile, so ist auch die $(i+1)$-te Zeile eine Nullzeile;
(2) liegen die ersten von null verschiedenen Elemente der i-ten und der $(i+1)$-ten Zeile in den Spalten mit den Nummern k_i beziehungsweise k_{i+1}, so gilt $k_i < k_{i+1}$,

heißt *Stufenmatrix* (Abb. A1: 1 – Stufenmatrix; 2 – Trapezmatrix).

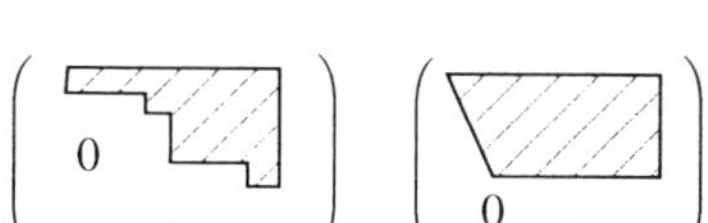

Abb. A1

Satz 1. *Eine beliebige Matrix kann durch eine endliche Anzahl elementarer Transformationen von Zeilen (des ersten und dritten Typs) auf eine Stufenmatrix zurückgeführt werden.*

Vereinbarung über die Bezeichnung: Wenn wir annehmen, daß in der Matrix $A=(\alpha_{ij})\in\mathbf{R}_{m\times n}$

$$a^j=(\alpha_{1j}\ \cdots\ \alpha_{mj})^{\mathrm{T}},\quad j=1,\ldots,n,$$

gilt, so schreiben wir sie folgendermaßen:

$$A=(a^1\ \cdots\ a^j\ \cdots\ a^n).$$

Definition 9. Die folgenden drei Transformationstypen heißen *elementare Grundtransformationen der Matrixspalten*:

1. Vertauschen zweier Spalten einer Matrix

$$(a^1\ \cdots\ a^k\ \cdots\ a^l\ \cdots\ a^n)\mapsto(a^1\ \cdots\ a^l\ \cdots\ a^k\ \cdots\ a^n);$$

2. Multiplikation einer Spalte der Matrix mit einer von null verschiedenen Zahl:

$$(a^1\ \cdots\ a^k\ \cdots\ a^n)\mapsto(a^1\ \cdots\ \beta a^k\ \cdots\ a^n),\quad \beta\neq 0;$$

3. Addition einer mit einer Zahl multiplizierten Spalte der Matrix mit einer anderen Spalte:

$$(a^1\ \cdots\ a^k\ \cdots\ a^l\ \cdots\ a^n)\mapsto(a^1\ \cdots\ a^k\ \cdots\ a^l+\gamma a^k\ \cdots\ a^n).$$

Satz 2. *Eine beliebige von null verschiedene Matrix kann durch eine endliche Anzahl elementarer Transformationen der Zeilen und Spalten auf eine Matrix der Form*

$$I_r=\begin{pmatrix}1 & & & \\ & \ddots & & 0\\ & & 1 & \\ & 0 & & \end{pmatrix}$$

zurückgeführt werden (alle Elemente der Matrix I_r, mit Ausnahme der in den Positionen $(1,1)$, $(2,2),\ldots,(r,r)$ stehenden, sind gleich null).

Definition 10. Die Vorschrift d: $\mathbf{R}_{n\times n}\to\mathbf{R}$, nach der jeder Matrix $A\in\mathbf{R}_{n\times n}$ eine Zahl $d(A)$ zugeordnet und die *Determinante* von A genannt wird, heißt *Determinante*, wenn sie folgenden Bedingungen genügt:

1. Besitzt die Matrix gleiche Zeilen, so ist ihre Determinante gleich null.
2. Wenn eine gewisse Zeile der Matrix als Summe zweier Zeilen dargestellt ist, so ist die Determinante dieser Matrix gleich der Summe der Deter-

minanten zweier Matrizen, die aus der gegebenen erhalten wird, indem man die eine Summe von zwei Zeilen darstellende Zeile durch deren Summanden ersetzt.

3. Bei Multiplikation einer Zeile der Matrix mit einer Zahl wird die Determinante dieser Matrix ebenfalls mit dieser Zahl multipliziert.
4. Die Determinante einer Einheitsmatrix ist gleich eins.

Eigenschaften der Determinante einer Matrix:

a) Wenn die Matrix A eine Nullzeile enthält, so folgt: $d(A) = 0$.
b) Wurde die Matrix B aus der Matrix A durch elementare Transformation der Zeilen (Typ 1, vgl. oben) gewonnen, so folgt: $d(B) = -d(A)$.
c) Wurde die Matrix B durch elementare Transformation des Typs 3 gewonnen, so folgt: $d(B) = d(A)$.
d) Ist $S = (\sigma_{ij})$ eine Stufenmatrix, so ist $d(S) = \sigma_1 \cdots \sigma_{nn}$.

Induktionsprinzip. *Es bestehe eine gewisse Aussage $T(k)$, wobei $k \in \mathbf{N}$ beliebig sei; $T(1)$ sei wahr.*

Außerdem existiere eine Regel, von der ausgehend man die Wahrheit von $T(l)$ für ein vorgegebenes l unter der Voraussetzung beweisen kann, daß $T(m)$ für ein beliebiges $m < l$ wahr ist.

Dann ist die Aussage $T(k)$ für beliebiges $k \in \mathbf{N}$ wahr.

Satz 3. *Für beliebiges $n \in \mathbf{N}$ existiert genau eine Funktion d: $\mathbf{R}_{n \times n} \to \mathbf{R}$, die den Bedingungen a) bis d) genügt.*

Definition 11. Die Zahl $A_{ij} = (-1)^{i+j} d(M_{ij})$ (hier ist mit M_{ij} eine Matrix benannt, die sich aus der Matrix A durch Entfernen der Elemente der i-ten Zeile und der j-ten Spalte ergibt) heißt *algebraisches Komplement* eines Elementes α_{ij} in der Matrix $A = (\alpha_{ij})$.

Eigenschaften der Determinante einer Matrix:

a) Enthält die Matrix A eine Nullspalte, so folgt: $d(A) = 0$.
b) Wurde die Matrix B aus der Matrix A durch elementare Transformation von Spalten des ersten Typs gewonnen, so folgt: $d(B) = -d(A)$.
c) Wurde die Matrix B aus der Matrix A durch elementare Transformation von Spalten des Typs 3 gewonnen, so folgt:

$$d(B) = d(A).$$

d) Die Entwicklung der j-ten Spalte erfolgt nach folgender Vorschrift:

$$d(A) = \sum_{k=1}^{n} \alpha_{kj} A_{kj}, \quad j = 1, \ldots, n.$$

e) Die Transponierung der Determinante der Matrix erfolgt folgendermaßen: $d(A^T) = d(A)$.
f) Die Entwicklung nach der i-ten Zeile erfolgt nach folgender Vorschrift:

$$d(A) = \sum_{k=1}^{n} \alpha_{ik} A_{ik}, \quad i = 1, \ldots, n.$$

g) Die Multiplikation mit „fremden" algebraischen Komplementen sieht so aus:

$$\sum_{k=1}^{n} \alpha_{ik} A_{jk} = \sum_{k=1}^{n} \alpha_{ki} A_{kj} = 0, \quad i \neq j.$$

Definition 12. Die Abbildung σ: $\{1, 2, \ldots, n\} \to \{1, 2, \ldots, n\}$ heißt *Permutation* des Tupels $(1, 2, \ldots, n)$, wenn gilt: $\sigma(i) \neq \sigma(j)$ für $i \neq j$. Sie wird folgendermaßen bezeichnet:

$$\begin{pmatrix} 1 & 2 & \cdots & n \\ \sigma(1) & \sigma(2) & \cdots & \sigma(n) \end{pmatrix}.$$

Definition 13. Die Permutationen σ und τ heißen *gleich*, wenn $\sigma(i) = \tau(i)$ für beliebiges $i = 1, 2, \ldots, n$ gilt.

Definition 14. Die Permutationen σ und τ *unterscheiden sich um eine Transposition* (i, j), wenn $\tau(k) = \sigma(k)$ für beliebiges $k \neq i, j$ und $\tau(i) = \sigma(j)$, $\tau(j) = \sigma(i)$ ist.

Definition 15. Das Paar $(\sigma(i), \sigma(j))$ bildet eine *Inversion* bezüglich σ, wenn $i < j$ und $\sigma(i) > \sigma(j)$ gilt.

Definition 16. Eine Permutation heißt *gerade*, wenn die Gesamtzahl der Inversionen gerade ist, und *ungerade*, wenn die Gesamtzahl der Inversionen ungerade ist.

Definition 17. Eine Zahl $\operatorname{sign} \sigma = (-1)^t$ wird *Zeichen der* Permutation σ genannt. Dabei ist t die Gesamtzahl der Inversionen.

Eigenschaften von Permutationen der Menge $\{1, \ldots, n\}$:

a) Unterscheiden sich die Permutationen σ und τ um eine Transposition, so ist $\operatorname{sign} \tau = -\operatorname{sign} \sigma$.
b) Die Gesamtzahl der Permutationen ist gleich $n!$
c) Die Gesamtzahl der geraden Permutationen ist gleich der Gesamtzahl der ungeraden.

Satz 4. $d(A) = \sum_{(\sigma)} \operatorname{sign} \sigma \alpha_{1\sigma(1)} \cdots \alpha_{n\sigma(n)}$.

Es sei $A=(\alpha_{ij})\in\mathbf{R}_{m\times n}$, k eine ganze Zahl, die der Ungleichung $1\le k\le\min(m,n)$ genügt. Wir betrachten zwei Folgen ganzer Zahlen $i_1,\dots,i_k$ und $j_1,\dots,j_k$, die die Bedingungen

$$1\le i_1\le m,\dots,\quad 1\le i_k=m;\quad 1\le j_1\le n,\dots,\quad 1\le j_k\le n$$

erfüllen und im übrigen frei wählbar sind. Wir konstruieren eine Matrix

$$\begin{pmatrix}\alpha_{i_1j_1} & \cdots & \alpha_{i_1j_k}\\ \cdots & \cdots & \cdots\\ \alpha_{i_kj_1} & \cdots & \alpha_{i_kj_k}\end{pmatrix}$$

n-ter Ordnung, wobei wir in der Position (r,s) das Element $\alpha_{i_rj_s}$ der Matrix A anordnen, und berechnen die Determinante dieser Matrix.

Definiton 18

$$A\begin{pmatrix}i_1 & \cdots & i_k\\ j_1 & \cdots & j_k\end{pmatrix}=\det(\alpha_{i_rj_s}).$$

Wenn $1\le i_1<\cdots<i_k\le m$, $1\le j_1<\cdots<j_k\le n$ ist, so nennt man

$$A=\begin{pmatrix}i_1 & \cdots & i_k\\ j_1 & \cdots & j_k\end{pmatrix}$$

einen *Minor* k-ter Ordnung der Matrix A.

Satz 5 (*Satz von Binet-Cauchy*). Voraussetzung:

$$A\in\mathbf{R}_{m\times n},\quad B\in\mathbf{R}_{n\times m}(n\ge m).$$

Behauptung

$$\det(AB)=\sum_{1\le q_1<\cdots<q_m\le n}A\begin{pmatrix}1 & \cdots & m\\ q_1 & \cdots & q_m\end{pmatrix}B\begin{pmatrix}q_1 & \cdots & q_m\\ 1 & \cdots & m\end{pmatrix}$$

(es wird über alle möglichen geordneten Komplexe $q=(q_1,\dots,q_m)$ summiert).

Beweis. Der Beweis beginnt mit Hilfsbetrachtungen.

A. Es sei $l=(l_1,\dots,l_m)$ ein willkürlicher Komplex ganzer Zahlen, die der Bedingung $1\le l_1\le n,\dots,1\le l_m\le n$ genügen. Wir konstruieren mit Hilfe der Elemente der Matrix B eine Determinante n-ter Ordnung:

$$B\begin{pmatrix}l_1 & \cdots & l_m\\ 1 & \cdots & m\end{pmatrix}=\det\begin{pmatrix}\beta_{l_11} & \cdots & \beta_{l_1m}\\ \cdots & \cdots & \cdots\\ \beta_{l_m1} & \cdots & \beta_{l_mm}\end{pmatrix}.$$

Eigenschaften der Determinante $B\begin{pmatrix} l_1 & \cdots & l_m \\ 1 & \cdots & m \end{pmatrix}$:

a) Existieren unter den Zahlen $l_1, \ldots, l_m$ gleiche, so hat die Determinante gleiche Zeilen, und es gilt:

$$B\begin{pmatrix} l_1 & \cdots & l_m \\ 1 & \cdots & m \end{pmatrix} = 0$$

b) Es seien Zahlen $l_1, \ldots, l_m$, aus denen der Komplex $l = (l_1, \ldots, l_m)$ zusammengesetzt ist, paarweise ungleich: $l_i \neq l_j$ bei $i \neq j$. Wir ordnen den Komplex l in aufsteigender Reihenfolge. Dann erhalten wir

$$\{l_1, \ldots, l_m\} = \{q_1, \ldots, q_m\},$$

wobei $1 \leq q_1 < \cdots < q_m \leq n$ ist. Durch Vertauschen der Zeilen der Determinante $B\begin{pmatrix} l_1 & \cdots & l_m \\ 1 & \cdots & m \end{pmatrix}$ entsprechend der vorgeschlagenen Umnumerierung und unter Berücksichtigung dessen, daß bei der Permutation zweier beliebiger Zeilen die Determinante das Vorzeichen ändert, erhält man folgende Formel:

$$B\begin{pmatrix} l_1 & \cdots & l_m \\ 1 & \cdots & m \end{pmatrix} = \operatorname{sign}\begin{pmatrix} q_1 & \cdots & q_m \\ l_1 & \cdots & l_m \end{pmatrix} B\begin{pmatrix} q_1 & \cdots & q_m \\ 2 & \cdots & m \end{pmatrix}. \tag{1}$$

B. Es sei $q = (q_1, \ldots, q_m)$ ein festgehaltener geordneter Komplex, $1 q_1 < \cdots < q_m \leq n$.

Wir betrachten folgende Gleichung:

$$\omega(q_1, \ldots, q_m) = \sum_{\sigma(q_1, \ldots, q_m)} \alpha_{1 l_1} \cdots \alpha_{m l_m} B\begin{pmatrix} l_1 & \cdots & l_m \\ 1 & \cdots & m \end{pmatrix} \tag{22}$$

(es wird über alle möglichen Permutationen des Komplexes q summiert, und folglich sind auf der rechten Seite der Formel (2) $m!$ Summanden der genannten Form enthalten).

Da jeder Komplex $l = (l_1, \ldots, l_m)$ in (2) durch Permutation des vorgegebenen Komplexes q erhalten worden ist, kann (2) für $\omega(q)$ unter Verwendung von (1) anders so geschrieben werden:

$$\omega(q) = B\begin{pmatrix} q_1 & \cdots & q_m \\ 1 & \cdots & m \end{pmatrix} \sum_{\sigma(q_1, \ldots, q_m)} \alpha_{1 l_1} \cdots \alpha_{m l_m} \operatorname{sign}\begin{pmatrix} q_1 & \cdots & q_m \\ l_1 & \cdots & l_m \end{pmatrix}.$$

Beachten wir, daß

$$A\begin{pmatrix} 1 & \cdots & m \\ q_1 & \cdots & q_m \end{pmatrix} = \sum_{\sigma(q_1, \ldots, q_m)} \operatorname{sign}\begin{pmatrix} q_1 & \cdots & q_m \\ l_1 & \cdots & l_m \end{pmatrix} \alpha_{1 l_1} \cdots \alpha_{m l_m}$$

gilt, erhalten wir als Endergebnis

$$\omega(q) = A\begin{pmatrix} 1 & \cdots & m \\ q_1 & \cdots & q_m \end{pmatrix} B\begin{pmatrix} q_1 & \cdots & q_m \\ 1 & \cdots & m \end{pmatrix}. \tag{3}$$

C. Wir gehen nun zum direkten Beweis des Satzes über. Die Elemente γ_{ij} der Matrix $C = AB$ sind durch folgende Formeln gegeben:

$$\gamma_{ij} = \sum_{l=1}^{n} \alpha_{il}\beta_{lj}, \quad i, j = 1, \ldots, m.$$

Deshalb läßt sich die Determinante C folgendermaßen schreiben:

$$\det C = \begin{vmatrix} \gamma_{11} & \cdots & \gamma_{1m} \\ \cdots & \cdots & \cdots \\ \gamma_{m1} & \cdots & \gamma_{mm} \end{vmatrix} = \begin{vmatrix} \sum\limits_{l_1=1}^{n} \alpha_{1l_1}\beta_{l_1 1} & \cdots & \sum\limits_{l_1=1}^{n} \alpha_{1l_1}\beta_{l_1 m} \\ \cdots & \cdots & \cdots \\ \sum\limits_{l_m=1}^{n} \alpha_{ml_m}\beta_{l_m 1} & \cdots & \sum\limits_{l_m=1}^{n} \alpha_{ml_m}\beta_{l_m m} \end{vmatrix}.$$

Nun benutzen wir Eigenschaft b) der Determinante. Durch deren Anwendung auf jede der m Zeilen von $\det C$ erhalten wir:

$$\det C = \sum_{l_1=1}^{n} \cdots \sum_{l_m=1}^{n} \begin{vmatrix} \alpha_{1l_1}\beta_{l_1 1} & \cdots & \alpha_{1l_1}\beta_{l_1 m} \\ \cdots & \cdots & \cdots \\ \alpha_{ml_m}\beta_{l_m 1} & \cdots & \alpha_{ml_m}\beta_{l_m m} \end{vmatrix}.$$

Ein beliebiger Summand läßt sich innerhalb der erhaltenen Summe in der folgenden Form darstellen:

$$\begin{vmatrix} \alpha_{1l_1}\beta_{l_1 1} & \cdots & \alpha_{1l_1}\beta_{l_1 m} \\ \cdots & \cdots & \cdots \\ \alpha_{ml_m}\beta_{l_m 1} & \cdots & \alpha_{ml_m}\beta_{l_m m} \end{vmatrix} = \alpha_{1l_1} \cdots \alpha_{ml_m} \, B\begin{pmatrix} l_1 & \cdots & l_m \\ 1 & \cdots & m \end{pmatrix}.$$

Dazu genügt es, vor das Zeichen der Determinante den allgemeinen Multiplikator α_{il_i} aus der i-ten Zeile $(i = 1, \ldots, m)$ zu setzen. Dann wird

$$\det C = \sum_{l_1, \ldots, l_m = 1}^{n} \alpha_{1l_1} \cdots \alpha_{ml_m} \, B\begin{pmatrix} l_1 & \cdots & l_m \\ 1 & \cdots & m \end{pmatrix}. \tag{4}$$

Die Summationsindizes ändern sich in (4) unabhängig von 1 bis n. Deshalb kann man für jeden willkürlich gewählten geordneten Komplex $q = (q_1, \ldots, q_m)$ und für dessen beliebige Permutation $l = (l_1, \ldots, l_m)$ in der Summe (4) einen durch l definierbaren Summanden angeben:

$$\alpha_{1l_1} \cdots \alpha_{ml_m} \, B\begin{pmatrix} l_1 & \cdots & l_m \\ 1 & \cdots & m \end{pmatrix}.$$

Durch Vereinigung aller zum Komplex q gehörigen Summanden erhalten wir, daß deren Summe

$$\omega(q) = \sum_{(q)} \alpha_{1l_1} \cdots \alpha_{ml_m} \, B\begin{pmatrix} l_1 & \cdots & l_m \\ 1 & \cdots & m \end{pmatrix}$$

beträgt (vgl. (2)). Ähnlich verfährt man mit jedem geordneten Komplex q.

Wenn man berücksichtigt, daß sämtliche Summanden von (4), die den Komplexen l mit den gleichen Elementen entsprechen, gleich null sind (Eigenschaft a)), erhält man

$$\det C = \sum_{(q)} \omega(q). \tag{5}$$

Das Symbol $\sum_{(q)}$ in (5) bedeutet, daß über alle möglichen Komplexe $q = (q_1, \ldots, q_m)$ summiert wird, die den Bedingungen $1 \leq q_1 < \cdots < q_m \leq n$ genügen.

Der Übergang zu einer ausführlicheren Schreibweise für (5),

$$\det C = \sum_{1 \leq q_1 < \cdots < q_m \leq n} A\begin{pmatrix} 1 & \cdots & m \\ q_1 & \cdots & q_m \end{pmatrix} B\begin{pmatrix} q_1 & \cdots & q_m \\ 1 & \cdots & m \end{pmatrix}$$

beendet den Beweis.

Folgerung. *Sind A und B quadratische Matrizen, so gilt* $\det(AB) = \det A \cdot \det B$.

Folgerung. *Es gelte $A \in \mathbf{R}_{m \times n}$, $B \in \mathbf{R}_{n \times m}$, $n < m$. Dann ist* $\det(AB) 0$.

Definition 19. Eine Matrix $A \in \mathbf{R}_{n \times n}$ heißt *nicht ausgeartet*, wenn ihre Determinante von null verschieden ist ($\det A = 0$), und sie heißt *ausgeartet*, wenn $\det A = 0$ ist.

Es sei A eine Matrix aus $\mathbf{R}_{n \times n}$.

Definition 20. Die Matrix

$$B = \begin{pmatrix} A_{11} & \cdots & A_{n1} \\ A_{1n} & \cdots & A_{nn} \end{pmatrix},$$

in der A_{ji} ein algebraisches Komplement des Elements α_{ij} ist, heißt die zu A *adjungierte Matrix*.

Eigenschaft der adjungierten Matrix: $AB = BA = \det A \cdot I$:

Definition 21. Eine Matrix $X \in \mathbf{R}_{n \times n}$, welche die Beziehung

$$AX = XA = I$$

erfüllt, wird *Inverse* zu $A \in \mathbf{R}_{n \times n}$ genannt und mit A^{-1} bezeichnet.

Satz 6. *Zu jeder beliebigen nichtausgearteten Matrix existiert stets eine Inverse, und diese ist eindeutig bestimmt.*

Eigenschaften der inversen Matrix:

a) $(A^{-1})^{-1} = A$, b) $(AB)^{-1} = B^{-1}A^{-1}$, c) $\det(A^{-1}) = (\det A)^{-1}$.

Definition 22. Die höchste Ordnung des von null verschiedenen Minors einer Matrix heißt *Rang* dieser (Rechteck-)Matrix. Ein derartiger Minor der Matrix heißt *Basisminor*, während die Zeilen und Spalten, die seine Elemente enthalten, *Basiszeilen* beziehungsweise *Basisspalten* genannt weden.

Satz 7. *Die Basisspalten der Matrix A sind linear unabhängig, d. h., jede Spalte der Matrix A läßt sich als Linearkombination ihrer Basisspalten darstellen.*

Bemerkung. Eine ähnliche Aussage gilt auch für die Zeilen der Matrix A.
Wir arbeiten mit der Bezeichnung rang A.

Satz 8. *Elementare Transformationen von Zeilen und Spalten einer Matrix ändern deren Rang nicht.*

Satz 9. *Durch elementare Transformationen von Zeilen und Spalten kann die Matrix A, deren Rang $r =$ rang $A \geq 1$ ist, auf folgende Form gebracht werden:*

$$r\left[\begin{array}{c|c} \begin{matrix} 1 & & 0 \\ & \ddots & \\ 0 & & 1 \end{matrix} & 0 \\ \hline 0 & 0 \end{array}\right]_{r}.$$

Definition 23. Die quadratischen Matrizen

$$P = \begin{pmatrix} 1 & & \vdots & & \vdots & & \\ & \ddots & \vdots & & \vdots & & \\ & & 1 & & \vdots & & \\ \cdots & \cdots & 0 & \cdots & 1 & \cdots & \cdots \\ & & \vdots & 1 & \vdots & & \\ & & \vdots & & \ddots & & \\ & & \vdots & & 1 & & \\ \cdots & \cdots & 1 & \cdots & 0 & \cdots & \cdots \\ & & \vdots & & \vdots & 1 & \\ & & \vdots & & \vdots & & \ddots \\ & & \vdots & & \vdots & & & 1 \end{pmatrix}, \quad Q = \begin{pmatrix} 1 & & \vdots & & \\ & \ddots & \vdots & & \\ & & 1 & & \\ \cdots & \cdots & \beta & \cdots & \cdots \\ & & \vdots & 1 & \\ & & \vdots & & \ddots \\ & & \vdots & & & 1 \end{pmatrix}, \quad R = \begin{pmatrix} 1 & & \vdots & & \vdots & & \\ & \ddots & \vdots & & \vdots & & \\ \cdots & \cdots & 1 & \cdots & \gamma & \cdots & \cdots \\ & & \vdots & \ddots & \vdots & & \\ \cdots & \cdots & 0 & \cdots & 1 & \cdots & \cdots \\ & & \vdots & & \vdots & \ddots & \\ & & \vdots & & \vdots & & 1 \end{pmatrix}$$

$\beta \neq 0$

heißen *elementare Transformationsmatrizen* (*elementare Matrizen*). Alle außerhalb der Hauptdiagonalen gelegenen Elemente, mit Ausnahme der genannten, sind gleich null.

Eigenschaften der elementaren Matrizen:

a) Elementare Matrizen sind nicht ausgeartet.
b) Die Multiplikation einer Matrix A mit der elementaren Matrix P von links (rechts) ist gleichbedeutend mit einer elementaren Transformation der Zeilen (Spalten) der Matrix A vom ersten Typ.

c) Die Multiplikation einer Matrix A mit der elementaren Matrix Q von links (rechts) ist gleichbedeutend mit einer elementaren Transformation der Zeilen (Spalten) der Matrix A vom zweiten Typ.
d) Die Multiplikation einer Matrix A mit der elementaren Matrix R von links (mit der Matrix R^{T} rechts) ist gleichbedeutend mit einer elementaren Transformation der Zeilen (Spalten) der Matrix A vom dritten Typ.
e) Eine beliebige nichtausgeartete Matrix ist in ein Produkt elementarer Matrizen zerlegbar.

Satz 10. *Es seien* $A \in \mathbf{R}_{m \times n}$, rang $A = r \geq 1$. *Dann existieren nichtausgeartete Matrizen* $D \in \mathbf{R}_{n \times n}$ *und* $S \in \mathbf{R}_{m \times n}$ *derart, daß*

$$\mathrm{SAD} = \begin{bmatrix} 1 & & & \\ & \ddots & & \\ & & 1 & \\ & & & 0 \end{bmatrix}$$

ist.

Nun sei

$$\hat{A} = \begin{pmatrix} \alpha_{11} & \cdots & \alpha_{1n} \beta_1 \\ \cdots & \cdots & \cdots \\ \alpha_{m1} & \cdots & \alpha_{mn} \beta_m \end{pmatrix}$$

eine Matrix der Dimension $m \times (n+1)$, deren erste n Spalten von null verschieden sind.

Definition 24. Die Gesamtheit der Beziehungen

$$\begin{aligned} \alpha_{11}x_1 + \cdots + \alpha_{1n}x_n &= \beta_1 \\ \cdots\cdots\cdots\cdots & , \\ \alpha_{m1}x_1 + \cdots + \alpha_{mn}x_n &= \beta_m \end{aligned} \qquad (*)$$

wobei die Zahlen $x_1, \ldots, x_n$ als zu bestimmende Unbekannte angesehen werden, heißt *System linearer Gleichungen mit n Unbekannten* (*Linearsystem*).

Die Matrizenschreibweise dieses Linearsystems lautet

$$AX = B \qquad (*)$$

mit $A = \begin{pmatrix} \alpha_{11} & \cdots & \alpha_{1n} \\ \cdots & \cdots & \cdots \\ \alpha_{m1} & & \alpha_{mn} \end{pmatrix}$, $B = \begin{pmatrix} \beta_1 \\ \cdots \\ \beta_m \end{pmatrix}$, $X = \begin{pmatrix} x \\ \cdots \\ x_n \end{pmatrix}$.

Die Matrix A nennt man *Matrix des Systems* (*), B die *Spalte freier Glieder*, X die *Spalte der Unbekannten*. Die Ausgangsmatrix $\hat{A} = (A|B)$ wird *erweiterte Matrix* des Systems (*) genannt.

Definition 25. Eine beliebige geordnete Gesamtheit von Zahlen $\gamma_1, \ldots, \gamma_n$ (eine beliebige Spalte $\Gamma = (\gamma_1, \ldots, \gamma_n)^{\mathrm{T}}$), die beim Einsetzen in jede Gleichung des Systems (∗) in (∗)) an Stelle einer Gesamtheit von Unbekannten $x_1, \ldots, x_n$ (der Spalte X) diese in eine identische Matrizengleichung transformiert, heißt *Lösung des linearen Systems* (∗).

Definition 26. Das lineare System heißt *lösbar*, wenn es wenigstens eine Lösung besitzt, und *unlösbar*, wenn seine Lösungsmenge leer ist.

Definition 27. Die Lösungen der Linearsysteme $\gamma_1, \ldots, \gamma_n$ und $\gamma'_1, \ldots, \gamma'_n$ heißen *verschieden*, wenn mindestens eine der Gleichungen $\gamma_1 = \gamma'_1, \ldots, \gamma_n = \gamma'_n$ nicht erfüllt wird.

Definition 28. Ein lösbares lineares System heißt *eindeutig*, wenn es genau eine Lösung besitzt, und *mehrdeutig*, wenn es mindestens zwei Lösungen hat.

Satz 11 (*Lösbarkeitskriterium*). *Ein lineares System ist dann und nur dann lösbar, wenn der Rang seiner Matrix gleich dem Rang einer erweiterten Matrix ist.*

Definition 29. Die Gesamtheit aller Lösungen eines linearen Systems nennt man die *Lösungsmenge* dieses Systems und bezeichnet es mit $\{*\}$.

Definition 30. Zwei lineare Systeme mit der gleichen Anzahl von Unbekannten heißen *äquivalent*, wenn ihre Lösungsmengen übereinstimmen. Bezeichnung: $* \sim *'$.

Definition 31. Man sagt, daß *das lineare System* (∗′) *aus dem linearen System* (∗) *durch elementare Transformationen hervorgeht*, wenn die erweiterte Matrix $\hat{A}'$ des Systems (∗′) aus der erweiterten Matrix $\hat{A}$ des Systems (∗) durch elementare Transformation von Zeilen hervorgegangen ist.

Satz 12. *Das lineare System* (∗′) *sei aus dem linearen System* (∗) *durch elementare Transformationen hervorgegangen. Dann sind die linearen Systeme* (∗′) *und* (∗) *äquivalent, d. h.* $* \sim *'$.

Definition 32. Man sagt, ein Linearsystem weise eine *Stufenform* auf, wenn die erweiterte Matrix des Systems ebenfalls stufenförmig ist.

Satz 13. *Jedes lineare System ist einem stufenförmigen linearen System äquivalent.*

Satz 14. *Ein lösbares lineares System ist dann und nur dann eindeutig, wenn der Rang seiner Matrix gleich der Anzahl der Unbekannten im System ist.*

Satz 15 (*Cramersche Regel*). *In der Matrizengleichung* $AX = B$ *sei die quadratische Matrix* A *nicht ausgeartet. Dann wird die Lösungsspalte nach der Formel* $\Gamma = A^{-1}B$ *bestimmt.*

Definition 33. Ein lineares System heißt *homogen*, wenn die Spalte freier Glieder gleich der Nullspalte ist:

$$AX = 0. \tag{$*_0$}$$

Eigenschaften der Lösungen eines homogenen Systems:

a) Ein homogenes lineares System ist stets lösbar: $(0 \cdots 0)^T \in \{*_0\}$.
b) Ist die Anzahl der Gleichungen $(*_0)$ kleiner als die der Unbekannten, so ist das homogene System mehrdeutig.
c) Die Summe der Lösungen eines homogenen linearen Systems ist wieder eine Lösung dieses Systems.
d) Das Produkt der Lösung eines homogenen linearen Systems mit einer Zahl ist wieder eine Lösung dieses Systems.

Definition 34. Ein Lösungssystem eines homogenen linearen Systems, das die folgenden Bedingungen erfüllt:

1. Die Lösungen sind linear unabhängig;
2. jede Lösung des vorgegebenen Systems kann als Linearkombination derselben dargestellt werden,

heißt *Fundamentalsystem* von Lösungen des vorgegebenen homogenen Linearsystems.

Satz 16. *In einem beliebigen homogenen linearen System existiert ein aus $n - r$ Lösungen bestehendes Fundamentalsystem von Lösungen. Dabei gibt n die Anzahl der Unbekannten und r den Rang des Matrixsystems an.*

Definition 35. Ein homogenes System $AX = O$ heißt reduziertes System für das lineare System $AX = B$.

Satz 17. *Zwischen den Lösungsmengen $\{*\}$ des linearen Systems $AX = B$ und der Lösungsmenge $\{*_0\}$ des reduzierten Systems $AX = 0$ besteht folgende Beziehung:*
$\{*\} = \Gamma + \{*_0\}$, *wobei Γ eine beliebige Lösung des linearen Systems $AX = B$ ist.*

Äquivalenz, Abbildungen

Definition 1. Die Gesamtheit aller möglichen geordneten Paare der Form (x, y) mit $x \in X$, $y \in Y$ heißt *kartesisches Produkt* $X \times Y$ der Menge X mit der Menge Y.

Wenn die Mengen X und Y zusammenfallen, so heißt das kartesische Produkt *kartesisches Quadrat* der Menge X.

Definition 2. Man sagt, daß auf der Menge X eine *binäre Relation* $\mathcal{R}$ erklärt ist, wenn in ihrem kartesischen Quadrat $X \times X$ eine nichtleere Teilmenge A

ausgewählt ist. Zwei Elemente x und y aus X sind durch eine binäre Relation $\mathscr{R}$, die durch die Menge A definiert wird, *verknüpft*, wenn $(x, y) \in A$ gilt. Bezeichnung: $x \mathscr{R} y$.

Definition 3. Die binäre Relation $\mathscr{R}$ heißt *reflexiv*, wenn $x \mathscr{R} x$ für jedes $x \in X$ gilt, d. h., für ein beliebiges $x \in A$ ist stets $(x, x) \in A$.

Definition 4. Die binäre Relation $\mathscr{R}$ heißt *symmetrisch*, wenn aus $x \mathscr{R} y$ folgt: $y \mathscr{R} x$, d. h., wenn $(x, y) \in A$ die Beziehung $(y, x) \in A$ nach sich zieht.

Definition 5. Die binäre Relation $\mathscr{R}$ heißt *transitiv*, wenn aus $x \mathscr{R} y$ und $y \mathscr{R} z$ folgt: $x \mathscr{R} z$, d. h., wenn aus $(x, y) \in A$ und $(y, z) \in A$ folgt, daß $(x, z) \in A$ gilt.

Definition 6. Eine binäre Relation $\mathscr{R}$ auf einer Menge X heißt *Äquivalenzrelation*, wenn sie reflexiv, symmetrisch und transitiv ist. Sie wird mit $\sim$ bezeichnet.

Definition 7. Die Menge $\mathrm{cl}(x) = \{y \mid y \in X,\ y \sim x\}$ (lies: Die Gesamtheit aller möglichen Elemente y aus der Menge X, die einem vorgegebenen Element x äquivalent sind) heißt *Äquivalenzklasse* des Elements x.

Satz 1. *Zwei Äquivalenzklassen sind entweder disjunkt oder fallen zusammen.*

Definition 8. Die Menge aller Äquivalenzklassen bezüglich der gegebenen Äquivalenzrelation $\mathscr{R}$ heißt *Faktormenge* der Menge X bezüglich der Äquivalenz $\mathscr{R}$; sie wird mit $X/\mathscr{R}$ bzw. $X/\sim$ bezeichnet.

Definition 9. Die Vorschrift $p\colon X \to X/\mathscr{R}$, die jedem Element seine Äquivalenzklasse so zuordnet, daß $p\colon x \mapsto \mathrm{cl}(x)$ gilt, heißt *kanonische Projektion* der Menge X auf die Faktormenge $X/\mathscr{R}$.

Beispiele für Äquivalenzrelationen.

1. Zwischen zwei Paaren (p, q), (p', q') natürlicher Zahlen wird folgende Relation $\mathscr{R}$ festgelegt:

$$(p, q)\mathscr{R}(p', q') \Leftrightarrow p + q' = p' + q.$$

Dies ist eine Äquivalenzrelation. Die Äquivalenzklasse des Paares (p, q) ist eine ganze Zahl $\mathrm{cl}(p, q)$. Damit gilt $\mathbf{Z} = \mathbf{N} \times \mathbf{N}/\mathscr{R}$.

2. Zwischen zwei Paaren (p, q) und (p', q') ganzer Zahlen gilt folgende Relation $\mathscr{R}$:

$$(p, q)\mathscr{R}(p', q') \Leftrightarrow pq' = p'q \quad q \neq 0, \qquad q' \neq 0.$$

Dies ist eine Äquivalenzrelation. Die Äquivalenzklasse des Paares (p, q) ist eine rationale Zahl $\mathrm{cl}(p, q)$; $\mathbf{Q} = \mathbf{Z} \times (\mathbf{Z} \setminus 0)/\mathscr{R}$.

3. M sei eine Menge aller möglicher konvergenter Folgen von rationalen Zahlen $\{r_m\}, r_m \in \mathbf{Q}$. Bezüglich zweier Folgen $\{r_m\}, \{r'_m\}$ gilt folgende Relation $\mathscr{R}$:

$$\{r_m\}\mathscr{R}\{r'_m\} \Leftrightarrow \lim_{m\to\infty} r_m = \lim_{m\to\infty} r'_m.$$

Dies ist eine Äquivalenzrelation. Die Äquivalenzklasse der Folge $\{r_m\}$ ist eine reelle Zahl a. Somit ist $M/\mathscr{R} = \mathbf{R}$.

4. C^1 ist die Gesamtheit aller reellwertigen Funktionen, die auf der Achse vorgegeben sind und eine erste Ableitung besitzen. Zwischen zwei Funktionen $f(x)$ und $g(x)$ aus C^1 gilt die folgende Relation $\mathscr{R}$:

$$f(x)\mathscr{R}g(x) \Leftrightarrow \begin{cases} \text{es existiert eine Konstante } c, \text{ so daß} \\ f(x) - g(x) \equiv c \text{ ist.} \end{cases}$$

Dies ist eine Äquivalenzrelation. Die Äquivalenzklasse der Funktion f ist ein unbestimmtes Integral ihrer Ableitung:

$$\int \varphi(x)dx \ (f' = \varphi).$$

5. Zwischen zwei ganzen Zahlen x und y gilt folgende Relation $\mathscr{R}$:

$$x\mathscr{R}y \Leftrightarrow \begin{cases} \text{es existiert eine ganze Zahl } q \in \mathbf{Z}, \text{ so daß } x - y = mg \text{ ist,} \\ \text{wobei } m \in \mathbf{N} \text{ fixiert ist.} \end{cases}$$

Dies ist ebenfalls eine Äquivalenzrelation mit der Bezeichnung $x \equiv y(\text{mod } m)$. Die Äquivalenzklasse der ganzen Zahl k ist die Gesamtheit aller ganzen Zahlen, für die der Rest der Teilung einer jeden von ihnen durch eine natürliche Zahl m mit dem Rest der Teilung von k durch diese Zahl übereinstimmt; sie heißt *Restklasse modulo m*. Die Faktormenge

$$\mathbf{Z}/\mathscr{R} = \mathbf{Z}_m = \{\text{cl}(0), \text{cl}(1), \ldots, \text{cl}(m-1)\}$$

heißt *Restklassenmenge modulo m*.

Definition 10. Jede Regel f, mit deren Hilfe jedem Element x aus X ein gewisses Element y aus Y zugeordnet wird, heißt *Abbildung* der Menge X in die Menge Y. Das Element y heißt *Bild* des Elementes x bei der Abbildung f. Bezeichnung: $f: X \to Y, \quad f: x \mapsto y, \quad y = f(x)$.

Definition 11. Die Menge

$$\text{Im} f = f(X) = \{y \mid y \in Y, \exists x \in X: f(x) = y\}$$

heißt *Bild der Abbildung f*.

Definition 12. Die Menge

$$f^{-1}(y)=\{x \mid x\in X,\ f(x)=y\}.$$

heißt *volles Urbild* des vorgegebenen Elementes $y\in Y$.

Definition 13. Die Abbildungen $f\colon X\to Y$ und $g\colon X\to Y$ heißen *gleich*, wenn $f(x)=g(x)$ für ein beliebiges $x\in X$ ist.

Definition 14. Die Abbildung $f\colon X\to Y$ heißt *surjektiv*, wenn $f(X)=Y$ gilt, d. h., wenn das volle Urbild eines beliebigen Elementes $y\in Y$ mindestens ein Element $x\in X$ enthält.

Definition 15. Die Abbildung $f\colon X\to Y$ heißt *injektiv*, wenn aus $x_1\neq x_2$ die Beziehung $f(x_1)\neq f(x_2)$ folgt, d. h., wenn das volle Urbild eines beliebigen Elementes $y\in Y$ nicht mehr als ein Element $x\in X$ enthält.

Definition 16. Die Abbildung $f\colon X\to Y$ heißt *bijektiv* (oder *umkehrbar eindeutig*), wenn sie surjektiv und injektiv ist, d. h., wenn das volle Urbild eines beliebigen Elementes $y\in Y$ genau ein Element $x\in X$ enthält.

Definition 17. Eine durch die Vorschrift $h(x)=g(f(x))$ gegebene Abbildung $h\colon X\to Z$ wird *Hintereinanderausführung* (*Superposition* oder *Produkt*) der Abbildung $f\colon X\to Y$ mit der Abbildung $g\colon Y\to Z$ genannt und mit $h=g\circ f$ bezeichnet.

Definition 18. Die Abbildung $1_X\colon X\to X$, die jedes Element $x\in X$ in sich selbst überführt, heißt *identische* (oder *Einheits-*)Abbildung.

Eigenschaften der Hintereinanderausführung von Abbildungen:

a) Für die Hintereinanderausführung von Abbildungen gilt das Assoziativgesetz: Aus

$$f\colon X\to Y,\quad g\colon Y\to Z,\quad h\colon Z\to U$$

folgt

$$h\circ(g\circ f)=(h\circ g)\circ f.$$

b) Für eine beliebige Abbildung $f\colon X\to Y$ gelten die Gleichungen $1_Y\circ f = f\circ 1_X=f$.
c) Die Hintereinanderausführung surjektiver Abbildungen ist wieder surjektiv.
d) Die Hintereinanderausführung injektiver Abbildungen ist wiederum injektiv.
e) Die Hintereinanderausführung bijektiver Abbildungen ist wieder bijektiv.

Definition 19. Die Abbildung $f\colon X \to Y$ heißt *umkehrbar*, wenn eine Abbildung $g\colon Y \to X$ existiert, so daß $g \circ f = 1_X$, $f \circ g = 1_Y$ ist. Die Abbildung g heißt *Inverse* der Abbildung f und wird mit f^{-1} bezeichnet.

Eigenschaften der inversen Abbildung:

a) Die Abbildung f ist dann und nur dann umkehrbar, wenn f bijektiv ist.
b) Die Inverse zu einer gegebenen Abbildung ist eindeutig bestimmt.
c) Die Hintereinanderausführung umkehrbarer Abbildungen ist umkehrbar, und es gilt $(g \circ f)^{-1} = f^{-1} \circ g^{-1}$.

Gruppen, Ringe, Körper

Definition 0. Jede Abbildung $*\colon X \times X \to X$ wird *internes Verknüpfungsgesetz* (*InternVG*) für die Menge X genannt.

Definition 1. Das Element $n \in X$ heißt *neutral* bezüglich des InternVG $*$ auf der Menge X, wenn $n * x = x * n = x$ für beliebiges $x \in X$ gilt. Man sagt in diesem Fall, daß das InternVG $*$ eine Eigenschaft N besitzt.

Behauptung. *Es existiert höchstens ein Element, das bezüglich des vorgegebenen InternVG neutral ist.*

Definition 2. Das interne Verknüpfungsgesetz $*$ heißt *assoziativ*, wenn $(x * y) * z = x * (y * z)$ für beliebige $x, y, z \in X$ gilt. Man sagt in diesem Fall, daß das InternVG$*$eine Eigenschaft A aufweist.

Definition 3. Man sagt, daß das Element $x \in X$ *symmetrisch* bezüglich des InternVG mit der Eigenschaft N ist, wenn ein Element $y \in X$ existiert, so daß $x * y = y * x = n$ gilt. Das InternVG$*$, bei dem sich für ein beliebiges Element $x \in X$ ein zu diesem symmetrisches Element $y \in X$ angeben läßt, heißt *Träger* der Eigenschaft **S**.

Behauptung. *Besitzt das InternVG die Eigenschaften* **N** *und* **A**, *so existiert zu jedem Element $x \in X$ höchstens ein symmetrisches.*

Definition 4. Das InternVG heißt *kommutativ*, wenn für beliebiges x, $y \in X$ die Beziehung

$$x * y = y * x$$

erfüllt wird.

In diesem Fall sagen wir, daß das InternVG$*$eine Eigenschaft C besitzt.

Definition 5. Eine nichtleere Menge G heißt *Gruppe*, wenn für G ein InternVG $*$ vorgegeben ist, das die Eigenschaften A, N und S besitzt; in diesem Fall wird das InternVG ein *Gruppengesetz* genannt und mit $(G, *)$ bezeichnet.

Definition 6. Ist das Gruppengesetz eine Multiplikation $\cdot$, so nennt man die Gruppe $(G, \cdot)$ *multiplikativ*. Wenn das Gruppengesetz eine Addition $+$ ist, so nennt man die Gruppe $(G, +)$ *additiv*.

Eigenschaften einer Gruppe:

Die Gruppe G sei multiplikativ.

a) Es existiert ein Einheitselement $e \in G$.
b) Zu einem beliebigen Element $g \in G$ existiert ein eindeutiges inverses Element $g^{-1} \in G$.
c) Die Gleichung $ax = b$ $(ya = b)$ besitzt eine einzige Lösung $x = a^{-1}b$ $(y = ba^{-1})$.

Die Gruppe G sei additiv.

a) Es existiert ein einziges Nullelement $0 \in G$.
b) Zu einem beliebigen Element $a \in G$ existiert ein einziges entgegengesetztes Element $(-a) \in G$.
c) Die Gleichung $a + x = b$ $(y + a = b)$ besitzt eine einzige Lösung $x = (-a) + b(y = b + (-a))$.

Beispiele für Gruppen.

1. Die Gruppe der ganzen Zahlen $(\mathbf{Z}, +)$. Das Gruppengesetz ist eine Addition.

2. Die Gruppe der positiven Zahlen $(\mathbf{R}^+, \cdot)$. Das Gruppengesetz ist eine Multiplikation.

3. Die Gruppe der rechteckigen Matrizen gleicher Dimension $(\mathbf{R}_{m \times n}, +)$. Das Gruppengesetz ist eine Addition.

4. Die Gruppe der nichtausgearteten quadratischen Matrizen der Ordnung n. Das Gruppengesetz ist eine Multiplikation. Die Bezeichnung lautet: $\mathrm{GL}(n, \mathbf{R})$ – allgemeine lineare Gruppe n-ter Ordnung.

5. Die Menge aller bijektiven Abbildungen der Menge X auf sich selbst. Das Gruppengesetz ist eine Hintereinanderausführung von Abbildungen. Die Bezeichnung lautet: $S(X)$ – symmetrische Gruppe.

6. Die orthogonale Gruppe

$$\mathrm{O}(n) = \{A \in \mathbf{R}_{n \times n} \mid A^{\mathrm{T}} A = A A^{\mathrm{T}} = I\}.$$

7. Die spezielle orthogonale Gruppe

$$SO(n) = \{A \in O(n) | \det A = 1\}.$$

8. Die unimodulare Gruppe

$$\{A \in \mathbf{R}_{n \times n} | \det A = \pm 1\}.$$

Die Gruppe G sei (*per definitionem*) multiplikativ.

Definition 7. Eine nichtleere Menge H heißt *Untergruppe* der multiplikativen Gruppe G, wenn für beliebige h_1, h_2, $h \in H$ die Beziehungen $h^{-1} \in H$, $h_1 \cdot h_2 \in H$ gelten.

Definition 8. Eine nichtleere Menge H heißt *Untergruppe* der multiplikativen Gruppe G, wenn für beliebige h_1, $h_2 \in H$ die Beziehungen $h^{-1} \in H$, $h_1 \cdot h_2 \in H$ gelten.

Definition 9. Eine nichtleere Menge H heißt *Untergruppe* der multiplikativen Gruppe G, wenn H bezüglich des auf G vorgegebenen Gruppengesetzes eine Gruppe ist.

Satz 1. *Die Definitionen* 7, 8 *und* 9 *sind gleichwertig.*

Definition 10. Die umkehrbar eindeutige Abbildung

$$\varphi: (G, *_G) \to (\Gamma, *_\Gamma)$$

heißt *Isomorphismus* der Gruppe $(G, *_G)$ auf die Gruppe $(\Gamma, *_\Gamma)$, wenn für beliebige a und b aus G die Beziehung

$$\varphi(a *_G b) = \varphi(a) *_\Gamma \varphi(b)$$

erfüllt wird. In diesem Fall sagt man, daß die Gruppe G *isomorph* der Gruppe Γ ist. Bezeichnung: $G \cong \Gamma$.

Satz 2. *Die Isomorphie ist eine Äquivalenzrelation auf der Menge aller Gruppen.*

Beispiele für Untergruppen.

1. Die Menge aller ganzen Zahlen, die ein Vielfaches von $m \in \mathbf{N}$ sind, d. h.,

$$m\mathbf{Z} = \{mq | q \in \mathbf{Z}\}$$

ist eine Untergruppe der Gruppe der ganzen Zahlen $\mathbf{Z}$.

2. Die Menge aller umkehrbar eindeutigen Abbildungen der Menge X auf sich, die ein festes Element $a \in X$ unverändert lassen,

$$S_a = \{f | f \in S(X), f(a) = a\},$$

ist eine Untergruppe der symmetrischen Gruppe $S(X)$ beziehungsweise ein *Stabilisator des Elements a.*

3. Die spezielle lineare Gruppe

$$\mathrm{SL}(n, \mathbf{R}) = \{A \in \mathrm{GL}(n, \mathbf{R}) \,|\, \det A = 1\}$$

ist eine Untergruppe der allgemeinen linearen Gruppe $\mathrm{GL}(n, \mathbf{R})$.

Definition 11. Der Ausdruck

$$gH = \{gh \,|\, h \in H\} \quad (Hg = \{hg \,|\, h \in H\})$$

heißt *linke (rechte) Restklasse der Gruppe G bezüglich der Untergruppe H*, die durch ein Element $g \in G$ bestimmt wird.

Definition 12. Die Untergruppe H heißt *normal*, wenn $gH = Hg$ für beliebiges $g \in G$ gilt.

Bemerkung. Handelt es sich um eine kommutative Gruppe (d. h., das Gruppengesetz ist kommutativ), so sind alle Untergruppen normal.

Behauptung. *Die Untergruppe H ist dann und nur dann normal, wenn für ein beliebiges $g \in G$ und $h \in H$ die Inklusion $ghg^{-1} \in H$ gilt.*

Satz 3. *Die Untergruppe H sei normal. Dann ist die Menge*

$$G/H = (aH)(bH) = \{(ah_1)(ah_2) \,|\, h_1,\ h_2 \in H\}$$

der Restklassen $\{gH \,|\, g \in G\}$ der Gruppe G bezüglich der Untergruppe H eine Gruppe in Bezug auf das InternVG.

Definition 13. G/H ist eine *Faktorgruppe* der Gruppe G bezüglich der normalen Untergruppe H.

Beispiele für Faktorgruppen.

1. Die Gruppe der unimodularen Matrizen $\{A \in \mathrm{GL}(n, \mathbf{R}) \,|\, \det A = \pm 1\}$ ist eine normale Untergruppe der allgemeinen linearen Gruppe $\mathrm{GL}(n, \mathbf{R})$. Die Faktorgruppe

$$GL(n, \mathbf{R})/\{A \in GL(n, \mathbf{R}) \,|\, \det A = \pm 1\}$$

ist isomorph zur multiplikativen Gruppe der positiven Zahlen.

2. Die Faktorgruppe der Gruppe der ganzen Zahlen $\mathbf{Z}$ bezüglich der Untergruppe $\mathbf{Z}/m\mathbf{Z} = \mathbf{Z}_m$ der ganzen Zahlen, die ein Vielfaches von m, $m\mathbf{Z}$ bilden, ist eine Restklassengruppe modulo m.

3. Es sei $C^1(-\infty, \infty)$ die Menge der Funktionen, die auf der gesamten Achse

stetig sind, $C_0^1(-\infty, \infty)$ die Menge der auf der gesamten Achse stetigen und im Nullpunkt verschwindenden Funktionen. Dann ist

$$C^1(-\infty, \infty)/C_0^1(-\infty, \infty) \cong \mathbf{R}.$$

Definition 14. Eine Abbildung φ: $G \to \Gamma$ heißt *Homomorphismus* der Gruppe $(G, *_G)$ in die Gruppe $(\Gamma, *_\Gamma)$, wenn für beliebige $a, b \in G$ die Gleichung

$$\varphi(a *_G b) = \varphi(a) *_\Gamma \varphi(b)$$

erfüllt wird.

Beispiel für einen Homomorphismus: H ist eine normale Untergruppe der Gruppe G. Die Abbildung π: $G \mapsto G/H$, die durch die Vorschrift

$$\pi\colon a \in G \mapsto a \cdot H \in G/H$$

definiert wird, ist ein Homomorphismus (die Abbildung π heißt *natürlicher Homomorphismus*).

Eigenschaften des Homomorphismus

a) Das Bild des Homomorphismus $\operatorname{Im} \varphi = \{\alpha \in \Gamma \mid \exists a \in G, \varphi(a) = \alpha\}$ ist eine Untergruppe der Gruppe Γ.
b) Die durch einen Homomorphismus induzierte Kongruenzrelation

$$\ker \varphi = \{g \in G \mid \varphi(g) = e_r\}$$

ist eine normale Untergruppe der Gruppe G.
c) Der Homomorphismus φ: $G \to \Gamma$ ist dann und nur dann ein *Isomorphismus*, wenn $\ker \varphi = \{e_G\}$, $\operatorname{Im} \varphi = \Gamma$ ist.

Satz 4. *Es seien φ: $G \to \Gamma$ ein beliebiger Homomorphismus, π: $G \to G/\ker \varphi$ ein natürlicher Homomorphismus. Dann existiert ein Isomorphismus χ: $\operatorname{Im} \varphi \to G/\ker \varphi$, so daß $\chi \circ \varphi = \pi$ ist.*

Beispiel. $C[a, b]$ ist die Menge der auf einer Strecke $[a, b]$ stetigen Funktionen. Der Homomorphismus $\varphi\colon C[a, b] \to \mathbf{R}$ wird nach der Regel

$$\varphi\colon f(x) \mapsto \int_a^b f(x)dx$$

vorgegeben. Es ist klar, daß

$$\ker \varphi = \{f(x) \mid \int_a^b f(x)dx = 0\}$$

ist. Daraus schließen wir, indem wir die Aussage des Satzes anwenden, daß

$$C[a, b]/\ker \varphi \cong \mathbf{R}$$

ist.

Definition 15. Man sagt, daß die Gruppe G die *Ordnung* n besitzt, wenn sie aus n Elementen besteht. Bezeichnung: card $G = n$.

Satz 5. *Es gelte card* $G = n$. *Dann existiert eine Untergruppe der symmetrischen Gruppe* S_n, *so daß* $H \cong G$ *ist.*

Satz 6. *Es gelte*: card $G = n$, H *ist eine Untergruppe von* G *und* card $H = k$. *Dann gilt* card $(G/H) = n/k$, *wobei* G *eine multiplikative Gruppe ist,* $g \in G$, $n \in \mathbf{N}$.

Definition 16.

$$g^n = \overbrace{g \cdots g}^{n}, \quad g^0 = e, \quad g^{-n} = (g^{-1})^n.$$

Definition 17. Die Gruppe G heißt *zyklisch*, wenn sich ein Element $a \in G$ so finden läßt, daß für beliebiges $g \in G$ ein Element $m \in \mathbf{Z}$ existiert, so daß die Gleichung $g = a^m$ erfüllt wird. Man sagt, die Gruppe G werde durch das Element *a erzeugt*.

Definition 18. Die kleinste natürliche Zahl n mit $a^n = e$ heißt *Ordnung* der durch a erzeugten zyklischen Gruppe. Existiert eine solche Zahl nicht, so wird die zyklische Gruppe *unendliche Gruppe* genannt.

Satz 7. *Alle zyklischen Gruppen gleicher Ordnung sind isomorph. Alle unendlichen zyklischen Gruppen sind isomorph.*

Satz 8. *Die Ordnung der Gruppe sei eine einfache Zahl. Dann ist die Gruppe zyklisch.*

Beispiele für geometrische Gruppen:

1. Γ_m ist ein regelmäßiges m-Eck, A eine Drehung um den Nullpunkt um einen Winkel $\theta = \frac{2\pi}{m}$ (Abb. A2):

$$A = \begin{pmatrix} \cos\theta - \sin\theta \\ \sin\theta \quad \cos\theta \end{pmatrix}.$$

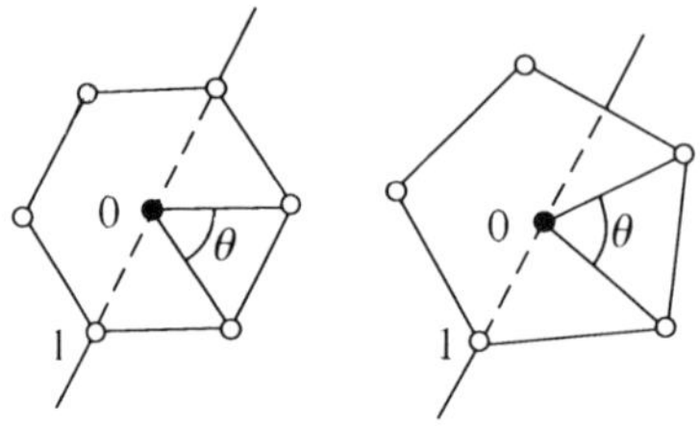

Abb. A2

B sei achsensymmetrisch bezüglich der Achse L:

$$B = \begin{pmatrix} 1 & 0 \\ 0 & -1 \end{pmatrix}.$$

Dann gilt: a) $A^m = I$, b) $B^2 = I$, c) $ABAB = I$, d) $I, A, B, \ldots, A^{m-1}, A^{m-1}B$ sind verschiedene Transformationen der Symmetrie des Vielecks Γ_m und e) andere Transformationen der Symmetrie in Γ_m gibt es nicht.

Definition 19.

$$D_m = (\{1_\Gamma, A, B, AB, \ldots, A^{m-1}, A^{m-1}B\},)$$

ist eine *Diedergruppe* m-ten Grades; card $D_m = 2m$.

2. In der Ebene $\mathbf{R}^2$ sei ein affines Koordinatensystem (ξ, η) vorgegeben. Wir nehmen an, daß jedem Punkt mit den Koordinaten (ξ, η) ein Punkt mit den Koordinaten (ξ', η'), die nach der Regel

$$\begin{pmatrix} \xi' \\ \eta' \end{pmatrix} = \begin{pmatrix} \alpha & \beta \\ \gamma & \delta \end{pmatrix} \begin{pmatrix} \xi \\ \eta \end{pmatrix} + \begin{pmatrix} \lambda \\ \mu \end{pmatrix}$$

mit $\alpha\delta - \beta\gamma \neq 0$ berechnet werden, zugeordnet wird. Dann ist

$$\left\{ \varphi\colon \mathbf{R}^2 \to \mathbf{R}^2 \,|\, \varphi\colon \begin{pmatrix} \xi \\ \eta \end{pmatrix} \mapsto \begin{pmatrix} \alpha & \beta \\ \gamma & \delta \end{pmatrix} \begin{pmatrix} \xi \\ \eta \end{pmatrix} + \begin{pmatrix} \lambda \\ \mu \end{pmatrix}, \begin{vmatrix} \alpha & \beta \\ \gamma & \delta \end{vmatrix} \neq 0 \right\}$$

eine Gruppe affiner Transformationen der Ebene $\mathbf{R}^2$.

Definition 20. Eine nichtleere Menge K wird ein *Ring* genannt, wenn in ihr zwei interne Verknüpfungsgesetze (Addition und Multiplikation) gelten, die folgende Bedingungen erfüllen:

Die *Addition* ist assoziativ und kommutativ; es existiert sowohl ein neutrales Element (Null) als auch zu jedem Element ein entgegengesetztes.

Die *Multiplikation* ist assoziativ und distributiv bezüglich der Addition, d.h., es gilt $a(b+c) = ab + ac$, $(a+b)c = ac + bc$ für beliebige $a, b, c \in K$.

Wenn die Multiplikation kommutativ ist, so heißt der Ring *kommutativ*. Besitzt die Multiplikation ein neutrales Element (Eins), so spricht man von einem *Ring mit Einselement*.

Beispiele für Ringe.

1. $(\mathbf{Z}, +, \cdot)$ ist ein kommutativer Ring mit Einselement.
2. $(2\mathbf{Z}, +, \cdot)$ ist ein kommutativer Ring.
3. $(\mathbf{R}_{n\times n}, +, \cdot)$ ist ein nichtkommutativer Ring mit Einselement.
4. $C[-1, 1]$ ist ein kommutativer Ring mit Einselement.

Eigenschaften eines Ringes:

a) Es existiert nur ein einziges Nullelement.
b) Zu jedem Element $a \in K$ existiert nur ein entgegengesetztes Element $(-a) \in K$.
c) Für beliebige $a, b \in K$ besitzt die Gleichung $a + x = b$ eine einzige Lösung: $x = b - a$.
d) Für beliebige $a, b, c \in K$ gilt $a(b-c) = ab - ac$ und $(a-b)c = ac - bc$.
e) Für beliebiges $a \in K$ ist $a \cdot 0 = 0 \cdot a = a = 0$.
f) Für beliebige $a, b \in K$ gilt $(-a)b = a(-b) = -ab$.
g) Enhält K mindestens zwei Elemente, und ist K ein Ring mit dem Einselement 1, so gilt $0 \neq 1$.
h) In einem Ring mit Einselement bildet die Menge aller bezüglich der Multiplikation umkehrbaren Elemente eine multiplikative Gruppe.

Definition 21. Die von null verschiedenen Elemente a und b eines Ringes K werden *Nullteiler* genannt, wenn $ab = 0$ ist.

Beispiele für Ringe mit Nullteilern:

1. Der Matrizenring $\mathbf{R}_{2\times 2}$ mit den Nullteilern $\begin{pmatrix} 1 & 0 \\ 0 & 0 \end{pmatrix}, \begin{pmatrix} 0 & 0 \\ 0 & 1 \end{pmatrix}$.
2. Der Ring der stetigen Funktionen $C[-1, 1]$ mit den Nullteilern $f(x) = x + |x|, g(x) = x - |x|$.
3. Der Restklassenring Z_m bezüglich eines zusammengesetzten Modulus $m = nk$, $n > 1$, $k > 1$ mit den Nullteilern $\mathrm{cl}(n)$, $\mathrm{cl}(k)$.

Definition 22. Eine Menge P, die mindestens zwei Elemente enthält, heißt *Körper*, wenn in ihr zwei interne Verknüpfungsgesetze, Addition $(+)$ und Multiplikation $(\cdot)$, wirken, die folgende Bedingungen erfüllen:

Die *Addition* ist assoziativ und kommutativ; es existiert ein Nullelement, und zu jedem Element der Menge gibt es ein entgegengesetztes.

Die *Multiplikation* ist assoziativ und kommutativ; es existiert ein Einselement, und zu jedem von null verschiedenen Element gibt es ein inverses. Außerdem ist die Multiplikation bezüglich der Addition distributiv.

Behauptung. *Jeder Körper ist ein kommutativer Ring mit Einselement, der mindestens zwei Elemente besitzt, und jedes seiner von null verschiedenen Elemente ist umkehrbar.*

Eigenschaften eines Körpers (zusätzlich zu den bereits erfüllten Ringeigenschaften):

a) In einem Körper existieren keine Nullteiler.
b) Das Einselement ist eindeutig definiert.
c) Zu jedem von null verschiedenen Element existiert ein eindeutig bestimmtes inverses.
d) Für beliebige a und b, $b \neq 0$, besitzt die Gleichung $bx = a$ eine einzige Lösung $x = b^{-1}a$.

Satz 9. *Der Restklassenring* $\mathbf{Z}_m$ *ist dann und nur dann ein Körper, wenn m eine Primzahl ist.*

Definition 23. Eine natürliche Zahl n heißt *Körpercharakteristik*, wenn

$$\underbrace{1 + \cdots + 1}_{n} = 0$$

ist und keine andere natürliche Zahl $< n$ diese Eigenschaft besitzt. Gilt diese Eigenschaft für kein natürliches n, so sagt man, daß der Körper die *Charakteristik* 0 hat.

Behauptung. *Die Körpercharakteristik ist entweder null oder eine Primzahl.*

Beispiele für Körper:

1. Der Körper **Q** der rationalen Zahlen.
2. Der Körper **R** der reellen Zahlen.
3. Die Menge der reellen Zahlen der Form $a + b\sqrt{2}$, wobei a und b rational sind.
4. Das Galoisfeld GF(4):

$+$	0	1	α	β
0	0	1	α	β
1	1	0	β	α
α	α	β	0	1
β	β	α	1	0

$\circ$	0	1	α	β
0	0	0	0	0
1	0	1	α	β
α	0	α	β	1
β	0	β	1	α

5. Der Körper **C** der komplexen Zahlen.

Wir beachten hier vor allem, daß die Menge der quadratischen Matrizen der Form

$$\begin{pmatrix} x & -y \\ y & x \end{pmatrix}, \quad x \in \mathbf{R}, \quad y \in \mathbf{R},$$

(mit den üblichen Operationen der Addition und Multiplikation von Matrizen) einen Körper darstellt, in dem die Beziehung

$$X^2 + I = O$$

erfüllt wird, wobei $X = \begin{pmatrix} 0 & -1 \\ 1 & 0 \end{pmatrix}$ gilt.

Es seien

$$z_1 = (x_1, y_1), \quad z_2 = (x_2, y_2)$$

mit $x_1, x_2, y_1, y_2 \in \mathbf{R}$. Wir definieren zwei InternVG $(+)$ und $(\cdot)$:

Eine *Summe*: $(x_1, y_1) + (x_2, y_2) = (x_1 + x_2, y_1 + y_2)$,
Ein *Produkt*: $(x_1, y_1)(x_2, y_2) = (x_1 x_2 - y_1 y_2, x_1 y_2 + x_2 y_1)$,

Bezeichnung: **C**.

Der Isomorphismus φ legt eine Zuordnung

$$z = (x, y) \overset{\varphi}{\mapsto} \begin{pmatrix} x & -y \\ y & x \end{pmatrix}$$

zwischen der Menge der Punkte der Ebene **C** und dem Körper

$$\left(\left\{ \begin{pmatrix} x & -y \\ y & x \end{pmatrix} \middle| x, y \in \mathbf{R} \right\}, +, \cdot \right)$$

fest, wobei $(+) \to (+)$ und $(\cdot) \to (\cdot)$ gilt.

Definition 24. Die Elemente des Körpers **C** heißen *komplexe Zahlen*. Die algebraische Schreibweise für eine komplexe Zahl lautet: $z = x + iy$.

Definition 25. Die komplexe Zahl $z = x - iy$ heißt *die zu* $\bar{z} = x + iy$ *konjugiert-komplexe Zahl.*

Eigenschaften der Konjugationsabbildung:

a) $\overline{z_1 + z_2} = \bar{z}_1 + \bar{z}_2$,
b) $\overline{z_1 \cdot z_2} = \bar{z}_1 \cdot \bar{z}_2$.

Trigonometrische Schreibweise für eine komplexe Zahl:

$$z = r(\cos\varphi + i \sin\varphi),$$

wo $r = |z| = \sqrt{x^2 + y^2}$ der *Modul*, $\varphi = \arg z$ das *Argument* der komplexen Zahl sind (Abb. A3).

Eigenschaften von Modul und Argument komplexer Zahlen (Abb. A4):

a) $|z_1 + z_2| \leq |z_1| + |z_2|$,
b) $|z_1 \cdot z_2| = |z_1| \cdot |z_2|$,
c) $\arg(z_1 \cdot z_2) = \arg z_1 + \arg z_2$.

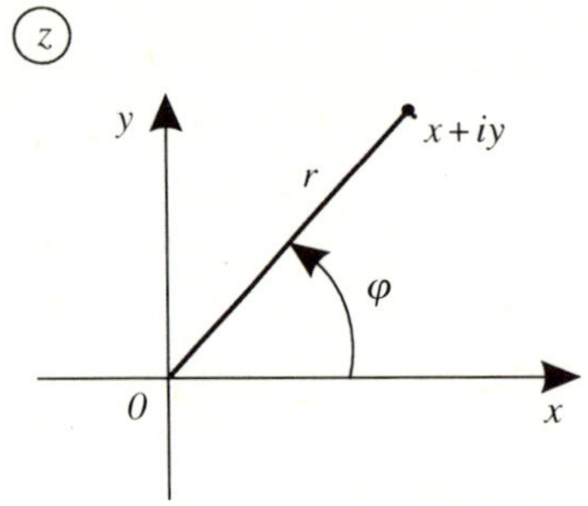

Abb. A3

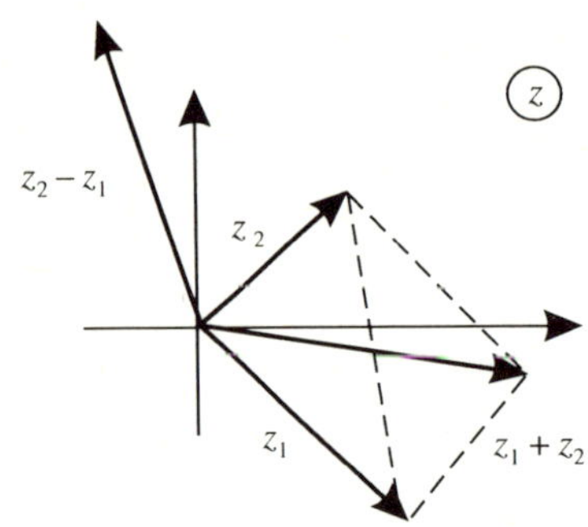

Abb. A4

Die letzte Gleichung sollte richtiger folgendermaßen geschrieben werden:

$$\arg(z_1 \cdot z_2) = \arg z_1 + \arg z_2 (\mathrm{mod}\, 2\pi).$$

Exponentiale Schreibweise für eine komplexe Zahl: $z = re^{i\varphi}$

Moivresche Formel. $(\cos\varphi + i\sin\varphi)^n = \cos n\varphi + i\sin n\varphi$.

Die *n-te Wurzel* aus einer komplexen Zahl ergibt sich zu

$$\sqrt[n]{z} = \sqrt[n]{|z|}\left(\cos\frac{\varphi + 2k\pi}{n} + i\sin\frac{\varphi + 2k\pi}{n}\right), \quad k = 0, 1, \ldots, n-1.$$

Riemannsche Sphäre. Wir betrachten eine Sphäre

$$S^2 = \{(\xi, \eta, \zeta) | \xi^2 + \eta^2 + \zeta^2 = \zeta\},$$

die in der (x, y)-Ebene liegt und diese im Ursprungspunkt O berührt. Die Regel

$$\xi = \frac{x}{1 + |z|^2}, \quad \eta = \frac{y}{1 + |z|^2}, \quad \zeta = \frac{|z|^2}{1 + |z|^2}$$

mit $|z| = x^2 + y^2$ legt eine umkehrbar eindeutige Zuordnung zwischen den Punkten der Ebene (x, y) und einem ausgewählten Punkt N (Abb. A5) fest; die

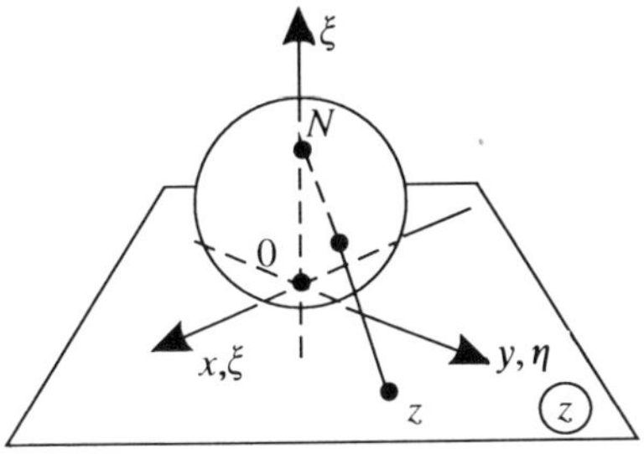

Abb. A5

inverse Abbildung wird dann folgendermaßen geschrieben:

$$x = \frac{\xi}{1-\zeta}, \quad y = \frac{\eta}{1-\zeta}.$$

Wenn man die Menge $\mathbf{C}$ um einen unendlich fernen Punkt $\infty - \bar{\mathbf{C}} = \mathbf{C} \cup \bar{\infty}$ erweitert, legt man eine eindeutige Zuordnung von S^2 und $\bar{\mathbf{C}}$ fest.

Polynome

Es sei P ein willkürlicher Körper.

Definition 1. Ein Ausdruck der Form

$$f(t) = \alpha_0 + \alpha_1 t + \cdots + \alpha_n t^n = \sum_{k=0}^{n} \alpha_k t^k,$$

wobei a_k festgehaltene Punkte des Körpers P darstellen, für die $a_n \neq 0$ gilt, heißt *Polynom n-ten Grades in der Variablen t über dem Körper P*.

Die Zahl n ist der *Grad* des Polynoms $f(t)$ und wird mit deg f bezeichnet. Das Nullpolynom besitzt keinen Grad.

Definition 2. Zwei Polynome heißen *gleich*, wenn ihr Grad und die entsprechenden Koeffizienten bezüglich t gleich oder beide null sind.

Definition 3. Das Polynom

$$h(t) = \sum_{m=0}^{n} \gamma_m t^m, \tag{1}$$

dessen Koeffizienten nach der Vorschrift $\gamma_m = \alpha_m + \beta_m$, $0 \leq m \leq 1$; $\gamma_m = \alpha_m$, $1 < m < n$, bestimmt werden, heißt *Summe* der Polynome

$$f(t) = \sum_{k=0}^{n} \alpha_k r^k \quad \text{und} \quad g(t) = \sum_{j=0}^{l} \beta_j t^j (n \geq l) \tag{2}$$

Bezeichnung: $h(t) = f(t) + g(t)$.

Die Summe von Polynomen hat folgende Eigenschaft:

$$\deg(f+g) \leq \max(\deg f, \deg g).$$

Definition 4. Ein Polynom

$$h(t) = f(t)g(t) = \sum_{s=0}^{n+1} \gamma_s t^s,$$

dessen Koeffizienten nach der Vorschrift $\gamma_s = \sum_{k+j=s} \alpha_k \beta_j$ berechnet werden, heißt *Produkt* der Polynome $f(t)$ und $g(t)$.

Das Produkt von Polynomen besitzt folgende Eigenschaft:

$$\deg(f \cdot g) = \deg f + \deg g.$$

Behauptung. *Die Gesamtheit der Polynome über dem Körper P, für die die beiden oben beschriebenen InternVG – Addition und Multiplikation – gelten, stellt einen kommutativen Ring mit Einselement, aber ohne Nullteiler dar. Bezeichnung:* $P[t]$.

Satz 1. *Es seien* $f, g \in P[t]$, $g \neq 0$. *Dann existiert ein einziges Paar* $h, r \in P[t]$ *derart, daß folgendes gilt:*

$$1.\ f = gh + r, \quad 2.\ \deg r < \deg g \text{ oder } r = 0.$$

Definition 5. Das Polynom h heißt *Quotient* von f und g, und das Polynom r wird *Rest genannt.*

Definition 6. Man sagt, das Polynom f sei durch das Polynom g *teilbar*, wenn der Rest r gleich dem Nullpolynom ist.

Definition 7. Ein Polynom φ wird *größter gemeinsamer Teiler* der Polynome f und g genannt, wenn

1. φ deren gemeinsamer Teiler ist (f und g durch φ teilbar sind),
2. φ durch einen beliebigen gemeinsamen Teiler von f und g teilbar ist.

Bezeichnung: $\mathrm{ggT}(f, g)$

Euklidischer Algorithmus (zur Bestimmung des ggT):

$$f = gh_1 + r_1, \quad g = r_1 h_2 + r_2, \quad r_1 = r_2 h_3 + r_3, \ldots, r_{k-2} = r_{k-1} h_k + r_k, \quad r_{k-1} = h_{k+1} r_k.$$

$$\boxed{r_k = \mathrm{ggT}(f, g)}$$

Behauptung. *Der größte gemeinsame Teiler zweier Polynome ist bis auf einen konstanten Multiplikator eindeutig bestimmt.*

Definition 8. Die Polynome f und g heißen *teilerfremd*, wenn der $\mathrm{ggT}(f, g) = c$ ein Polynom nullten Grades (eine Konstante) ist.

Satz 2. *Für beliebige $f, g \in P[t]$ kann man auch solche Polynome $u, v \in P[t]$ angeben, daß* gilt:

$$fu + gv = \mathrm{ggT}(f, g).$$

Definition 9. Ein Punkt $t_0 \in P$, für den $f(t_0) = 0$ gilt, heißt *Wurzel* des Polynoms $f(t)$.

Behauptung. *Ist* t_0 die Wurzel des Polynoms $f(t)$, so gilt $f(t) = (t - t_0)h(t)$, wobei $h(t) \in P[t]$ ist.

Definition 10. Das Polynom $f \in P[t]$ heißt *irreduzibel* im Blick auf den Körper P, wenn es nur durch sich selbst und das Polynom nullten Grades teilbar ist.

Definition 11. Ein Körper P heißt algebraisch abgeschlossen, wenn nur Polynome ersten Grades über P irreduzibel sind.

Satz 3 (*Fundamentalsatz der Algebra*). *Der Körper der komplexen Zahlen ist abgeschlossen.*

Folgerung. *Es sei* $f \in \mathbf{C}[t]$ $\deg f = n \geq 1$. *Dann lassen sich* $t_1, \ldots, t_n \in \mathbf{C}$ *derart finden, daß*

$$f(t) = \alpha_n \prod_{k=1}^{n} (t - t_k)$$

gilt.

Folgerung. *Es seien* f, $g \in \mathbf{C}[t]$, $\deg f \leq m$, $\deg g \leq m$; *es existieren komplexe Zahlen* $t_1, \ldots, t_{m+1}$, *die paarweise ungleich und so beschaffen sind, daß* $f(t_k) = g(t_k)$ *für ein beliebiges* $k = 1, \ldots, m+1$ *ist. Dann gilt* $f(t) = g(t)$.

Satz 4 (*Kanonische Zerlegung eines Polynoms über dem Körper* C). *Es wird vorausgesetzt, daß*

$$f(t) = \alpha_0 + \alpha_1 t + \alpha_n t^n \in \mathbf{C}[t], \quad \deg f = n.$$

gilt. Dann ist die Zerlegung

$$f(t) = a_n \prod_{j=1}^{m} (t - t_j)^{k_j},$$

$$t_j \in \mathbf{C}, \quad t_j \neq t_l (j \neq l); \quad \sum_{j=1}^{m} k_j = n, \quad k_j \geq 1$$

mit einer Genauigkeit bis auf die Größenordnung der Multiplikatoren eindeutig bestimmt.

Lehrsatz von Vietà. *Die Koeffizienten des Polynoms*

$$f(t) = \alpha_0 + \alpha_1 t + \cdots + \alpha_{n-1} t^{n-1} + t^n$$

werden durch dessen Wurzeln $t_1, \ldots, t_n$ nach folgenden Vorschriften berechnet:

$$\alpha_{n-1} = -\sum_{j=1}^{n} t_j, \quad \alpha_{n-2} = \sum_{1 \le j = k \le n} t_k t_j,$$

$$\alpha_{n-3} = -\sum_{1 \le j < k < l \le n} t_k t_j t_l, \ldots, \alpha_0 = (-1)^n t_1 t_2 \cdots t_n.$$

Satz 5. *Es seien $f(t) \in \mathbf{R}[t]$; $t_0 \in \mathbf{C}$, $t_0 \neq \bar{t}_0$ die Wurzel eines Polynoms $f(t)$ der Vielfachheit k_0. Dann ist $\bar{t}_0$ eine Wurzel des Polynoms $f(t)$ der Vielfachheit k_0.*

Satz 6 (*Kanonische Zerlegung eines Polynoms über dem Körper* **R**). *Es gelte:*

$$f(t) = \alpha_0 + \alpha_1 \mathrm{t} + \cdots + \alpha_n t^n \in R[t], \quad \deg f = n.$$

Dann ist die Zerlegung

$$f(t) = a_n \prod_{j=1}^{m} (t - t_j)^{k_j} \prod_{k=1}^{r} (t^2 + p_k t + q_k)^{l_k},$$

$$t_j \in \mathbf{R}, \quad t_j \neq t_l \; (j \neq l);$$

$$p_k, q_k \in \mathbf{R}, \quad (p_k, q_k) \neq (p_s, q_s) \; (k \neq s);$$

$$k_j, l_k \ge 1, \quad \sum_{j=1}^{m} k_j + 2 \sum_{k=1}^{r} l_k = n,$$

mit einer Genauigkeit bis auf die Größenordnung der Multiplikatoren eindeutig bestimmt.

Bemerkung. Ist der Grad des Polynoms $f(t) \in \mathbf{R}[t]$ ungerade, so besitzt das Polynom mindestens eine reelle Wurzel.

Beweis des Fundamentalsatzes der Algebra. *Jedes Polynom mit komplexen Koeffizienten, dessen Grad nicht kleiner als 1 ist, besitzt eine komplexe Wurzel.*

1. Verschlingungszahl einer geschlossenen Kurve

Wir betrachten eine Abbildung

$$\gamma\colon [0, 2\pi] \to \mathbf{R}^2,$$

die durch die Formeln

$$x = x(t), \quad y = y(t) \tag{1}$$

definiert ist, wobei $0 \leq t \leq 2\pi$ gilt; die Funktionen $x(t)$ und $y(t)$ seien im Intervall $[0, 2\pi]$ stetig und so beschaffen, daß

$$x(0) = x(2\pi), \quad y(0) = y(2\pi) \tag{2}$$

gültig ist.

Wir werden die Menge der Punkte in der Ebene $\mathbf{R}^2$, die durch (1) und (2) definiert wurde, eine *geschlossene Kurve* γ nennen.

Nun nehmen wir an, daß der Anfangspunkt 0 nicht auf γ liegt, d. h., es gilt $x^2(t) + y^2(t) > 0$, und führen in der Ebene Polarkoordinaten ein. Dann

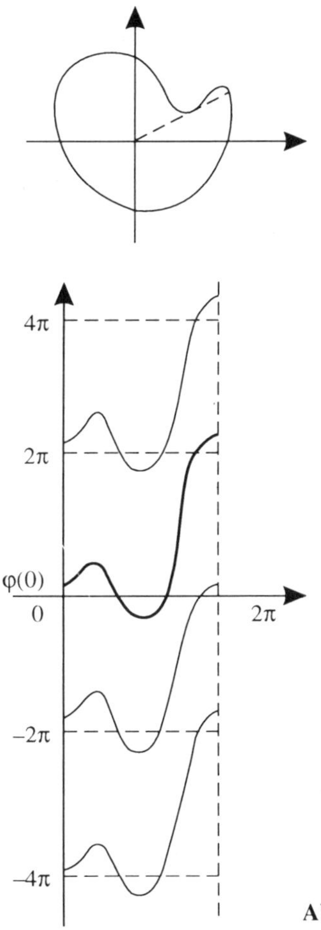

Abb. A6

erhält man für den Punkt $(x(t), y(t))$ auf γ:

$$r(t)=\sqrt{x^2(t)+y^2(t)}>0, \quad \cos\varphi(t)=\frac{x(t)}{r(t)}, \quad \sin\varphi(t)=\frac{y(t)}{r(t)}.$$

Aus den beiden letzten Gleichungen kann der Winkel $\varphi(t)$ nicht eindeutig bestimmt werden (sondern nur mit einer Genauigkeit bis auf einen durch 2 teilbaren Summanden). Wir wählen für $t=0$ einen bestimmten Winkel $\varphi(0)$ (Abb. A6). Dann ist der Winkel $\varphi(t)$ durch die Forderung der Stetigkeit auf $[0, 2\pi]$ eindeutig definiert. Es ist klar, daß die Differenz $\varphi(2\pi)-\varphi(0)$ ein Vielfaches von 2π ist. Wir bestimmen die Verschlingungszahl der Kurve γ:

$$j=j_\gamma=\frac{\varphi(2\pi)-\varphi(0)}{2\pi}\in\mathbf{Z}.$$

Wir betrachten ein Funktionenpaar

$$x(t,s), \quad y(t,s), \tag{3}$$

das in einem Rechteck $\Pi=[0,2\pi]\times[a,b]$ vorgegeben und so beschaffen ist, daß folgendes gilt:

a) $x(t,a)=x(t), \quad y(t,a)=y(t)$ für ein beliebiges $t\in[0,2\pi]$,
b) $x(0,s)=x(2\pi,s), \quad y(0,s)=y(2\pi,s)$ für beliebiges $s\in[a,b]$,
c) $x(t,s), y(t,s)$ ist stetig im Rechteck Π.

Für jedes feste s aus $[a,b]$ ergibt sich eine geschlossene Kurve γ_s.

Wir nehmen nun an, daß $0\notin\gamma_s$ ist, d. h., es gilt $r(t,s)>0$ für beliebige t und s.

Da die Funktionen $\varphi(0,s)$ und $\varphi(2\pi,s)$ stetig sind, ist auch die Verschlingungszahl der Kurve $j(s)$ stetig. Wegen der Tatsache, daß die Funktion $j(s)$ auf dem Intervall $[a,b]$ stetig ist und dort nur ganzahlige Werte annimmt, folgt, daß sie konstant ist, d. h., für beliebiges $s\in[a,b]$ gilt $j(s)=j(a)$.

Bei einer stetigen Verformung der Kurve ändert sich die Verschlingungszahl nicht (vorausgesetzt, keine der Verformungskurven geht durch den Koordinatenursprungspunkt).

2. Eigenschaften einer Kreisabbildung

Wir betrachten eine Abbildung: f: $\mathbf{C}\to\mathbf{C}$, die durch die Regel

$$f: z\mapsto w=f(z)=z^n+\alpha_{n-1}z^{n-1}+\dots+\alpha_0$$

definiert wird, und zeigen, daß sich bei $n\geq 1$ ein z_0 derart finden läßt, daß $f(z_0)=0$ ist. Die komplexe Zahl z schreiben wir in trignometrischer Form $z=\rho(\cos t+i\sin t)$. Bei festem und auf dem Intervall $[0,2\pi]$ veränderlichem t erhält man einen Kreis mit dem Radius ρ und dem Zentrum im Punkt O. Gesucht wird ein Bild dieses Kreises bei der Abbildung f:

$$w(t)=f(\rho(\cos t+i\sin t)), \quad 0\leq t\leq 2\pi. \tag{4}$$

Es ist klar, daß $w(0) = w(2\pi) = f(\rho)$ ist.

Die durch (4) definierte Kurve ist also geschlossen. Wir bezeichnen sie mit $\gamma(\rho)$.

Nun berechnen wir die Verschlingungszahl der Kurve $\gamma(\rho)$:

a) Bei $w = z^n$ erhält man $w = r(\cos\varphi + i\sin\varphi)$ mit $r = \rho^n$, $\varphi = nt$.

Wenn sich t von 0 bis 2π ändert, ändert sich auch der Winkel von 0 bis 2πn. Deshalb gilt $f(\gamma(\rho)) = n$.

b) Es sei $w = z^n + \alpha_{n-1}z^{n-1} + \cdots + \alpha_0$. Wir betrachten

$$w = f(z, s) = z^n + s(\alpha_{n-1}z^{n-1} + \cdots + \alpha_0),$$

mit $0 \le s \le 1$.

Bei $s = 0$ ist $f(z, 0) = z^n$; bei $s = 1$ ist

$$f(z, 1) = f(z) = z^n + \alpha_{n-1}z^{n-1} + \cdots + \alpha_0.$$

Wenn z einen Kreis $|z| = \rho = \text{const}$ beschreibt und s festgehalten wird, beschreibt der Punkt $f(z, s)$ in der Ebene $\mathbf{R}^2$ eine geschlossene Kurve. Wir zeigen, daß bei genügend großem ρ diese Kurve nicht durch den Anfangspunkt O geht.

Dazu wenden wir uns der Funktion $g(z) = \alpha_{n-1}z^{n-1} + \cdots + \alpha_0$ zu.

Es sei $\rho \ge 1$. Dann gilt

$$|g(z)| \le \rho^{n-1}c,$$

wobei $c = |\alpha_{n-1}| + \cdots + |\alpha_0|$ eine Konstante ist.

Aus der Gleichung $f(z, s) - sg(z) = z^n$ erhält man, daß

$$|f(z, s)| + s|g(z)| \ge \rho^n$$

ist. Die beiden letzten Ungleichungen erlauben es, den Modul $f(z, s)$ von unten her abzuschätzen:

$$|f(z, s)| \ge \rho^n - c\rho^{n-1}.$$

Es ist klar, daß ρ so groß gewählt werden kann, daß

$$|f(z, s)| > 0$$

ist (es genügt, $\rho > c$ zu nehmen).

Für beliebiges s, $0 \le s \le 1$, ist also die Kurve

$$\gamma(\rho, s) - w(z, s) = f(z, s) = f(\rho(\cos t + i\sin t), s),$$

$0 \le t \le 2\pi$, wobei $\rho = \text{const} > c$ nicht durch den Ursprungspunkt geht.

Folglich hängt die Verschlingungszahl der Kurve $\gamma(\rho, s)$ nicht von s ab.

Diese Zahl ist aber für $s = 0$ berechnet worden; sie ist gleich n. Also beträgt die Verschlingungszahl der Kurve $\gamma(\rho, s)$ bei $s = 1$ für das Polynom

$$w(z, s) = f(z, s) = z^n + (\alpha_{n-1} z^{n-1} + \cdots + \alpha_0)s$$

ebenfalls n.

3. Algebraische Abgeschlossenheit des Körpers C

Ist das freie Glied α_0 des Polynoms

$$f(z) = z^n + \alpha_{n-1} z^{n-1} + \cdots + \alpha_1 z$$

gleich null, so ist z_0 seine Wurzel.

Es sei $\alpha_0 \neq 0$. Wir betrachten eine Verformung der Kurve $\gamma(\rho)$ bei $\rho \to 0$. Die Kurve $\gamma(\rho)$ zieht sich im Verformungsprozeß zu einem Punkt $\gamma(\rho) \to \alpha_0 \neq 0$ zusammen.

Bei der Ermittlung der Verschlingungszahl der so erhaltenen ausgearteten Kurve $w = \alpha_0$ überzeugt man sich davon, daß sie verschwindet: $\varphi(2\pi) - \varphi(0) = 0$.

Da die Zahl der Verschlingungen der Kurve $\gamma(\rho)$ mit dem Koordinatenursprung n beträgt, muß die Kurve $\gamma(\rho)$ im Laufe des Verformungsprozesses bei von c bis 0 veränderlichem ρ (wir nehmen an bei ρ_0), $0 < \rho_0 < c$, durch den Anfangspunkt O gehen.

Das bedeutet, daß bei einem gewissen Wert $t_0 \in [0, 2\pi]$ gilt:

$$f(\rho_0(\cos t_0 + i \sin t_0)) = 0.$$

So erhält man, daß $f(z_0) = 0$ gilt, wobei

$$z_0 = \rho_0(\cos t_0 + i \sin t_0)$$

ist. Folglich ist $z_0 = \rho_0(\cos t_0 + i \sin t_0)$ die Wurzel des Polynoms

$$w = f(z) = z^n + \alpha_{n-1} z^{n-1} + \cdots + \alpha_0.$$

Weiterführende Hilfsmittel zum Studium konvexer Mengen, topologischer Strukturen, von Differentialeigenschaften und Ungleichungen

Einleitung

Konvexität ist einer der natürlichen und sehr bekannten Begriffe in der Mathematik. Selbst ein mathematisch wenig gebildeter Mensch besitzt im allgemeinen eine anschaulich richtige Vorstellung davon, was „konvex sein" bedeutet. Wendet man sich an einen solchen Menschen mit der Bitte, etwas Konvexes zu zeichnen, kann man sicher sein, daß diese Bitte ohne weiteres sehr genau erfüllt wird.

Wir versuchen, uns einmal solche Zeichnungen vor Augen zu führen (Abb. E1).

Die dargestellten Figuren können durch Punkt, Strecke, Strahl und Gerade ergänzt werden. Ein erfahrener Zeichner kann daraus die gesamte Ebene herstellen.

Es erweist sich, daß durch die eben aufgezählten Möglichkeiten die gesamte Mannigfaltigkeit der konvexen Mengen in der Ebene ausgeschöpft ist.

Der Leser wird sich die Frage stellen, welchen Zweck ich mit diesen Bemerkungen verfolge. Ich will damit sagen, daß ich mit den drei gezeichneten Figuren die Struktur der konvexen Mengen in der Ebene vollständig beschrieben habe. (Punkt, Strecke und Strahl sind konvexe Mengen auf einer Geraden.) Aber es gibt in der Ebene auch noch andere konvexe Figuren, z. B. ein Vieleck oder einen Winkel, dessen Öffnung π nicht überschreitet: Was soll man damit anfangen? Die beiden letztgenannten Figuren unterscheiden sich offensichtlich von den oben gezeichneten. Worin liegt dann also ihre Ähnlichkeit?

Um eine fundierte Antwort auf diese Frage zu erhalten, versuchen wir, folgende Hauptaufgabe zu lösen:

Aufgabe I. Klassifizierung der konvexen Mengen

Man kommt nicht um die Bemerkung herum, daß bei jedem Versuch, eine Kurve zu zeichnen, die eine konvexe Figur in der Ebene begrenzt, eine unerläßliche Bedingung eingehalten wird: Existiert in einem gewissen Punkt

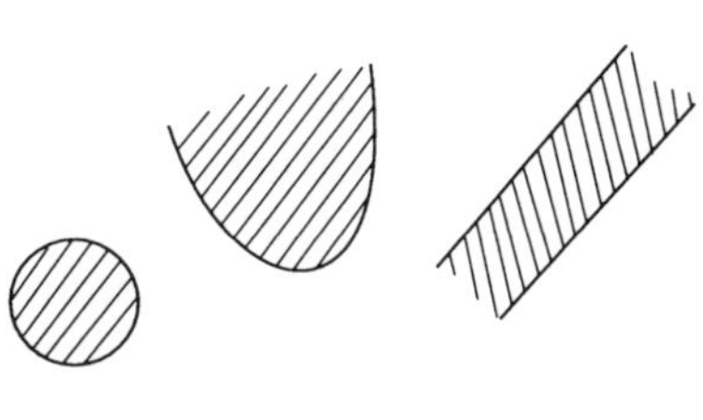

Abb. E1

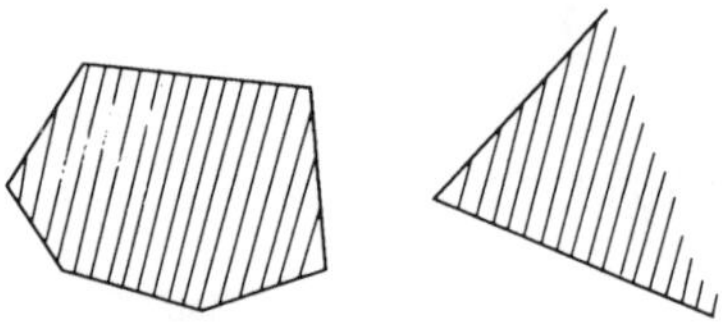

Abb. E2

dieser Kurve keine Tangente, so gibt es aber unbedingt eine linke und eine rechte Halbtangente (Abb. E2).

Nachdem man den Wunsch überwunden hat, diese Tatsache den individuellen Besonderheiten beim Zeichnen der Figuren zuzuschreiben, stellt man sich natürlich die Frage, ob es andere Gründe für die genannte Bedingung gibt.

Bei der Suche nach einer Antwort gelangen wir zu einer weiteren Hauptaufgabe:

Aufgabe II. Untersuchung der Besonderheiten der Begrenzung konvexer Mengen

Um dic Aufgaben I und II mathematisch genau zu formulieren, müssen wir uns sowohl bekannte Tatsachen ins Gedächtnis zurückrufen als auch einige neue Begriffe dazulernen. Bei der Untersuchung dieser Begriffe und der zwischen ihnen bestehenden Zusammenhänge werden wir den zur Lösung der beiden Aufgaben notwendigen mathematischen Apparat entwickeln.

Die weitere Darstellung weist die Besonderheit auf, daß die Beweise der formulierten Behauptungen immer weniger ausführlich werden, je weiter wir in unseren Betrachtungen fortschreiten. Eine detaillierte Analyse der Beweise ist aber sehr erwünscht. Sie ist möglich und erweist sich als sehr nützlich. Eine gewisse Hilfe bei der Analyse der Beweise sollen die Abbildungen geben:

„*...and what is the use of the book*“, thought Alice, „*without pictures or conversations*?“ („*...und was nützt ein Buch*“, dachte Alice, „*ohne Bilder und Dialoge*?“ (Aus *The Penguin Complete Lewis Carroll*, 1983, S. 15.)

A. Elemente der Topologie

Zur exakteren Formulierung von Aufgabe I werden einige dem Leser in unterschiedlichem Maße bekannte Begriffe eingeführt und erläutert sowie geeignete Bezeichnungen gewählt. Dadurch, daß wir sie nach Bedarf einführen, beschränken wir uns auf diejenigen Begriffe, die unmittelbar mit der gestellten Klassifizierungsaufgabe zusammenhängen.

Es ist immer zweckmäßig, mit einem geeigneten Beispiel zu beginnen. In unserem Fall bietet sich ein euklidischer Punktraum als solches an. Das Studium einiger Eigenschaften dieses Raumes hat zwei Seiten. Zum einen läßt sich anhand dieser Eigenschaften die Natürlichkeit der im folgenden einzuführenden Begriffe leicht erklären, andererseits erlaubt es uns, uns mit dem bekannten Gegenstand gründlicher vertraut zu machen, in dem sich die weiteren Hauptereignisse abspielen werden.

1. Die Topologie eines euklidischen Punktraumes

Es sei $\mathscr{E}^n$ ein n-dimensionaler euklidischer Punktraum, a und b seien Punkte des $\mathscr{E}^n$. Verwenden wir in $\mathscr{E}^n$ rechtwinklige kartesische Koordinaten $x^1, \ldots, x^n$, so sind a und b Punkte mit den Koordinaten $a^1, \ldots, a^n$ beziehungsweise $b^1, \ldots, b^n$. Dann ist

$$|a-b| = \sqrt{\sum_{i=1}^{n} (a^i - b^i)^2}$$

der *Abstand* vom Punkt a zum Punkt b.

Es sei r eine positive Zahl. Die Menge

$$B_0^n(a,r) = \{x \in \mathscr{E}^n \,|\, |x - \,| < r\}$$

wird n-dimensionale *offene Kugel* mit dem Radius r und dem Zentrum im Punkt a genannt.

Die Menge

$$S^{n-1}(a,r) = \{x \in \mathscr{E}^n \,|\, |x-a| = r\}$$

heißt *$(n-1)$-dimensionale Sphäre* mit dem Radius r und dem Zentrum im Punkt a.

Die Menge

$$B^n(a,r) = \{x \in \mathscr{E}^n \,|\, |x-a| \leq r\}$$

heißt *n-dimensionale abgeschlossene Kugel* mit dem Radius r und dem Zentrum im Punkt a.

Es ist klar, daß

$$B^n(a,r) = B_0^n(a,r) \cup S^{n-1}(a,r)$$

ist.

In den Fällen, in denen die konkrete Lage des Zentrums und die Radiusgröße keine wesentliche Rolle spielen, werden wir einfach B_0^n, S^{n-1}, B^n schreiben.

Wir betrachten nun eine wichtige Klasse von Teilmengen des Raumes $\mathscr{E}^n$ und untersuchen einige Eigenschaften ihrer Elemente.

Die Teilmenge $\mathcal{O}$ des Raumes $\mathscr{E}^n$ werden wir eine *offene Menge* nennen, wenn sich für jeden Punkt x aus $\mathcal{O}$ eine positive Zahl $r = r(x)$ derart angeben läßt, daß

$$B_0^n(x, r(x)) \subset \mathcal{O}$$

d. h., jeder Punkt gehört samt einer offenen Kugel mit dem Zentrum in diesem Punkt der Menge $\mathcal{O}$ an.

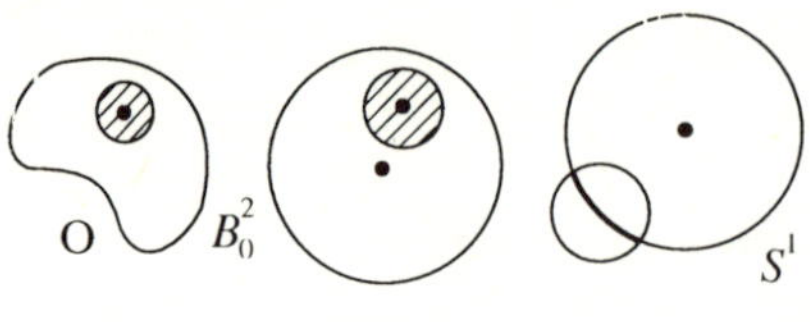

Abb. E3

Es ist klar, daß derartige Mengen existieren. Speziell besitzt die offene Kugel selbst diese Eigenschaft (Abb. E3).

Natürlich gibt es auch Mengen, die nicht offen sind. Beispielsweise trifft dies für einen Kreis S^1 in der Ebene $\mathscr{E}^2$ zu.

Die Gesamtheit aller offenen Mengen des Raumes $\mathscr{E}^n$ bezeichnen wir kurz mit $\{\mathcal{O}_\alpha\}$. Die leere Menge $\varnothing$ werden wir als offen und also zu $\{\mathcal{O}_\alpha\}$ gehörig ansehen.

Die eben konstruierte Klasse der offenen Mengen besitzt zwangsläufig folgende Eigenschaften: Elemente dieser Klasse sind

a) die leere Menge $\varnothing \in \{\mathcal{O}_\alpha\}$;
b) der Gesamtraum $\mathscr{E}^n \in \{\mathcal{O}_\alpha\}$;
c) der Durchschnitt zweier beliebiger offener Mengen.

Beweis. Es seien $\mathcal{O}_1$ und $\mathcal{O}_2$ offene Mengen und $\mathcal{O} = \mathcal{O}_1 \cap \mathcal{O}_2 \neq \varnothing$. Dann läßt sich ein Punkt x finden, der sowohl der Menge $\mathcal{O}_1$ als auch der Menge $\mathcal{O}_2$ angehört. Da die Menge $\mathcal{O}_i$ $(i = 1, 2)$ offen ist, findet man eine positive Zahl r_i derart, daß

$$B_0^n(x, r_i) \subset \mathcal{O}_i, \quad i = 1, 2$$

ist. Wir nehmen $r = \min(r_1, r_2)$ an. Dann ist $B_0^n(x,r)$ zugleich auch für $i = 1$ und $i = 2$ in $\mathcal{O}_i$ enthalten.

Daraus folgt aber, daß $B_0^n(x, r) \subset \mathcal{O}_1 \cap \mathcal{O}_2 = \mathcal{O}$ und die Menge offen ist.

d) Die Vereinigung einer beliebigen Menge offener Mengen gehört ebenfalls zu Klasse $\{\mathcal{O}_\alpha\}$.

Beweis. Jeder Punkt der Vereinigung ist wenigstens in einer der offenen Mengen enthalten, aus denen sie sich zusammensetzt. In der Vereinigung ist also auch eine offene Kugel mit dem Zentrum in einem solchen Punkt vorhanden.

Im euklidischen Punktraum $\mathscr{E}^n$ existiert also eine durch bestimmte Eigenschaften ausgezeichnete Klasse, die Klasse der offenen Mengen, die man separat betrachten kann. Dadurch wird der euklidische Raum um eine zusätzliche Struktur bereichert, die natürlich mit der bereits betrachteten Abstandsfunktion zusammenhängt.

Man sagt auch, daß im Raum $\mathscr{E}^n$ eine *natürliche Topologie* vorgegeben und der mit der neuen zusätzlichen Struktur ausgestattete Raum $\mathscr{E}^n$ ein *topologischer Raum* ist. (Hier darf sich der Leser nicht wundern. Häufig kommt es vor, daß dasselbe Objekt oder dieselbe Menge in Abhängigkeit davon, was wir bereits wissen und welche Aufgabe wir lösen, unterschiedliche Informationen trägt.)

Auf dieses Beispiel werden wir immer wieder zurückgreifen, weil das darüber Gesagte für unsere Zwecke bereits nahezu ausreicht.

2. Der topologische Raum

Es sei X eine nichtleere Menge. Wir bezeichnen mit

$$\mathscr{T} = \{G_\alpha\}$$

die Schar ihrer Teilmengen, die folgende Bedingungen erfüllt:

Zur Schar $\mathscr{T}$ gehören

a) die leere Menge $\varnothing$;
b) die Menge X selbst;
c) der Durchschnitt zweier beliebiger Mengen aus der Schar $\mathscr{T}$;
d) die Vereinigung einer beliebigen Menge von Mengen aus der Schar $\mathscr{T}$.

Eine Schar derartiger Teilmengen (z. B. die Gesamtheit sämtlicher Teilmengen der Menge X) existiert stets und ist in der Regel nicht die einzige.

Definition. Die Schar $\mathscr{T}$ der Teilmengen der Menge X, die den Bedingungen a) bis d) genügt, heißt *Topologie* in der Menge X. Die Menge X, zusammen mit der Schar T heißt *topologischer Raum* und wird mit $(X, \mathscr{T})$, gelegentlich einfach mit X bezeichnet.

Es ist klar, daß die weiter oben betrachtete Schar der offenen Mengen $\{\mathscr{O}_\alpha\}$ eine Topologie im Raum $\mathscr{E}^n$ vorgibt, indem sie $\mathscr{E}^n$ in einen topologischen Raum transformiert. Die Topologie in $\mathscr{E}^n$, die sich aus derartigen offenen Mengen zusammensetzt, wird in der mathematischen Analysis und in der Geometrie verwendet und *natürliche Topologie* genannt.

Die Mengen G_α aus der Schar $\mathscr{T}$ nennt man in Analogie zum Fall $X = \mathscr{E}^n$ *offene Mengen*.

Wir betrachten das Beispiel einer anderen Topologie in $X = \mathscr{E}^n$. Wir addieren zur Menge $\{B_0^n(x, r) | r > 0 \text{ beliebig}\}$ der Kugeln mit dem Zentrum im Fixpunkt $x \in \mathscr{E}^n$ den Gesamtraum $\mathscr{E}^n$ und die leere Menge, wodurch die Forderungen a) und b) erfüllt sind. Der Durchschnitt der beiden Kugeln $B_0^n(x, r_1)$ und $B_0^n(x, r_2)$ ist eine Kugel $B_0^n(x, r)$ mit $r = \min(r_1, r_2)$ (Erfüllung der Forderung c)). Es sei $\{B_0^n(x, r_\alpha) | \alpha \in A\}$ ein beliebiges System von Kugeln der betrachteten Menge (hier ist $A \subset \mathbf{R}^+$ eine Indexmenge). Ihre Vereinigung wird eine Kugel $B_0^n(x, r)$ sein, wobei $r = \sup_\alpha r_\alpha$ ist, oder der Gesamtraum $\mathscr{E}^n$, wenn $\sup_\alpha r_\alpha = \infty$ (Erfüllung der Forderung d) ist.

Die abgetrennte Schar $\mathscr{T}$ ist eine Topologie in $\mathscr{E}^n$ und das Paar $(\mathscr{E}^n, \mathscr{T})$ ein topologischer Raum. Die im Raum $\mathscr{E}^n$ konstruierte Topologie nennt man *konzentrisch*. Als beliebige Teilmenge Y des topologischen Raumes X kann man die größte der in Y enthaltenen offenen Mengen betrachten. Sie wird mit int Y (bzw. $\mathring{Y}$) bezeichnet und *Inneres* der Menge Y genannt. Mit anderen Worten ist

$$\operatorname{int} Y = \bigcup_{\alpha \in A} G_\alpha,$$

wobei $\{G_\alpha\} | \alpha \in A$ die Schar aller offenen Teilmengen ist, die in Y enthalten sind (hier ist A eine Indexmenge).

Es ist klar, daß $x \in \operatorname{int} Y$ dann und nur dann gilt, wenn sich eine offene Menge $G \subset Y$ so finden läßt, daß $x \in G$ ist.

Wie die Beispiele der Kugel $B_0^n(x,r)$ und der Sphäre $S^{n-1}(x,r)$ im Raum $\mathscr{E}^n$ mit der natürlichen Topologie zeigen, kann sich das Innere der Menge Y auch mit ganz Y decken ($\operatorname{int} B_0^n = B_0^n$) und leer sein ($\operatorname{int} S^{n-1} = \varnothing$).

Beispiel. Wir betrachten im Raum $\mathscr{E}^n$ einen n-dimensionalen Einheitswürfel

$$I^n = \{x = (x^1, \dots, x^n) | 0 \le x^i \le 1, \quad i = 1, \dots, n\}$$

und zeigen, daß das Innere des Würfels I^n die Menge

$$I_0^n = \{x = (x^1, \dots, x^n) | 0 < x^i < 1, \quad i = 1, \dots, n\}$$

ist.

Es sei $x \in I_0^n$ und

$$\varepsilon = \min_i (1 - x^i, x^i).$$

Die offene Kugel $B_0^n(x, \varepsilon)$ mit dem Radius ε und dem Zentrum im Punkt x ist in I_0^n enthalten (Abb. E4). Aus diesem Grunde und weil der Punkt x beliebig wählbar ist, ist die Menge I_0^n offen. Andererseits enthält eine beliebige Kugel $B_0^n(x,r)$ mit dem Radius r und dem Zentrum in x, *wenn* x_i gleich 0 oder 1 für ein gewisses i ($1 \le i \le n$) ist, Punkte, die nicht im Würfel I^n liegen, egal wie klein r auch sein mag. Die Punkte des Würfels I^n, für die x^i gleich 0 oder 1 ist, gehören seinem Innern also nicht an.

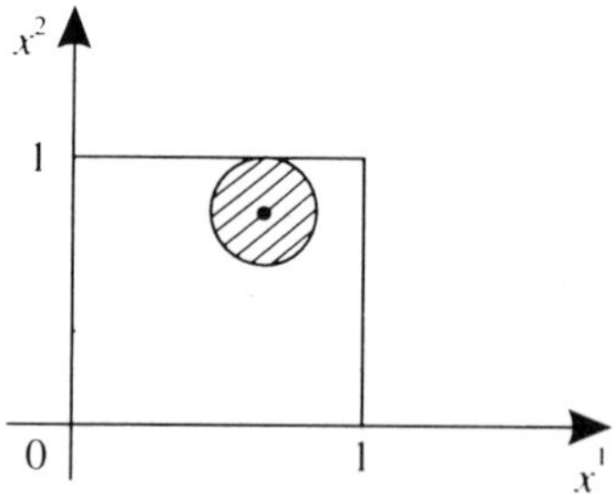

Abb. E4

Beispiel. Wir betrachten im Raum $\mathscr{E}^n$ eine Menge offener Kugeln

$$\left\{ B_0^n\left(0, \frac{1}{k}\right) \middle| k \in \mathbf{N} \right\}.$$

Der Durchschnitt aller dieser Kugeln besteht aus einem Punkt O und ist keine offene Menge bezüglich der natürlichen Topologie $\mathscr{E}^n$.

Die Komplemente der offenen Mengen besitzen eine offizielle Bezeichnung.

Definition. Eine Teilmenge Y eines topologischen Raumes X heißt *abgeschlossen*, wenn die Menge $X \setminus Y$ offen ist.

Die folgende Behauptung ergibt sich unmittelbar aus den mengentheoretischen Ergebnissen bezüglich der Komplemente der Durchschnitte und Vereinigungen von Mengen:

$$X \setminus \left(\bigcup_i Y_i \right) = \bigcap_i (X \setminus Y_i), \quad X \setminus \left(\bigcap_i Y_i \right) = \bigcup_i (X \setminus Y_i).$$

Satz

1. *Die leere Menge ist abgeschlossen.*
2. *X ist abgeschlossen.*
3. *Die Vereinigung zweier abgeschlossener Mengen ist abgeschlossen.*
4. *Der Durchschnitt einer beliebigen Menge abgeschlossener Mengen ist abgeschlossen.*

Für eine beliebige Teilmenge Y des topologischen Raumes X kann die kleinste der sie enthaltenen abgeschlossenen Mengen betrachtet werden. Sie heißt *Abschließung* der Menge Y und wird mit cl Y beziehungsweise Y bezeichnet. Mit anderen Worten ist

$$\operatorname{cl} Y = \bigcap_{\alpha \in A} F_\alpha,$$

wobei $\{F \mid \alpha \in A\}$ die Schar sämtlicher abgeschlossener Mengen ist, die Y enthalten.

Es ist klar, daß für eine beliebige Menge Y die Inklusionen

$$\operatorname{int} Y \subset Y \subset \operatorname{cl} Y$$

erfüllt werden.

Definition. Die Menge $\partial Y = \operatorname{cl} Y \setminus \operatorname{int} Y$ heißt *Rand* der Menge Y.

Behauptung. $Y = \bar{Y} \cap \overline{(X \setminus Y)}$, *d. h., der Rand einer beliebigen Menge ist abgeschlossen.*

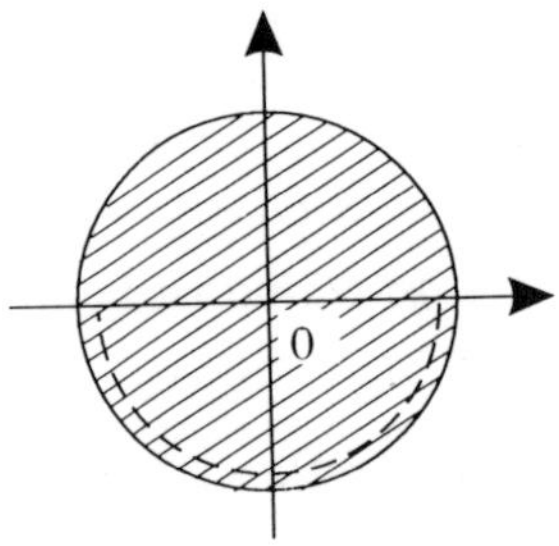

Abb. E5

Beispiel 1. $S^{n-1} = \partial B^n = \partial B_0^n$.

Beispiel 2. Es sei Y ein offener Kreis in der Ebene $\mathscr{E}^2$ mit dem Zentrum im Punkt 0, zu dem die Punkte des oberen Halbkreises gehören. Dann sind int Y ein offener Kreis, cl Y ein geschlossener Kreis und ∂Y eine Kreislinie (Abb. E5).

Es sei Y eine Teilmenge des topologischen Raumes X.

Definition. Ein Punkt $x \in X$ heißt

a) *innerer Punkt* der Menge Y, wenn $x \in \operatorname{int} Y$,
b) *äußerer Punkt* der Menge Y, wenn $x \in \operatorname{int}(X \setminus Y)$,
c) *Berührungspunkt* der Menge Y, wenn $x \in \operatorname{cl}(Y)$,
d) *Randpunkt* der Menge Y, wenn $x \in \partial Y$,
e) *Grenzpunkt der Menge* Y, wenn $x \in \operatorname{cl}(Y \setminus x)$.

Definition. Eine Teilmenge $Z \subset X$, die einen Punkt $x \in X$ enthält, wird *Umgebung* dieses Punktes genannt, wenn eine offene Menge G existiert, so daß $x \in G \subset Z$ ist. Wir beachten, daß jede offene Menge die Umgebung jedes ihrer Punkte ist.

3. Der Teilraum

Es seien X ein topologischer Raum und Y eine nichtleere Teilmenge von X. Die Topologie des Raumes X bestimmt eine Topologie auf der Menge Y.

Definition. Die Gesamtheit von Mengen der Form $U \cap Y$, wobei U eine offene Menge in X ist, heißt die durch die Topologie des Raumes X *induzierte Topologie* auf Y.

Mit anderen Worten ist also

$$\mathscr{T}_Y = \{U \cap Y \mid U \in \mathscr{T}\}$$

die Gesamtheit aller offenen Mengen in Y, wenn $\mathscr{T}$ die Gesamtheit aller offenen Mengen von X ist.

Wir überzeugen uns davon, daß die Schar $\mathscr{T}_Y$ eine Topologie auf Y ist.

Zunächst ist leicht zu sehen, daß $\varnothing = \varnothing \cap Y$ und $Y = X \cap Y$ gilt (Bedingungen 1 und 2). Wir betrachten nun den Durchschnitt zweier beliebiger Mengen $U_1 \cap Y$ und $U_2 \cap Y$ aus der Menge $\mathscr{T}_Y$: Die Menge

$$(U_1 \cap Y) \cap (U_2 \cap Y) = (U_1 \cap U_2) \cap Y$$

gehört ebenfalls zur Menge $\mathscr{T}_Y$ (Bedingung 3). Ist $\{U_\alpha \cap Y | \alpha \in A\}$ eine beliebige Schar von Mengen der Gesamtheit $\mathscr{T}_Y$, so gehört auch

$$U_{\alpha \in A}(U_\alpha \cap Y) = \left(\bigcup_{\alpha \in A} U \right) \cap Y$$

zu $\mathscr{T}_Y$ (Bedingung 4).

Eine mit einer derart induzierten Topologie versehene Teilmenge $Y \subset X$ heißt *Teilraum* des topologischen Raumes X.

Als Beispiel kann man den Einheitskreis S^1 in der Ebene $\mathscr{E}^2$ mit einer durch die natürliche Topologie im $\mathscr{E}^2$ induzierten Topologie nennen. Dann stellen die offenen Mengen des Kreises S^1 Vereinigungen offener Bögen (Bögen ohne Endpunkte) dar. Dazu gehören auch die leere Menge und der Kreis S^1 selbst.

Überhaupt definieren wir allgemein auf der $(n-1)$-dimensionalen Sphäre

$$S^{n-1} = \left\{ x = (x^1, \ldots, x^n) \in \mathscr{E}^n \,\middle|\, \sum_{i=1}^{n} (x^i)^2 = 1 \right\}$$

eine Topologie, die durch die natürliche Topologie des Raumes $\mathscr{E}^n$ induziert wird.

Der Aufbau der abgeschlossenen Mengen eines topologischen Teilraumes wird durch folgende Behauptung erklärt.

Satz. *Die Menge F ist im Teilraum Y dann und nur dann abgeschlossen, wenn sie sich als Durchschnitt der Menge Y mit einer abgeschlossenen Teilmenge aus dem sie umfassenden Raum X darstellen läßt.*

Beweis. ($\Rightarrow$): Es sei F in Y abgeschlossen. Dann ist $G = Y \backslash F$ in Y offen. Deshalb läßt sich G wie folgt darstellen: $G = Y \cap G_\alpha$, wobei G_α in X offen ist. Dann gilt aber $F = Y \cap F_\alpha$, wobei $F_\alpha = X \backslash G_\alpha$ in X abgeschlossen ist.

($\Leftarrow$): Es sei $F = Y \cap H$, wobei die Menge H in X abgeschlossen ist. Dann ist $Y \cap (X \backslash H)$ offen in Y, da $X \backslash H$ in X offen ist. Folglich ist die Menge F in Y abgeschlossen.

4. Die stetige Abbildung

Die stetige Abbildung ist eine natürliche Verallgemeinerung des aus der mathematischen Analysis bekannten Begriffs der stetigen Funktion.

Es seien X und Y topologische Räume und f eine Abbildung des Raumes X in den Raum Y; $f: X \to Y$.

Definition. Eine Abbildung $f: X \to Y$ heißt *stetig* im Punkt $x \in X$, wenn sich für jede beliebige Umgebung V des Punktes $f(x)$ in Y eine entsprechende Umgebung U des Punktes x im Raum X so finden läßt, daß $f(U) \subset V$ gilt.

Die Abbildung f heißt stetig, wenn sie in jedem Punkt des Raumes stetig ist.

Beispiel. Es sei $X = Y = \mathscr{E}^1$ (die Gerade $\mathscr{E}^1$ ist mit einer natürlichen Topologie versehen). Die übliche Definition der Stetigkeit einer Funktion $y = f(x)$ in einem Punkt x ist der soeben gegebenen Definition äquivalent: Zu beliebigem $\varepsilon > 0$ existiert ein $\delta(\varepsilon) > 0$, so daß für beliebiges y mit $|y - x| < \delta$ die Ungleichung

$$|f(y) - f(x)| < \varepsilon$$

erfüllt wird.

In den folgenden Abschnitten werden Abbildungen $f: X \to Y$ betrachtet, bei denen X und Y Teilmengen euklidischer Räume mit einer natürlichen Topologie (die durch die Abstandsfunktion definiert ist) sind. Eine derartige Abbildung wird im Punkt $x \in X$ stetig sein, wenn sich für eine beliebige Punktfolge $\{x_k\}$, die sich zum Punkt x zusammenzieht ($|x_k - x| \to 0$ bei $k \to \infty$), die entsprechende Punktfolge $\{f(x_k)\}$ zum Punkt $f(x)$ zusammenzieht ($|f(x_k) - f(x)| \to 0$ bei $k \to \infty$).

Satz 1. *Die Abbildung $f: X \to Y$ ist dann und nur dann stetig, wenn das Urbild einer beliebigen in Y offenen Menge in X offen ist.*

Beweis. ($\Rightarrow$): Es sei V eine offene Menge im Raum Y. Wir betrachten ihr Urbild $U = f^{-1}(V)$. Es sei x ein willkürlich gewählter Punkt der Menge U. Es ist klar, daß $f(x) \in V$ gilt. Nach Definition läßt sich für jede Umgebung $V_{f(x)}$ des Punktes $f(x)$ eine Umgebung U_x von x so finden, daß $f(U_x) \subset V_{f(x)}$, oder, was das gleiche ist, $U_x \subset f^{-1}(V_{f(x)})$ gilt. Somit ist $U_x \subset U$, und folglich gehört der Punkt x samt einer gewissen Umgebung zur Menge U. Deshalb ist x ein innerer Punkt der Menge U, und da x frei gewählt werden kann, folgt, daß U offen ist.

($\Leftarrow$): Wir zeigen, daß die Abbildung f in jedem Punkt $x \in X$ stetig ist. Es sei V eine Umgebung des Punktes $f(x)$, wobei $x \in V$ willkürlich gewählt ist. Die Menge $U = f^{-1}(V)$ ist offen und enthält den Punkt x. Dies bedeutet, U ist eine Umgebung von x und $f(U) = V$.

Das einfachste Beispiel für die stetige Abbildung eines topologischen Raumes auf sich selbst ist die identische Abbildung $1_x: X \to X$.

Satz 2. *Eine Abbildung $f: X \to Y$ ist dann und nur dann stetig, wenn das Urbild einer beliebigen in Y abgeschlossenen Menge in X abgeschlossen ist.*

Beweis. ($\Rightarrow$): Ist die Menge F in Y abgeschlossen, so ist $Y \backslash F$ offen. Dann ist auch $f^{-1}(Y \backslash F)$ offen, aber es gilt $f^{-1}(Y \backslash F) = X \backslash f^{-1}(F)$.

Folglich ist die Menge $f^{-1}(F)$ abgeschlossen.

($\Leftarrow$): Wenn U in Y offen ist, so ist $Y \backslash U$ abgeschlossen. Somit ist auch $f^{-1}(Y \backslash U) = X \backslash f^{-1}(U)$.

Die letzte Aussage bedeutet, daß $f^{-1}(U)$ offen ist, woraus die Stetigkeit folgt.

Satz 3. *Es seien X, Y, Z topologische Räume; $f: X \to Y$ und $g: Y \to Z$ stetige Abbildungen. Dann ist die Hintereinanderausführung $h := g \circ f: X \to Z$ stetig.*

Beweis. Ist die Menge U im Raum Z offen, so ist $g^{-1}(U)$ in Y offen, und $f^{-1}(g^{-1}(U))$ ist in X offen. Es gilt aber auch

$$(g \circ f)^{-1}(U) = f^{-1}(g^{-1}(U)),$$

woraus sich die Stetigkeit der Abbildung $h = g \circ f$ ergibt.

Wir beweisen nun eine nützliche Eigenschaft einer stetigen Abbildung eines Kreises in eine Gerade.

Satz 4. *Jede stetige Abbildung eines Kreises in eine Gerade führt ein Paar diametral entgegengesetzter Punkte in einen Punkt über.*

Beweis. Es sei $f: S^1 \to \mathscr{E}^1$ eine stetige Abbildung. Wir benutzen Koordinaten auf der Geraden $\mathscr{E}^1$. Mit x' bezeichnen wir einen Punkt des Kreises S^1, der dem Punkt $x \in S^1$ entgegengesetzt ist, und nehmen $f(x) = y$, $f(x') = y'$ mit $y, y' \in \mathbf{R}$ an.

Die Funktion

$$g(x) = f(x) - f(x') = y - y'$$

besitzt folgende Eigenschaften:

1. $g(x)$ ist stetig und
2. $g(x') = f(x') - f(x) = y' - y = -(y - y') = -g(x)$.

Für das gegebene Paar x und x' ist also entweder $f(x) = f(x')$, und alles ist bewiesen, oder

$$g(x) \cdot g(x') < 0. \qquad (*)$$

Es sei z ein willkürlich gewählter Punkt auf dem Bogen $\overset{\frown}{xx'}$ (Abb. E6). Seine Koordinaten u und v werden durch die Beziehungen

$$u = \cos t, \quad v = \sin t, \quad 0 \le t \le \pi$$

festgelegt. Aus der Gleichung $g(z) = h(t)$ und der Ungleichung (*) folgt

$$h(0) \cdot h(\pi) < 0.$$

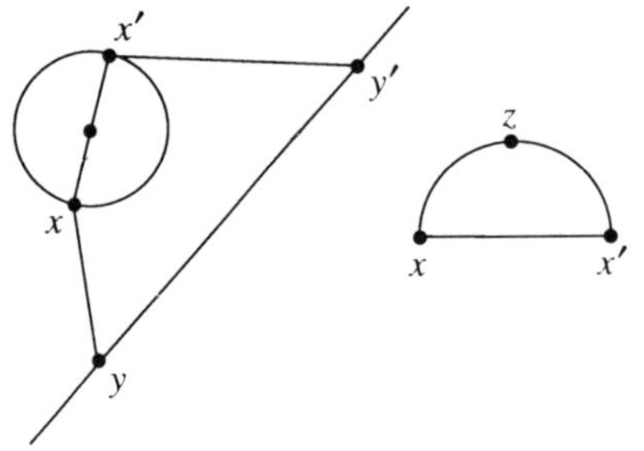

Abb. E6

Weil $h(t)$ auf einer Strecke $[0, \pi]$ stetig ist und wegen der letzten Ungleichung existiert ein $t_0 \in (0, \pi)$ so, daß $h(t) = 0$ ist. Daraus folgt $g(z_0) = 0$, und folglich gilt $f(z_0) - f(z'_0) = 0$.

So ist also $f(z_0) = f(z'_0)$, wobei z und z' die diametral entgegengesetzten Punkte auf dem Kreis S^1 sind.

Besondere Bedeutung kommt denjenigen stetigen Abbildungen zu, für die inverse Abbildungen existieren und stetig sind.

Es seien X und Y topologische Räume, und die Abbildung $f: X \to Y$ sei umkehrbar, d. h., es existiert eine Abbildung $g: Y \to X$, so daß

$$g \circ f = 1_X, \quad f \circ g = 1_Y$$

ist.

Definition. Zwei topologische Räume X und Y sind *homöomorph*, wenn die beiden Abbildungen f und g stetig sind. f und $g = f^{-1}$ heißen *Homöomorphismen* der Räume X und Y und werden mit $X \cong Y$ bezeichnet.

Aus der Sicht der allgemeinen Topologie unterscheiden sich homöomorphe topologische Räume nicht voneinander.

Beispiel 1. Die Strecken $[\alpha, \beta]$, $\alpha \neq \beta$, und $[\gamma, \delta]$, $\gamma \neq \delta$, sind auf einer Geraden $\mathscr{E}^1$ homöomorph. Einer der Homöomorphismen kann durch die Gleichung

$$f(x) = \gamma + \frac{\delta - \gamma}{\beta - \alpha}(x - \alpha), \quad x \in [\alpha, \beta]$$

vorgegeben werden.

Man kann leicht eine inverse Abbildung f^{-1} konstruieren und zeigen, daß sowohl f als auch f^{-1} stetig sind.

Beispiel 2. Wir betrachten einen Kreis und einen Polygonzug, der ein Quadrat begrenzt, und zeigen, daß der Kreis und der Polygonzug homöomorph sind (Abb. E7).

Es seien

$$S^1 = \{(x, y) | x^2 + y^2 = 1\}$$

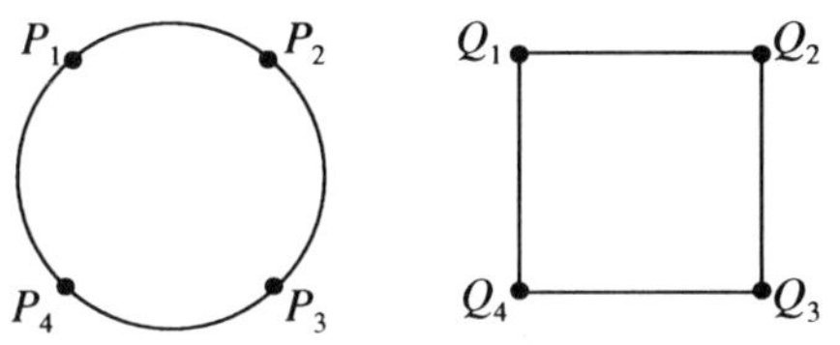

Abb. E7

ein Einheitskreis und

$$L = \{(x, y) | x = \pm 1, \quad -1 \leq y \leq 1 \quad \text{oder} \quad y = \pm 1, \quad -1 \leq x \leq 1\}$$

ein Polygonzug. Die Homöomorphismen haben folgende Form:

$$f: S^1 \to L, f: (x, y) \mapsto \left(\frac{x}{m}, \frac{y}{m}\right);$$

$$f^{-1}: L \to S^1, f^{-1}: (x, y) \mapsto \left(\frac{x}{r}, \frac{y}{r}\right),$$

wobei $m = \max\{|x|, |y|\}, r = \sqrt{x^2 + y^2}$ sind.

Beispiel 3. $B_0^n \cong \mathscr{E}^n$.

Die entsprechenden Homöomorphismen werden wie folgt bestimmt: φ: $B_0^n \to \mathscr{E}^n$ wird durch die Formel $\varphi(y) = \dfrac{y}{1 - |y|}$ und $\psi: \mathscr{E}^n \to B_0^n$ durch die Formel $\psi(z) = \dfrac{z}{1 + |z|}$ vorgegeben.

Beispiel 4. $S^n \backslash N \cong \mathscr{E}^n$ (Abb. E8).

Die entsprechenden Homöomorphismen

$$\varphi: S^n \backslash (0, \ldots, 0, 1) \to \mathscr{E}^n, \psi: \mathscr{E}^n \to S^n \backslash (0, \ldots, 0, 1)$$

bestimmen wir mit Hilfe folgender Formeln

$$\varphi(x^1, \ldots, x^{n+1}) = \left(\frac{x^1}{1 - x^{n+1}}, \ldots, \frac{x^n}{1 - x^{n+1}}\right),$$

$$\psi(x^1, \ldots, x^n) = \frac{1}{1 + |x|^2}(2x^1, \ldots, 2x^n, |x|^2 - 1).$$

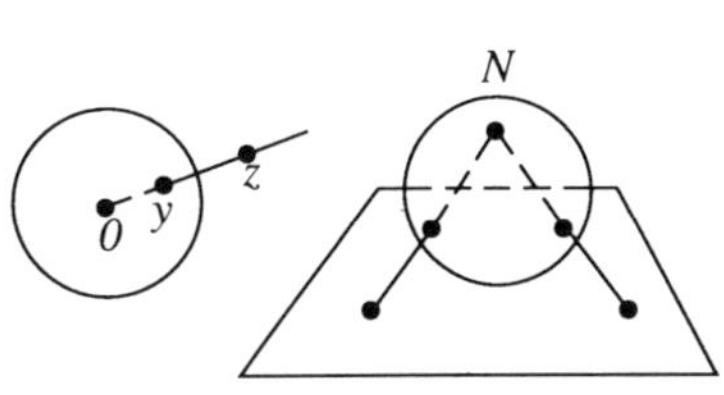

Abb. E8

Beispiel 5. $\operatorname{Int} I^n \cong B_0^n$.

Beispiel 6. Aus Satz 4 ergibt sich, daß die Beziehungen $S^1 \cong \mathscr{E}^1, S^1 \cong I^1$ und $S^1 \cong I_0^1$ nicht vorkommen.

Beispiel 7. I^n ist nicht homöomorph I_0^n.

Beispiel 8. Die Menge

$$\{(x^1, x^2, x^3) \in \mathscr{E}^3 \mid x^{1^2} + x^{2^2} < 1\}$$

ist homöomorph zum Raum $\mathscr{E}^3$:

$$(x^1, x^2, x^3) \mapsto \left(\frac{x^1}{1-(x^1)^2-(x^2)^2}, \frac{x^2}{1-(x^1)^2-(x^2)^2}, x^3 \right).$$

5. Das topologische Produkt

Es seien X und Y topologische Räume. Das kartesische Produkt $X \times Y$ wird als Gesamtheit aller möglichen geordneten Paare (x, y) mit $x \in X$ und $y \in Y$ definiert.

Wir führen in das kartesische Produkt eine Topologie ein, die natürlich mit der Topologie in X und Y zusammenhängt.

Dazu betrachten wir eine Schar $\mathscr{T}_{X \times Y}$, die aus allen möglichen Mengen besteht, die eine Vereinigung der kartesischen Produkte offener Teilmengen der Räume X und Y darstellt. Als typisches Element der Schar $\mathscr{T}_{X \times Y}$ dient die folgende Menge:

$$\bigcup_{\alpha \in A} U_\alpha \times V_\alpha,$$

wobei A eine Indexmenge ist und die Mengen U_α und V_α für beliebiges α aus A in X beziehungsweise Y offen sind.

Man kann leicht nachweisen, daß $\mathscr{T}_{X \times Y}$ eine Topologie ist.

In der Tat gilt $\varnothing = \varnothing \times \varnothing$, $X \times Y = X \times Y$ (Bedingungen 1 und 2).

Wenn $W, W' \in \mathscr{T}_{X \times Y}$ gilt, so ist

$$W = \bigcup_{\alpha \in A} U_\alpha \times V_\alpha, \quad W' = \bigcup_{\beta \in B} U'_\beta \times V'_\beta,$$

wobei A und B gewisse Indexmengen und U_α, U'_β in X beziehungsweise V_α, V'_β in Y offen sind. Damit ist

$$W \cap W' = \bigcup_{(\alpha,\beta) \in A \times B} (U_\alpha \cap U'_\beta) \times (V_\alpha \cap V'_\beta)$$

(Bedingung 3). Die Bedingung 4 wird trivial erfüllt.

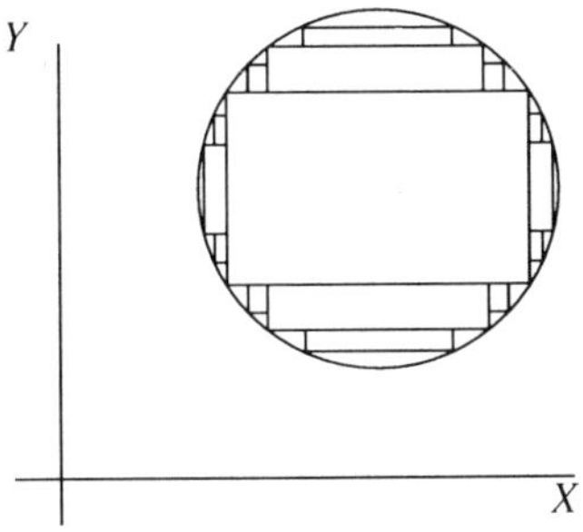

Abb. E9

Definition. Das mit der oben beschriebenen Struktur versehene kartesische Produkt $X \times Y$ heißt *topologisches Produkt* der Räume X und Y.

Beispiel 1. Ist $X = Y = \mathscr{E}^1$ eine gewöhnliche Gerade, so ist $X \times Y = \mathscr{E}^2$ eine Ebene mit der natürlichen Topologie eines zweidimensionalen euklidischen Raumes. (Wir beachten, daß ein offener Kreis in der Ebene $\mathscr{E}^2$ als Vereinigung einer abzählbaren (nicht endlichen) Anzahl von Rechtecken – Produkten von Intervallen, offener Mengen aus X und Y-dargestellt werden kann) (Abb. E9).

Beispiel 2. Das topologische Produkt der euklidischen Räume $\mathscr{E}^n$ und $\mathscr{E}^m$ ist ein euklidischer Raum $\mathscr{E}^n \times \mathscr{E}^m = \mathscr{E}^{n+m}$.

Beispiel 3. Ist X eine Gerade $\mathscr{E}^1$ und Y eine Kreislinie S^1, so ist $\mathscr{E}^1 \times S^1$ ein Zylinder (Abb. E10).

Beispiel 4. Ist X eine Kreislinie und Y ein Kreis, so ist $S^1 \times B^1$ ein Volltorus. Sind sowohl X als auch Y Kreislinien, so ist $S^1 \times S^1 = T^2$ ein Torus.

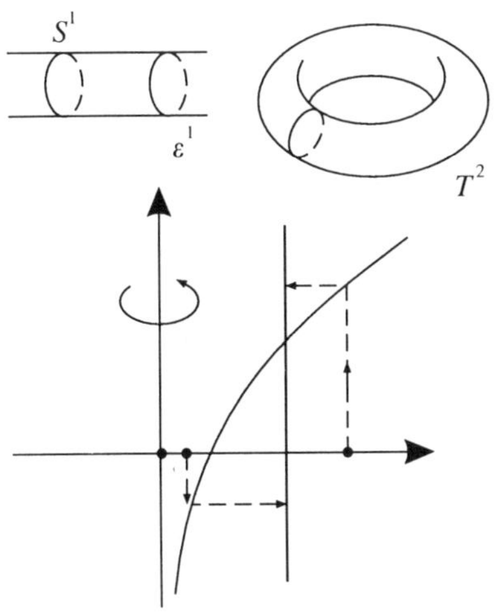

Abb. E10

Beispiel 5. Die Menge $E^2\backslash O$ ist homöomorph dem Zylinder $\mathscr{E}^1 \times S^1$. Die Menge $E^{n+1}\backslash O$ ist homöomorph dem Zylinder $\mathscr{E}^1 \times S^n$.

6. Konnexität

Definition. Ein topologischer Raum heißt *konnex*, wenn seine einzigen Teilmengen, die zugleich offen und abgeschlossen sind, die leere Menge $\varnothing$ und der gesamte Raum X sind. Eine Teilmenge des Raumes X heißt *konnex*, wenn sie als Raum mit einer induzierten Topologie konnex ist.

Satz 1. *Ein topologischer Raum ist dann und nur dann konnex, wenn er keine Vereinigung zweier seiner nichtleeren und sich nicht schneidender offenen Teilmengen darstellt.*

Beweis. ($\Rightarrow$): Es sei X konnex. Wir nehmen an, daß $X = X_1 \cup X_2$ ist, wobei X_1 und X_2 nichtleere, sich nicht schneidende offene Teilmengen von X sind. Dann ist $X\backslash X_1 = X_2$, so daß X_1 zugleich offen und abgeschlossen ist. Daraus folgt, daß diese Teilmenge entweder leer ist oder mit dem gesamten Raum X zusammenfällt. Demzufolge gilt entweder $X_2 = X$ oder $X_2 = \varnothing$. In beiden Fällen läßt sich X nicht als Vereinigung der beiden nichtleeren, sich nicht schneidenden offenen Mengen darstellen.

($\Leftarrow$): Es sei X keine Vereinigung der beiden nichtleeren, sich nicht schneidenden offenen Teilmengen. Wir betrachten eine Teilmenge U von X, die zugleich offen und abgeschlossen ist. Dann ist auch das Komplement $X\backslash U$ zugleich offen und abgeschlossen, und der Raum X stellt eine Vereinigung der sich nichtschneidenden offenen Mengen U und $X\backslash U$ dar. Deshalb muß eine von ihnen leer sein, d. h., entweder ist $U = \varnothing$ oder $U = X$.

Ein einfaches Beispiel für eine nichtkonnexe Menge ist die Vereinigung zweier sich nicht schneidender Kreise auf einer Ebene $\mathscr{E}^2$.

Wenn wir die nun folgende Behauptung beweisen, erhalten wir ein Beispiel für eine konnexe Menge auf einer Geraden $\mathscr{E}^1$.

Satz 2. *Das Intervall* $(0, 1)$ *ist konnex.*

Beweis. Wir nehmen an, daß sich das Intervall $(0, 1)$ als Vereinigung zweier seiner sich nicht schneidenden offenen Teilmengen U und V darstellen läßt. Da U und V nicht leer sind, existieren ein Punkt $a \in U$ und ein Punkt $b \in V$. Per definitionem sei $a < b$. Wir betrachten den Punkt $c = \sup\{x \in U \mid x < b\}$. Es ist klar, daß $c \leq b$ gilt.

Nun setzen wir $c \in U$. Dann ist $c < b$. Da U offen ist, gehört c mitsamt dem ihn enhaltenden Intervall dieser Menge an. Das bedeutet, daß rechts von c Punkte aus U liegen, die kleiner als b sind. Diese Tatsache widerspricht aber der Festlegung, daß c die obere Grenze ist. Deshalb kann c nicht in U liegen.

Auch die Annahme, daß c in V liegt, führt zu einem Widerspruch. Daraus würde sich nämlich ergeben, daß V eine offene Menge ist, daß der Punkt c mitsamt dem ihn enthaltenen Intervall $(c-\varepsilon, c+\varepsilon)$ zu V gehört, was nicht sein kann, da c exakt die obere Grenze ist.

Der Punkt c gehört also weder zu U noch zu V. Da aber andererseits c zwischen null und eins liegt, erhält man den erwarteten Widerspruch.

Die nun folgende Behauptung liefert eine allgemeine Methode zur Konstruktion neuer konnexer Mengen aus bereits vorhandenen.

Satz 3. *Das Bild einer konnexen Menge bei einer stetigen Abbildung ist konnex.*

Beweis. Es sei X konnex und $f: X \to Y$ eine stetige surjektive Abbildung. Ist U in Y offen und abgeschlossen, so ist ihr volles Urbild $f^{-1}(U)$ offen und abgeschlossen in X. Dann gilt aber wegen der Konnexität von X entweder $f^{-1}(U) = \varnothing$ oder $f^{-1}(U) = X$. Dementsprechend gilt entweder $U = \varnothing$ oder $U = Y$. Dies bedeutet aber, daß Y konnex ist.

Ein **Beispiel** nichthomöomorpher topologischer Räume X und Y ist in Abb. E11 dargestellt. Ein geschlossener Kreis ist nicht homöomorph zu einem geschlossenen Ring, weil bei einem Homöomorphismus die Begrenzung ∂X in die Begrenzung ∂Y übergehen muß, während hier die Grenze ∂X in eine konnexe Menge (nämlich als stetiges Bild des Intervalls $(0, 1)$) und die Grenze ∂Y eine nichtkonnexe Menge bildet (die sich als Vereinigung zweier sich nicht schneidender Kreise darstellen läßt).

Folgerung. *Sind die topologischen Räume X und Y homöomorph, und ist X konnex, so ist auch Y konnex.*

Beispiel 1. Der Kreis S^1 ist konnex, da es eine stetige surjektive Abildung

$$f:(0, 1) \to S^1,$$

gibt, die durch die Formel

$$f(t) = (\cos 4\pi t, \sin 4\pi t) \in S^1 \subset \mathscr{E}^2$$

vorgegeben wird.

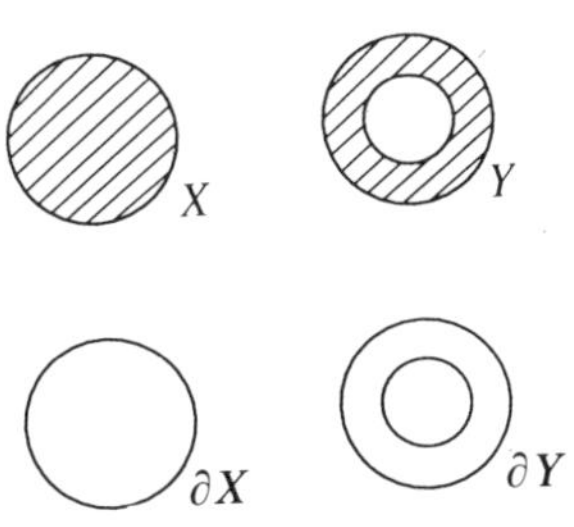

Abb. E11

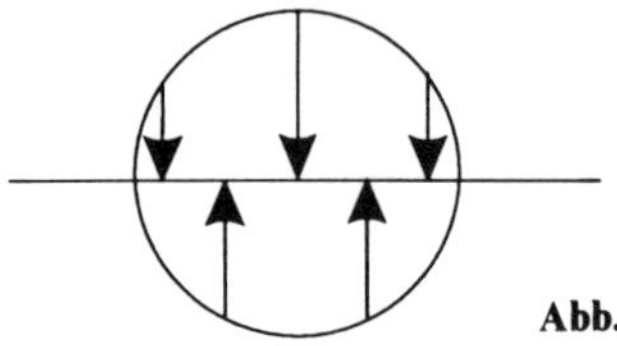

Abb. E12

Beispiel 2. Die Strecke $[0, 1]$ ist konnex. Die stetige surjektive Abbildung $f: S^1 \to [0, 1]$ wird, wie in Abb. E12 gezeigt, vorgegeben.

Satz 4. *Sind die topologischen Räume X und Y konnex, so ist auch ihr Produkt $X \times Y$ konnex.*

Beweis. Wir nehmen an, daß

$$X \times Y = U \cup V$$

gilt, wobei U und V sich nicht schneidende offene Mengen sind. Wir wählen einen Punkt (x, y) in U. Die Menge $X \times \{y\}$ ist homöomorph zu X und daher konnex. Daraus folgt, daß $X \times \{y\}$ in U enthalten ist, denn sonst würden die Durchschnitte $X \times \{y\}$ mit U und V deren Zerlegung in offene und nichtleere, sich nicht schneidende Mengen ergeben (Abb. E13).

Eine ähnliche Überlegung zeigt, daß für beliebiges x' aus X eine Schicht $\{x'\} \times Y$ in U enthalten sein muß. Das ganze $X \times Y$ ist also in U enthalten, d. h., V ist eine leere Menge. Deshalb ist das Produkt $X \times Y$ konnex.

Beispiel 3. Da die Strecke $I^1 = [0, 1]$ konnex ist, so ist auch das Quadrat $I^2 = I^1 \times I^1$ konnex.

Überhaupt ist ein n-dimensionaler Würfel $I^n = I^{n-1} \times I^1$ eine konnexe Menge (was mittels Induktion leicht zu beweisen ist).

Da die Gerade $\mathscr{E}^1$ konnex ist, ist auch der n-dimensionale euklidische Punktraum $\mathscr{E}^n$ konnex.

Übung. Es sei Y eine konnexe Menge im topologischen Raum X. Erfüllt eine Menge Z die Bedingung $Y \subset Z \subset \overline{Y}$, so ist Z konnex.

Beispiel 4. Ein offener Kreis ist konnex als Bild einer Ebene bei einer stetigen

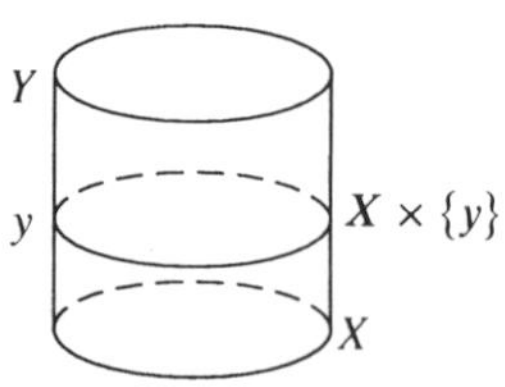

Abb. E13

Abbildung. Aus der Übung ergibt sich, daß auch die Menge konnex ist, die durch Hinzunahme aller oder nur einiger Punkte der Kreisbegrenzungslinie zum offenen Kreis selbst entsteht.

Beispiel 5. Die Menge $\mathscr{E}^{n+1}\backslash O$ ist konnex für $n \geq 1$. Daraus resultiert die Konnexität der Sphäre S^n: Die Abbildung

$$f: \mathscr{E}^{n+1}\backslash 0 \rightarrow S^n,$$

die durch die Formel $f(x) = \frac{x}{|x|}$ vorgegeben wird, ist stetig und surjektiv.

7. Wegeweiser Zusammenhang

Definition. Eine stetige Abbildung $f: [0, 1] \rightarrow X$ heißt *Weg* im Raum X.

Ein Punkt $a = f(0)$ wird *Anfangspunkt* des Weges f und der Punkt $b = f(1)$ sein *Endpunkt* genannt. Man sagt auch, daß der Weg f die Punkte a und b *verbindet*.

Das Bild der Abbildung $f - f([0, 1])$ heißt *Träger* des Weges (*Trägerkurve*) im Raum X.

Definition. Ein Raum X heißt *wegeweise zusammenhängend*, wenn für zwei beliebige Punkte a und b aus X ein Weg existiert, der sie in X verbindet.

Beispiel. Der euklidische Punktraum $\mathscr{E}^n$ mit einer natürlichen Topologie ist wegeweisend zusammenhängend, weil für ein beliebiges Punktepaar a und b aus $\mathscr{E}^n$ die durch die Formel

$$f(t) = (1 - t)a + tb$$

definierte Abbildung $f: [0, 1] \rightarrow \mathscr{E}^n$ ein Weg ist, der diese Punkte verbindet.

Überhaupt ist jede konvexe Teilmenge des $\mathscr{E}^n$ wegeweise zusammenhängend.

Satz 1. *Das Bild einer wegeweise zusammenhängenden Menge bei einer stetigen Abbildung ist wegeweise zusammenhängend.*

Beweis. Der Raum X sei wegeweise zusammenhängend, und $g: X \rightarrow Y$ sei eine stetige surjektive Abbildung. Sind a und b Punkte aus Y, so existieren Punkte a' und b' in X, für die gilt: $g(a') = a$ und $g(b') = b$.

Da X wegeweise zusammenhängend ist, existiert in X ein Weg f, der die Punkte a' und b' verbindet. Dann ist auch $g \circ f$ ein Weg von a nach b.

Beispiel. Der Kreis S^1 ist wegeweise zusammenhängend. Ausgehend davon kann man zeigen, daß $\mathscr{E}^{n+1}\backslash O$ und S^n wegeweise zusammenhängen (der wegeweise Zusammenhang $\mathscr{E}^{n+1}\backslash O$ resultiert daraus, daß zwei beliebige Punkte dieser Menge auf einer Kreislinie liegen, die nicht durch O hindurchgeht; der wegeweise Zusammenhang der Sphäre S^n ergibt sich beispielsweise daraus, daß sie ein stetiges Bild des Raumes $\mathscr{E}^{n+1} \setminus O$ ist).

Satz 2. *Das topologische Produkt $X \times Y$ der wegeweise zusammenhängenden Räume X und Y ist ebenfalls wegeweise zusammenhängend.*

Beweis. Der Nachweis wird buchstäblich genauso geführt wie der Beweis des Satzes 4 im vorhergehenden Punkt über den Zusammenhang des topologischen Produktes zusammenhängender Räume. Dabei wird der Terminus „Zusammenhang" gegen den Terminus „wegeweiser Zusammenhang" ausgetauscht.

Satz 3. *Eine wegeweise zusammenhängende Menge ist zusammenhängend.*

Beweis. Es sei X ein wegeweiser zusammenhängender Raum. Wir beweisen, daß X zusammenhängend ist. Es sei $X = U \cup V$ mit offenen und nichtleeren U und V, $U \cap V = \emptyset$. Da X wegeweise zusammenhängend ist und U und V nicht leer sind, so gibt es einen Weg $f: [0, 1] \to X$, für den $f(0) \in U$, $f(1) \in V$ ist. Die Strecke $[0, 1]$ ist zusammenhängend. Deshalb ist auch deren Bild $f([0, 1])$ zusammenhängend, und folglich müssen sich die Mengen $U \cap f([0, 11])$ und $V \cap f([0, 1])$ schneiden. Dann schneiden sich aber auch U und V, was der Annahme widerspricht. Folglich ist X zusammenhängend.

Die nun folgende Behauptung zeigt, daß für eine offene Teilmenge im $\mathscr{E}^n$ die Begriffe „Zusammenhang" und „wegeweiser Zusammenhang" übereinstimmen.

Satz 4. *Jede nichtleere zusammenhängende Teilmenge des euklidischen Raumes $\mathscr{E}^n$ ist wegeweise zusammenhängend.*

Es ist nützlich, den **Beweis** dieses Satzes selbständig zu führen.

8. Kompaktheit

Wie bei den unter den Punkten 6 und 7 betrachteten Eigenschaften untersuchen wir auch jetzt eine Eigenschaft, die beim Homöomorphismus erhalten bleibt.

Trennungsaxiom. Ein topologischer Raum X heißt (*separierter*) *Hausdorff-Raum*, wenn er folgende Eigenschaft besitzt: Für ein beliebiges Paar voneinander verschiedener Punkte x und y aus X existieren offene Mengen U_x und U_y, die Punkte x und y so enthalten, daß $U_x \cap U_y = \emptyset$ ist.

Beispiel 1. $\mathscr{E}^n$ ist ein Hausdorff-Raum. Eine beliebige als topologischer Teilraum angesehene Teilmenge von $\mathscr{E}^n$ ist ein Hausdorff-Raum.

Es sei Y eine Teilmenge des Hausdorff-Raumes X.

Definition. Eine Schar von Teilmengen $\{H_\alpha | \alpha \in A\}$ des Raumes X, für die $Y \subset \bigcup_{\alpha \in A} H_\alpha$ gilt, heißt *Überdeckung* der Teilmenge Y.

Ist die Indexmenge A endlich, sprechen wir von einer *endlichen Überdeckung.*

Eine Teilüberdeckung ist eine Überdeckung, deren sämtliche Mengen der Ausgangsüberdeckung angehören.

Eine Überdeckung heißt *offen*, wenn jede Menge in X offen ist.

Definition. Eine Teilmenge Y des topologischen Raumes X heißt *kompakt*, wenn jede offene Überdeckung eine endliche Teilüberdeckung enthält.

Beispiel 2. Der Borel-Lebesguesche Überdeckungssatz aus der mathematischen Analysis zeigt, daß eine beliebige beschränkte abgeschlossene Menge in einem euklidischen Raum $\mathscr{E}^n$ kompakt ist. Insbesondre sind die abgeschlossene Kugel B^n, der Würfel I^n und die Sphäre S^{n-1} kompakt.

Beispiel 3. Die Gerade $\mathscr{E}^1$ ist nicht kompakt, denn die Überdeckung $\{(m-1, m+1) | m \in Z\}$ enthält keine endliche Teilüberdeckung.

Eine ähnliche Überlegung zeigt, daß der euklidische Raum $\mathscr{E}^n$ ebenso wie eine beliebige unbeschränkte Teilmenge des euklidischen Raumes $\mathscr{E}^n$ nicht kompakt ist, weil man von der Überdeckung

$$\{(m_1 - 1, m_1 + 1) \times \cdots \times (m_n - 1, m_n + 1) | m_1, \ldots, m_n \in \mathbf{Z}\}$$

keine endliche Teilüberdeckung abtrennen kann.

Satz 1. *Es seien $f: X \to Y$ eine stetige Abbildung, $Z \subset X$ eine kompakte Teilmenge. Dann ist $f(Z)$ kompakt.*

Beweis. Es sei $\{G_\alpha : \alpha \in A\}$ irgendeine offene Überdeckung einer Menge $f(Z)$. Dann ist

$$\{f^{-1}(G_\alpha) | \alpha \in A\}$$

eine offene Überdeckung von Z. Da Z kompakt ist, existiert eine endliche Teilüberdeckung

$$\{f^{-1}(G_\beta) | \beta \in B\},$$

$B \subset A$ ist endlich. Aber es gilt $f(f^{-1}(G_\beta)) = G_\beta$, weshalb $\{G_\beta | \beta \in B\}$ eine Überdeckung von $f(Z)$ ist, die eine endliche Teilüberdeckung der oben angegebenen Überdeckung $\{G_\alpha | \alpha \in A\}$ darstellt.

Die nun folgende Aussage ist leicht nachzuweisen:

Satz 2. *Eine abgeschlossene Teilmenge eines kompakten Raumes ist ebenfalls kompakt.*

Beweis. Kompakte Mengen besitzen folgende interessante Eigenschaft: Es sei X kompakt und Y eine unendliche Auswahl von Punkten aus X. Dann existiert in X ein Punkt, dessen beliebige offene Umgebung eine unendliche Anzahl von Punkten aus der Auswahl Y enthält.

Wir beweisen dies, indem wir das Gegenteil voraussetzen: Zu jedem Punkt x des Hausdorff-Raumes X existiert eine offene Umgebung U_x, die die größte endliche Anzahl von Punkten aus Y enthält. Es ist klar, daß $\{U_x | x \in X\}$ eine offene Überdeckung darstellt. Wegen der Kompaktheit von X enthält diese Überdeckung eine endliche Teilüberdeckung $\{U_1, \ldots, U_q\}$. Jede der Mengen $U_i, i = 1, \ldots, n$, enhält nur eine endliche Anzahl von Punkten aus Y. Andererseits enhält die Vereinigung dieser Mengen die gesamte unendliche Auswahl Y, womit wir den erforderlichen Widerspruch erhalten haben.

Wir gehen nun unmittelbar zum Beweis der formulierten Behauptung über.

Es sei Z eine abgeschlossene Teilmenge eines kompakten Raumes X. Wir benutzen wieder den indirekten Beweis, indem wir annehmen, Z sei nicht kompakt. Dann existiert eine offene Überdeckung $\mathscr{P}$ von Z, die keine endliche Teilüberdeckung enthält. Das bedeutet, daß sich in Z eine unendliche Auswahl Y von Punkten angeben läßt, die folgende Eigenschaft besitzen: Jeder Punkt der Auswahl Y gehört den Mengen der Überdeckung $\mathscr{P}$ an, die keine anderen Punkte der Auswahl Y enthalten. Die Auswahl Y wird so konstruiert: Es sei x_1 ein willkürlich gewählter Punkt der Menge Z. Die Gesamtheit der Elemente von $\mathscr{P}$, die x_1 enthalten, umfaßt nicht die gesamte Menge Z. Das heißt, daß es in Z einen Punkt x_2 gibt, der zu keiner derjenigen Mengen von $\mathscr{P}$ gehört, die x_1 enthalten.

Wir betrachten die Gesamtheit der Elemente der Überdeckung $\mathscr{P}$, die wenigstens einen der Punkte x_1 und x_2 enthalten. Unter Verwendung der gleichen Überlegungen, die oben angestellt wurden, finden wir in Z einen Punkt x_3, der zu keiner der x_1 oder x_2 enthaltenden Mengen von $\mathscr{P}$ gehört.

Dieser Prozeß kann fortgesetzt werden: Nachdem man m Punkte $x_1, \ldots, x_m$ aus Z ausgewählt hat, von denen keine zwei Punkte in derselben Menge der Überdeckung $\mathscr{P}$ liegen, findet man nach den gleichen Überlegungen wie oben in Z noch einen Punkt x_{m+1}, dessen Hinzunahme zur Auswahl $x_1, \ldots, x_m$ deren Haupteigenschaft nicht ändert; m kann aus N willkürlich gewählt werden.

Wenn wir die Auswahl Y in dem sie umfassenden kompakten Raum X unter Benutzung der eben nachgewiesenen Eigenschaft kompakter Mengen betrachten, finden wir in X einen Punkt x, dessen beliebige Umgebung eine unendliche Anzahl von Punkten aus Y enthält. Dieser Punkt x gehört zur Menge Z, weil diese abgeschlossen ist. Dann läßt sich aber in der Überdeckung $\mathscr{P}$ eine offene Menge U angeben, die x und folglich auch eine unendliche Anzahl von Punkten der Auswahl Y enthält. Dies widerspricht den Prinzipien der Konstruktion der Auswahl Y.

Abschließend formulieren und beweisen wir eine Behauptung, die bei der Konstruktion von Homöomorphismen hilfreich sein kann.

Satz 3. *Es seien X ein kompakter Raum, Y ein Hausdorff-Raum und $f\colon X \to Y$ eine eineindeutige stetige Abbildung. Dann gilt: $f\colon X \cong Y$, d. h., f ist ein Homöomorphismus von X auf Y.*

Beweis. Für die Stetigkeit einer inversen Abbildung $f^{-1}\colon Y \to X$ genügt es, zu zeigen, daß das Urbild $f(V)$ einer willkürlichen in X abgeschlossenen Menge V bei der Abbildung f^{-1} in Y abgeschlossen ist.

Die Menge V ist als abgeschlossene Teilmenge eines kompakten Raumes X kompakt. Dann ist auch deren stetiges Bild $f(V)$ kompakt.

Die folgende zusätzliche Aussage zeigt, daß der Beweis des Satzes damit abgeschlossen ist.

Hilfssatz. *Eine kompakte Menge W eines Hausdorff-Raumes Y ist abgeschlossen.*

Beweis. Wir zeigen, daß die Menge $Y \setminus W$ offen ist. Dazu betrachten wir ein Punktepaar $x \in W$ und $y \in Y \setminus W$. Weges des Trennungsaxioms existieren offene Mengen U_x und V_x mit

$$U_x \cap V_x = \emptyset, \quad x \in U_x, \quad y \in V_x.$$

Die Schar $\{U_x\colon x \in W\}$ überdeckt W und enthält wegen der Kompaktheit von W eine endliche Teilüberdeckung $\{U_{x_1}, \ldots, U_{x_q}\}$. Die Menge $V_y = V_{x_1} \cap \cdots \cap V_{x_q}$ ist offen, enthält einen Punkt y und schneidet keine der U_{x_i}, $i = 1, \ldots, q$. Deshalb gilt $V_y \subset Y \setminus W$. Folglich ist jeder Punkt y aus $Y \setminus W$ samt einer gewissen offenen Umgebung von y in dieser Menge enthalten. Folglich ist die Menge $Y \setminus W$ offen und W abgeschlossen.

Aus dem eben bewiesenen Satz folgt insbesondere, daß das Bild $f(X)$ der kompakten Menge X im Hausdorff-Raum Y bei einer stetigen injektiven Abbildung $f\colon X \to Y$ homöomorph zu X ist.

B. Konvexe Mengen

1. Einfachste konvexe Mengen

Es seien a und b verschiedene Punkte eines euklidischen Punktraumes $\mathscr{E}^n$.

Die in der Form $(1-t)a + tb$ darstellbaren Punkte bilden

- eine *Gerade* $L(a, b)$, die durch die Punkte a und b (bei $-\infty < t < \infty$) hindurchgeht;
- einen *Strahl* $l[a, b)$, der vom Punkt a ausgeht und durch den Punkt b (bei $0 \leq t < \infty$) hindurchgeht
- eine *Strecke* $[a, b]$ mit den Endpunken a und b (bei $0 \leq t \leq 1$);
- ein *halboffenes Intervall* $[a, b)$ mit den Endpunkten a und b (bei $0 \leq t < 1$).

Eine nichtleere Teilmenge X des euklidischen Punktraumes $\mathscr{E}^n$ heißt *konvex*, wenn sie mit jedem Paar ihrer Punkte x und y die gesamte sie verbindende Strecke $[x, y]$ enthält.

Die äquivalente algebraische Bedingung besteht darin, daß für beliebiges $x \in X$, $y \in Y$ und $t \in (0, 1)$ die Beziehung $(1-t)x + ty \in X$ gilt.

Wir führen einige Beispiele für konvexe Mengen in $\mathscr{E}^n$ an.

Beispiel 1. Die offene Kugel $B_0^n(a, r)$. Es seien x und $y \in B_0^n(a, r)$, d. h. $|x-a| < r$ und $|y-a| < r$. Ist $z = (1-t)x + ty$, $0 \le t \le 1$, so ist $|z-a| = |(1-t)(x-a) + t(y-a)| \le (1-t)|x-a| + t|y-a| < r$, d. h. $z \in B_0^n(a, r)$.

Beispiel 2. Die Hyperebene H: $\alpha_1 x^1 + \cdots + \alpha_n x^n = \beta$, wobei $\sum_{i=1}^{n} \alpha_i^2 > 0$ ist.

Da ein nichtleerer Durchschnitt konvexer Mengen konvex ist, ergibt sich daraus die Konvexität von k-Ebenen (eine beliebige k-Ebene kann in Form des Durchschnitts von $n-k$ Hyperebenen dargestellt werden).

Beispiel 3. Der abgeschlossene Halbraum $\alpha_1 x^1 + \cdots + \alpha_n x^n \le \beta$ und folglich der n-dimensionale Würfel I^n (als Durchschnitt von $2n$ Halbräumen $x^i \ge 0$, $x^i \le 1$, $i = 1, \ldots, n$).

2. Rand und Inneres einer konvexen Menge

Hilfssatz. *Es sei a ein innerer Punkt einer konvexen Menge X, b ein Punkt ihrer Abschließung X. Dann ist jeder Punkt eines halboffenen Intervalls $[a, b)$ ein innerer Punkt der Menge X.*

Beweis. Für eine genügend kleine positive Zahl ε liegt eine offene Kugel $B_0^n(a, \varepsilon)$ ganz in der Menge X. Wir wählen einen Punkt $c = (1-t)a + tb$ auf der Strecke $[a, b]$ und zeigen, daß er bei $0 < t < 1$ ein innerer Punkt von X ist.

Dazu betrachten wir eine offene Kugel $B_0^n = B_0^n(c, (1-t)\varepsilon)$. Die Behauptung des Hilfssatzes ist bewiesen, wenn es uns gelingt, die Gültigkeit der Inklusion $B_0^n \subset X$ zu zeigen.

Der Punkt x liege in B_0^n, d. h.

$$|x-c| < (1-t)\varepsilon. \tag{1}$$

Gehört der Punkt d zur Menge X, so gilt (Abb. E14)

$$|x-((1-t)a+td)| = |(x-c)+t(b-d)| \le |x-c| + t|b-d|. \tag{2}$$

Da b ein Berührungspunkt der Menge X ist (wir beachten, daß $b \in \bar{X}$), kann d so gewählt werden, daß er nahe bei b liegt.

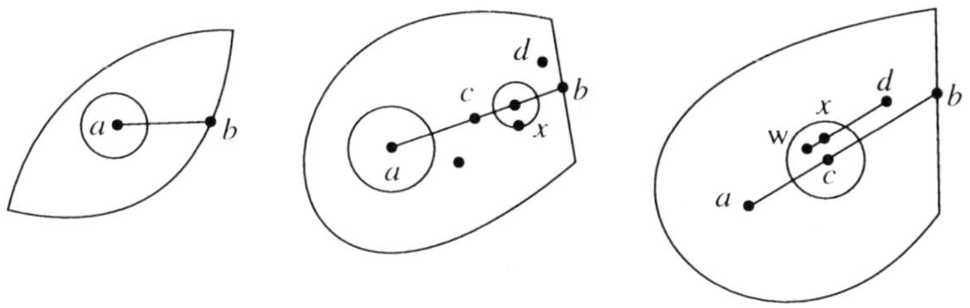

Abb. E14

Beispielsweise sei

$$|b-d| < \frac{1}{t}((1-t)\varepsilon - |x-c|)$$

(wegen der Ungleichung (1) ist die Differenz auf der rechten Seite positiv). Daraus erhalten wir

$$|x-c) + t|b-d| < (1-t)\varepsilon.$$

Aus (2) ergibt sich die Abschätzung

$$|x-((1-t)a+td)| < (1-t)\varepsilon$$

oder

$$\left|\frac{1}{1-t}(x-td)-a\right| < \varepsilon.$$

Diese letzte Ungleichung besagt, daß der Punkt

$$w = \frac{1}{1-t}(x-td) \in B_0^n(a, \varepsilon)$$

ist. Wenn wir diese Gleichung nach x auflösen, erhalten wir

$$x = (1-t)w + td.$$

Da w und d in X liegen, so liegt auch x in X wegen ihrer Konvexität.

Wegen der willkürlichen Wahl von x in der Kugel B_0^n können wir folgern, daß $B_0^n \subset X$ gilt und somit der Punkt c ein innerer Punkt von X ist.

Satz 1. *Es sei X eine konvexe Menge im Raum $\mathscr{E}^n$. Die Menge ihrer inneren Punkte* int X *ist entweder leer oder konvex.*

Beweis. Es sei int $X \neq \emptyset$. Sind x und y Punkte aus int X, so liegt wegen der Aussage des Hilfssatzes die Strecke $[x, y]$ in int X.

Satz 2. *Die Abschließung einer konvexen Menge ist konvex.*

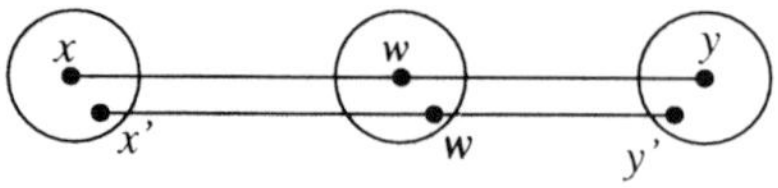

Abb. E15

Beweis. Es sei X eine konvexe Menge und $\bar{X}$ deren Abschließung. Wir wählen x und y aus $\bar{X}$ willkürlich und betrachten einen Punkt $w=(1-t)x+ty$ mit $0 \leq t \leq 1$ (Abb. E15).

Da x und y Berührungspunkte von X sind, lassen sich für ein beliebiges positives ε Punkte x' und y' aus X so angeben, daß $|x'-x|<\varepsilon$ und $|y'-y|<\varepsilon$ sind. Wegen der Konvexität von X gehört $w'=(1-t)x'+ty'$ der Menge X an. Darüberhinaus wird die Beziehung

$$|w'-w|=|(1-t)(x'-x)+t(y'-y)|<\varepsilon$$

erfüllt. Das bedeutet, daß in der offenen Kugel $B_0^n(w,\varepsilon)$ ein Punkt existiert, der zu X gehört. Daraus folgt die Inklusion $w \in \bar{X}$.

Satz 3. *Es sei X eine konvexe Menge,* int $X \neq \emptyset$. *Dann gilt* $\bar{X}=\overline{\operatorname{int} X}$.

Beweis. Da int $X \subset X$ gilt, ist die Inklusion $\overline{\operatorname{int} X} \subset \bar{X}$ trivial.

Es seien $x \in \operatorname{int} X$ und $y \in \bar{X}$. Da ein beliebiger Punkt der Strecke $[x, y]$ (eventuell mit Ausnahme von y) zu int X gehört, lassen sich in jeder Umgebung von y Punkte aus int X finden. Das heißt, daß $y \in \overline{\operatorname{int} X}$ ist. Daraus folgt dann unmittelbar $\bar{X} \subset \overline{\operatorname{int} X}$.

3. Sternförmigkeit einer konvexen Menge

Satz 1. *Auf jedem Strahl, der von einem inneren Punkt einer konvexen Menge ausgeht, gibt es höchstens einen Randpunkt dieser Menge.*

Beweis. Das Innere von int X sei in X nicht leer, und es gelte $x \in \operatorname{int} X$.

Weiterhin nehmen wir an, daß auf dem vom Punkt x ausgehenden Strahl zwei Randpunkte y und z der Menge X mit $y \neq z$ vorhanden sind. Per definitionem setzen wir voraus, daß $y \in [x, z]$ ist. Dann muß y wegen des Hilfssatzes, den wir unter dem vorhergehenden Punkt bewiesen haben, ein innerer Punkt von X sein, was der Annahme widerspricht.

Jeder von einem inneren Punkt der konvexen Menge X ausgehende Strahl ist also entweder in X enthalten oder schneidet ∂X in einem einzigen Punkt.

Definition. Die Menge X heißt *Sternmenge* bezüglich eines Punktes $x \in X$, wenn ein beliebiger vom Punkt x ausgehender Strahl l die Grenze ∂X der Menge X höchstens in einem Punkt schneidet.

Der eben bewiesene Satz kann daher auch wie folgt formuliert werden:

Satz 2. *Eine konvexe Menge im $\mathscr{E}^n$ ist bezüglich eines beliebigen ihrer inneren Punkte eine Sternmenge.*

4. Sternförmigkeit und der Satz von Helly

Wir verallgemeinern den unter Punkt 3 eingeführten Begriff der Sternförmigkeit, indem wir die Forderungen an den Rand der Menge lockern.

Es seien u und v Punkte der Menge X aus dem Raum $\mathscr{E}^n$. Man sagt, der Punkt u sei vom Punkt v in der Menge X *zu sehen*, wenn die Strecke $[u, v]$ in X liegt. Wir merken an: Ist u von v aus in X zu sehen, so ist auch v von u aus in X zu sehen.

Die Menge X heißt *Sternmenge*, wenn es in X einen Punkt u gibt, von dem aus alle anderen Punkte dieser Menge zu sehen sind (Abb. E16).

Die Menge U, die aus allen Punkten u von X besteht, die die obengenannte Eigenschaft besitzen, nennen wir das *Zentrum* der Menge X. Wir beachten, daß $U \subset X$ ist.

Behauptung. *Das Zentrum einer Sternmenge ist eine konvexe Menge.*

Beweis. Es seien u und v Punkte des Zentrums U. Wir wählen in X einen beliebigen Punkt x und betrachten Δuvx, ein 2-Simplex mit den Ecken u, v, x (Abb. E17). Dieses Dreick liegt ganz in der Menge X. Nach Definition des Zentrums liegen tatsächlich alle seine Seiten ganz in X. Würde ein gewisser Punkt z innerhalb des Dreiecks nicht zu X gehören, so wäre ein auf einem Strahl $l[u, z]$ hinter ihm liegender Punkt w der Strecke $[v, x]$ von u aus nicht zu sehen. Das widerspricht aber der Tatsache, daß $w \in X$ und $u \in U$.

Daraus, daß das Dreieck Δuvx zur Menge X gehört und eine konvexe Menge ist, können wir unmittelbar schließen, daß ein willkürlich gewählter Punkt x von einem beliebigen Punkt der Strecke $[u, v]$: $\lambda u + \mu v$, $\lambda \mu \geq 0$, $\lambda + \mu = 1$, aus zu sehen ist.

Satz. *Es sei X* eine kompakte Teilmenge des Raumes $\mathscr{E}^n$. *Für beliebige $n + 1$ Punkte von X existiere ein Punkt, von dem aus alle diese $n + 1$ Punkte zu sehen sind. Dann ist die Menge X eine Sternmenge.*

Zum Beweis dieses Satzes betrachten wir einige einfache Tatsachen.

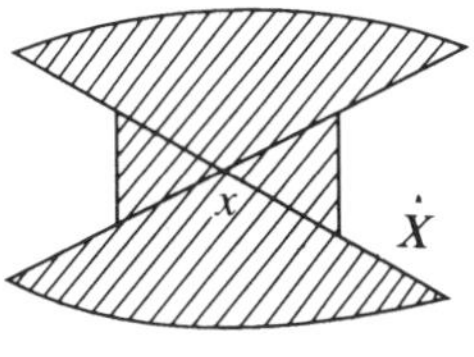

Abb. E16

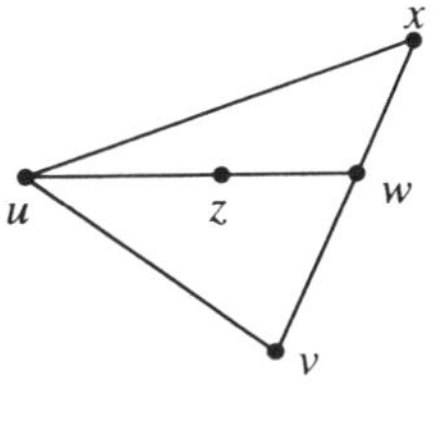

Abb. E17

1. Tatsache: Der Satz von Helly, der weiter oben für eine Schar bewiesen wurde, die sich aus einer endlichen Anzahl konvexer Mengen zusammensetzt, gilt auch für den Fall einer Schar, die aus einer unendlichen Anzahl von Mengen besteht, aber nur unter der zusätzlichen Bedingung, daß diese Mengen kompakt sind. Der Nachweis läßt sich leicht auf den Fall endlicher Scharen reduzieren.

2. Tatsache: Es seien X und Y kompakte Mengen im $\mathscr{E}^n$. Dann existieren Punkte $x_0 \in X$ und $y_0 \in Y$ so, daß

$$d(x_0, y_0) = d(X, Y)$$

ist. Wir beachten, daß

$$d(x, y) = |x - y| \text{ und } d(X, Y) = \inf_{x \in X,\, y \in Y} d(x, y)$$

gilt.

Aus der Bestimmung des Abstands zwischen den Mengen ergibt sich die Existenz von Punktfolgen $\{x_k\}$ aus X und $\{y_k\}$ aus Y, für die

$$d(x_k, y_k) \to d(X, Y)$$

bei $k \to \infty$ gilt. Wegen der Kompaktheit von X besitzt die Folge $\{x_k\}$ eine Teilfolge $\{x_m\}$, für deren Punkte mit $x_0 \in X$ gilt, wegen der Kompaktheit von Y besitzt die Teilfolge $\{y_m\}$ eine weitere Teilfolge $(y_l\}$, für deren Punkte $d(y_l\, y_0) = |y_l - y_0| \to 0$ mit $y_0 \in Y$ gilt.

Da

$$d(x_0, y_0) \leq d(x_0, x_l) + d(x_l, y_l) + d(y_l, y_0)$$

gilt, so ist damit

$$d(x_0, y_0) \leq d(X, Y).$$

Andererseits gilt $d(X, Y) \leq d(x_0, y_0)$. Daraus folgt $d(x_0, y_0) = d(X, Y)$.

3. Tatsache: Schneiden sich die kompakten Teilmengen X und Y aus $\mathscr{E}^n$ nicht, so ist $d(X, Y) > 0$.

Diese Ungleichung wird durch einen Widerspruchsbeweis begründet. Aus der Gleichung $d(X, Y) = 0$ folgt, daß die oben konstruierten Punkte $x_0 \in X$ und $y_0 \in Y$ durch die Beziehung $d(x_0, y_0) = 0$ verbunden werden müssen. Daraus folgt $x_0 = y_0$, was unmittelbar zum erforderlichen Widerspruch führt.

Beweis des Satzes. Es sei x willkürlich aus X. Wir setzen

$$V_x = \{y \in X \,|\, [x, y] \subset X\}.$$

Somit ist V_x eine Menge von Punkten, von denen aus x in X zu sehen ist.

Es seien $x_1, \ldots, x_{n+1}$ Punkte von X. Wir bezeichnen mit y einen Punkt von X, von dem aus sie alle zu sehen sind. Ein solcher Punkt y existiert und ist ein gemeinsamer Punkt der Mengen $V_{x_1}, \ldots, V_{x_{n+1}}$.

Es ist zu zeigen, daß

$$\bigcap_{x \in X} V_x \neq \emptyset$$

ist. Nach dem Satz von Helly (1. Tatsache) läßt sich ein Punkt

$$z \in \bigcap_{x \in X} \operatorname{conv} V_x$$

finden. Wir zeigen, daß

$$z \in \bigcap_{x \in X} V_x$$

gilt.

Dazu nehmen wir das Gegenteil an (Abb. E18). Dann liegt z entweder nicht in X oder $z \in X$, aber in X existiert ein Punkt x, der von z aus in X nicht zu sehen ist.

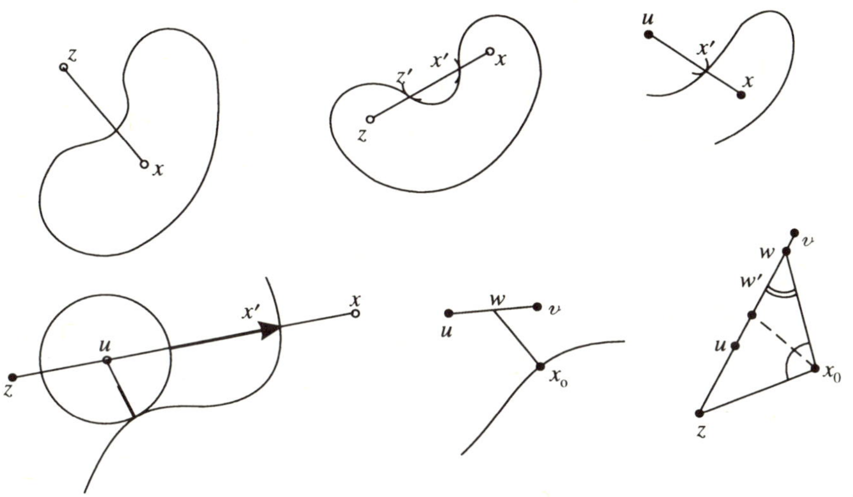

Abb. E18

Im ersten Fall gibt es in X einen Punkt x' derart, daß $[z, x') \cap X = \emptyset$ ist.

Im zweiten Fall gilt $z \in X$, und die Menge $[z, x] \setminus X$ stellt eine Vereinigung sich schneidender Intervalle dar. Wir betrachten ein solches Intervall: (z', x'). Es ist klar, daß $[\frac{1}{2}(z' + x'), x') \cap X = \emptyset$ ist. Deshalb kann man behaupten, daß auf der Strecke $[z, x]$ ein halboffenes Intervall $[u, x')$ liegt, so daß $[u, x'] \cap X = x'$ ist, aber $[u, x') \cap X = \emptyset$, weshalb

$$d(u, X) > 0$$

ist. Im Intervall (u, x') existiert ein Punkt v mit

$$|v - x'| = \tfrac{1}{2} d(u, X)$$

(wegen der Stetigkeit der Abstandsfunktion ist $|x-y|=d(x,y)$). Es ist klar, daß

$$d([u,x],X)>0$$

gilt. Da die Mengen $[u,v]$ und X kompakt sind, existiert ein Punkt $x_0 \in X$, und es läßt sich ein Punkt $w \in [u,v]$ finden, für die

$$|x_0-w|=d([u,v],X)$$

ist. Wir legen durch den Punkt x_0 eine Hyperebene H, die senkrecht auf einer Strecke $[w,x_0]$ steht (Abb. E19). Da x_0 aus X der dem Punkt w am nächsten liegende ist, gehören alle Punkte von X und folglich auch V_{x_0} zu einem abgeschlossenen Halbraum H^+, der die Hyperebene H berührt und den Punkt w nicht enthält. Dann gilt

$$z \in \operatorname{conv} V_{x_0} \in H^+ \quad \text{und} \quad \sphericalangle\, z x_0 w \geq \frac{\pi}{2}.$$

Daraus folgt

$$\sphericalangle\, x_0 w z < \frac{\pi}{2}.$$

Da

$$d(w,X) \leq d(v,X) \leq |v-x'| = \tfrac{1}{2} d(u,X) < d(u,X)$$

gilt, so ist klar, daß $u \neq w$ gilt.

Daraus, daß der Punkt u auf der Strecke $[z,w]$ liegt, und aus der Ungleichung $\sphericalangle\, x_0 w z < \pi/2$ ergibt sich, daß auf $[u,w]$ ein Punkt w' existiert, der näher als w an x_0 liegt. Dies widerspricht aber der Wahl des Punktes w.

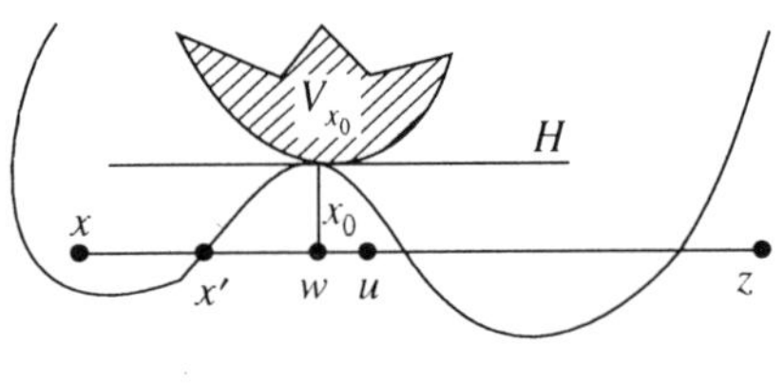

Abb. E19

5. Die konvexe Hülle einer kompakten Menge

Es sei X eine beliebige nichtleere Teilmenge des $\mathscr{E}^n$.

Die kleinste der die Menge X enthaltenden konvexen Mengen wird *konvexe Hülle* von X genannt. Bekanntlich setzt sich die konvexe Hülle einer Menge aus allen möglichen konvexen Kombinationen ihrer Punkte zusammen (wir erinnern uns, daß der Punkt x eine konvexe Kombination von Punkten $x_1, \ldots, x_m$ genannt wird, wenn sie in der folgenden Form dargestellt werden kann:

$$x = \lambda_1 x_1 + \cdots + \lambda_m x_m,$$

wobei $\lambda_1 + \cdots + \lambda_m = 1$ und $\lambda_1 \geq 0, \ldots, \lambda_m \geq 0$ ist).

Satz 1 (*Satz von Carathéodory*). *Es sei X eine Teilmenge des $\mathscr{E}^n$. Jeder Punkt der konvexen Hülle von X kann als konvexe Kombination von höchstens $n+1$ Punkten aus X dargestellt werden.*

Beweis. Der Beweis für den Punktraum wird analog zu dem für lineare Räume geführt (vgl. Abschn. 7.4).

Gestützt auf das klassische Zitat von Carathéodory, beweisen wir folgende Behauptung:

Satz 2. *Es sei X eine kompakte Menge im Raum $\mathscr{E}^n$. Dann ist die konvexe Hülle der Menge X auch kompakt.*

Beweis. Wir bezeichnen die Menge aller Punkte $a = (\alpha_0, \alpha_1, \ldots, \alpha_n)$, für die $\sum_{i=0}^{n} \alpha_i = 1$ und $\alpha_i \geq 0, i = 0, \ldots, n$ gilt, mit A.

Die Menge A ist beschränkt (d. h., sie liegt in einem Würfel I^{n+1}) und ist (als Durchschnitt von $n+2$ abgeschlossenen Halbräumen) abgeschlossen, also kompakt. Deshalb ist auch

$$W = A \times \underbrace{X \times \cdots \times X}_{n+1} = A \times X^{n+1}$$

kompakt.

Es sei

$$w = (\alpha_0, \ldots, \alpha_n; x_0, \ldots, x_n) \in W,$$

und wir setzen

$$f(w) = \sum_{i=0}^{n} \alpha_i x_i.$$

Die konstruierte Abbildung $f\colon W \to \mathscr{E}^n$ ist (wegen der Linearität) stetig, und W ist kompakt. Folglich ist auch das Bild $f(W)$ der Abbildung kompakt.

Nach dem Satz von Carathéodory fällt $f(W)$ mit der konvexen Hülle von X zusammen.

6. Konvexe Körper

Definition. Eine kompakte konvexe Menge, deren Inneres nicht leer ist, heißt *konvexer Körper* im Raum $\mathscr{E}^n$.

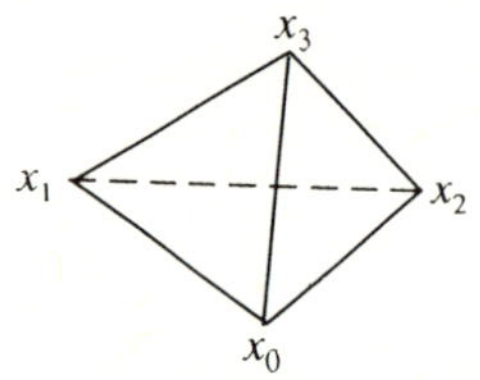

Abb. E20

Satz 1. *Auf jedem Strahl, der von einem inneren Punkt eines konvexen Körpers ausgeht, gibt es genau einen Randpunkt.*

Beweis. Es sei X ein konvexer Körper, $x \in \operatorname{int} X$ und l_x ein vom Punkt x ausgehender Strahl. Der Durchschnitt $l_x \cap X$ stellt, da er kompakt und konvex ist, eine Strecke $[x, y] \subset X$ dar. Ein beliebiger Punkt $z \in l_x$, der von x weiter entfernt ist als von y, gehört nicht zur Menge X. Nach Satz 1 aus Punkt 3 enthält der Strahl l_x keine anderen Randpunkte der Menge X.

Wir betrachten nun Punkte $x_0, x_1, \ldots, x_n$ des Raumes $\mathscr{E}^n$, die nicht in ein und derselben Hyperebene liegen. Die konvexe Hülle dieser Punkte heißt *Simplex* (genauer gesagt, *n-Simplex*), während die Punkte $x_0, x_1, \ldots, x_n$ *Eckpunkte* des Simplexes genannt werden (Abb. E20).

Satz 2. *Das n-Simplex im $\mathscr{E}^n$ ist ein konvexer Körper.*

Beweis. Es sei σ ein *n-Simplex* mit Eckpunkten $x_0, \ldots, x_n$. Aus der Definition des Simplexes resultiert unmittelbar, daß σ kompakt ist.

Wir bestimmen die Abbildung $f\colon \mathscr{E}^n \to \mathscr{E}^n$ nach der folgenden Regel:

$$f\colon w = (\lambda_1, \ldots, \lambda_n) \mapsto x = \Big(1 - \sum_{i=1}^{n} \lambda_i\Big) x_0 + \sum_{i=1}^{n} \lambda_i x_i.$$

Wenn Λ eine Menge sämtlicher Punkte $w = (\lambda_1, \ldots, \lambda_n)$ mit $\lambda_i \geq 0$, $\lambda_1 + \cdots + \lambda_n = 1$ ist, so ist die Abbildung f ein Homöomorphismus von Λ auf σ (auf diesen Mengen ist die Abbildung umkehrbar eindeutig und nach beiden Seiten stetig).

Wir zeigen nun, daß der Punkt

$$w_0 = \left(\frac{1}{n+1}, \ldots, \frac{1}{n+1}\right)$$

ein innerer Punkt von Λ ist. Dazu wählen wir im $\mathscr{E}^n$ einen offenen Würfel I_0^n derart, daß

$$\left|\lambda_i - \frac{1}{n+1}\right| < \mathscr{E}, \quad i = 1, \ldots, n,$$

gilt, wobei $\mathscr{E} = \dfrac{1}{n(n+1)}$ ist. Die Koordinaten $\lambda_1, \ldots, \lambda_n$ der Punkte $w \in I_0^n$ sind positiv, und es gilt

$$\lambda_1 + \cdots + \lambda_n < \frac{n}{n+1} + n\mathscr{E} = 1.$$

Also ist I_0^n eine offene Umgebung des Punktes $w_0 \in \Lambda$, die ganz in der Menge Λ liegt. Ihr Bild $f(I_0^n)$ ist eine offene Umgebung des Punktes $x_0 = f(w_0)$, die ganz im Simplex σ liegt. Folglich ist $x_0 \in \operatorname{int} \sigma$.

7. Die Dimension einer konvexen Menge

Es sei X eine konvexe Menge. Unter den q-Ebenen des Raumes $\mathscr{E}^n$, die die Menge X enthalten, läßt sich eine (einzige) k-Ebene kleinster Dimension finden. Diese k-Ebene wird *affine Hülle* der Menge X genannt.

Definitionsgemäß ist die Zahl k die *Dimension* der konvexen Menge; sie wird mit $\dim X$ bezeichnet.

Wir erinnern uns, daß eine konvexe Menge von Punkten $x_0, \ldots, x_k$ des $\mathscr{E}^n$ $(k \leq n)$ unter der Bedingung, daß diese Punkte nicht in der $(k-1)$-Ebene liegen, ein *k-Simplex* genannt wird.

Beispiel. Die Dimension eines k-Simplexes ist gleich k.

Behauptung. *Jedes k-Simplex ist ein komplexer Körper in seiner linearen Hülle (bezüglich der induzierten Topologie).*

Daraus folgt eine einfache, aber für das Weitere wichtige Behauptung.

Satz. *Die in ihrer affinen Hülle betrachtete konvexe Menge enthält innere Punkte (bezüglich der induzierten Topologie).*

Beweis. Ist die Dimension einer konvexen Menge X gleich k, so befinden sich in der Menge Punkte x_0, $x_1, \ldots, x_k$, die in keiner q-Ebene liegen, deren Dimension kleiner als k ist. Wenn man den Satz 2 aus Punkt 6 auf das k-Simplex mit den Ecken x_0, $x_1, \ldots, x_k$ anwendet, erhält man die Bestätigung dieser Tatsache.

8. Stützebenen

Es sei X eine n-dimensionale konvexe Menge im Raum $\mathscr{E}^n$.

Definition. Eine k-Ebene, die die Punkte der Abschließung X der Menge X, jedoch keine inneren Punkte derselben enthält, nennen wir eine *k-Stützebene* von X.

0-*Stützebenen* sind Punkte der Grenze ∂X, $(n-1)$-*Stützebenen* sind Hyperebenen, die zwar die Punkte der Abschließung von X enthalten, jedoch keine zwei Punkte der Menge X selbst trennen. (Diese letzte Eigenschaft kann als

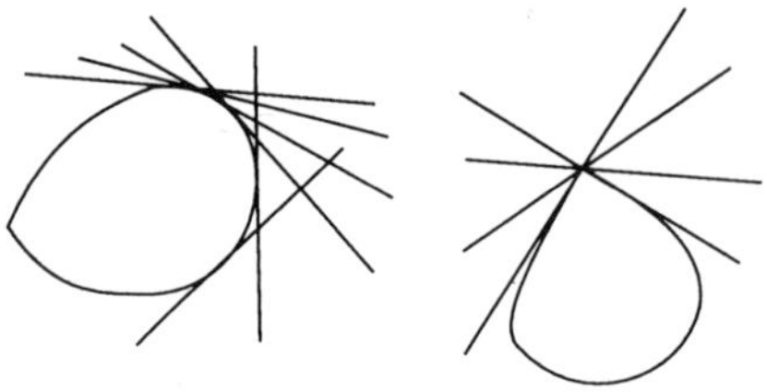

Abb. E21

Definition von Stützebenen für konvexe Mengen ohne innere Punkte benutzt werden.)

Satz 1. *Die k-Stützebenen* Π_1^k, $\Pi_2^k, \ldots$ der *Menge X konvergieren gegen die k-Ebene* Π^k, *die die Punkte von* $\bar{X}$ *enthält (wenn X beschränkt ist, enthält die k-Ebene* Π^k *die Punkte der Abschließung automatisch). Dann ist* Π^k *auch eine k-Stützebene von X* (Abb. E21).

Beweis. Die Koinzidenz der k-Ebenen wird im folgenden Sinne verstanden: Zu einem beliebigen Punkt $a \in \Pi^k$ existiert eine Punktfolge $\{a_i;\ a_i \in \Pi_i^k\}$, die gegen den Punkt a ($|a_i - a| \to 0$ bei $i \to \infty$ konvergiert), während der Winkel zwischen den *k-Ebenen* Π_i^k und Π^k gegen null strebt.

Gemäß der Definition der k-Stützebene genügt es, zu zeigen, daß Π^k keine inneren Punkte von X enthält.

Wir nehmen genau das Gegenteil an und behaupten, daß $x \in \operatorname{int} X \cap \Pi^k$ gilt.

Dann geraten sämtliche gegen den Punkt x konvergierenden Punkte $x_i \in \Pi_i^k$, beginnend mit einer gewissen Nummer m, in eine Kugel $B_0^n(x, \varepsilon)$. Das widerspricht der den k-Ebenen Π_i^k auferlegte Bedingung.

Satz 2. *Es seien* X_1 *eine beschränkte konvexe Menge,* X_2 *eine beliebige konvexe Menge, und es gelte* $\bar{X}_1 \cap \bar{X}_2 = \varnothing$.

a) *Dann existieren Punkte* $x_1 \in \bar{X}_1$ *und* $x_2 \in \bar{X}_2$ *derart, daß*

$$d(x_1, x_2) = d(X_1, X_2) = \inf_{y_1 \in X_1, y_2 \in X_2} d(y_1, y_2) \tag{1}$$

gilt.

b) *Wenn die Hyperebenen* Π_1, Π_2 *und* Π *jeweils durch die Punkte* x_1, x_2 *und* $(1/2)(x_1 + x_2)$ *hindurchgehen und zu einer Geraden* $L(x_1, x_2)$ *senkrecht sind, so ist* Π_i, $i = 1, 2$, *eine Stützhyperebene der Menge* X_i, *und* Π *trennt* X_1 *von* X_2.

c) *Besteht die Menge* X_1 *aus einem Punkt* x_1, *so ist der Punkt* x_2 *eindeutig bestimmt.*

Beweis

a) Die Existenz der Punkte x_1 und x_2 folgt aus der Beschränktheit der Menge X_1. (Wir erinnern uns, daß die vorstehend analysierte zweite Tatsache (vgl.

Punkt 4) auf den Fall zutraf, in dem die beiden Mengen X_1 und X_2 beschränkt sind; der hier betrachtete Fall läßt sich leicht auf diesen zurückführen.) Wir zeigen zuerst, daß es in der Menge $\bar{X}_1$ einen der Menge X_2 am nächsten liegenden Punkt x_1 gibt. Dazu nehmen wir an, daß die Punkte y_1 und y_2 zu X_1 beziehungsweise X_2 gehören. Der Abstand von y_1 zur Menge X_2 wird durch die Formel

$$d(y_1, X_2) = \inf_{y_2 \in X_2} d(y_1, y_2)$$

gegeben. Der der Menge X_2 am nächsten liegende Punkt wird derjenige sein, für den die Funktion $d(y_1) = d(y_1, X_2)$ ein Minimum aufweist. Man kann leicht nachweisen, daß $d(y_1)$ eine stetige Funktion von y_1 ist. Dann ergibt sich aus der Abgeschlossenheit und Beschränktheit der Menge $\bar{X}_1$, daß dort ein Punkt x_1 existiert, in dem $d(y_1)$ ein Minimum aufweist.

In der Menge $\bar{X}_2$ gibt es einen Punkt x_2, der dem Punkt x_1 am nächsten liegt (Abb. E22).

b) Wäre z. B. die Hyperebene Π_2 keine Stützebene für die Menge X_2, so würde sich ein Punkt $y \in X_2$ auf derselben Seite von Π_2, auf der auch x_1 liegt, finden lassen. Dann wäre der Winkel yx_2x_1 spitz, und für kleine $t > 0$ läge die Ungleichung

$$|x_1 - (1-t)x_2 - ty| < |x_1 - x_2|$$

vor. Aber es gilt $z = (1-t)x_2 + ty \in X_2$, was der Bedingung (1) widerspricht.

Es ist leicht zu sehen, daß die Hyperebene Π die Menge X_1 von der Menge X_2 trennt, und von jeder dieser Mengen in einem Abstand $(1/2)|x_1 - x_2|$ liegt.

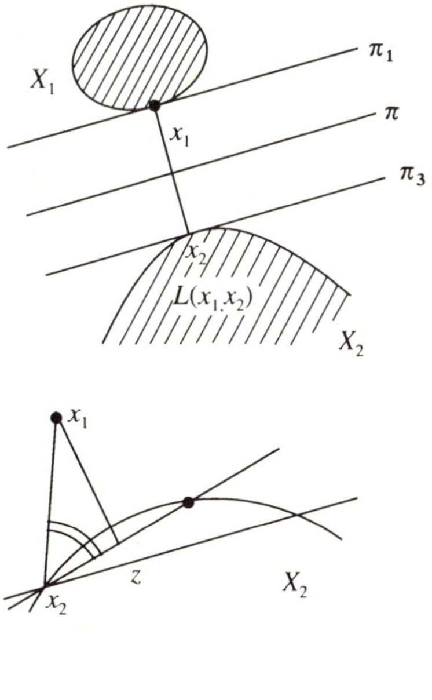

Abb. E22

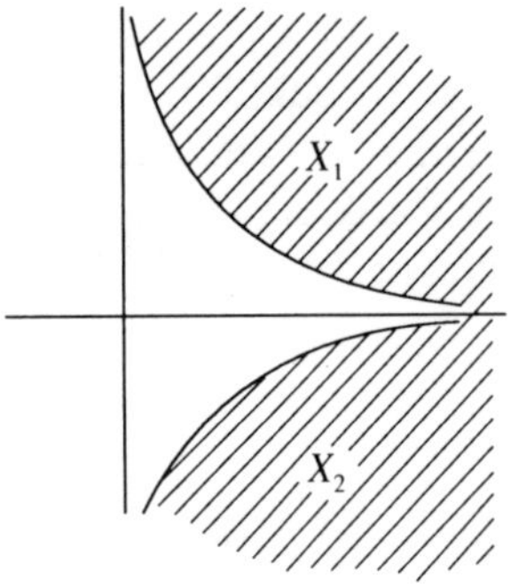

Abb. E23

Es ist klar, daß die Schicht zwischen den Hyperebenen Π_1 und Π_2 weder Punkte aus X_1 noch aus X_2 enthält und diese Mengen getrennt sind.

c) Ist $X_1 = \{x_1\}$, so ist der Punkt x_2 eine Projektion des Punktes x_1 auf die Menge X_2. Die Annahme, daß eine zweite Projektion z existiert, führt zum Widerspruch:

$$\tfrac{1}{2}(x_2 + z) \in X \quad \text{und}$$

$$|x_1 - \tfrac{1}{2}(x_2 + z)| = \left|\frac{x_1 - x_2}{2} + \frac{x_1 - z}{2}\right| < |x_1 - x_2| = |x_1 - z|.$$

Wie in Abb. E23 gezeigt wird, ist die Beschränktheit der Menge X_1 für die Existenz von Punkten x_1 und x_2, die die Bedingung (1) erfüllen, wesentlich.

Satz 3. *Es seien X' eine beliebige konvexe Menge im $\mathscr{E}^n$, X eine n-dimensionale konvexe Menge. X' enthalte keine inneren Punkte von X; $x \in \bar{X} \cap \bar{X}'$. Dann weisen die Mengen X und X' im Punkt x eine gemeinsame Stützhyperebene auf* (Abb. E24).

Beweis. Wir fixieren irgendeinen inneren Punkt z von X. Mit X_m bezeichnen wir eine Menge, die aus $\bar{X}$ durch Dehnung um das $\left(1 - \frac{1}{m}\right)$-fache mit dem

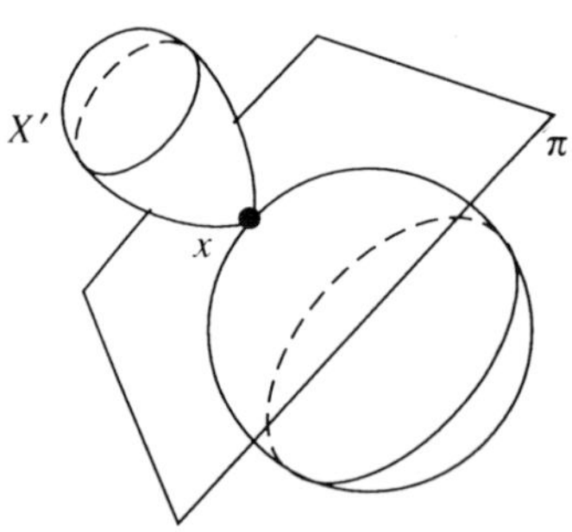

Abb. E24

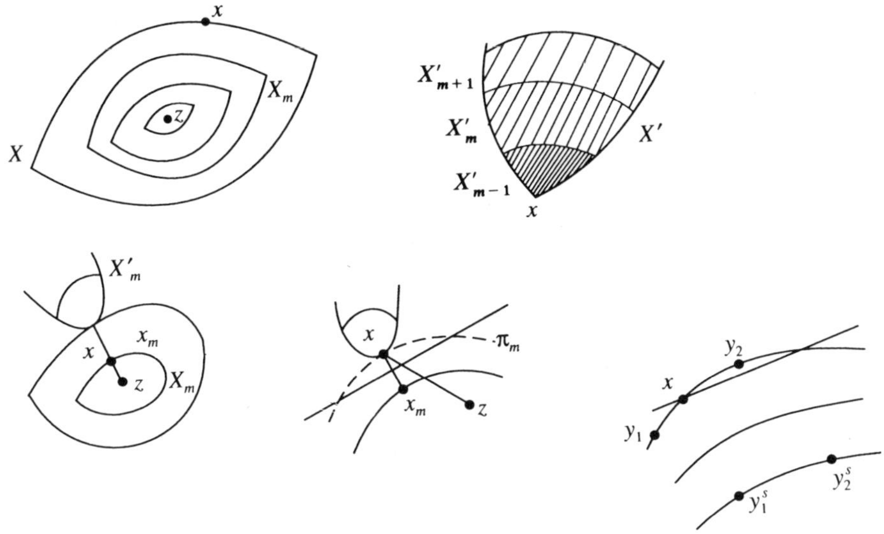

Abb. E25

Ähnlichkeitszentrum z erhalten wird.

Es sei

$$X'_m = \bar{X}' \cap B^n(x, m) \quad \text{(Abb. E25)}.$$

Dann ist $X_m \cap X'_m = \varnothing$, und es existiert nach dem vorangegangenen Satz eine Hyperebene Π_m, die X'_m von X_m abtrennt und einen Punkt einer Strecke $[x, x_m]$ enthält, die den Punkt x mit dessen Bild x_m bei der Dehnung verbindet:

$$x_m = x - \frac{1}{m}(x - z).$$

Da $|x - x_m| = \frac{1}{m}|x - z|$ ist, existiert in einer Folge von Hyperebenen $\{\Pi_m\}$ eine Teilfolge $\{\Pi_s\}$, die gegen eine gewisse Hyperebene Π, welche den Punkt x enthält, konvergiert. Es ist klar, daß die Hyperebene Π die Punkte y_1 und y_2 aus X nicht trennen kann, da es sonst Punkte $y_i^s \in X_s$ geben würde, die gegen y_i, $i = 1, 2$, konvergieren, und die Hyperebenen würden für große s die Punkte y_1^s und y_2^s trennen. Ähnlich wird die Eigenschaft der Hyperebene begründet, daß sie keine zwei Punkte y'_1 und y'_2 aus X' bei genügend großem m trennt: $y'_i \in X'_m$, $i = 1, 2$, und Π_s kann für $s > m$ nicht die Punkte y'_1 und y'_2 trennen.

Folgerung. *Jede k-Stützebene der Menge X, insbesondere jeder Punkt der Grenze ∂X, liegt in einer Stützhyperebene für X.*

Definition. Einen X enthaltenden abgeschlossenen Halbraum, der sich auf die

Stützhyperebene der Menge X stützt, nennt man einen *Stützhalbraum* einer konvexen Menge X.

Satz 4. *Es sei X eine konvexe Menge, die nicht mit dem Raum $\mathscr{E}^n$ zusammenfällt. Dann deckt sich die Abschließung von X mit dem Durchschnitt aller möglichen Stützhalbräume der Menge X.*

Beweis. Es ist klar, daß dieser Durchschnitt eine Menge $\bar{X}$ enthält. Wenn es sich herausstellt, daß irgendein Punkt x_0 aus dem Durchschnitt nicht in $\bar{X}$ enthalten ist, so findet sich wegen der Abgeschlossenheit von $\bar{X}$ eine Kugel $B_0^n(x_0, r)$, für die

$$B_0^n(x_0, r) \cap \bar{X} = \varnothing$$

ist. Nach dem vorigen Satz existiert eine Hyperebene, die x_0 und $\bar{X}$ trennt. Einer der durch sie beschränkten Halbräume wird diesen Punkt x_0 nicht enthalten, wohl aber Punkte aus $\bar{X}$. Dieser Widerspruch beendet den Nachweis.

Satz 5. *Es sei X eine n-dimensionale konvexe Menge im Raum $\mathscr{E}^n$, und die Paare voneinander verschiedener Punkte a_k und b_k der Grenze ∂X, $k \in N$, konvergieren gegen einen Punkt x.*

Dann liegt die Grenze L jeder konvergierenden Folge von Geraden $L(a_k, b_k)$ in der Stützhyperebene der Menge X im Punkt x (Abb. E26).

Beweis. L ist eine Stützgerade von X, da alle auf $L(a_k, b_k)$ geratenen inneren Punkte von X nur auf einer Strecke $[a_k, b_k]$ liegen können.

9. Der konvexe Kegel und die sphärische Konvexität

Eine konvexe Menge, die sich als Vereinigung von einem Punkt ausgehender Strahlen darstellen läßt, heißt *konvexer Kegel.* Der gemeinsame Punkt aller Strahlen wird *Kegelspitze* genannt.

Einfachste Beispiele für konvexe Mengen sind: Strahl, k-Ebene, Gesamtraum, Halbraum (abgeschlossene Menge, die durch eine Hyperebene beschränkt ist).

Es sei S^{n-1} eine Sphäre in $\mathscr{E}^n$. Wir wählen auf S^{n-1} willkürlich zwei Punkte a und b und legen durch sie und das Zentrum O der Sphäre S^{n-1} eine zweidimensionale Ebene Π^2.

Der Durchschnitt dieser Ebene mit der Sphäre S^{n-1} stellt einen Kreis dar, der auf S^{n-1} liegt; der Radius dieses Kreises ist gleich dem Radius der Sphäre

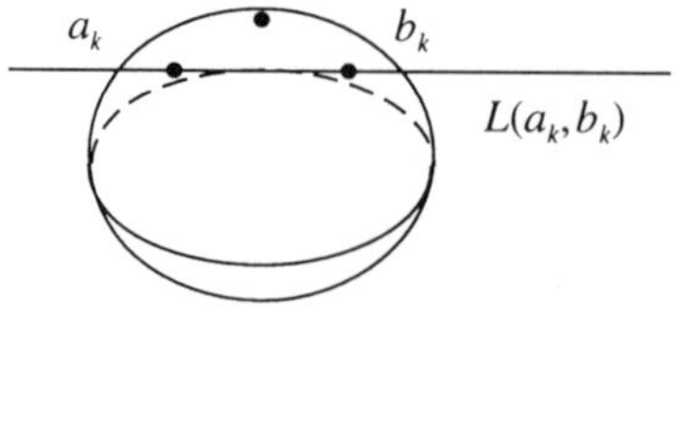

Abb. E26

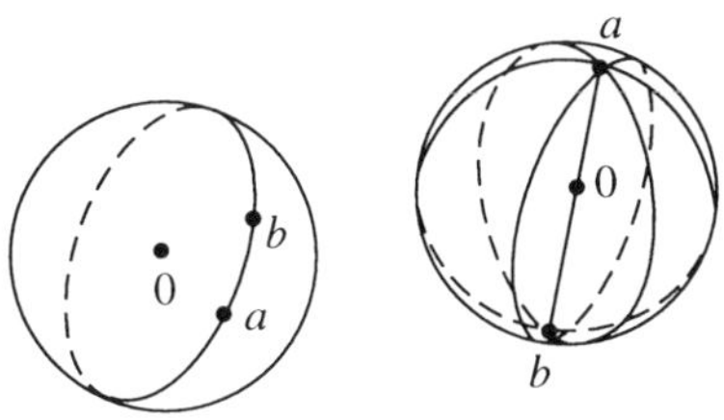

Abb. E27

S^{n-1}. Ein solcher Kreis, der durch die Punkte a und b hindurchgeht, wird *Großkreis* genannt.

Sind die Punkte a und b Endpunkte eines Durchmessers der Sphäre S^{n-1} (das Zentrum O ist der Mittelpunkt der Strecke $[a, b]$), so kann man durch diese Punkte unendlich viele Großkreise ziehen, und jeder dieser Kreise wird durch die Punkte a und b in zwei Bögen gleicher Länge geteilt.

Liegen a und b aber nicht auf einem Durchmesser von S^{n-1}, so geht durch diese Punkte nur ein einziger Großkreis hindurch, und a und b teilen diesen Kreis in Bögen unterschiedlicher Länge.

Definition. Die Menge X auf der Sphäre S^{n-1} heißt *sphärisch konvex*, wenn für jedes Punktepaar a und b von X der kleinere der Bögen des durch a und b hindurchgehenden Großkreises in X enthalten ist.

Falls die Punkte a und b diametral entgegengesetzt liegen, ist diese Bedingung wie folgt zu verstehen: Mindestens einer der Halbkreise des durch a und b hindurchgehenden Großkreises gehört zur Menge X (Abb. E27).

Zwischen den konvexen Kegeln und den sphärisch konvexen Mengen besteht eine enge Verbindung.

Es sei K ein konvexer Kegel mit der Spitze im Punkt O, S^{n-1} eine Sphäre mit dem Zentrum im Punkt O.

Behauptung. *Die Menge $X = K \cap S^{n-1}$ ist sphärisch konvex.*

Auch das Umgekehrte ist richtig:

Behauptung. *Die Menge $K = \bigcup_{x \in X} l_x$, wobei l_x ein vom Punkt O durch einen Punkt x gehender Strahl ist, ist ein konvexer Kegel.*

Von der Richtigkeit dieser Behauptungen kann man sich sofort leicht überzeugen (Abb. E28).

Satz. *Die konvexe Menge M auf der Sphäre S^{n-1} ist entweder in einer abgeschlossenen Hemisphäre von S^{n-1} enthalten oder fällt mit der gesamten Sphäre S^{n-1} zusammen.*

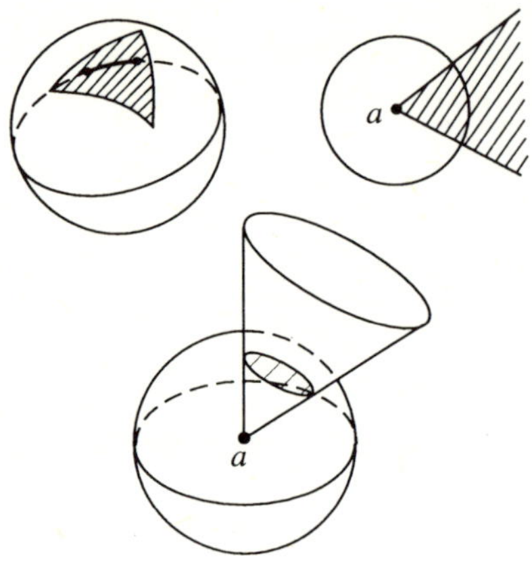

Abb. E28

Beweis. Die Menge $M \subset S^{n-1}$ sei sphärisch konvex. Dann füllt die Gesamtheit der vom Zentrum a der Sphäre S^{n-1} aus- und durch die Punkte von M hindurchgehenden Strahlen einen konvexen Kegel $K \subset \mathscr{E}^n$ aus.

Ist a ein innerer Punkt des Kegels K, so fallen K mit dem gesamten $\mathscr{E}^n$ und die Menge M mit der Sphäre S^{n-1} zusammen. Wenn aber a ein Randpunkt von K ist, so weist K in a eine Stützhyperebene auf, deren Durchschnitt mit der Sphäre S^{n-1} eine abgeschlossene Hemisphäre begrenzt, die die Menge M enthält.

10. Zwei Verfahren zur Vorgabe konvexer Körper

Mit einem konvexen Körper X ist dessen Stützfunktion

$$h\colon \mathscr{E}^n \to \mathbf{R}$$

verbunden, die durch die Formel

$$h(u) = \max\{(u, x) \mid x \in X\}$$

gegeben wird, wobei (u, x) ein Skalarprodukt ist.

Es ist klar, daß das Maximum bei der Bestimmung der Stützfunktion $h(u)$ erreicht wird (das Skalarprodukt (u, x) ist stetig im Argument x, der konvexe Körper X ist kompakt). Zur Vorgabe von u bezeichnen wir mit $x(u)$ ein Element der Menge X, bei dem das Maximum erreicht wird. Dann ist $(u, x) = (u, x(u))$ die Gleichung einer Stützhyperebene in einer Menge X in einer durch den Vektor u gegebenen Richtung. Der Körper X liegt in einem bezüglich des Vektors u negativen Halbraum (Abb. E29).

Ist u ein Einheitsvektor, so ist $h(u)$ der Abstand vom Koordinatenursprung zur Hyperebene $H(u)$, der mit dem entsprechenden Vorzeichen versehen ist.

Eigenschaften einer Stützfunktion

a) $h(u) \geq 0$ (wenn $O \in X$ gilt).

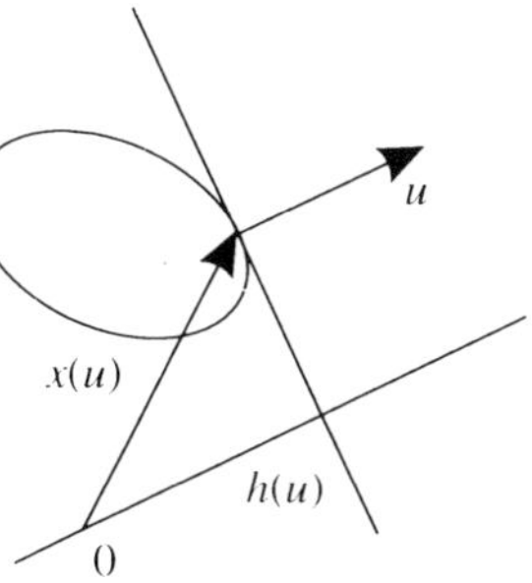

Abb. E29

b) $h(\lambda u) = \lambda h(u)$, wobei $\lambda \geq 0$ ist.
c) $h(u + v) \leq h(u) + h(v)$.

Aus den Eigenschaften b) and c) folgt, daß die Stützfunktion konvex ist.

Richtig ist die folgende Behauptung (die wir nur formulieren):

Satz. *Eine beliebige Funktion $h(u)$ mit den Eigenschaften a) bis c) ist eine Stützfunktion für einen gewissen (und dabei einzigen) konvexen Körper.*

Die Vorgabe der Stützfunktion ist eines der Grundverfahren zur Vorgabe konvexer Körper.

Wir führen noch zwei Eigenschaften der Stützfunktion an, die deren Zusammenhang mit der Addition von Mengen und der Multiplikation einer Menge mit einer Zahl veranschaulichen.

d) $h(X + Y, u) = h(X, u) + h(Y, u)$.
e) $h(\lambda X, u) = \lambda h(X, u), \quad \lambda \geq 0$.

Beispiel. Wir berechnen die Stützfunktion einer Sphäre $S^{n-1}(a, r)$.
Wir haben

1. $h(S^{n-1}(0, 1), u) = |u|$,
2. $S^{n-1}(a, r) = a + rS^{n-1}(0, 1)$,
3. $h(S^{n-1}(a, r) = (a, u)) + r|u|$.

Bei der Unterbringung des Koordinatenursprungs O innerhalb des konvexen Körpers wird eine *Abstandsfunktion* (*Minkowski-Funktion*)

$$D: \mathscr{E}^n \to \mathbf{R}$$

verwendet, die durch die Formel

$$D(u) = \begin{cases} \inf\left\{\alpha \,\middle|\, \frac{u}{\alpha} \in X\right\}, u \neq 0 \\ 0, \quad u = 0 \end{cases}$$

gegeben wird.

Eigenschaften de Abstandsfunktion

a) $D(u) \geq 0$.
b) $D(\lambda u) = \lambda D(u)$, wobei $\lambda \geq 0$ ist.
c) $D(u+v) \leq D(u) + D(v)$.

Definition. Zwei konvexe Körper heißen zueinander *polar* (oder *dual*), wenn die Stützfunktion des einen Körpers die Abstandsfunktion für den anderen Körper ist.

C. Topologische Struktur

1. Aufgabenstellung I

Ist X eine konvexe Menge, so sind auch die Menge ihrer inneren Punkte int X (vorausgesetzt, sie ist nicht leer) und ihre Abschließung cl X konvex. Wir beachten, daß sich die Abschließung cl X aus dem Inneren int X durch Hinzunahme aller Punkte des Randes ∂X ergibt. Nimmt man allerdings nur einen Teil der Randpunkte hinzu, so kann die Konvexitätseigenschaft verletzt werden, wie folgendes Beispiel zeigt.

Wenn man zu einem offenen Quader nur seine Eckpunkte hinzunimmt, stellt man fest, daß einige konvexe Kombinationen der neuen Punkte schon nicht mehr zur Menge gehören (Abb. E30):

$$\tfrac{1}{2}(x_1 + x_2) \notin B.$$

Andererseits bleibt die Konvexität erhalten, wenn man zu einem offenen Kreis eine beliebige Teilmenge von Punkten der diesen Kreis beschränkenden Kreislinie hinzunimmt.

Wir wenden uns nun den Mengen auf einer Geraden zu. Das Intervall (0, 1) und das Segment [0, 1] stellen konvexe Mengen dar. Die gleiche Eigenschaft besitzt auch ein halboffenes Intervall (0, 1], das sich aus dem Intervall (0, 1) durch Hinzunahme des Randpunktes 1 ergibt. Keine zwei dieser Zwischenräume sind aber homöomorph: Auf der Geraden ist das Intervall eine offene, das Segment eine abgeschlossene Menge, während das halboffene Intervall weder offen noch abgeschlossen ist.

In der Ebene ist die Lage viel komplizierter. Beispielsweise führt die Hinzunahme von Punkten k und $l, k \neq l$, die der einen offenen Kreis beschrän-

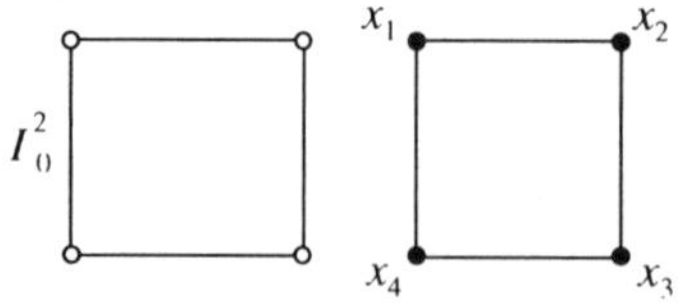

Abb. E30

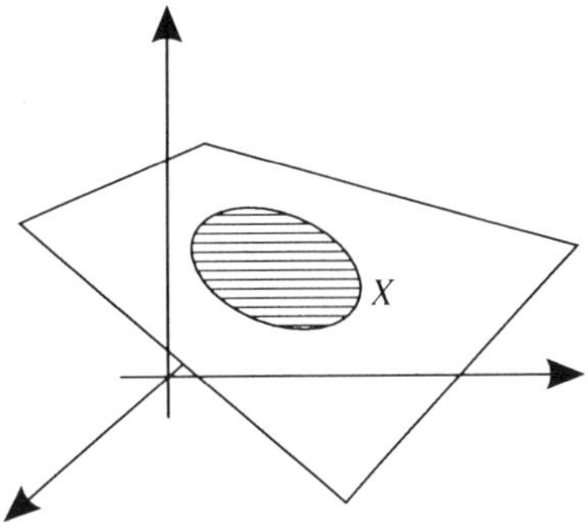

Abb. E31

kenden Kreislinie angehören, zu eben diesem offenen Kreis zu nichthomöomorphen Mengen.

Es sei X eine willkürliche konvexe Menge im Raum $\mathscr{E}^n$. Wenn die Dimension von X gleich k beträgt, so ist die als Teilmenge der sie enthaltenden k-Ebene (der affinen Hülle von X) betrachtete Menge X eine konvexe Menge mit inneren Punkten (Abb. E31).

Wir fassen zusammen: Die Form aller konvexen Mengen in euklidischen Punkträumen wäre bekannt, wenn wir alle möglichen Formen der n-dimensionalen konvexen Mengen im $\mathscr{E}^n$ kennen würden.

Um die uns interessierende Klassifikation nicht durch nebensächliche Einzelheiten zu verkomplizieren, werden wir nur zwei Typen n-dimensionaler konvexer Mengen, nämlich offene und abgeschlossene, betrachten, indem wir den Rand entweder ganz weglassen oder ganz hinzunehmen.

Aufgabe 1. Man erstelle eine topologische Klassifikation n-dimensionaler Mengen im $\mathscr{E}^n$: a) abgeschlossener, b) offener Mengen.

2. Limeskegel

Es sei X eine konvexe Menge im $\mathscr{E}^n$. Wir wählen in X einen beliebigen Punkt x und betrachten von ihm ausgehende Strahlen l_x, die ganz zur Ausgangsmenge X gehören.

Mit $K(X, x)$ bezeichnen wir die Menge der auf den Strahlen liegenden Punkte.

Satz 1. *Es sei $K(X, x) \neq \varnothing$. Dann ist $K(X, x)$ ein konvexer Kegel.*

Beweis. Es seien y_1 und y_2 Punkte der Menge $K(X, x)$. Wir zeigen, daß ein beliebiger Punkt $z = (1-t)y_1 + ty_2$ mit $0 \leq t \leq 1$ in $K(X, x)$ liegt (Abb. E32).

Der Punkt $y_i, i = 1, 2$, liegt auf einem Strahl $l_i \in K(X, x)$, der durch einen Punkt z_i aus X hindurchgeht. Deshalb ist eine Darstellung $y_i = x + \lambda_i(z_i - x)$ möglich, wobei $\lambda_i > 0$, $i = 1, 2$, gilt.

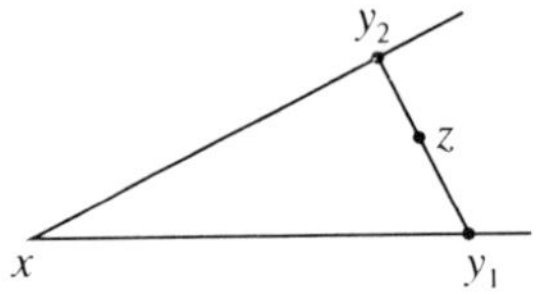

Abb. E32

Diese Tatsache gestattet es, z in folgender Form darzustellen:

$$z=(1-t)(x+\lambda_1(z_1-x))+t(x+\lambda_2(z_2-x))=x+\mu((\mu_1 z_1+\mu_2 z_2)-x),$$

wobei

$$\mu=(1-t)\lambda_1+t\lambda_2,\quad \mu_1=\frac{(1-t)\lambda_1}{\mu},\quad \mu_2=\frac{(1-t)\lambda_2}{\mu}$$

sind. Wir merken an, daß $\mu>0$, $\mu_1\geq 0$, $\mu_2\geq 0$, $\mu_1+\mu_2=1$ gilt.

Wegen der Konvexität der Menge X liegt der Punkt $y=\mu_1 z_1+\mu_2 z_2$ in X, und der Punkt $z=x+\mu(y-x)$ gehört zu einem Strahl, der vom Punkt x aus- und durch den Punkt y hindurchgeht. Also ist $z\in K(X,x)$. Dies bedeutet, daß $K(X,x)$ konvex ist.

Hilfssatz. *Es sei X eine abgeschlossene konvexe Menge im Raum $\mathscr{E}^n$, der Strahl l_x mit dem Anfangspunkt x liege in X, der Strahl l_y, $y\in X$, habe die gleiche Richtung wie der Strahl l_x.*

Dann liegt der Strahl l_y in X.

Beweis. Wegen der Konvexität der Menge X liegt die Strecke $[y,z]$ für einen beliebigen Punkt z von l_x in X. Ein willkürlich gewählter Punkt a des Strahls l_y stellt einen Grenzwert der Punkte a_k dar, die auf den Strecken $[y,z_k]$ liegen, wobei $z_k\in l_x$ gilt (Abb. E33). Wegen der Abgeschlossenheit von X gilt $a\in X$.

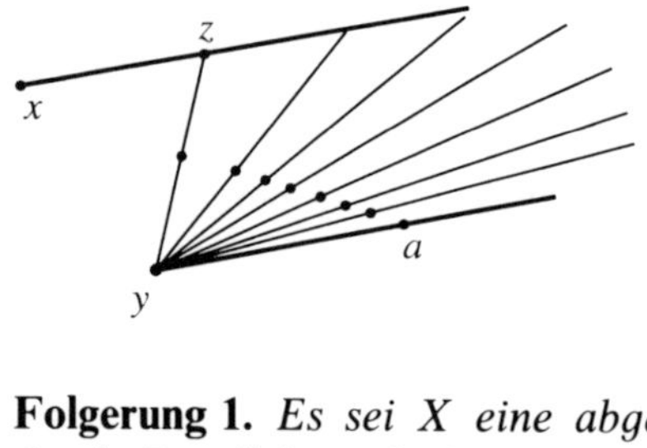

Abb. E33

Folgerung 1. *Es sei X eine abgeschlossene konvexe Menge. Dann kann man durch Parallelverschiebung aus dem konvexen Kegel $K(X,x)$ einen konvexen Kegel $K(X,y)$ erhalten* (Abb. E.34).

Folgerung 2. *Es sei X eine abgeschlossene konvexe Menge, die eine Gerade L enthält. Dann läßt sich die Menge X in Form einer Gesamtheit von Punkten*

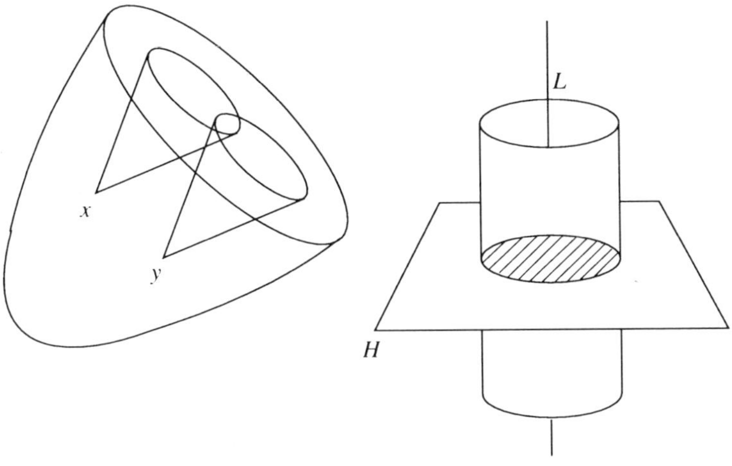

Abb. E34

darstellen, die auf Geraden liegen, welche parallel zur Geraden L verlaufen und die Menge $X \cap H$ schneiden, wobei H eine zu L senkrechte Hyperebene ist.

Beweis. Der Beweis ergibt sich aus der Tatsache, daß der Durchschnitt $X \cap H$ eine konvexe Menge ist.

Hilfssatz. *Es sei $K(X, x) = \emptyset$. Dann ist die Menge X beschränkt.*

Beweis. Wir können annehmen, daß die konvexe Menge X abgeschlossen ist. Ist dies nicht der Fall, müssen wir zur Abschließung übergehen.

Wir nehmen an, die Menge X sei unbeschränkt. Dann existiert eine Punktfolge $\{x_m\}$ mit $|x_m - x| \to \infty$ für $m \to \infty$. Aus den Strecken $[x, x_m]$ kann man eine Teilfolge wählen, die gegen einen Strahl l konvergiert. Da sämtliche Strecken $[x, x_m]$ in X liegen, liegt auch l in X, weil X abgeschlossen ist. Dann aber muß l auch in $K(X, x)$ liegen. Die Annahme, X sei unbeschränkt, hat uns also zum Widerspruch geführt.

Satz 2. *Die Menge X sei abgeschlossen. Dann ist auch $K(X, x)$ abgeschlossen.*

Beweis. Es sei x_0 ein Berührungspunkt der Menge $K(X, x)$. Dann ist klar, daß $x_0 \in X$ gilt. Wenn der Strahl $l = l[x, x_0]$ ganz außerhalb von X liegt, so kann man darauf einen Randpunkt $y_0 \in \partial X$ angeben. Die Punkte x_k aus $K(X, x)$ mögen gegen den Punkt x_0 konvergieren. Dann konvergieren auch die Strahlen $l_k = l[x, x_k) \subset K(X, x)$. Dies bedeutet insbesondere, daß die Folge der Punkte $\{x_{k,m} \in l_k\}$ mit $|x_{k,m} - x| = m$ gegen einen Punkt $x_{0,m} \in l$ mit $|x_{0,m} - x| = m$ konvergiert. Wird m genügend groß gewählt, so wird der Limes $x_{0,m}$ der Folge $\{x_{k,m}\}$ auf der Fortsetzung einer Strecke $[x, y_0]$ hinter dem Punkt y_0, d. h.

außerhalb der Menge X liegen. Dies widerspricht der Abgeschlossenheit von X, d. h., es gilt $x_0 \in K(X, x)$.

Wenn X unbeschränkt ist, so heißt $K(X, x)$ *Limeskegel* der Menge X. Aus dem oben Bewiesenen ergibt sich, daß der Limeskegel durch die Vorgabe seiner Spitze eindeutig definiert wird.

3. Klassifikation abgeschlossener und offener konvexer Mengen

Es sei X eine abgeschlossene n-dimensionale konvexe Menge. Wir fixieren in X einen beliebigen inneren Punkt a und betrachten von diesem Punkt ausgehende Strahlen.

Es sind drei Fälle möglich:

1. Keiner der von a ausgehenden Strahlen schneidet die Grenze ∂X der Menge X.
2. Jeder von a ausgehende Strahl schneidet die Grenze ∂X der Menge X.
3. Nicht alle von a ausgehenden Strahlen schneiden die Grenze ∂X von X.

Es ist klar, daß im ersten Fall die Menge X mit dem Gesamtraum $\mathscr{E}^n$ zusammenfällt und aus diesem Grund keine Begrenzung aufweist.

a) *Der Homöomorphismus der Grenze.* Wir richten unsere Aufmerksamkeit auf die Fälle zwei und drei. Tatšchlich können wir annehmen, daß die Begrenzung von X nicht leer ist: $\partial X \neq \emptyset$.

Nach Satz 1 von Punkt 3 des Abschnittes B kann der von a ausgehende Strahl l die Grenze der konvexen Menge nur in einem Punkt schneiden. Wir konstruieren eine Einheitssphäre S^{n-1} mit dem Zentrum im Punkt a und ordnen jedem Punkt x aus ∂X einen Punkt y der Sphäre S^{n-1} zu, der auf dem gleichen Strahl l liegt. Damit haben wir eine umkehrbar eindeutige Abbildung h von ∂X auf die Sphäre S^{n-1} (2. Fall) oder auf einen Teil der Sphäre S^{n-1} (3. Fall) erhalten.

Die Abbildung h ist stetig, weil sie eine Projektion der Punkte von ∂X auf die Sphäre S^{n-1} mit Hilfe der Strahlen darstellt, die von deren Mittelpunkt a ausgehen, d. h., der konvergenten Punktfolge $\{y_k\}$ von ∂X entspricht eine konvergente Punktfolge $\{z_k\}$ auf der Sphäre S^{n-1} (Abb. E35).

Wir zeigen, daß die inverse Abbildung h^{-1} ebenfalls stetig ist. Mögen die Punkte z_k der Sphäre S^{n-1} den Punkten y_k auf der Grenze ∂X entsprechen und gegen einen Punkt z auf S^{n-1} konvergieren, der dem Punkt y von ∂X zugeordnet sei. Wir weisen nach, daß die Folge $\{y_k\}$ gegen y konvergiert und nehmen dazu das Gegenteil an: Die Punktfolge $\{y_k\}$ divergiert.

Dann können wir auş der Folge $\{y_k\}$ entweder eine Teilfolge $\{y_m\}$ auswählen, die gegen einen von y verschiedenen Punkt y' konvergiert, oder eine Teilfolge $\{y_k\}$, die ins Unendliche strebt, d. h. sich von a unbeschränkt entfernt.

1. Möglichkeit: Wegen der Abgeschlossenheit von ∂X gehört der Punkt y' als Limes für die Randpunkte selbst zu ∂X. Andererseits konvergieren die Strahlen

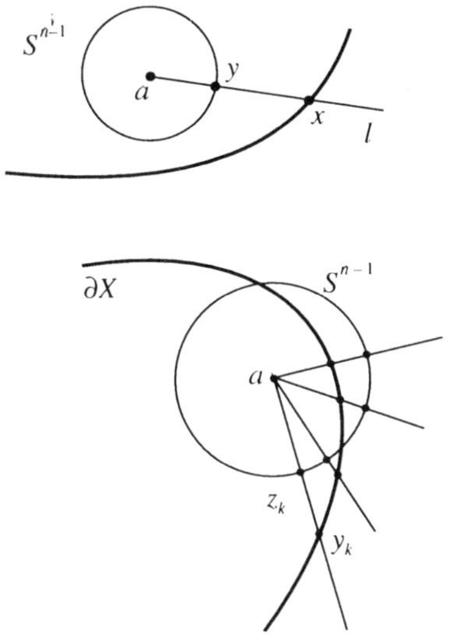

Abb. E35

$l[a, y_m)$ gegen den Strahl $l[a, y)$, weil sie durch Punkte z_m der Sphäre S^{n-1} hindurchgehen, die gegen den Punkt z konvergieren (der y zugeordnet ist). Das bedeutet, daß der Punkt y' auf demselben Strahl $l[a, y)$ liegen soll. Da aber der von a ausgehende Strahl die Grenze ∂X der konvexen Menge X nur in einem Punkt schneiden kann, müssen y und y' zusammenfallen.

2. Möglichkeit: Die Punkte y_m entfernen sich unbeschränkt vom Punkt a. Wegen der Konvexität von X liegt jede Strecke $[a, y_m]$ ganz in X. Zugleich konvergieren diese Strecken gegen den Strahl $l[a, y)$, da die entsprechenden Punkte z_m auf S^{n-1} gegen den (dem Punkt y zugeordneten) Punkt z konvergieren. Der Strahl $l[a, y)$ liegt wegen der Abgeschlossenheit von X ganz in dieser Menge. Dann kann dieser Strahl aber nicht die Randpunkte von X enthalten, da es einen solchen Punkt auf dem Strahl $l[a, y)$ gibt. Der aufgetretene Widerspruch schließt auch die zweite Möglichkeit aus.

Die konstruierte Abbildung h als Projektion der Grenze der konvexen Menge auf beziehungsweise in eine Sphäre ist also ein Homöomorphismus.

b) *Beschränkte konvexe Mengen* (2. Fall)

Satz. *Jeder von einem inneren Punkt a einer abgeschlossenen n-dimensionalen konvexen Menge X ausgehende Strahl schneide deren Grenze* ∂X.

Dann ist X homöomorph einer n-dimensionalen Kugel B^n. *Die Grenze* ∂X *ist homöomorph einer* $(n-1)$*-dimensionalen Sphäre* S^{n-1}.

Beweis. Im betrachteten Fall ist die oben konstruierte Abbildung h ein Homöomorphismus der Grenze ∂X auf die Sphäre S^{n-1}.

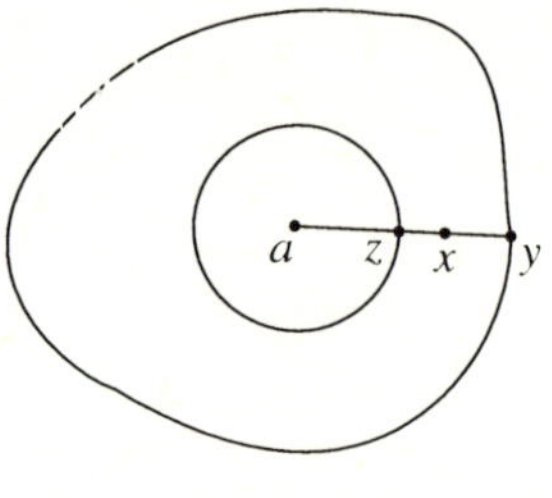

Abb. E36

Es sei x ein Punkt der Menge X und y ein Punkt von ∂X, *der auf einem von* a aus- und durch x hindurchgehenden Strahl l liegt. Wir ordnen dem Punkt x einen Punkt z einer Einheitskugel B^n so zu, daß

$$|z-a| = \frac{|x-a|}{|y-a|}$$

gilt und z auf dem Strahl l liegt (Abb. E36).

Damit wird der Homöomorphismus der Menge X auf die abgeschlossene Kugel B^n definiert.

Wichtige Bemerkung. Es ist klar, daß die Menge int X hierbei homöomorph B_0^n ist.

c) *Unbeschränkte konvexe Mengen.* Der dritte Fall, bei dem die Menge X nur einen Teil der von a ausgehenden Strahlen enthält, läßt wiederum zwei Möglichkeiten zu: Entweder enthält X keine Gerade, oder X enthält mindestens eine Gerade (Abb. E37).

1. Möglichkeit: Die Menge der Punkte, die auf den von a ausgehenden und den Rand ∂X nicht schneidenden Strahlen liegen, bildet einen konvexen Kegel

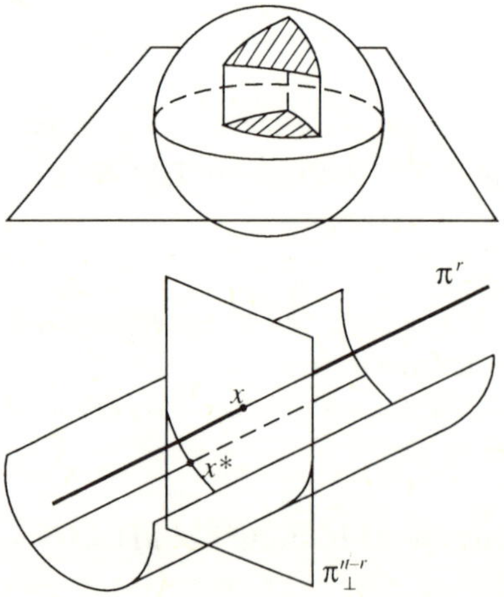

Abb. E37

$K(X, a)$. Der Kegel $K(X, a)$ schneidet die Sphäre S^{n-1} unter Bildung eines sphärisch konvexen Bereiches M. Dieser Bereich besitzt folgende Eigenschaften:

a). M ist in einer (von S^{n-1} durch die Hyperebene H abgeschnittenen) abgeschlossenen Hemisphäre enthalten.

b). M ist auf der Sphäre S^{n-1} eine abgeschlossene Menge (wegen der Abgeschlossenheit des Limeskegels $K(X, a)$.

c). M ist einer m-dimensionalen Kugel B^m mit $0 \leq m \leq n-1$ homöomorph (die Projektion des Bereiches M auf die Hyperebene H stellt eine beschränkte abgeschlossene m-dimensionale konvexe Menge dar, die wie oben bereits bewiesen, der Kugel B^m homöomorph ist; andererseits ist die Orthogonalprojektion ein Homöomorphismus von M auf N).

Das Komplement $G = S^{n-1} \setminus M$ ist ein Bereich, der einer offenen $(n-1)$-dimensionalen Kugel B_0^{n-1} oder, was das gleiche ist, einem Raum $\mathscr{E}^{n-1}$ homöomorph ist. Deshalb schreibt die oben definierte Abbildung h (Projektion vom Punkt a auf die Sphäre S^{n-1}) einen Homöomorphismus des Randes ∂X und des Bereiches G fest. Damit ist der dritte Fall bewiesen: Der Rand ∂X ist homöomorph $\mathscr{E}^{n-1}$.

Die Menge Q, die aus der Kugel B^n durch Wegnahme der Punkte der Menge M entsteht, ist homöomorph einem Halbraum $\mathscr{E}^n_+$.

Wir konstruieren nun einen Homöomorphismus $f: X \to Q$.

Es sei x ein Punkt aus X. Schneidet ein von a aus- und durch x hindurchgehender Strahl l den Rand ∂X in einem Punkt y, so ordnen wir dem Punkt x einen Punkt z auf l in der Weise zu, daß

$$|z-a| = \frac{|x-a|}{1 - \dfrac{|x-a|}{|y-a|} + |x-a|}$$

gilt. Wenn aber der von a aus- und durch x hindurchgehende Strahl l den Rand ∂X nicht schneidet, so ordnen wir x auf l den Punkt z derart zu, daß

$$|z-a| = \frac{|x-a|}{1+|x-a|}$$

gilt.

Die auf diese Weise bestimmte Abbildung f ist ein Homöomorphismus der Menge X auf die Menge Q. Somit ist X homöomorph dem Halbraum $\mathscr{E}^n_+$.

Wichtige Bemerkung. Aus dem Aufbau von f ist ersichtlich, daß int X homöomorph $\mathscr{E}^n$ ist.

2. Möglichkeit: Die Menge X enthalte eine vollständige Gerade. Wir bezeichnen eine in X enthaltene r-Ebene mit Π^r. Es ist klar, daß deren Dimension r der Bedingung $1 \leq r \leq n-1$ genügt.

Es sei $\Pi_{\perp}^{n-r}$ eine zu Π^r orthogonale $(n-r)$-Ebene. Dann ist

$$X^{n-r} = X \cap \Pi_{\perp}^{n-r}$$

eine $(n-r)$-dimensionale konvexe Menge, die in $\Pi_{\perp}^{n-r}$ liegt und keine vollständige Gerade enthält. Nach dem oben Bewiesenen ist deren Rand ∂X^{n-r} homöomorph entweder S^{n-r-1} oder $\mathscr{E}^{n-r-1}$, während die Menge X^{n-r} selbst homöomorph entweder einer $(n-r)$-dimensionalen Kugel B^{n-r} oder einem $(n-r)$-Raum $\mathscr{E}_{+}^{n-r}$ ist.

Wegen Folgerung 2 im vorhergehenden Punkt enthält die Menge X mit jedem Punkt $x^* \in X^{n-r}$ eine r-Ebene, die parallel zur r-Ebene Π^r durch x^* hindurchgeht. Das bedeutet, daß sich der Rand ∂X aus Punkten zusammensetzt, die auf zu Π^r parallelen und durch die Punkte der Menge ∂X^{n-r} hindurchgehenden r-Ebenen liegen.

Somit ist der Rand ∂X der Menge X entweder $S^{n-r-1} \times \mathscr{E}^r$ homöomorph (dieses Produkt ist als Zylinder mit r-dimensionalen Erzeugenden aufzufassen) oder $\mathscr{E}^{n-r-1} \times \mathscr{E}^r = \mathscr{E}^{n-1}$.

Dementsprechend ist die Menge X selbst entweder $B^{n-r} \times S^r$ oder $\mathscr{E}_{+}^{n-r} \times \mathscr{E}^r = \mathscr{E}_{+}^n$ homöomorph.

4. Lösung der Aufgabe I

Eine willkürliche abgeschlossene n-dimensionale konvexe Menge ist entweder

einer abgeschlossenen *n-dimensionalen Kugel* B^n

oder

einem Halbraum $\mathscr{E}_{+}^n$

oder

einem der Zylinder $B^{n-r} \times \mathscr{E}^r$, $2 \leq r \leq n-1$,

homöomorph.

Der Nachweis dafür, daß keine der beiden genannten Zylinder einander homöomorph sind, bereitet erhebliche Schwierigkeiten, die über die Grenzen des hier Dargestellten weit hinausgehen.

Den aufgezeigten Möglichkeiten können noch zwei andere hinzugefügt werden: Eine abgeschlossene n-dimensionale konvexe Menge kann entweder mit dem Gesamtraum $\mathscr{E}^n$ oder mit einer Schicht (beliebiger Breite) zwischen zwei parallelen Hyperebenen zusammenfallen.

Alle offenen n-dimensionalen konvexen Mengen sind zu dem sie enthaltenden Raum $\mathscr{E}^n$ homöomorph.

D. Differentialeigenschaften

1. Aufgabenstellung II

Die oben genannten Abbildungen der einfachsten konvexen Mengen auf der Ebene und im Raum zeigen, daß an der Grenze solcher Mengen (Kurven bzw. Flächen) verschiedene Besonderheiten auftreten können. Wir werden uns bemühen, die Frage nach der Art dieser Besonderheiten und ihrer Anzahl zu beantworten. Wir drücken dies genauer aus:

Aufgabe II. Es sind die Art der am Rand einer n-dimensionalen konvexen Menge in einem Raum auftretenden Besonderheiten und die Menge der Punkte, die diese Besonderheiten aufweisen, abzuschätzen.

2. Die konvexe Hyperfläche

Definition. Der Rand einer n-dimensionalen konvexen Menge $X \subset \mathscr{E}^n$ heißt unter der Bedingung, daß sie nicht leer und konnex ist, *konvexe Hyperfläche* im Raum $\mathscr{E}^n$.

Für $n=2$ und $n=3$ werden anstelle des Terminus „Hyperfläche" die Begriffe „Kurve" beziehungsweise „Fläche" benutzt.

Wir bemerken, daß der Rand einer konvexen Menge in allen Fällen eine konvexe Hyperfläche darstellt, ausgenommen diejenigen, in denen die konvexe Menge eine Schicht zwischen zwei parallelen Hyperebenen oder der gesamte Raum ist.

Wir formulieren das wichtigste Ergebnis des vorangegangenen Abschnitts in eine für die weiteren Erörterungen geeignete Form um:

Satz 1. *Eine konvexe Hyperfläche ist entweder* S^{n-1} *oder* $\mathscr{E}^{n-1}$ *oder* $S^{n-k-1} \times \mathscr{E}^k$, $1 \leq k \leq n-2$, *homöomorph.* (*Sie wird jeweils abgeschlossen, offen oder zylindrisch genannt.*)

Da wir im folgenden lokale Eigenschaften untersuchen wollen, wird der Terminus „konvexe Hyperfläche" auch für die konvexen Teilmengen einer vollständigen konvexen Hyperfläche verwendet, die bezüglich der Hyperfläche selbst offen sind.

Es sei $\mathscr{F}$ eine konvexe Hyperfläche, die eine konvexe Menge X beschränkt. Diese Menge X wird durch die Hyperfläche $\mathscr{F}$ (außer in dem trivialen Fall, in dem $\mathscr{F}$ eine Hyperebene ist), eindeutig bestimmt. Die Stützhyperebenen und das Innere der Menge X werden ebenfalls *Stützhyperebenen* und *Bereich innerhalb der Hyperfläche* genannt.

Der Durchschnitt aller Stützhalbräume von X, die durch Stützhyperebenen in einem festen Punkt $x \in \mathscr{F}$ beschränkt sind, ist ein konvexer Kegel K mit inneren Punkten. Seine Grenze $\mathscr{K}$ heißt *Tangentialkegel* der Menge X oder der Hyperfläche $\mathscr{F}$ im Punkt x (Abb. E38).

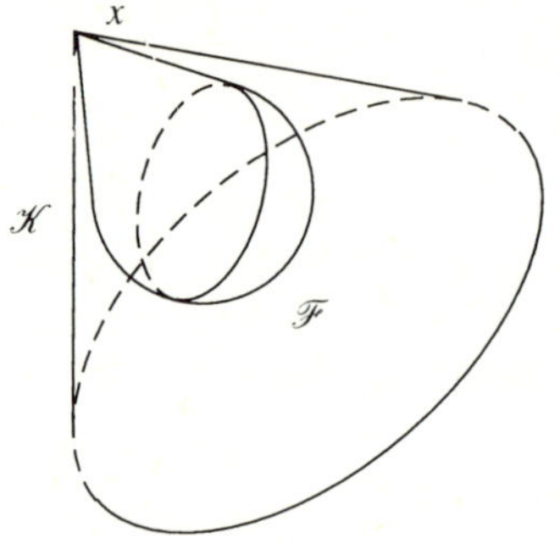

Abb. E38

Ist $\mathscr{K}$ eine Hyperfläche, so ist sie die einzige Hyperfläche für $\mathscr{F}$ im Punkt x_0. In diesem Fall sagt man, daß $\mathscr{K}$ eine *Tangentialhyperebene an die Hyperfläche* $\mathscr{F}$ *im Punkt* x ist und nennt sie *glatt im Punkt* x.

Satz 2. *Die konvexe Hyperfläche* $\mathscr{F}$ *sei glatt in den Punkten* x *einer Menge* $T \subset \mathscr{F}$. *Dann hängt die Tangentialhyperfläche auf der Menge* T *stetig vom Punkt* x *ab.*

Beweis. Der Nachweis dieser Behauptung ergibt sich leicht aus Abschnitt B, Punkt 8, Satz 1.

3. Eine lokale Aufgabe

Satz. *Die konvexe Hyperfläche* $\mathscr{F}$ *ist in der Umgebung jedes ihrer Punkte in der Form*

$$x^n = f(x^1, \ldots, x^{n-1})$$

darstellbar, wobei $x^1, \ldots, x^{n-1}, x^n$ *rechtwinklige kartesische Koordinaten im Raum* $\mathscr{E}^n$ *bedeuten.*

Beweis. Begnügt man sich mit schiefwinkligen Koordinaten, so reicht es aus, als Koordinatenhyperebene $x^n = 0$ eine willkürliche Stützhyperebene für $\mathscr{F}$ im Punkt x zu nehmen und die Achse x^n nach einem Strahl l zu richten, der vom Punkt x aus- und in den Innenbereich der Hyperfläche $\mathscr{F}$ (den man mit L bezeichnet) hineingeht.

Aus Abschnitt B, Punkt 8, Satz 5 folgt, daß jede nahe an L und zu L parallel liegende Gerade die Hyperfläche $\mathscr{F}$ in der Nähe des Punktes x genau in einem Punkt schneidet (es liegt ein einfacher Widerspruchsbeweis vor). Um sich von der Existenz der rechtwinkligen kartesischen Koordinaten mit der geforderten Eigenschaft zu überzeugen, betrachten wir einen zum Kegel $\mathscr{K}$ polaren Kegel $\mathscr{K}^*$. Er besteht aus Strahlen, die senkrecht zu den Stützhypere-

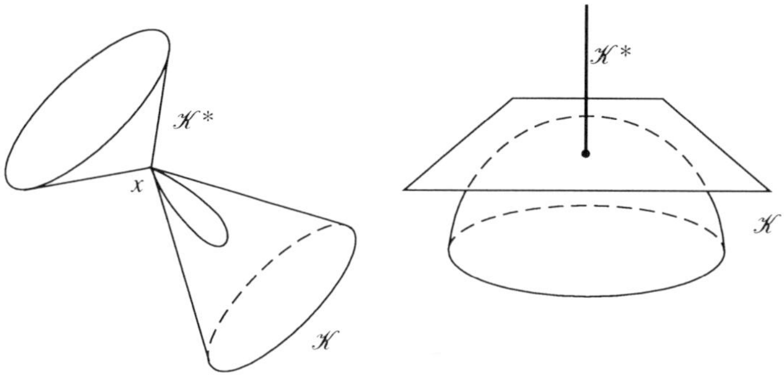

Abb. E39

benen des Kegels $\mathscr{K}$ liegen und sich vom Punkt x in den für $\mathscr{K}$ äußeren Bereich erstrecken. Ist $\mathscr{K}$ eine Hyperebene, so besteht $\mathscr{K}^*$ aus einem Strahl, der zu $\mathscr{K}$ senkrecht steht und sich in den Halbraum erstreckt, in dem $\mathscr{F}$ fehlt.

Es ist leicht zu sehen, daß $\mathscr{K}^*$ konvex ist. Da $\mathscr{K} \subset K$ ist, so besitzt der Kegel $\mathscr{K}^*$ im Punkt x eine Stützhyperebene H, die selbst keine anderen Punkte von $\mathscr{K}^*$ enthält (Abb. E39).

Da der zu H senkrechte Strahl l durch die inneren Punkte des Kegels K hindurchgeht, konstruieren wir ein rechtwinkliges kartesisches Koordinatensystem mit einer für uns wünschenswerten Eigenschaft, indem wir H als Koordinatenhyperebene $x^n = 0$ nehmen und die Achse x^n an l entlang ins Innere von K richten.

Also weist jeder Punkt x der konvexen Hyperfläche $\mathscr{F}$ eine Umgebung $\mathscr{F}_x$ auf dieser auf, die in einem rechtwinkligen kartesischen Koordinatensystem $x^1, \dots, x^{n-1}, x^n$ mit dem Koordinatenursprung im Punkt x in folgender Form dargestellt werden kann:

$$x^n = f(x^1, \dots, x^{n-1}) \geq 0, \quad f(0, \dots, 0) = 0,$$

wobei

$$\sum_{i=1}^{n-1} (x^i)^2 < \delta^2, \quad \delta > 0$$

gilt.

4. Eigenschaften einer konvexen Hyperfläche

a) Die Funktion $x^n = f(x^1, \dots, x^{n-1})$ ist konvex.

Wir erinnern uns daran, daß die Funktion $x^n = f(x^1, \dots, x^{n-1})$, die auf einer konvexen Menge Y des Raumes $\mathscr{E}^{n-1} = \{(x^1, \dots, x^{n-1})\}$ definiert ist, konvex heißt, wenn daraus, daß die Punkte

$$\hat{x} = (x^1, \dots, x^{n-1}), \quad \hat{y} = (y^1, \dots, y^{n-1}) \in Y$$

sind, die Ungleichung

$$f[(1-t)\hat{x}+t\hat{y}] \leq (1-t)f(\hat{x})+tf(\hat{y})$$

folgt, wobei $0<t<1$ beliebig ist.

Die Konvexität der Funktion $x^n = f(\hat{x})$ ergibt sich aus der Konvexität der Menge

$$\begin{cases} \sum_{i=1}^{n-1} (x^i)^2 < \delta^2, \\ x^n \geq f(x^1, \ldots, x^{n-1}) \end{cases}$$

im Raum $\mathscr{E}^n$ (Übergraphik der Funktion $f(\hat{x})$).

b) Differenzenquotienten

$$\frac{|f(x^1, \ldots, x^{n-1}) - f(y^1, \ldots, y^{n-1})|}{\sqrt{\sum_{i=1}^{n-1} (x^i - y^i)^2}}, \quad \hat{x} \neq \hat{y},$$

sind beschränkt (Abb. E40).

Die Beschränktheit der Differenzenquotienten einer konvexen Funktion ergibt sich aus Satz 5 von Punkt 8, Abschnitt B, und daraus, daß die Achse x^n ins Innere des Kegels K gerichtet ist.

c) Die konvexe Hyperfläche im Raum $\mathscr{E}^n$ ist $(n-1)$-kubierbar.

Die Existenz eines $(n-1)$-dimensionalen Volumens der konvexen Hyperfläche resultiert aus der Beschränktheit der Differenzenquotienten. Im Unterschied zu allen anderen unter diesem Punkt angeführten Eigenschaften der konvexen Hyperflächen ist der Nachweis der Eigenschaft 3 alles andere als einfach. Da die formulierte Tatsache nirgends weiter ausgenutzt wird, ist es zweckmäßig, sich ihren Nachweis zu ersparen.

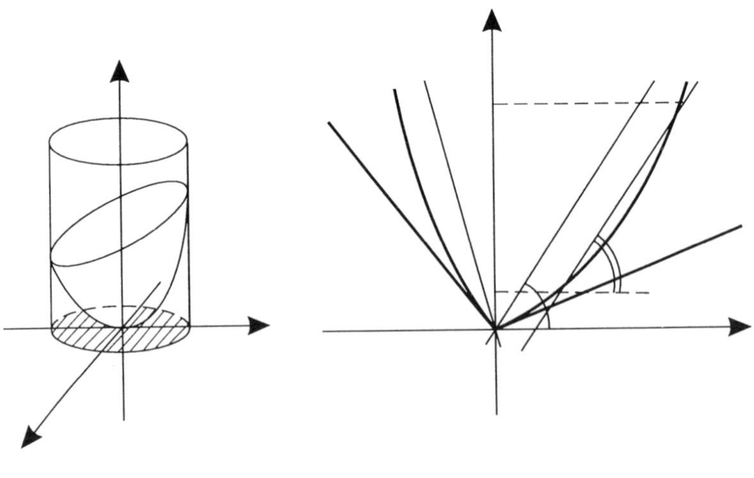

Abb. E40

d) Ist $x^n = 0$ eine Tangentialhyperebene an eine konvexe Hyperfläche im Punkt 0, so folgt aus Satz 5, Punkt 8, Abschnitt B, daß sich für ein beliebiges $\varepsilon > 0$ ein $\delta > 0$ derart angeben läßt, daß

$$\frac{|f(\hat{x}) - f(\hat{y})|}{|\hat{x} - \hat{y}|} < \varepsilon$$

bei $|\hat{x}| < \hat{\delta}$, $|\hat{y}| < \hat{\delta}$ gilt.

Dies bedeutet, daß die Funktion $f(\hat{x})$ im Punkt $\hat{x} = 0$ ein Differential besitzt.

5. Konvexe Formen

Ist $y = f(x)$ eine konvexe Kurve, so wird bei

$$x_1 < x_2, \quad x_1' < x_2', \quad x_1 \leq x_1', \quad x_2 \leq x_2'$$

die Ungleichung

$$\frac{f(x_1) - f(x_2)}{x_1 - x_2} \leq \frac{f(x_1') - f(x_2')}{x_1' - x_2'} \tag{1}$$

erfüllt.

Für die linke und rechte Ableitung der Funktion $y = f(x)$ verwenden wir folgende Bezeichnungen:

$$f'_{\mp}(x) = \lim_{t \to \mp 0} \frac{f(x+t) - f(x)}{t}.$$

Setzen wir in die Ungleichung (1) die folgenden Werte ein:

$$x_2 = x_1' = x, \quad x_1 = x + t\,(t < 0), \quad x_2' = x + t'\,(t' > 0),$$

so ist

$$\frac{f(x+t) - f(x)}{t} \leq \frac{f(x+t') - f(x)}{t'}.$$

Daraus ergibt sich die Existenz von Ableitungen $f'_-(x)$ und $f'_+(x)$ im Punkt x, wobei

$$f'_-(x) \leq f'_+(x)$$

ist. Wenn $f'_\alpha(x)$ der Richtungsfaktor einer willkürlichen Stützgeraden im Punkt x ist, so gelten (Abb. E41)

$$f'_-(x) \leq f'_\alpha(x) \leq f'_+(x)$$

und

$$f'_a(x_1) \leq f'_\alpha(x_2)$$

bei $x_1 < x_2$.

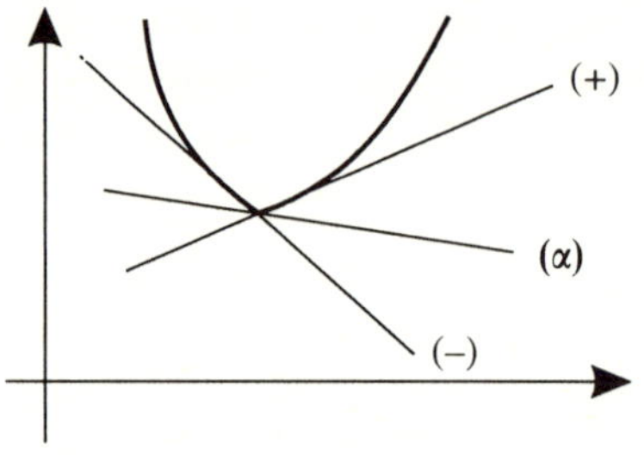

Abb. E41

Behauptung. *Die Anzahl der Punkte, in denen die Ableitung $f'(x)$ nicht existiert, ist höchstens abzählbar.*

Beweis. Wir zeigen, daß die Anzahl der Punkte mit $f'_-(x) < f'_+(x)$ höchstens abzählbar ist.

Wir numerieren alle rationalen Zahlen $r_1, \ldots, r_m, \ldots,$ und setzen voraus, daß in einem beliebigen Punkt x die Ungleichung

$$f'_-(x) < f'_+(x) \tag{2}$$

erfüllt ist. Dann läßt sich eine rationale Zahl r_m so finden, daß

$$f'_-(x) < r_m < f'_+(x) \tag{3}$$

ist (unter allen rationalen Zahlen, die diese Ungleichung erfüllen, wählen wir diejenige mit der kleinsten Nummer aus).

Aus der Definition der rechten Ableitung folgt, daß für alle ξ, die größer als x sind und genügend nahe an x liegen,

$$r_m < \frac{f(\xi) - f(x)}{\xi - x}$$

oder

$$r_m(\xi - x) < f(\xi) - f(x) \tag{4}$$

ist. Unter den rationalen Zahlen, die größer als x sind, wählen wir diejenige aus, die die kleinste Nummer r_k aufweist, so daß (4) für alle ξ erfüllt wird, die die Bedingung $x < \xi < r_k$ befriedigen.

Also gilt

$$r_m(\xi - x) < f(\xi) - f(x),$$

wenn $x < \xi < r_k$ ist.

Durch ähnliche Überlegungen erhalten wir, daß für alle η, die kleiner als x sind und genügend dicht an x liegen, die Ungleichung

$$\frac{f(\eta) - f(x)}{\eta - x} < r_m$$

oder

$$f(\eta)-f(x)>r_m(\eta-x) \tag{5}$$

erfüllt wird. Es läßt sich eine rationale Zahl r_q finden, die folgende Eigenschaften besitzt:

1. $r_q < x$,
2. $f(\eta)-f(x)>r_m(\eta-x)$ für alle η, so daß $r_q<\eta<x$ ist.
3. q ist die minimale Nummer.

Wir zeigen, daß die Abbildung $x \mapsto (m,k,q)$ einer Menge von Punkten x, in denen die Ungleichung (2) erfüllt wird, auf eine Menge von Tripeln ganzer Zahlen eindeutig umkehrbar ist.

Wir nehmen das Gegenteil an: $x_1 \mapsto (m,k,q)$ und $x_2 \mapsto (m,k,q)$, wobei $x_1 < x_2$ gilt. Dann ist $r_q < x_1 < x_2 < r_k$.

In (4) setzen wir $x = x_1, \xi = x_2$ (das kann man wegen $x_1 < x_2 < r_k$ tun). Dann erhalten wir

$$f(x_2)-f(x_1)>r_m(x_2-x_1).$$

Indem man in Formel (5) $\eta = x_1, x = x_2$ voraussetzt, erhält man

$$f(x_1)-f(x_2)>r_m(x_1-x_2).$$

Durch Summation der letzten beiden Ungleichungen gelangt man zu dem gewünschten Widerspruch.

6. Eine Menge vom Maß Null

Zur Abschätzung einer Punktmenge, die die Besonderheiten einer konvexen Hyperfläche aufweist, führen wir einen interessanten Begriff ein.

Wir betrachten im $\mathscr{E}^n$ einen n-dimensionalen Würfel mit einer Kante der Länge a:

$$I^n = I^n(a) = \{(x^1,\dots,x^n)\in\mathscr{E}^n \mid 0 \le x^i - b^i \le a, \quad i=1,\dots,n\}$$

(hier ist $b=(b^1,\dots,b^n)$ ein Fixpunkt im Raum $\mathscr{E}^n$). Sein Volumen ergibt sich zu

$$\operatorname{vol} I^n(a) = a^n.$$

Definition. Eine Menge $X \subset \mathscr{E}^n$ besitzt das *Maß Null*, wenn für beliebiges $\varepsilon > 0$ eine Folge von Würfeln $\{I_i^n \subset \mathscr{E}^n\}$ existiert, so daß

$$X \subset \bigcup_{i=1}^{\infty} I_i^n, \quad \sum_{i=1}^{\infty} \operatorname{vol} I_i^n < \varepsilon$$

gilt. Gültig ist folgende Behauptung:

Hilfssatz. *Die Vereinigung einer abzählbaren Anzahl von Mengen mit dem Maß Null ist wiederum eine Menge vom Maß Null.*

Beweis. Es seien $X_1, X_2, \ldots$ Mengen vom Maß Null im Raum $\mathscr{E}^n$. Für ein vorgegebenes $\varepsilon > 0$ kann jede Menge X_k mit Würfeln überdeckt werden, deren Gesamtvolumen kleiner als $\varepsilon/2^k$ ist:

$$X_k \subset \bigcup_{i=1}^{\infty} I_{k,i}^n, \quad \sum_{i=1}^{\infty} \operatorname{vol} I_{k,i}^n < \frac{\varepsilon}{2^k}.$$

Dann gilt

$$X = \bigcup_{k=1}^{\infty} X_k \subset \bigcup_{k,i=1}^{\infty} I_{k,i}^n; \quad \sum_{k,i=1}^{\infty} \operatorname{vol} I_{k,1}^n < \sum_{k=1}^{\infty} \frac{\varepsilon}{2^k} = \varepsilon.$$

Bemerkung. Aus dem Hilfssatz folgt, daß zur Definition einer Menge vom Maß Null sowohl abgeschlossene als auch offene Würfel sowie Kugeln, Parallelepipede u. ä. geeignet sind.

Wir führen folgende Hilfsbezeichnung ein:

$$\mathscr{E}_t^{n-1} = \{(x^1, \ldots, x^n) \in \mathscr{E}^n \mid x^n = t\}, \quad t \in \mathbf{R}.$$

Satz. *Es sei X eine kompakte Menge im Raum $\mathscr{E}^n$; die Menge $X \cap \mathscr{E}_t^{n-1}$ besitze in $\mathscr{E}_t^{n-1}$ das Maß Null.*

Dann hat die Menge X auch im Raum $\mathscr{E}^n$ das Maß Null.

Beweis. Der Beweis stützt sich auf eine einfache Tatsache.

Die Überdeckung einer Strecke $[a, b]$ mit Intervallen $(a_1, b_1), \ldots, (a_m, b_m)$ nennen wir *minimal*, wenn bei Entfernung eines beliebigen dieser Intervalle die übrigen die Strecke $[a, b]$ nicht überdecken.

Behauptung. *Die Summe der Längen von Intervallen einer minimalen Überdeckung ist kleiner als $(b - a) + (b_m - a_1)$.*

Beweis. Wir numerieren die Intervalle so, daß $a_1 < a_2 < \cdots < a_m$ ist. Das ist möglich, weil wir unter der Voraussetzung $a_i = a_{i+1}$ ein überflüssiges Intervall erhalten ((a_i, b_i), wenn $b_i \leq b_{i+1}$ ist, oder (a_{i+1}, b_{i+1}), wenn $b_{i+1} < b_i$ ist).

Da die Überdeckung minimal ist, folgt

$$a_{i+1} < b_i < b_{i+1}$$

(sonst würde entweder die Eigenschaft der Überdeckung verletzt (bei $b_i \leq a_{i+1}$) oder sich ein überflüssiges Intervall (a_{i+1}, b_{i+1}) bei $b_{i+1} \leq b_i$ ergeben. Schließlich gilt

$$b_i \leq a_{i+2}$$

(sonst würde sich

$$(a_{i+1}, b_{i+1}) \subset (a_i, b_i) \cup (a_{i+2}, b_{i+2})$$

ergeben; das überflüssige Intervall ist (a_{i+1}, b_{i+1})). Also gilt

$$\sum_{i=1}^{m} (b_i - a_i) = \sum_{i=1}^{m-1} (a_{i+1} - a_i) + (b_m - a_m) + \sum_{i=1}^{m-1} (b_i - a_{i+1})$$

$$< b_m - a_1 + \sum_{i=1}^{m-2} (a_{i+2} - a_{i+1}) + b_{m-1} - a_m$$

$$= b_m - a_1 + b_{m-1} - a_2 < b_m - a_1 + b - a.$$

Wegen der Beschränktheit von X genügt die Annahme, daß $t \in [a, b]$ ist, und folglich gilt

$$X \subset \mathscr{E}^{n-1} \times [a, b].$$

Wir setzen $X_t = X \cap \mathscr{E}_t^{n-1}$ voraus (Abb. E42) und halten $\varepsilon > 0$ fest. Da die Menge X_t das Maß Null hat, existiert eine Überdeckung von X_t aus offenen Würfeln $\mathring{I}_{t,i}^n$:

$$X_t \subset W_t = \bigcup_{i=1}^{\infty} \mathring{I}_{t,i}^n, \quad \sum_{i=1}^{\infty} \operatorname{vol} \mathring{I}_{t,i}^n < \varepsilon.$$

Bei festem t ist die Funktion $|x^n - t|$ stetig auf X und verschwindet nur auf X_t.

Die Menge $X \backslash (W_t \times [a, b])$ ist kompakt. Deshalb erreicht $|x^n - t|$ auf dieser Menge ihr Minimum $\alpha < b - a$.

Daraus ergibt sich

$$X \cap \{x \in \mathscr{E}^n \,|\, |x^n - t| < \alpha\} \subset W_t \times (t - \alpha, t + \alpha).$$

Eine Schar von Intervallen $\{J_{t,\alpha} = (t - \alpha, t + \alpha)\}$ überdeckt die Strecke $[a, b]$. Beim Übergang zu einer minimalen Teilüberdeckung $\{J_{t_j,\alpha} | j = 1, \ldots, m\}$ ver-

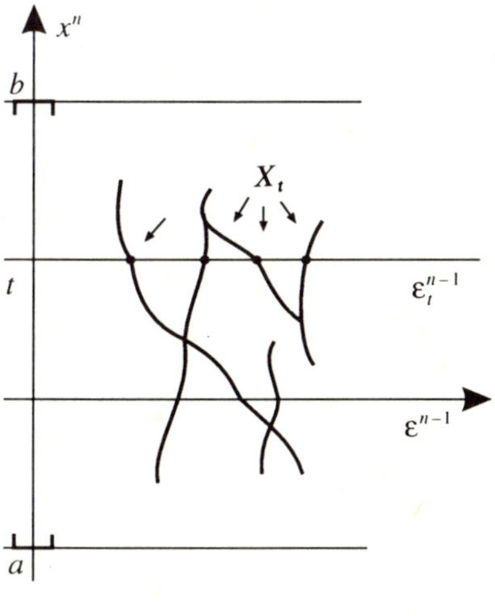

Abb. E42

wenden wir die oben bewiesene Aussage:

$$\sum_{j=1}^{m} \operatorname{length} J_{t_j,\alpha} < 2(b-a) + 2\alpha < 4(b-a).$$

Die Parallelepipede

$$\{\mathring{I}^n_{t_j,i} \times J_{t_j,\alpha} | j = 1, \ldots, m; i \in \mathbf{N}\}$$

überdecken die Menge X; die Summe ihrer Volumina ist kleiner als $4(b-a)\varepsilon$.

Definition. Man sagt, daß die *Eigenschaft* T *fast überall* erfüllt ist, wenn eine Punktmenge, die diese Eigenschaft besitzt, das Maß Null aufweist.

Beispiel. Eine Menge von Punkten, in denen die Funktion $y = f(x)$ keine Ableitung besitzt, auf einer Geraden, ist eine Menge vom Maß Null. Tatsächlich ist diese Menge höchstens abzählbar, wie dies bereits weiter oben nachgewiesen wurde. Nachdem wir deren Elemente $a_1, \ldots, a_k$ numeriert haben, konstruieren wir eine Überdeckung

$$\left\{\left(a_k - \frac{\varepsilon}{2^{k+1}}, a_k + \frac{\varepsilon}{2^{k+1}}\right)\right\},$$

bei der die Summe der Längen der sie zusammensetzenden Intervalle kleiner als ε ist.

7. Glattheit

Satz. *Die konvexe Hyperfläche ist fast überall differenzierbar.*

Beweis. Die Behauptung wird mittels Induktion nach der Dimension der Hyperfläche bewiesen.

Dazu nehmen wir an, daß die Behauptung für $\mathscr{E}^{n-1}$, $n \geq 3$, richtig ist, und beweisen deren Gültigkeit für den Fall des $\mathscr{E}^n$.

Unter Benutzung der Tatsache, daß die Differenzierbarkeit eine lokale Eigenschaft ist, betrachten wir die Hyperfläche in einer kleinen Umgebung ihres Punktes.

Ohne Beschränkung der Allgemeinheit kann man annehmen, daß die Hyperfläche folgendermaßen vorgegeben ist:

$$x^n = f(x^1, \ldots, x^{n-1}),$$

wobei

$$\sum_{i=1}^{n-1} (x^i)^2 < \delta^2$$

gilt.

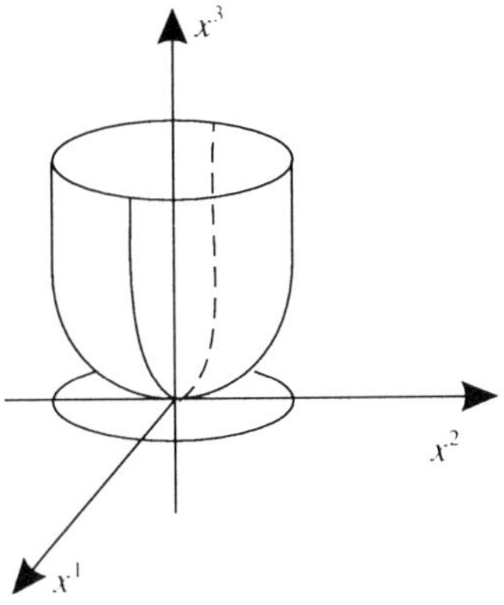

Abb. E43

Wir betrachten den Schnitt einer Hyperfläche durch eine Hyperebene:

$$x^i = a, \quad |a| < \delta.$$

Die erhaltene Menge

$$\begin{cases} x^n = f(x^1, \ldots, x^{n-1}) \\ x^i = \alpha \end{cases}$$

stellt eine von i ($i = 1, \ldots, n-1$) und α abhängige konvexe Hyperfläche $\mathscr{F}^i_\alpha$ im Raum $\mathscr{E}^{n-1}$ dar.

Die Menge der Punkte $x^i = \alpha, x^n = 0$, welche Punkten zugeordnet sind, in denen die Hyperfläche $\mathscr{F}^i_\alpha$ nicht differenzierbar ist, besitzt nach Voraussetzung ein $(n-2)$-Nullmaß. Weiterhin ist sie beschränkt und abgeschlossen, also kompakt. Deshalb hat die Menge Q der Punkte $(x^1, \ldots, x^{n-1}, 0)$, in denen $\mathscr{F}^1_\alpha$ oder $\mathscr{F}^2_\alpha$ nicht differenzierbar ist, ein $(n-1)$-Nullmaß. Gehört der Punkt $(x^1, \ldots, x^{n-1}, 0)$ nicht zur Menge Q, so enthält der Tangentialkegel der Hyperfläche $\mathscr{F}$ im Punkt $(x^1, \ldots, x^{n-1}, f(x^1, \ldots, x^{n-1}))$ $(n-2)$-Ebenen, die in diesem Punkt die Hyperflächen $\mathscr{F}^1_\alpha$ und $\mathscr{F}^2_\alpha$ berühren (Abb. E43). Diese $(n-2)$-Ebenen können nicht zusammenfallen. Deshalb reduziert sich der sie enthaltende Tangentialkegel $\mathscr{K}$ auf eine Hyperebene. Also ist die Hyperfläche $\mathscr{F}$ differenzierbar in allen Punkten $(x^1, \ldots, x^{n-1}, f(x^1, \ldots, x^{n-1}))$ bei $(x^1, \ldots, x^{n-1}, 0) \notin Q$.

Zum Abschluß des Beweises genügt es, sich davon zu überzeugen, daß der Menge Q auf der Hyperfläche $\mathscr{F}$ eine Menge vom Maß Null entspricht.

8. Lösung der Aufgabe II

In jedem Punkt einer konvexen Hyperfläche existiert ein Stützkegel. Das Maß der Menge derjenigen Punkte auf der Hyperfläche, in denen der Stützkegel auf keine Hyperebene zurückgeführt wird, ist gleich null, wobei fast jeder Punkt der konvexen Hyperfläche glatt ist.

Schlußbemerkungen

In der Definition einer konvexen Menge wird die euklidische Struktur eines sie umfassenden Raumes (d. h. das Vorhandensein eines Skalarproduktes in einem reellen Punktraum) nicht ausgenutzt. Bei der Suche nach einer Antwort auf die Fragen in den Aufgaben I und II haben wir aber viele Betrachtungen angestellt. Dies wurde ganz bewußt getan, mit dem Ziel, einige Überlegungen und Berechnungen zu vereinfachen.

In der Tat bleiben die festgestellten Eigenschaften der konvexen Mengen und der sie begrenzenden konvexen Hyperflächen bei einem beliebigen Verfahren zur Einführung eines Skalarproduktes gültig, d. h., von der Wahl des Skalarproduktes im Punktraum hängen sie nicht ab. Daraus folgt die wichtige Aussage, daß die Lösungen der Aufgaben I und II für einen beliebigen endlichdimensionalen reellen Punktraum gelten.

E. Einige klassische Ungleichungen

1. Der Jungsche Radius

Satz. *Es sei X eine Menge im $\mathscr{E}^n$,* diam $X \leq 2$. *Dann existiert eine n-dimensionale abgeschlossene Kugel $B^n(r)$ mit dem Radius $r = \sqrt{2n/(n+1)}$ derart, daß $X \subset B^n(r)$ ist.*

Gehört die Menge X keiner anderen kleineren Kugel an, so enthält X die Ecken eines regelmäßigen n-Simplexes mit einer Kante der Länge 2.

Bevor wir zum Beweis des Jungschen Satzes übergehen, merken wir nochmals an, daß die Behauptung des Hellyschen Satzes auch für eine unendliche Schar konvexer Mengen unter der Bedingung gilt, daß sie alle kompakt sind. Der entsprechende Beweis wird durch einfache Reduktion auf endliche Scharen geführt (vgl. Abschnitt B, Punkt 4). Darüber hinaus wollen wir einige in der Formulierung des Satzes und in dessen Beweis enthaltene Begriffe und Tatsachen erklären.

1. Der Durchmesser diam X der Menge X wird folgendermaßen definiert:

$$\operatorname{diam} X = \sup_{x, y \in X} \mathrm{d}(x, y).$$

2. Das n-Simplex $\sigma\,(x_0, \ldots, x_n)$ heißt *regelmäßig*, wenn die Kantenlängen alle gleich sind, d. h.

$$\mathrm{d}(x_i, x_j) = \text{const}, \quad i \neq j.$$

3. Es sei $X = \{x_0, \ldots, x_m\}, m \leq n$, eine Punktmenge. Dann existiert die kleinste Kugel B^n, die X enthält; das Zentrum dieser Kugel gehört zur konvexen Hülle dieser Menge.

Wir zeigen, daß eine derartige Kugel stets existiert.

Die Funktion

$$r(x) = \max_{0 \le j \le m} \mathrm{d}(x, x_j)$$

ist im Gesamtraum $\mathscr{E}^n$ vorgegeben, stetig (die Abstandsfunktion $d(x, x_j)$ ist stetig, das Maximum stetiger Funktionen ist stetig) und genügt außerhalb einer Kugel mit einem genügend großen Radius R und dem Zentrum im Koordinatenursprung der Ungleichung

$$r(x) > \frac{|x|}{2}.$$

Deshalb findet sich in der abgeschlossenen Kugel mit dem Radius R ein Punkt y so, daß $r(y) \le r(x)$ für einen beliebigen Punkt x aus $\mathscr{E}^n$ gilt.

Wir überzeugen uns nun davon, daß der Punkt y zur konvexen Hülle der Menge X gehört.

Wir nehmen an, daß dies nicht der Fall ist. Dann existiert eine Hyperebene H, die den Punkt y und die Menge X trennt. Wir fällen ein Lot von y auf H. Der Lotpunkt z liegt näher an jedem Punkt aus der Menge X als y. Dies folgt daraus, daß der Winkel $\sphericalangle yzx_j$ im Dreieck Δyzx_j stumpf ist (Abb. E44).

Wir zeigen nun (obwohl dies für den Beweis des Jungschen Satzes nicht nötig ist), daß die Kugel mit dem kleinsten Radius eindeutig definiert ist.

Die Kugeln $B^n(y_1, r)$ und $B^n(y_2, r)$ mit den gleichen minimalen Radien mögen die Menge X enthalten. Dann enthält X aber auch den Durchschnitt $B^n(y_1, r) \cap B^n(y_2, r)$. Dieser gerät seinerseits in die Kugel

$$B^n\left(\frac{y_1 + y_2}{2}, \sqrt{r^2 - \frac{|y_1 - y_2|^2}{4}}\right),$$

deren Radius kleiner als der minimale ist.

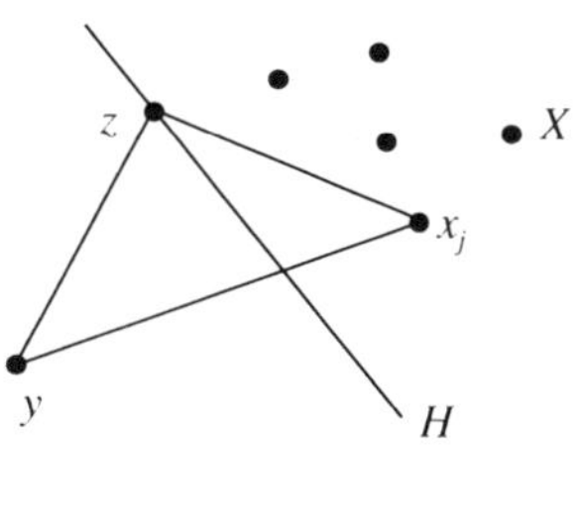

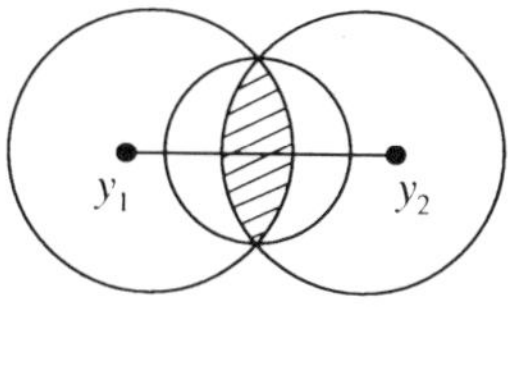

Abb. E44

Beweis des Satzes. Wir nehmen zuerst an, daß die Menge X endlich ist und aus Elementen $m \leq n$ besteht:

$$X = \{x_0, \dots, x_m\}.$$

Mit $y = 0$ bezeichnen wir das Zentrum der kleinsten Kugel B^n, die die Menge X enthält, und mit r deren Radius.

Aus $O \in \operatorname{conv} X$ folgt

$$0 = \sum_{i=0}^{m} \lambda_i x_i, \ \sum_{i=0}^{m} \lambda_i = 1, \quad \lambda_0 \geq 0, \dots, \lambda_m \geq 0.$$

Wir machen den Ansatz

$$d_{ij} = d(x_i, x_j) = |x_i - x_j| \leq 2$$

Daraus folgt dann, daß $d_{ij}^2 = 2r^2 - 2(x_i, x_j)$ gilt.

Für jedes j wird die Beziehung

$$1 - \lambda_j = \sum_{i \neq j} \lambda_i \geq \sum_{i=0}^{m} \lambda_i \frac{d_{ij}^2}{4} = \frac{r^2}{2} - \frac{1}{2}\left(\sum_{i=0}^{m} \lambda_i x_i, x_j\right) = \frac{r^2}{2}$$

erfüllt. Wenn man über j von 0 bis m summiert, erhält man

$$m \geq (m+1)\frac{r^2}{2}.$$

Daraus ergibt sich

$$r^2 \leq \frac{2m}{m+1} \leq \frac{2n}{n+1}.$$

Der Gleichheitsfall $r^2 = \dfrac{2n}{n+1}$ zieht $m = n$ und $d_{ij} = 2$ für alle $i \neq j$ nach sich, womit auch der Beweis des ersten Teiles abgeschlossen ist.

Wir betrachten nun die Menge X aus dem Raum $\mathscr{E}^n$, für die $\operatorname{card} X \geq n+1$ gilt.

Für jeden Punkt x aus X nehmen wir die Kugel

$$B_x = \left\{ y \,|\, |y - x| \leq \sqrt{\frac{2n}{n+1}} \right\}.$$

Gemäß dem oben Bewiesenen besitzen alle $n+1$ Kugeln B_x für aus $n+1$ (oder weniger) Punkten bestehenden Mengen einen gemeinsamen Punkt. Daraus folgt nach dem Satz von Helly, daß der Durchschnitt $\bigcap_{x \in X} B_x$ nicht leer ist.

2. Das Volumen eines konvexen Körpers

Eine natürliche und weitgehende Verallgemeinerung des Begriffs der Streckenlänge und des Flächeninhalts einfachster geometrischer Figuren ist in der Planimetrie der Begriff des *n-dimensionalen Volumens*.

Das n-dimensionale Volumen ist eine Funktion vol^n, die auf manchen Teilmengen eines n-dimensionalen euklidischen Punktraumes $\mathscr{E}^n$ definiert ist und nichtnegative reelle Werte annimmt.

Wir beschränken uns auf die Aufzählung verschiedener Haupteigenschaften und führen Formeln zur Berechnung der Volumina einfachster konvexer Körper an.

Die Volumina der Mengen im euklidischen Punktraum $\mathscr{E}^n$ besitzen folgende Eingenschaften:

a) Sie sind nicht negativ.
b) Sie sind additiv, d. h., wenn für zwei Mengen X und Y, die keine gemeinsamen inneren Punkte aufweisen, aus dem Raum $\mathscr{E}^n$ die Volumina $\mathrm{vol}^n(X)$ und $\mathrm{vol}^n(Y)$ definiert sind, so gilt
$$\mathrm{vol}^n(X \cup Y) = \mathrm{vol}^n(X) + \mathrm{vol}^n(Y).$$
c) Sie sind invariant gegen Transformationen der Form
$$y = Sx + a,$$
wobei S eine orthogonale Matrix ist: Wenn für die Mengen X und Y aus $\mathscr{E}^n$ die Volumina $\mathrm{vol}^n(X)$ und $\mathrm{vol}^n(Y)$ definiert sind und eine mit der anderen durch Parallelverschiebung und Drehung zur Deckung gebracht werden kann, so ist $\mathrm{vol}^n(X) = \mathrm{vol}^n(Y)$.
d) Das Volumen eines Einheitswürfels I^n beträgt 1:
$$\mathrm{vol}^n(I^n) = 1.$$

Aus diesen Eigenschaften folgt:

A. *Monotonie des Volumens*: Sind für die Mengen X und Y mit $X \subset Y$ die Volumina $\mathrm{vol}^n(X)$ und $\mathrm{vol}^n(Y)$ definiert, so gilt
$$\mathrm{vol}^n(X) \leq \mathrm{vol}^n(Y).$$

B. Ist $\mathscr{A}: \mathscr{E}^n \to \mathscr{E}^n$ eine lineare Abbildung (affine Transformation, die den Anfangspunkt unverändert läßt), und ist das Volumen $\mathrm{vol}^n(X)$ für die Menge X definiert, so gilt
$$\mathrm{vol}^n(\mathscr{A}(X)) = |\det \mathscr{A}|\, \mathrm{vol}^n(X).$$

Auf der Menge aller Vielflache existiert eine einzige nichtnegative Funktion, die den Bedingungen a) bis d) genügt.

Mit Hilfe eines Grenzübergangs läßt sich der Begriff des Volumens unter Beibehaltung der Eigenschaften a) bis d) von der Klasse der Vielflache auf weitere Mengenklassen, insbesondere auf konvexe Körper ausdehnen.

Das Volumen eines konvexen Körpers wird wie folgt ermittelt. Wir betrachten alle möglichen Vielflache X, die in einem konvexen Körper Q liegen, und alle möglichen Vielflache Y, die den konvexen Körper Q $(X \subset Q \subset Y)$

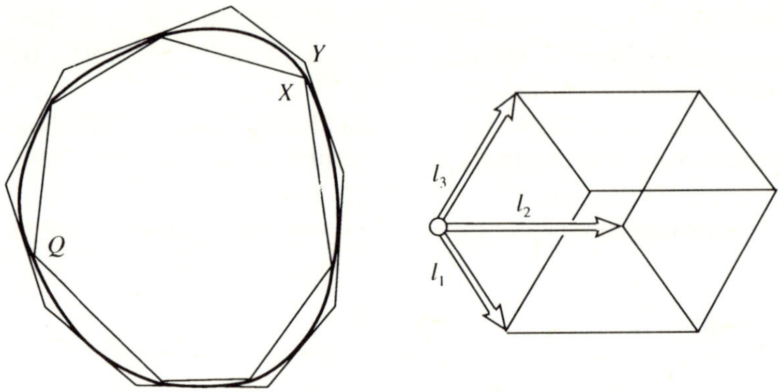

Abb. E45

enthalten (Abb. E45). Dann gilt die Gleichheit

$$\sup_{x \subset Q} \operatorname{vol}^n(X) = \inf_{Q \subset Y} \operatorname{vol}^n(Y).$$

Dieser Gesamtwert der genannten oberen und unteren Schranke wird gerade *n-dimensionales Volumen* $vol^n(Q)$ *des konvexen Körpers* Q genannt.

Beispiele

1. *Der Würfel.* Nach Eigenschaft d) beträgt das n-Volumen eines Einheitswürfels $I^n = 1$. Ein Würfel mit der Kantenlänge a stellt ein Bild des Einheitswürfels I^n bezüglich der Multiplikation mit der Zahl a dar; $A = \operatorname{diag}\{a_1, \ldots, a^n\}$ ist eine Matrix einer entsprechenden Transformation. Daher ist das Volumen dieses Würfels gleich a^n.

2. *Das Parallelepiped.* Diese Menge wird folgendermaßen definiert: Es seien O ein Anfangspunkt und $l_1, \ldots, l_n$ linear unabhängige Vektoren im $\mathscr{E}^n$. Die Punktmenge

$$P^n = \{t_1 l_1 + \cdots + t_n l_n | 0 \leq 1, i = 1, \ldots, n\}$$

heißt *Parallelepiped*, das durch die Vektoren $l_1, \ldots, l_n$ aufgespannt wird.

Es seien $\{O; e_1, \ldots, e_n\}$ ein orthonormiertes Koordinaten-n-Bein im $\mathscr{E}^n$ und $\mathscr{A}$ eine lineare Abbildung, die die Vektoren e_i in die Vektoren l_i überführt $(i = 1, \ldots, n)$. Ist $A = (\alpha_j^i)$ die Matrix dieser Abbildung zur Basis e: $A = A(e)$, so gilt

$$(l_1, \ldots, l_n) = (e_1, \ldots, e_n)A. \qquad (*)$$

Wir berechnen die Gramsche Matrix $\Gamma(l)$ des gewonnenen Vektorsystems $l = (l_1, \ldots, l_n)$:

$$\Gamma(l) = AA^{\mathrm{T}}.$$

Folglich gilt

$$\sqrt{\det \Gamma(l)} = \sqrt{\det(AA^{\mathrm{T}})} = |\det A|.$$

Andererseits ist $\det \mathscr{A} = \det A$, und die Abbildung $\mathscr{A}$ führt den Einheitswürfel in das Parallelepiped P^n über.

Deshalb ist das Volumen des Parallelepipeds P^n gleich $|\det \mathscr{A}|$.

Die Formel (*) läßt sich auch folgendermaßen schreiben:

$$l_j = \sum_{i=1}^{n} e_i \alpha_j^i, \quad j = 1, \ldots, n.$$

Dann gilt

$$\operatorname{vol}^n(l_1, \ldots, l_n) = |\det(\alpha_j^i)|.$$

Der Wert $\det(a_j^i)$ wird *orientiertes Volumen des Parallelepipeds* P^n *bezüglich der gewählten Basis* e genannt.

3. *Die Kugel.* Sind $(x^1, \ldots, x^n)$ rechtwinklige kartesische Koordinaten im $\mathscr{E}^n$, so ist eine n-dimensionale Kugel $B^n(r)$ mit dem Radius r und dem Mittelpunkt im Punkt 0 durch die Formel

$$B^n(r) = \left\{ (x^1, \ldots, x^n) \,\middle|\, \sum_{i=1}^{n} (x^i)^2 \leq r^2 \right\}$$

gegeben. Da die Kugel $B^n(r)$ aus einer Einheitskugel $B^n(1)$ durch Dehnung (oder Kontraktion) um das r-fache gewonnen wird, so gilt

$$\operatorname{vol}^n B^n(r) = r^n \operatorname{vol}^n B^n(1).$$

Die Konstante

$$\omega_n = \operatorname{vol}^n B^n(1)$$

läßt sich mit Hilfe der folgenden induktiven Formel berechnen:

$$\omega_n = \omega_{n-1} \int_{-1}^{1} (1 - t^2)^{n-1} \mathrm{d}t, \quad n \geq 2.$$

Wir führen einige Werte von ω_n an:

$$\omega_1 = 2, \quad \omega_2 = \pi, \quad \omega_3 = \tfrac{4}{3}\pi, \quad \omega_4 = \tfrac{1}{2}\pi^2.$$

Überhaupt ist

$$\omega_n = \frac{\pi^{n/2}}{\Gamma(n/2 + 1)},$$

wobei $\Gamma(t)$ eine Eulersche Gammafunktion ist.

4. *Das Ellipsoid*

$$\sum_{i=1}^{n} \left(\frac{x^i}{a^i}\right)^2 \leq 1$$

ergibt sich aus einer Kugel

$$\sum_{i=1}^{n} (x^i)^2 \leq 1$$

durch Dehnung um das a^i-fache in Richtung einer i-ten Achse, d. h. durch Multiplikation mit einer Matrix diag$\{a^1, \ldots, a^n\}$. Deshalb beträgt sein Volumen $\omega_n a^1 \cdots a^n$.

3. Die Brunn-Minkowskische Ungleichung

Satz. *Es seien X_0 und X_1 konvexe Körper im Raum $\mathscr{E}^n$, t mit $0 \leq t \leq 1$ beliebig. Dann gilt*

$$V^{1/n}((1-t)X_0 + tX_1) \geq (1-t)V^{1/n}(X_0) + tV^{1/n}(X_1), \tag{1}$$

wobei $V(X) = \text{vol}^n(X)$ ist.

Die Gleichheit in (1) ist dann und nur dann möglich, wenn die Körper X_0 und X_1 homothetisch sind. Mit anderen Worten ist die Funktion

$$f(t) = V^{1/n}((1-t)X_0 + tX_1)$$

eine konkave Funktion einer Variablen $t, 0 \leq t \leq 1$ (Abb. E46); sie wird auf eine lineare Funktion nur in dem Fall zurückgeführt, wenn X_0 und X_1 homothetisch (d. h. ähnlich und ähnlich angeordnet) sind.

Ehe wir zu ausführlichen Betrachtungen übergehen, erläutern wir einige im Beweis auftretende Begriffe.

1. Man sagt, daß die konvexen Körper X und Y *gleich* sind, $X = Y$, wenn sie durch eine „Bewegung", d. h. eine Transformation der Form $y = Sx + a$, wobei S eine orthogonale Matrix ist, zur Deckung gebracht werden können.

2. Die selben Körper X und Y heißen *parallel liegend*, wenn sie durch Paral-

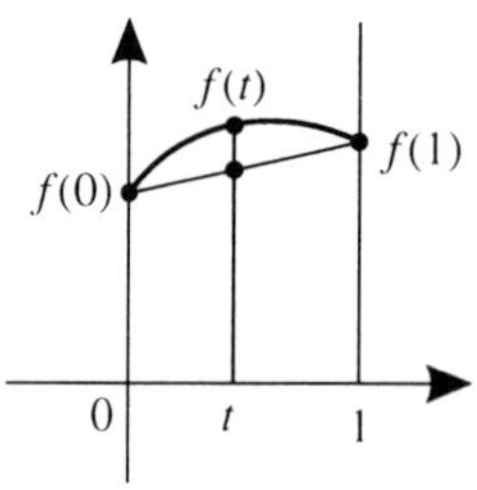

Abb. E46

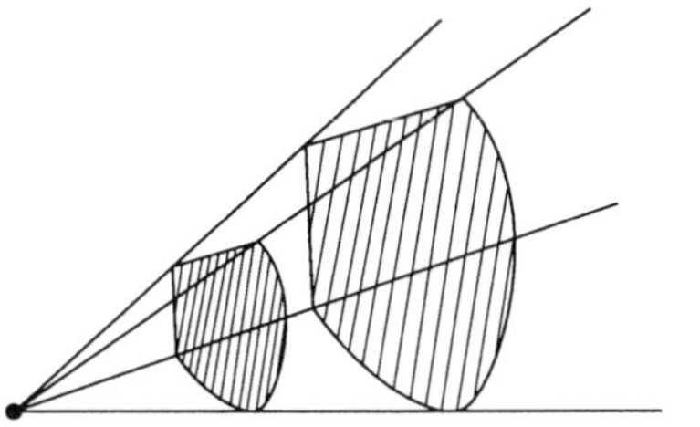

Abb. E47

lelverschiebung, d. h. Transformation der Form $y = x + a$, zur Deckung gebracht werden können.

3. Eine Transformation, die für gewisse feste $a \in \mathscr{E}^n$ aus dem Raum $\mathscr{E}^n$ und gewisse positive Zahlen a einen willkürlich gewählten Punkt x aus $\mathscr{E}^n$ in $a + ax$ überführt, heißt *Homothetie* (Abb. E47).

Man sagt, die Körper X und Y sind *homothetisch*, wenn eine Homothetie existiert, die den einen Körper in den anderen überführt.

4. Ist $S(x)$ eine Querschnittsfläche des Körpers X durch eine zur Abszissenachse senkrechte und diese im Punkt $(x, 0, 0)$ schneidende Ebene, so wird das Volumen des Körpers X nach folgender Formel berechnet (Abb. E48):

$$V(X) = \int_a^b S(x)\,\mathrm{d}x.$$

Die Abszisse x_Z des Schwerpunktes von X erhält man mit Hilfe der folgenden Formel:

$$x_Z = \frac{1}{V(X)} \int_b^a x S(x)\,\mathrm{d}x.$$

Für den n-dimensionalen Fall liefern die genannten Formeln die gleichen Informationen.

Beweis. Den Nachweis der Behauptung unseres Satzes erbringen wir mittels Induktion über die Dimension des Oberraumes $\mathscr{E}^n$.

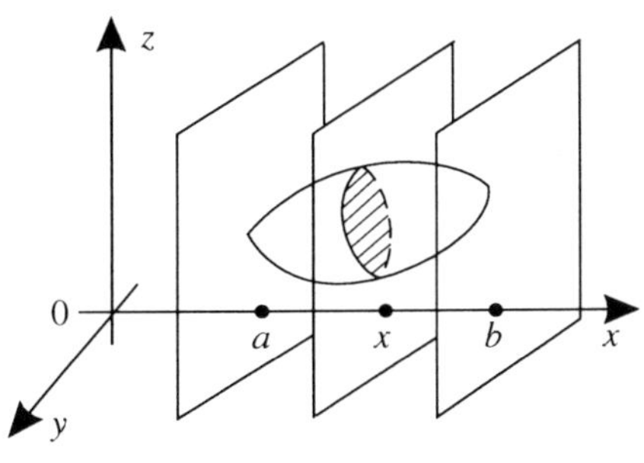

Abb. E48

Auf einer Geraden $\mathscr{E}^1$ wird die Behauptung trivial erfüllt: X_0 und X_1 sind Strecken, und die Ungleichung (1) wird auf eine Gleichung zurückgeführt.

Wir nehmen an, daß die Behauptung im $\mathscr{E}^{n-1}$ richtig ist, und beweisen, daß sie dann auch im $\mathscr{E}^n$ gilt.

Dazu formulieren wir zunächst eine Hilfsbehauptung und zeigen, wie aus dieser das geforderte allgemeinere Resultat folgt.

Hilfssatz. *Es besitzen die konvexen Körper X_0 und X_1 gleiche Volumina; t mit $0 \leq t \leq 1$ sei beliebig gewählt.*

Dann besitzt der Körper $X_t = (1-t)X_0 + tX_1$ ein größeres Volumen, außer in dem Fall, daß die Körper X_0 und X_1 gleich sind und parallel liegen, so daß X_t ihnen ebenfalls gleich ist.

Es seien X_0 und X_1 willkürliche konvexe Körper. Dann besitzen die Körper

$$Y_0 = \frac{1}{V^{1/n}(X_0)} X_0, \quad Y_1 = \frac{1}{V^{1/n}(X_1)} X_1$$

ein Volumen, das gleich eins ist. Deshalb folgt aus dem Hilfssatz

$$V(Y_s) \geq 1 \tag{2}$$

wobei $0 \leq s \leq 1$ ist. Wir setzen

$$s = \frac{tV^{1/n}(X_1)}{(1-t)V^{1/n}(X_0) + tV^{1/n}(X_1)}.$$

Wir berechnen das Volumen des Körpers

$$Y_s = \frac{(1-t)X_0 + tX_1}{(1-t)V^{1/n}(X_0) + tV^{1/n}(X_1)}$$

und erhalten unter Verwendung von (2)

$$V(X_t) \geq [(1-t)V^{1/n}(X_0) + tV^{1/n}(X_1)]^n. \tag{3}$$

Ziehen wir aus beiden Seiten die n-te Wurzel, gelangen wir zur geforderten Beziehung (1).

Das Gleichheitszeichen steht in (3) nur dann, wenn es in (2) auch steht, d. h., wenn die Körper Y_0 und Y_1 gleich und parallel, also X_0 und X_1 homothetisch sind.

Der Satz wird also bewiesen sein, wenn wir uns von der Richtigkeit des oben formulierten Hilfssatzes überzeugt haben.

Wir nehmen an, daß der Satz im Raum $\mathscr{E}^{n-1}$ gültig ist, und beweisen, daß der Hilfssatz für n-dimensionale konvexe Körper gilt.

Der Einfachheit halber nennen wir ein n-dimensionales Volumen einfach Volumen und ein $(n-1)$-dimensionales Volumen eine Fläche.

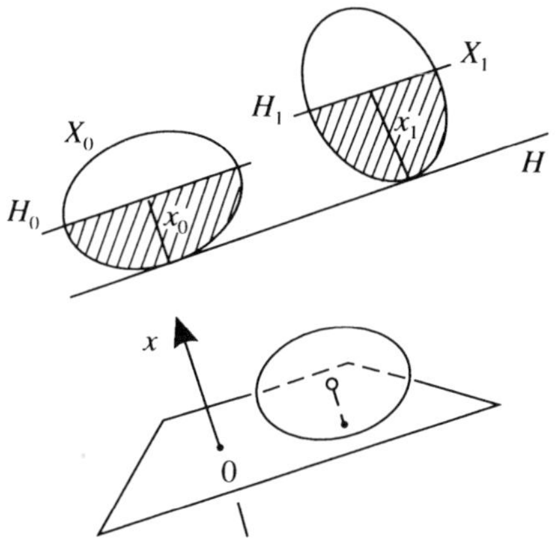

Abb. E49

Es seien X_0 und X_1 konvexe Körper im Raum, die gleiche Volumina besitzen. Wir nehmen an, diese Volumina seien gleich eins. Wir wählen irgendeine Hyperebene H und transformieren die Körper X_0 und X_1 (parallel) derart, daß die Hyperebene H zu einer Stützebene für beide Körper wird. Wir merken an, daß dieser Vorgang das Volumen des Körpers $X_t = (1-t)X_0 + tX_1$ nicht ändert.

Wir zerschneiden nun den Körper X_i, $i = 0, 1$, derart, daß ein in der Schicht zwischen H und H_i liegender Teil des Körpers X_i ein Volumen gleich v, $0 \le v \le 1$, besitzt. Die Schichtdicke bezeichnen wir mit x_i. Es ist klar, daß $x_i = x_i(v)$ ist (Abb. E49).

Es sei $S_i(v)$ die Querschnittsfläche von $Z_i = X_i \cap H_i(v)$. Klar ist, daß

$$\mathrm{d}v = S_i \mathrm{d}x_i, \quad i = 0, 1, \tag{4}$$

gilt und weiterhin

$$V(X_i) = \int_0^{h_i} S_i \mathrm{d}x_i = \int_0^1 S_i(v) x_i'(v) \mathrm{d}v$$

ist, wobei h_i die Breite des Körpers X_i in einer zur Hyperebene H senkrechten Richtung ist.

Aus Formel (4) folgt

$$\frac{\mathrm{d}x_i}{\mathrm{d}v} = \frac{1}{S_i}, \quad i = 0, 1. \tag{5}$$

Die Linearkombination von Querschnitten

$$Z_t = (1-t)Z_0 + tZ_1$$

ist im Körper X_t enthalten und liegt in einer zu H parallelen Hyperebene in einem Abstand

$$x_t(v) = (1-t)x_0(v) + tx_1(v) \tag{6}$$

von dieser. Ist $S_t(v)$ der Flächeninhalt der Menge Z_t, so gilt für das Volumen des Körpers X_t die Ungleichung

$$V(X_t) \geq \int_0^1 S_t(v)\,\mathrm{d}x_t(v) = \int_0^1 S_t(v)x_t'(v)\mathrm{d}v. \tag{7}$$

Wegen der Induktionsvoraussetzung ist die Ungleichung (1) auf die Querschnitte Z_0 und Z_1 anwendbar, weshalb

$$S_t(v) \geq [(1-t)S_0^{1/(n-1)}(v) + tS_1^{1/(n-1)}(v)]^{n-1}$$

gilt. Weiterhin folgt aus den Formeln (5) und (6), daß

$$x_t'(v) = (1-t)\frac{1}{S_0} + t\frac{1}{S_1}$$

ist. Unter Verwendung der beiden letzten Beziehungen ersetzen wir $S_t(v)$ und $x_t'(v)$ in der Formel (7). Wir erhalten

$$V(X_t) \geq \int_0^1 [(1-t)S_0^{1/(n-1)}(v) + tS_1^{1/(n-1)}(v)]^{n-1}\left(\frac{1-t}{S_0} + \frac{t}{S_1}\right)\mathrm{d}v. \tag{8}$$

Nun schätzen wir den Integranden auf der rechten Seite der Ungleichung (8) ab. Wir nehmen dazu $\xi = S_1/S_0$ an. Dann läßt sich diese Funktion in folgender Form darstellen:

$$f(\xi) = [(1-t) + t\xi^{1/(n-1)}]^{n+1}\left(1 - t + \frac{t}{\xi}\right).$$

Die Funktion $f(\xi)$ ist auf einem Strahl $(0, \infty)$ definiert, sie ist dort positiv und stetig. Da

$$\lim_{\xi \to +0} f(\xi) = \lim_{\xi \to \infty} f(\xi) = +\infty$$

ist, findet sich auf $(0, \infty)$ ein Punkt, in dem $f(\xi)$ ein Minimum erreicht.

Die Ableitung

$$f'(\xi) = \frac{t(1-t)}{\xi^2}(1 - t + t\xi^{1/(n-1)})^{n-2}(\xi^{n/(n-1)} - 1)$$

verschwindet nur für $\xi = 1$. Dies ist gerade die Minimumstelle. Da $f(1) = 1$ ist, gilt $f(\xi) \geq 1$, wobei $f(\xi) = 1$ nur in dem Fall gilt, in dem $\xi = 1$ ist.

Der Integrand in (8) ist also nicht kleiner als eins. Daraus und aus (8) erhält man

$$V(X_t) \geq 1. \tag{9}$$

Wir zeigen nun, daß $V(X_t) = 1$ nur dann ist, wenn die Körper X_0 und X_1 gleich sind und parallel zueinander liegen.

Wir verfolgen noch einmal die Ungleichungskette, die uns zur Abschätzung (9) geführt hat. Ist $V(X_t) = 1$, so muß in jeder der Ungleichungen ein Gleichheitszeichen stehen. Deshalb muß $f(\xi) = 1$, d. h. $\xi = 1$, oder mit anderen Worten

$$S_0(v) = S_1(v)$$

sein. Dann ergibt sich aber aus Formel (5) und der Bedingung $x_0(0) = x_1(0) = 0$ (die Körper X_0 und X_1 stützen sich auf dieselbe Hyperebene H), so daß

$$x_0(v) = x_1(v) \tag{10}$$

gilt.

Dies bedeutet, daß Hyperebenen, die von den Körpern X_0 und X_1 Teile gleichen Volumens abtrennen, zusammenfallen.

Aus (8) und der Formel zur Berechnung der Koordinaten des Körperschwerpunktes

$$x_Z = \frac{1}{V(X)} \int tS(t)\,\mathrm{d}t$$

ergibt sich, daß die Schwerpunkte beider Körper X_0 und X_1 im gleichen Abstand von der Hyperebene H liegen. Wenn man also durch Parallelverschiebung des Körpers X_0 (oder X_1) deren Schwerpunkte zur Deckung bringt, bleibt die Hyperebene H für beide eine gemeinsame.

Die Hyperebene H wurde willkürlich gewählt. Deshalb müssen auch alle entsprechenden Stützhyperebenen zusammenfallen, wenn die Schwerpunkte von X_0 und X_1 zusammenfallen.

Das bedeutet aber, daß auch die Körper selbst zusammenfallen. Folglich waren sie vor der Paralleltransformation gleich und parallel angeordnet.

4. Die Bieberbachsche Ungleichung

Satz. *Es seien X ein konvexer Körper im Raum $\mathscr{E}^n$, ω_n das Volumen einer n-dimensionalen Einheitskugel. Dann gilt*

$$\operatorname{vol}^n(X) \leq \frac{\omega_n}{2^n} (\operatorname{diam} X)^n.$$

Beweis. Ohne Beschränkung der Allgemeinheit kann man annehmen, daß

$$\operatorname{diam} X \leq 1$$

gilt.

Wir bezeichnen mit Y einen Körper, der um den Anfangspunkt 0 herum symmetrisch zu X ist (Abb. E50), und setzen

$$Z = \tfrac{1}{2}(X + Y). \tag{$*$}$$

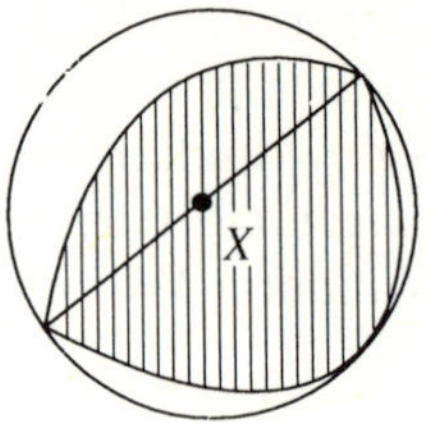

Abb. E50

Die Funktion $V^{1/n}(tX + (1-t)Y)$ ist konkav, so daß

$$V(Z) \geq V(X) = V(Y)$$

gilt, wobei die Gleichheit nur in dem Fall möglich ist, in dem der Körper X zum Körper Y homothetisch, d.h., wenn X zentralsymmetrisch ist.

Es sei diam $Z = |x - y|$, wobei x und y Punkte aus der Menge Z sind. Aus (∗) folgt

$$x = \tfrac{1}{2}(x' + x''), \quad y = \tfrac{1}{2}(y' + y'')$$

mit $x, y' \in X$, $x'', y'' \in Y$. Dann gilt

$$|x - y| = \tfrac{1}{2}|x' + x'' - y' - y''| \leq \tfrac{1}{2}|x' - y'| + \tfrac{1}{2}|x'' - y''|$$
$$\leq \tfrac{1}{2}\operatorname{diam} X + \tfrac{1}{2} Y \leqslant 1.$$

Folglich ist diam $Z \leq 1$.

Aus den soeben angestellten Überlegungen folgt, daß es genügt, sich auf die Betrachtung zentralsymmetrischer Körper zu beschränken.

Es sei also X ein zentralsymmetrischer konvexer Körper. Dann resultiert aus der Bedingung

$$\operatorname{diam} X \leq 1, \qquad (**)$$

daß X in einer n-Kugel mit einem Einheitsdurchmesser enthalten ist.

Aus der Tatsache, daß das Volumen einer solchen Kugel gleich ist, und aus der Ungleichung (∗∗) folgt unsere Forderung.

5. Extremale Ellipsoide

Satz. *Es seien X ein konvexer Körper im $\mathscr{E}^n$, $a \in \mathscr{E}^n$ ein Fixpunkt. Es existiert genau ein n-dimensionales Ellipsoid mit folgenden Eigenschaften:*

1. *Es liegt mit seinem Zentrum in einem vorgegebenen Punkt a.*
2. *Es enthält einen Körper X.*
3. *Es weist ein minimales Volumen unter allen die Eigenschaften 1 und 2 besitzenden Ellipsoiden auf.*

Definition. Ein die Forderungen 1, 2 und 3 erfüllendes Ellipsoid heißt *ein dem Körper X umbeschriebenes Ellipsoid mit dem vorgegebenen Zentrum a.*

Beweis. Die Einzigkeit werden wir durch reductio ad absurdum nachweisen: Wir nehmen an, es gäbe zwei verschiedene Ellipsoide mit den Eigenschaften 1 bis 3 und konstruieren ein drittes Ellipsoid, das den Forderungen 1 und 2 genügt und ein kleineres Volumen besitzt. In der Behauptung des Satzes handelt es sich um Ellipsoide der Form

$$(x-a)^{\mathrm{T}}A(x-a) \leq 1,$$

wobei $x = (x^1 \cdots x^n)^{\mathrm{T}}$ und $a = (a^1 \cdots a^n)^{\mathrm{T}}$ Koordinatenspalten sind.

Wir setzen voraus, daß

a) der Punkt a mit dem Anfangspunkt 0 zusammenfällt (dies läßt sich immer durch eine die Volumina nicht ändernde Transformation, nämlich die Übertragung $y = x - a$, erreichen),
b) eines der Ellipsoide eine Kugel ist.

In der Tat seien E_1 und E_2 zwei umbeschriebene Ellipsoide mit einem festgelegten Mittelpunkt a:

$$x^{\mathrm{T}}A_1 x \leqslant 1, \quad x^{\mathrm{T}}A_2 x \leqslant 1.$$

Es existiert eine Transformation der Form $y = \mathscr{B}x$, die die Volumina unverändert läßt und das Ellipsoid E_1 in eine Kugel B^n überführt. (Diese Transformation läßt sich in zwei Stufen aufteilen: Zuerst transformiert man durch $z = Sx$, wobei S eine orthogonale Matrix ist, das Ellipsoid E_1 auf die Hauptachsen $z^{\mathrm{T}}Cz \leq 1$, wobei $C = \operatorname{diag}\{a_1, \ldots, a_n\}$ ist, worauf man durch geeignete Kontraktionen und Dehnungen längs der Hauptachsen eine Kugel $y^{\mathrm{T}}Dy \leq 1$ erhält, wobei $D = \operatorname{diag}\{a, \ldots, a\}$ ist. Hierbei gilt natürlich $\det A = \Pi a_i = a^n$.)

Die Transformation $y = \mathscr{B}x$ führt das Ellipsoid E_2 in das Ellipsoid E und den Körper X in den Körper Y über, ohne daß sich deren Volumina ändern.

Wir betrachten eine Kugel B und ein Ellipsoid E mit dem Mittelpunkt 0, die einen konvexen Körper X enthalten und deren minimales Volumen gleich ist.

Bei geeigneter Wahl der Koordinaten im Raum $\mathscr{E}^n$ kann man annehmen, daß die Kugel B und das Ellipsoid E durch die Ungleichungen

$$\sum_{i=1}^{n}\left(\frac{x^i}{a}\right)^2 \leq 1 \text{ bzw. } \sum_{i=1}^{n}\left(\frac{x^i}{b^i}\right)^2 \leq 1 \tag{$*$}$$

festgelegt werden. Da B und E einen Körper X enthalten, werden die Ungleichungen $(*)$ für alle Punkte x aus X erfüllt. Daraus folgt, daß das Ellipsoid E^*

$$\sum_{i=1}^{n}\frac{1}{2}\left(\frac{1}{a^2}+\frac{1}{(b^i)^2}\right)(x^i)^2 \leq 1$$

einen Körper X enthält. Wir ermitteln sein Volumen:

$$\mathrm{vol}(E^*) = \omega_n \prod_{i=1}^{n} \sqrt{2ab_i}(a^2 + (b^i)^2)^{-1/2}$$

$$\leq \omega_n \prod_{i=1}^{n} (ab_i)^{1/2} = \sqrt{\mathrm{vol}(B) \cdot \mathrm{vol}(E)} = \mathrm{vol}(B).$$

Wegen der Minimalität von vol(B) muß in der letzten Beziehung ein Gleichheitszeichen stehen, woraus folgt, daß $a^2 + (b^i)^2 = 2ab^i$ ist, und folglich $a = b^i$ für beliebiges i gilt.

Die Existenz des umbeschriebenen Ellipsoids mit dem gegebenen Mittelpunkt wird durch folgende Tatsachen bestimmt:

1. $\mathrm{vol}^n(X) > 0$ (denn X ist ein Körper),
2. $\mathrm{vol}^n(E) \geq \mathrm{vol}^n(X)$,
3. in die Umbeschreibung des Ellipsoids geht eine endliche Anzahl von Parametern ein, nämlich $n(n+1)/2$ Elemente seiner Matrix,
4. $\mathrm{vol}^n(E) = \dfrac{\omega_n}{\sqrt{\det A}}$.

Der Beweis wird wie üblich unter Verwendung des Satzes über die Eigenschaften einer Funktion, die auf einer kompakten Menge stetig ist, geführt.

Bemerkung. Das Ergebnis bleibt richtig, wenn man ein umbeschriebenes Ellipsoid untersucht, ohne seinen Mittelpunkt im voraus festzuschreiben, d. h., unter allen Ellipsoiden, die einen gegebenen Körper enthalten, existiert genau ein Ellipsoid mit minimalem Volumen.

Analog wird auch der Begriff eines anderen extremalen Ellipsoids, nämlich des einbeschriebenen, eingeführt (Abb. E51).

Satz. *Unter allen in einem gegebenen konvexen Körper enthaltenen Ellipsoiden existiert genau ein Ellipsoid mit einem minimalem Volumen.*

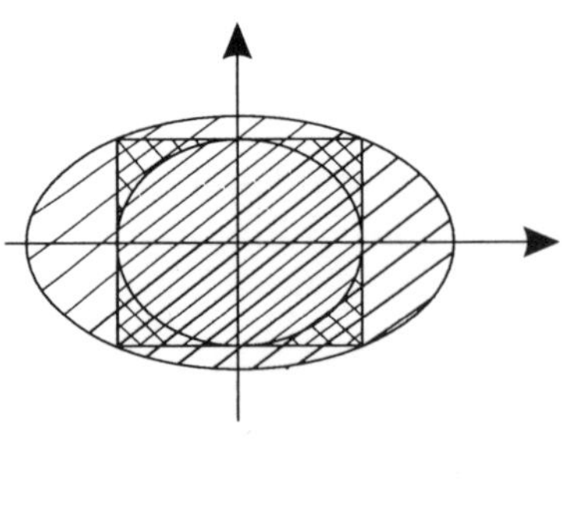

Abb. E51

In den Anwendungen wird häufig die Konstruktion eines um- und eines einbeschriebenen Ellipsoids bezüglich eines gegebenen konvexen Körpers gefordert. Wir zeigen, daß diese Aufgabe auf eine Aufgabe der konvexen Programmierung zurückgeführt werden kann.

Dabei beschränken wir uns auf die Betrachtung eines Falles, in dem ein Ellipsoid gesucht wird, das einem Vielflächner umbeschrieben ist.

Es sei M ein konvexer Vielflächner mit l Ecken $x_1, \ldots, x_l$ und $O \in \operatorname{int} M$. Dann wird für ein beliebiges Ellipsoid

$$(x-a)^{\mathrm{T}} A(x-a) \leq 1, \tag{1}$$

das einen Vielflächner M enthält, die Bedingung

$$\delta = 1 - a^{\mathrm{T}} A a > 0$$

erfüllt. Dann ist es möglich, die Ungleichung (1) auf folgende Form zurückzuführen:

$$x^{\mathrm{T}} B x + 2x^{\mathrm{T}} b \leq 1, \tag{2}$$

wobei $B = \delta^{-1} A$, $b = -\delta^{-1} A a$ sind.

Man kann sich leicht davon überzeugen, daß bei derartigem Vorgehen zur Vorgabe des Ellipsoids sein Volumen V mit Hilfe der Formel

$$V = \frac{\omega_n}{\sqrt{\Phi(B, b)}}$$

bestimmt werden kann, wobei gilt:

$$\Phi(B, b) = \frac{(\det B)^{n+1}}{(-\det \tilde{B})^n}, \quad \tilde{B} = \begin{pmatrix} B & b \\ b^{\mathrm{T}} & -1 \end{pmatrix}. \tag{3}$$

Wir betrachten einen Raum $\mathbf{R}^q$, $q = n(n+3)/2$, dessen Punkte β durch die Matrix $B = (\beta_{ij})$ und die Spalte $b = (b^1, \ldots, b^n)^{\mathrm{T}}$ folgendermaßen bestimmt werden:

$$\beta = (\beta_{11}, \beta_{12}, \ldots, \beta_{1n}; \quad \beta_{22}, \ldots, \beta_{2n}, \ldots; \quad \beta_{nn}; \quad b^1, \ldots, b^n).$$

Die Menge $\Omega \in \mathbf{R}^q$ von Punkten, deren erste Koordinaten $n(n+1)/2$ Elemente einer positiven symmetrischen Matrix sind, ist konvex.

Wir zeigen, daß die durch (3) definierte Funktion $\Phi(B) = \Phi(B, b)$ folgende Eigenschaft besitzt: Die Menge

$$\{\beta \in \Omega \mid \Phi(\beta) \geq t\}$$

ist bei beliebigem t konvex (derartige Funktionen heißen *quasikonvex*).

Es seien β_1, β_2 und $\beta = \lambda_1 \beta_1 + \lambda_2 \beta_2 (\lambda_1 + \lambda_2 = 1, \lambda_1 > 0, \lambda_2 > 0)$ Punkte aus Ω und E_1, E_2 und E ihnen zugeordnete Ellipsoide. Durch eine lineare Transformation des Raumes $\mathscr{E}^n$, die das Volumen nicht verändert, können die

Matrizen B_1, B_2 und $B=\lambda_1 B_1+\lambda_2 B_2$ dieser Ellipsoide gleichzeitig auf Diagonalform gebracht werden.

Wenn $B=\operatorname{diag}\{\beta_{11},\dots,\beta_{nn}\}$ gilt, so ist $\Phi(\beta)=f(\beta)F^{-n}(\beta)$, wobei

$$f(\beta)=\prod_{i=1}^{n}\beta_{ii},\quad F(\beta)=1+\sum_{i=1}^{n}\frac{(b^i)^2}{\beta_{ii}}$$

sind.

Man kann leicht nachprüfen, daß

$$\lambda_1 F(\beta_1)+\lambda_2 F(\beta_2)\geq F(\beta) \tag{4}$$

gilt. Es sei $\Phi(\beta_m)\geq t (m=1,2)$, oder was das Gleiche ist,

$$f(\beta_m)\geq F^n(\beta_m)t,\quad m=1,2. \tag{5}$$

Dann erhält man bei Anwendung der bekannten Ungleichung

$$\prod_{k=1}^{n}(\mu_k+\nu_k)^{1/n}\geq\prod_{k=1}^{n}\mu_k^{1/n}+\prod_{k=1}^{n}\nu_k^{1/n}$$

aus den Beziehungen (4) und (5), daß

$$f(\beta)\geq(\lambda_1(f(\beta_1))^{1/n}+\lambda_2(f(\beta_2))^{1/n}\geq(\lambda_1 F(\beta_1)+\lambda_2 F(\beta_2))^n t\geq F^n(\beta)t$$

gilt.

Damit ist $\Phi(\beta)\geq t$.

Um zu gewährleisten, daß das gesuchte Ellipsoid E_{or} der Form (2) einen Vielflächner M enthält, ist es notwendig und hinreichend, daß die Ungleichungen

$$x_i^{\mathrm{T}}Bx_i+2x_i^{\mathrm{T}}b\leq 1,\quad i=1,\dots,l \tag{6}$$

erfüllt werden.

Diese Tatsache gestattet es, die hier vorliegende Aufgabe auf folgende zurückzuführen: Es sind eine positive symmetrische Matrix $B\in\mathbf{R}_{n\times n}$ und eine Spalte $b=(b^1,\dots,b^n)^{\mathrm{T}}$ gegeben, die den Bedingungen (6) genügen und so beschaffen sind, daß

$$\Phi(B,b)\to\max$$

gilt.

Die Beschränktheit der Punktmenge des Raumes $\mathbf{R}^q$, die die gestellten Bedingungen erfüllen, folgt aus der Nichtausartung des Vielflächners M und der folgenden einfachen Tatsache: Die konvexe Menge X ist beschränkt, wenn $K(X,x)=\varnothing$ für beliebiges $x\in X$ ist (S.331).

Die Aufgabe, ein einem konvexen Vielflächner umbeschriebenes Ellipsoid zu konstruieren, ist also auf die Bestimmung des Maximums einer quasikonvexen Funktion auf einer beschränkten konvexen Menge zurückgeführt worden.

Übungen

Übungen zu Kapitel 1

1. Man beweise, daß die Menge aller reellen schiefsymmetrischen Matrizen n-ter Ordnung einen linearen Teilraum des linearen Raumes $\mathbf{R}_{n \times n}$ der quadratischern Matrizen n-ter Ordnung bildet.
   Man bestimme die Basis und die Dimension dieses Teilraumes.

   Lösung: Die Basis wird durch die Matrizen $G_{ij} (i = j; i = 1, \ldots, n)$ mit $g_{ij} \leq 1$, $g_{ji} = -1$ gebildet, während alle übrigen Elemente gleich null sind.
   Die Dimension ist gleich

   $$\frac{n(n-1)}{2}.$$

2. Man bestimme die lineare Hülle eines Vektorsystems des Koordinatenraumes $\mathbf{R}^5$ (man gebe Basis und Dimension an):

   $$x_1 = (1, 1, 1, 1, 0), \quad x_2 = (1, 1, -1, -1, -1),$$
   $$x_3 = (2, 2, 0, 0, -1), \quad x_4 = (1, 1, 5, 5, 2),$$
   $$x_5 = (1, -1, -1, 0, 0).$$

   Lösung: Die Basis wird durch die Vektoren x_1, x_2, x_5 gebildet, die Dimension beträgt 3.

3. Ist das Vektorsystem

   $$x_1 = (1, 1, 1, 1, 1), \quad x_2 = (1, -1, -1, 1, -1),$$
   $$x_3 = (1, -1, 1, -1, 1), \quad x_4 = (1, 1, -1, -1, -1,)$$

   des Koordinatenraumes $\mathbf{R}^5$ linear abhängig?

   Lösung: Nein.

4. Sind folgende Vektorsysteme des Koordinatensystems $\mathbf{R}^3$ äquivalent:

   $$x_1 = (1, 0, 0), \quad x_2 = (0, 1, 0), \quad x_3 = (0, 0, 1);$$
   $$y_1 = (1, 0, 0), \quad y_2 = (0, 1, 1), \quad y_3 = (1, 1, 1)?$$

   Lösung: Nein.

5. Bestimmen Sie den Rang und die Basis des Koordinatenraumes $\mathbf{R}^4$:

$$x_1 = (-1, 4, -3, -2), \quad x_2 = (3, -7, 5, 3),$$
$$x_3 = (2, -3, 2, 1), \quad x_4 = (7, -18, 13, 8).$$

Lösung: 2; x_1, x_2.

6. Das Polynomsystem

$$t^5 - t^4, \quad t^5 + 2t^3, \quad t^5 - 3t^2, \quad t^5 + t$$

ist zur Basis eines Raumes M_5 von Polynomen, die höchstens den Grad 5 besitzen, zu ergängen.

7. Man zeige, daß das Vektorsystem

$$a_1 = (1, 5, 3), \quad a_2 = (2, 7, 3), \quad a_3 = (3, 9, 4)$$

eine Basis des Raumes $\mathbf{R}^3$ bildet, und bestimme die Koordinaten des Vektors

$$x = (2, 1, 1)$$

bezüglich dieser Basis.

Lösung: 0, -5, 4.

8. Man bestimme die Basen der Summe und des Durchschnitts der linearen Teilräume des $\mathbf{R}^4$, die vom Vektorsystem

$$x_1 = (1, 1, 1, 1), \quad x_2 = (1, 1, -1, -1), \quad x_3 = (1, -1, 1, -1);$$
$$y_1 = (1, -1, -1, 1), \quad y_2 = (2, -2, 0, 0),$$

aufgespannt werden.

Lösung: Die Basis der Summe ist x_1, x_2, x_3, x_4.

Die Basis des Durchschnitts ist

$$z_1 = (1, -1, 1, -1), \quad z_2 = (2, 0, 2, 0).$$

9. Man bestimme einen zusätzlichen Teilraum eines linearen Teilraumes $W \subset \mathbf{R}^4$, der durch die Vektoren

$$x_1 = (-1, 0, 3, 1), \quad x_2 = (2, 1, 5, 2), \quad x_3 = (3, 1, 2, 1)$$

aufgespannt wird.

Lösung: Der Teilraum W ist zweidimensional; als zusätzlicher Teilraum kann die lineare Hülle des Vektorsystems

$$e_3 = (0, 0, 1, 0), \quad e_y = (0, 0, 0, 1).$$

genommen werden.

10. Man bestimme eine affine Hülle des Vektorsystems

$$x_1 = (1, 1, -2, 1), \quad x_2 = (0, 2, -1, 0), \quad x_3 = (2, -3, 5, -3).$$

Lösung: Die Lösungsmenge der Gleichung

$$\xi^1 + \xi^2 + \xi^3 + \xi^4 = 1.$$

11. Man bestimme die Übergangsmatrix von der Basis

$$e_1 = (1, 1, 1, 1), \quad e_2 = (1, 2, 1, 1), \quad e_3 = (1, 1, 2, 1), \quad e_4 = (1, 3, 2, 3)$$

des Koordinatenraumes $\mathbf{R}^4$ zur Basis

$$e'_1 = (1, 0, 3, 3), \quad e'_2 = (-2, -3, -5, -4), \quad e'_3 = (2, 2, 5, 4),$$
$$e'_4 = (-2, -3, -4, -4).$$

Lösung:

$$\begin{bmatrix} 2 & 0 & 1 & -1 \\ -3 & 1 & -2 & 1 \\ 1 & -2 & 2 & -1 \\ 1 & -1 & 1 & -1 \end{bmatrix}.$$

Übungen zu Kapitel 2

1. Der Prozeß der Orthogonalisierung ist auf das Vektorsystem des $\mathbf{R}^4$ mit dem natürlichen Skalarprodukt

$$a_1 = (1, 2, 2, -1), \quad a_2 = (1, 1, -5, 3), \quad a_3 = (3, 2, 8, -7).$$

anzuwenden.

Lösung:

$$e_1 = \frac{1}{\sqrt{10}}(1, 2, 2, -1), \quad e_2 = \frac{1}{\sqrt{26}}(2, 3, -3, 2),$$
$$e_3 = \frac{1}{\sqrt{10}}(2, -1, -1, -2).$$

2. Mit Hilfe des Orthogonalisierungsprozesses konstruiere man eine orthonormierte Basis eines linearen Teilraumes des $\mathbf{R}^4$ mit dem natürlichen Skalarprodukt, der durch die Vektoren

$$x_1 = (2, 3, -4, -6), \quad x_2 = (1, 8, -2, -16), \quad x_3 = (12, 5, -14, 5),$$
$$x_4 = (3, 11, 4, -7)$$

aufgespannt wird.

Lösung:

$$e_1 = \frac{1}{\sqrt{65}}(2, 3, -4, -6), \quad e_2 = \frac{1}{\sqrt{65}}(-3, 2, 6, -4), \quad e_3 = \frac{1}{\sqrt{65}}(4, 6, 2, 3).$$

3. Man bestimme ein orthogonales Komplement $W^{\perp}$ der linearen Hülle W eines Vektorsystems des $\mathbf{R}^4$ mit dem natürlichen Skalarprodukt

$$a_1 = (0, 2, 1, 4), \quad a_2 = (1, 1, -1, -2), \quad a_3 = (-2, -4, 1, 0).$$

Lösung: Beispielsweise

$$b_1 = (2, 0, -4, 1), \quad b_2 = (4, -2, 0, 1).$$

4. Man bestimme eine Orthogonalprojektion y und ein orthogonales Komplement z des Vektors $x = (4, -1, -3, 4)$ des $\mathbf{R}^4$ mit dem natürlichen Skalarprodukt

$$a_1 = (1, 1, 1, 1), \quad a_2 = (1, 2, 2, -1), \quad a_3 = (1, 0, 0, 3)$$

für die lineare Hülle des Vektorsystems dieses Raumes.

Lösung:

$$y = (3, 1, -1, -2), \quad z = (2, 1, -1, 4).$$

5. Man bestimme den Abstand zwischen dem Vektor $x = (2, 4, -4, 2)$ des Raumes $\mathbf{R}^4$ mit dem natürlichen Skalarprodukt und einer linearen affinen Mannigfaltigkeit, die durch das Gleichungssystem

$$\xi^1 + 2\xi^2 + \xi^3 - \xi^4 = 1,$$
$$\xi^1 + 3\xi^2 + \xi^3 - 3\xi^4 = 2$$

vorgegeben ist.

Lösung: 2.

6. Es seien x und y von null verschiedene Vektoren eines euklidischen Raumes V. Man beweise, daß $x = \alpha y$ mit $\alpha > 0$ dann und nur dann gilt, wenn der Winkel zwischen den Vektoren x und y gleich null ist.

Übungen zu zu Kapitel 3

1. Man bestimme das Bild und den Kern des linearen Operators $\mathscr{A}\colon \mathbf{R}^3 \to \mathbf{R}^3$, der auf den Vektor $\xi = (\xi^1, \xi^2, \xi^3)$ mittels folgender Vorschrift einwirkt:

$$\mathscr{A}\xi = (\xi^1 + \xi^2 + \xi^3, \xi^1 + \xi^2 + \xi^3, \xi^1 + \xi^2 + \xi^3)$$

(Man konstruiere die Basen des Bildes und des Kerns und bestimme den Rang und den Defekt des Operators.)

Lösung: Basis des Bildoperators: $(1, 1, 1)$;
Basis des Kerns des Operators: $(1, -1, 0)$, $(1, 0, -1)$;
Rang des Operators: 1;
Defekt des Operators: 2.

2. Man bestimme das Bild und den Kern des linearen Operators $\mathscr{A}$, der in einem dreidimensionalen euklidischen Raum freier geometrischer Vektoren V_3 durch die Formel

$$\mathscr{A}x = x \times a, \quad a \neq O.$$

vorgegeben ist.

Lösung: Das Bild des Operators ist die Gesamtheit von Raumvektoren V_3, die zum Vektor a orthogonal sind, während der Kern des Operators die Gesamtheit von Raumvektoren V_3 ist, die zum Vektor a kollinear sind.

3. Man konstruiere zwei verschiedene lineare Operatoren des Polynomraumes höchstens fünften Grades, die dasselbe Bild und denselben Kern besitzen.

4. Der lineare Operator $\mathscr{A}$ hat bezüglich der Basis

$$a_1 = (8, -6, 7), \quad a_2 = (-16, 7, -13), \quad a_3 = (9, -3, 7)$$

die Matrix

$$\begin{bmatrix} 1 & -18 & 15 \\ -1 & -22 & 20 \\ 1 & -25 & 22 \end{bmatrix}.$$

Man bestimme seine Matrix bezüglich der Basis

$$b_1 = (1, -2, 1), \quad b_2 = (3, -1, 2), \quad b_3 = (2, 1, 2).$$

Lösung:

$$\begin{bmatrix} 1 & 2 & 2 \\ 3 & -1 & -2 \\ 2 & -3 & 1 \end{bmatrix}.$$

5. Der lineare Operator $\mathscr{A}$ besitzt bezüglich der Basis

$$a_1 = (1, 2), \quad a_2 = (2, 3)$$

die Matrix

$$\begin{pmatrix} 3 & 5 \\ 4 & 3 \end{pmatrix},$$

und der lineare Operator $\mathscr{B}$ bezüglich der Basis

$$b_1 = (3, 1), \quad b_2 = (4, 2)$$

die Matrix

$$\begin{pmatrix} 4 & 6 \\ 6 & 9 \end{pmatrix}.$$

Man bestimme die Matrix des linearen Operators $\mathscr{A} + \mathscr{B}$ bezüglich der Basis $e_1 = (1, 0), \quad e_2 = (0, 1)$.

Lösung:

$$\begin{pmatrix} 44 & -44 \\ -29\frac{1}{2} & -25 \end{pmatrix}.$$

6. Man bestimme einen zweidimensionalen Raum des $\mathbf{R}^3$, der gegenüber einem linearen Operator mit der Matrix

$$\begin{bmatrix} 4 & -6 & 4 \\ 1 & 0 & 0 \\ 0 & 1 & 0 \end{bmatrix}$$

invariant ist.

Lösung: Es ist eine Ebene mit der Gleichung

$$\xi^1 - 2\xi^2 + 2\xi^3 = 0.$$

7. Man bestimme Eigenwerte und Eigenvektoren eines linearen Operators mit der Matrix

$$\begin{bmatrix} 4 & -5 & 2 \\ 5 & -7 & 3 \\ 6 & -9 & 4 \end{bmatrix}$$

Lösung: Die Eigenwerte sind $\lambda_1 = 1, \quad \lambda_2 = \lambda_3 = 0$. Die Eigenvektoren sind

$$\alpha(1, 1, 1), \quad \alpha \neq 0 \ \text{(für } \lambda = 1),$$
$$\alpha(1, 2, 3), \quad \alpha \neq 0 \ \text{(für } \lambda = 0).$$

8. Es ist zu klären, ob die Matrix

$$\begin{bmatrix} 0 & 1 & 0 & 0 \\ 0 & 0 & 1 & 0 \\ 0 & 0 & 0 & 1 \\ -6 & 1 & 7 & -1 \end{bmatrix}$$

einen einfachen Aufbau hat. Sollte dies der Fall sein, existiert eine Matrix, die die gegebene in eine Diagonalform transformiert. Man bestimme dann diese Form.

Lösung:

$$\begin{bmatrix} 1 & 1 & 1 & 1 \\ 1 & -1 & 2 & -3 \\ 1 & 1 & 4 & 9 \\ 1 & -1 & 8 & -27 \end{bmatrix}, \quad \begin{bmatrix} 1 & 0 & 0 & 0 \\ 0 & -1 & 0 & 0 \\ 0 & 0 & 2 & 0 \\ 0 & 0 & 0 & 3 \end{bmatrix}.$$

9. Man bestimme eine Basis, bezüglich der die Matrix eines linearen Operators $\mathscr{A}\colon \mathbf{R}^3 \to \mathbf{R}^3$, der bezüglich der Basis

$$e_1 = (1,0,0), \quad e_2 = (0,1,0), \quad e_3 = (0,0,1)$$

durch die Matrix

$$A(e) = \begin{bmatrix} 3 & 2 & -3 \\ 4 & 10 & -12 \\ 3 & 6 & -7 \end{bmatrix}$$

gegeben ist, die Jordansche Normalform aufweist, und diese Form ist anzugeben. (Hinweis: Die gesuchte Basis ist nicht eindeutig definiert.)

Lösung:

$$f_1 = (1,4,3), \quad f_2 = (1,0,0), \quad f_3 = (3,0,1);$$

$$A(f) = \begin{bmatrix} 2 & 1 & 0 \\ 0 & 2 & 0 \\ 0 & 0 & 2 \end{bmatrix}.$$

10. Man bestimme eine Basis wie in Übung 9. Gegeben ist hier der Operator $\mathscr{A}\colon \mathbf{R}^4 \to \mathbf{R}^4$ bezüglich der Basis

$$e_1 = (1,0,0,0), \quad e_2 = (0,1,0,0), \quad e_3 = (0,0,1,0), \quad e_4 = (0,0,0,1)$$

mit der Matrix

$$A(e) = \begin{bmatrix} 6 & -9 & 5 & 4 \\ 7 & -13 & 8 & 7 \\ 8 & -17 & 11 & 8 \\ 1 & -2 & 1 & 3 \end{bmatrix}.$$

Lösung:

$$f_1 = (-1,-1,-1,0), \quad f_2 = (2,1,0,0), \quad f_3 = (1,0,0,-1),$$
$$f_4 = (3,6,7,1)$$

$$A(f)=\begin{bmatrix} 2 & 1 & 0 & 0 \\ 0 & 2 & 0 & 0 \\ 0 & 0 & 2 & 0 \\ 0 & 0 & 0 & 1 \end{bmatrix}.$$

Übungen zu Kapitel 4

1. Es ist die quadratische Form

$$\mathscr{A}(x,x)=\xi^{1^2}+\xi^{2^2}+3\xi^{3^2}+4\xi^1\xi^2+2\xi^1\xi^3+2\xi^2\xi^3$$

auf die Normalform zu bringen.

Lösung: $\mathscr{A}(x,x)=\eta^{1^2}+\eta^{2^2}-\eta^{3^2}$.

2. Es ist die quadratische Form

$$\mathscr{A}(x,x)=\tfrac{1}{2}\xi^{1^2}+2\xi^{2^2}+3\xi^{4^2}-\xi^1\xi^2+\xi^2\xi^3-\xi^3\xi^4$$

auf Normalform zu bringen und eine entsprechende lineare Transformation anzugeben.

Lösung: $2\eta^{1^2}+6\eta^{2^2}-6\eta^{3^2}+2\eta^{4^2}$;

$$\eta^1=\tfrac{1}{2}\xi^1-\tfrac{1}{2}\xi^2,$$
$$\eta^2=\tfrac{1}{2}\xi^2+\tfrac{1}{6}\xi^3,$$
$$\eta^3=\tfrac{1}{6}\xi^3+\tfrac{1}{2}\xi^4,$$
$$\eta^4=\tfrac{3}{2}\xi^4.$$

3. Man bestimme alle Werte des Parameters α, für die die quadratische Form

$$\mathscr{A}(x,x)=5\xi^{1^2}+\xi^{2^2}+\alpha\xi^{3^2}+4\xi^1\xi^2-2\xi^1\xi^3-2\xi^2\xi^3$$

positiv definit ist.

Lösung: $\alpha>2$.

4. Man bestimme die Trägheitsindizes der quadratischen Form

$$\mathscr{A}(x,x)=\xi^1\xi^2+2\xi^1\xi^3+3\xi^1\xi^4+\xi^2\xi^3+2\xi^2\xi^4+\xi^3\xi^4.$$

Lösung: Der positive Index ist 1, der negative 3.

Übungen zu Kapitel 5

1. Im Raum der Polynome $\mathbf{M}_2$ ist ein Skalarprodukt

$$(P,Q)=\alpha_0\beta_0+\alpha_1\beta_1+\alpha_2\beta_2$$

vorgegeben, wobei

$$P = P(t) = \alpha_0 + \alpha_1 t + \alpha_2 t^2, \quad Q = Q(t) = \beta_0 + \beta_1 t + \beta_2 t^2.$$

ist.
Man bestimme die Matrizen eines Differentiationsoperators $\mathscr{D}$ und eines zu ihm konjugierten Operators $\mathscr{D}^*$ bezüglich der Basis

$$1, t, \tfrac{3}{2}t^2 - \tfrac{1}{2}.$$

Lösung:

$$\begin{pmatrix} 0 & 1 & 0 \\ 0 & 0 & 3 \\ 0 & 0 & 0 \end{pmatrix}, \quad \begin{pmatrix} 0 & \frac{2}{3} & 0 \\ 1 & 0 & -\frac{1}{2} \\ 0 & \frac{4}{3} & 0 \end{pmatrix}.$$

2. Im Polynomraum $\mathbf{M}_2$ ist ein Skalarprodukt

$$(P, Q) = \int_{-1}^{1} P(t)Q(t)\mathrm{d}t.$$

vorgegeben.
Man bestimme die Matrix eines zum Differentiationsoperator $\mathscr{D}$ konjugierten Operators bezüglich der Basis

$$\tfrac{1}{2}t^2 - \tfrac{1}{2}t, \quad t^2 - 1, \quad \tfrac{1}{2}t^2 + \tfrac{1}{2}t.$$

Lösung:

$$\begin{pmatrix} -3 & 2 & 2 \\ -\frac{5}{4} & 0 & \frac{5}{4} \\ -2 & -2 & 3 \end{pmatrix}.$$

3. Der lineare Operator $\mathscr{A}$ in einem Koordinatenraum $\mathbf{C}^3$ mit dem Skalarprodukt

$$(\xi, \eta) = \xi^1 \overline{\eta^1} + \xi^2 \overline{\eta^2} + \xi^3 \overline{\eta^3}$$

bezüglich der natürlichen Basis besitzt eine Matrix

$$\begin{pmatrix} 2-i & -1 & 0 \\ -1 & 1-i & 1 \\ 0 & 1 & 2-i \end{pmatrix}.$$

Man prüfe, ob der vorgegebene Operator normal ist und bestimme eine orthonormierte Basis des Raumes **C** und seiner Eigenvektoren.

Lösung: Die Eigenwerte des Operators A sind jeweils

$$\lambda_1 = -i, \quad \lambda_2 = 2 - i, \quad \lambda_3 = 3 - i;$$

die orthonormierte Basis ist

$$e_1 = \frac{1}{\sqrt{6}}(1, 2, -1), \quad e_2 = \frac{1}{\sqrt{2}}(1, 0, 1), \quad e_3 = \frac{1}{\sqrt{3}}(-1, 1, 1).$$

4. Die linearen Operatoren $\mathscr{A}$ und $\mathscr{B}$ des Koordinatenraumes $\mathbf{C}^3$ mit dem Skalarprodukt

$$(\xi, \eta) = \xi^1\overline{\eta^1} + \xi^2\overline{\eta^2} + \xi^3\overline{\eta^3}$$

besitzen bezüglich der natürlichen Basis die Matrizen

$$A = \begin{bmatrix} 0 & 1 & 1 \\ 1 & 0 & 1 \\ 1 & 1 & 0 \end{bmatrix}, \quad B = \begin{bmatrix} 0 & 1 & -1 \\ -1 & 0 & 1 \\ 1 & -1 & 0 \end{bmatrix}.$$

Man prüfe, ob die Operatoren $\mathscr{A}$ und $\mathscr{B}$ kommutativ sind und konstruiere eine orthonormierte Basis des Raumes $\mathbf{C}^3$ aus den gemeinsamen Eigenvektoren.

Lösung:

$$e_1 = \frac{1}{\sqrt{3}}(1, 1, 1), \quad e_2 = \frac{1}{\sqrt{3}}\left(1, -\frac{1}{2} + \frac{\sqrt{3}}{2}i, -\frac{1}{2} - \frac{\sqrt{3}}{2}i\right),$$

$$e_3 = \frac{1}{\sqrt{3}}\left(1, -\frac{1}{2} - \frac{\sqrt{3}}{2}i, -\frac{1}{2} + \frac{\sqrt{3}}{2}i\right).$$

5. Es ist die Quadratwurzel aus der Matrix

$$\begin{pmatrix} 24 & 6 & -12 \\ 6 & 33 & 6 \\ -12 & 6 & 24 \end{pmatrix}$$

zu ziehen.

Lösung:

$$\frac{1}{3}\begin{pmatrix} 14 & 2 & -4 \\ 2 & 17 & 2 \\ -4 & 2 & 14 \end{pmatrix}.$$

6. Man bestimme eine polare Zerlegung der Matrix

$$\begin{pmatrix} -1 & -7 \\ 1 & 7 \end{pmatrix}.$$

Lösung:

$$\begin{pmatrix} -1 & -7 \\ 1 & 7 \end{pmatrix} = \begin{pmatrix} 5 & -5 \\ -5 & 5 \end{pmatrix} \cdot \begin{pmatrix} \frac{3}{5} & -\frac{4}{5} \\ \frac{4}{5} & \frac{3}{5} \end{pmatrix}.$$

7. Ein linearer Operator $\mathscr{A}$ des Koordinatenraumes $\mathbf{R}^4$ mit dem Skalarprodukt

$$(\xi, \eta) = \xi^1\eta^1 + \xi^2\eta^2 + \xi^3\eta^3 + \xi^4\eta^4$$

führt jeweils die Vektoren

$$\xi_1 = (2,2,2,2), \quad \xi_2 = (2,0,2,2), \quad \xi_3 = (2,2,0,2), \quad \xi_4 = (2,2,2,0)$$

in die Vektoren

$$\eta_1 = (4,0,0,0), \quad \eta_2 = (3,-1,1,1), \quad \eta_3 = (3,1,-1,1), \quad \eta_4 = (3,1,1,-1)$$

über. Ist dieser Operator orthogonal?

Lösung: Ja.

8. Man bestimme zu einer orthogonalen Transformation des Operators $\mathscr{A}$, der bezüglich der Basis e durch die Matrix

$$A(e) = \frac{1}{4}\begin{pmatrix} 3 & 1 & -\sqrt{6} \\ 1 & 3 & \sqrt{6} \\ \sqrt{6} & -\sqrt{6} & 2 \end{pmatrix}$$

vorgegeben ist, eine Orthormalbasis f, bezüglich der die Matrix $A(f)$ eine kanonische Form aufweist (die gesuchte Basis ist mehrdeutig definiert).

Lösung: Bezüglich der Basis

$$f_1 = \frac{1}{\sqrt{2}}e_1 + \frac{1}{\sqrt{2}}e_2,$$

$$f_2 = \frac{1}{\sqrt{2}}e_1 - \frac{1}{\sqrt{2}}e_3,$$

$$f_3 = e_3$$

besitzt die Transformationsmatrix von $\mathscr{A}$ folgende Form:

$$A(f) = \frac{1}{2}\begin{pmatrix} 2 & 0 & 0 \\ 0 & 1 & \sqrt{3} \\ 0 & -\sqrt{3} & 1 \end{pmatrix}.$$

9. Man stelle die Matrix

$$\begin{pmatrix} 1 & -4 \\ 1 & 4 \end{pmatrix}$$

als Produkt einer symmetrischen Matrix mit positiven charakteristischen Zahlen und einer orthogonalen Matrix dar.

Lösung:

$$\begin{pmatrix} 1 & -4 \\ 1 & 4 \end{pmatrix} = \begin{pmatrix} \frac{5}{2}\sqrt{2} & -\frac{3}{2}\sqrt{2} \\ -\frac{3}{2}\sqrt{2} & \frac{5}{2}\sqrt{2} \end{pmatrix} \cdot \begin{pmatrix} \frac{1}{2}\sqrt{2} & -\frac{1}{2}\sqrt{2} \\ \frac{1}{2}\sqrt{2} & \frac{1}{2}\sqrt{2} \end{pmatrix}.$$

10. Man bestimme eine orthogonale Transformation, durch die die quadratische Form

$$\mathscr{A}(x, x) = -3\xi^{2^2} + 4\xi^1\xi^2 + 10\xi^1\xi^3 - 4\xi^2\xi^3$$

in eine kanonische Form übergeführt wird, und gebe diese kanonische Form an.

Lösung:

$$\xi^1 = \frac{1}{\sqrt{6}}\eta^1 + \frac{1}{\sqrt{3}}\eta^2 + \frac{1}{\sqrt{2}}\eta^3,$$

$$\xi^2 = \frac{2}{\sqrt{6}}\eta^1 - \frac{1}{\sqrt{3}}\eta^2,$$

$$\xi^3 = -\frac{1}{\sqrt{6}}\eta^1 - \frac{1}{\sqrt{3}}\eta^2 + \frac{1}{\sqrt{2}}\eta^3;$$

$$\mathscr{A}(x, x) = -\eta^{1^2} - 7\eta^{2^2} + 5\eta^{3^2}.$$

11. Man bestimme eine nichtausgeartete lineare Transformation, die das Paar quadratischer Formen

$$\mathscr{A}(x, x) = \xi^{1^2} + 2\xi^{2^2} + 3\xi^{3^2} + 2\xi^1\xi^2 - 2\xi^1\xi^3,$$

$$\mathscr{B}(x, x) = 2\xi^{1^2} + 8\xi^{2^2} + 3\xi^{3^2} + 8\xi^1\xi^2 + 2\xi^1\xi^3 + 4\xi^2\xi^3$$

auf eine kanonische Form bringt.

Lösung: Die Transformation der Variablen

$$\eta^1 = \frac{1}{\sqrt{3}}\xi^1 + \frac{2}{\sqrt{3}}\xi^2 + \frac{1}{\sqrt{3}}\xi^3,$$

$$\eta^2 = \frac{1}{\sqrt{6}}\xi^1 + \frac{2}{\sqrt{6}}\xi^2 - \frac{2}{\sqrt{6}}\xi^3,$$

$$\eta^3 = \frac{1}{2}\xi^1 - \sqrt{2}\xi^3$$

führt $\mathscr{A}$ auf eine Normalform

$$\mathscr{A}(x, x) = \eta^{1^2} + \eta^{2^2} + \eta^{3^2}$$

und $\mathscr{B}$ auf eine kanonische Form

$$\mathscr{B}(x, x) = 5\eta^{1^2} + 2\eta^{2^2}.$$

Übungen zu Kapitel 6

1. Man prüfe die Lösbarkeit des Gleichungssystems

$$\begin{aligned} x_1 - x_2 - x_3 - 2x_4 &= -2, \\ 7x_1 - 6x_2 - 6x_3 - 7x_4 &= 5, \\ 6x_1 - 5x_2 - 5x_3 - 5x_4 &= 7 \end{aligned}$$

und bestimme eine Normallösung dieses Systems.

Lösung: $x_1 = 2, \quad x_2 = -1, \quad x_3 = -1, \quad x_4 = 3.$

2. Man bestimme eine normale Pseudolösung der Gleichungssysteme

a) $$\begin{aligned} 27x_1 - 55x_2 &= 1, \\ -13x_1 + 27x_2 &= 1, \\ -14x_1 + 28x_2 &= 1; \end{aligned}$$

b) $$\begin{aligned} 2x_1 - x_2 &= 1, \\ -x_1 + (1+\varepsilon)x_2 + x_3 &= 0, \quad \varepsilon \neq 0, \\ x_2 + 2x_3 &= 1. \end{aligned}$$

Lösung:

a) $x_1 = 0, \quad x_2 = 0;$
b) $x_1 = \frac{1}{2}, \quad x_2 = 0, \quad x_3 = \frac{1}{2}.$

3. Man beweise, daß für einen beliebigen Vektor x aus dem Raum $\mathbf{R}^n$ die Ungleichungen

$$|x|_\infty \leq |x|_2 \leq \sqrt{n}|x|_\infty.$$

gelten.

4. Man bestimme eine euklidische Norm einer unitären Matrix n-ter Ordnung.

Lösung: $\sqrt{n}.$

5. Man beweise, daß Spektral- und euklidische Norm einer Matrix zusammenfallen, wenn der Rang der Matrix gleich eins ist.

6. Man bestimme die Norm $|A|_\infty$ der Matrix

$$A = \begin{pmatrix} \alpha_1 \\ \vdots \\ \alpha^n \end{pmatrix} (\beta_1 \; \cdots \; \beta_n)$$

Lösung:

$$|A|_\infty = \left(\max_{1\le i\le n} |\alpha_i|\right) \sum_{i=1}^{n} |\beta_i|.$$

Übungen zu Kapitel 7

1. Man beweise, daß die Menge

$$X = \{\xi = (\xi_1, \xi_2) \in \mathbf{R}^2 \,|\, \xi_1^2 \le \xi_2\}$$

konvex ist.

2. Man stelle die Summe der Mengen

$$X_1 = \{\xi \in \mathbf{R}^2 \,|\, |\xi_1| \le 1, |\xi_2| \le 1\}$$

und

$$X_2 = \{\xi \in \mathbf{R}^2 \,|\, \xi_1^2 + \xi_2^2 \le 1\}$$

auf einer Ebene in den Koordinaten ξ_1 und ξ_2 dar.

Lösung:

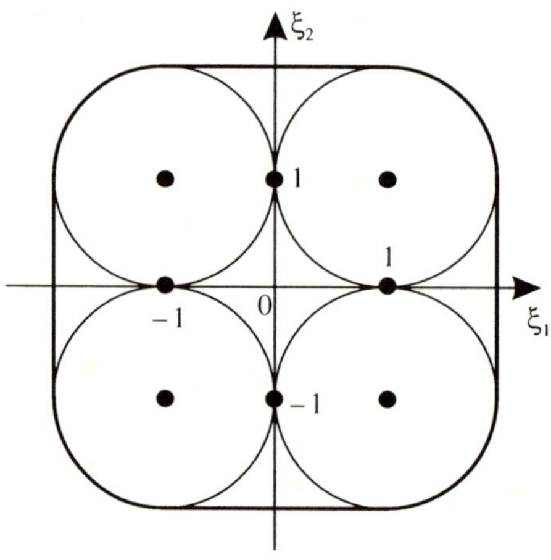

Abb. Ü1

3. Man beweise, daß die Menge

$$X = \{\xi \in \mathbf{R}^2 \,|\, 5\xi_1^2 - 13\xi_1\xi_2 + 6\xi_2^2 \le 0, \xi_2 \ge 0\}$$

ein konvexer Kegel ist und stelle diesen auf einer Ebene in den Koordinaten ξ_1 und ξ_2 dar.

4. Man bestimme die konvexe und die kanonische Hülle der Menge

$$X = \{\xi \in \mathbf{R}^2 \,|\, \sin \xi_1 = \xi_2, 0 \le \xi_1 \le \pi\}.$$

Lösung:

$$\operatorname{conv} X = \{\xi \in \mathbf{R}^2 \mid \sin \xi_1 \geq \xi_2 0, 0 \leq \xi_1 \leq \pi\},$$

$$\operatorname{con} X = \{\xi \in \mathbf{R}^2 \mid \xi_1 > \xi_2 \geq 0\} \cup \{(0,0)\}.$$

5. Man stelle die Summe der Mengen

$$X_1 = \operatorname{conv}\{(1,2),(1,-3)\}$$

und

$$X_2 = \operatorname{conv}\{(2,-3),(4,-1),(0,1),(3,2)\}$$

in einer Ebene dar.

Lösung: Es ist ein Sechseck, das seine Ecken in folgenden Punkten hat (Abb. Ü2):

$$(3,1),(5,1),(4,4),(1,0),(-1,4),(2,5).$$

6. Man bestimme ein System linearer Ungleichungen, die eine konvexe Hülle der Punktmenge

$$(0,0,0,0),(1,0,0,0),(0,1,0,0),(1,1,0,0),(0,0,1,0),(0,0,0,1),(0,0,1,1)$$

darstellen.

Lösung:

$$x_1 \geq 0, x_2 \geq 0, x_3 \geq 0, x_4 \geq 0,$$

$$x_1 + x_3 \leq 1, x_1 + x_4 \leq 1, x_2 + x_3 \leq 1, x_2 + x_4 \leq 1.$$

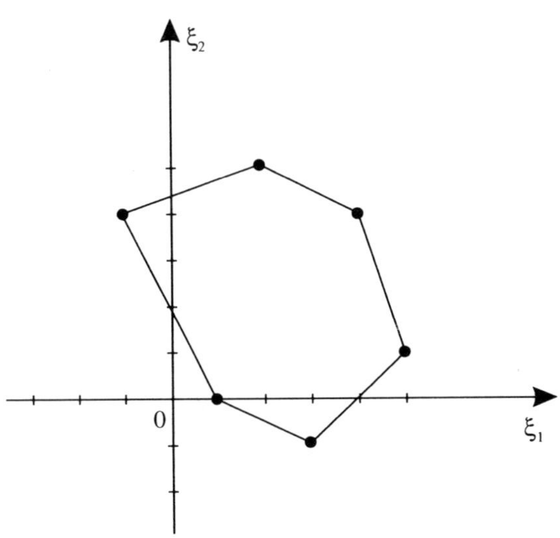

Abb. Ü2

7. Auf einer Ebene sind eine Menge aus fünf Punkten

$$A_1(-5,0), A_2(0,2), A_3(8,2), A_4(8,0), A_5(0,-3)$$

und eine Punkt $A(-1, -3/2)$, der zur linearen Hülle der Menge gehört, vorgegeben

Man bestimme alle Tripel der Punkte A_i, A_j, A_k, so daß gilt:

$$A \in \operatorname{conv}(A_i, A_j, A_k).$$

Lösung: A_1, A_2, A_5; A_1, A_3, A_5; A_1, A_4, A_5.

8. Man leite die Gleichung einer Hyperebene ab, die einen Punkt $A(-1,2,1,-3)$ des Raumes $\mathbf{R}^4$ von einer Menge X abtrennt, die durch das System linearer Ungleichungen

$$\begin{aligned} 5x_1 + x_2 - 5x_3 - 3x_4 &\leq 1, \\ -3x_1 - 2x_2 + 5x_3 + x_4 &\leq 2, \\ 3x_2 + x_3 + 2x_4 &\leq 0, \\ x_1 + x_2 + 3x_3 - x_4 &\leq 0 \end{aligned}$$

vorgegeben ist.

Lösung: Zum Beispiel $3x_2 + x_2 + 2x_4 = 0$.

Übungen zu Kapitel 8

1. Es sei $T = (T^{ij})$ ein Tensor vom Typ $\binom{2}{0}$. Man zeige, daß ein Komplex n^2 von Zahlen S_{jk}, die durch die Bedingungen

$$T^{ij} S_{jk} = \delta^i_k$$

vorgegeben sind, einen Tensor vom Typ $\binom{0}{1}$ definiert.

2. Man zeige, daß ein Tensor $T = (T^{ij})$ vom Type $\binom{0}{2}$, dessen Komponenten der Bedingung

$$T_{ij} U^i U^j = 0$$

genügen, für einen beliebigen Tensor $U = (U^i)$ vom Typ $\binom{1}{0}$ schiefsymmetrisch ist.

3. Man zeige, daß ein Komplex n^2 von Zahlen T_{ij}, wobei

$$T_{ij} U^i V^j$$

ein Skalar für beliebige Tensoren $U=(U^i)$ und (V^j) vom Typ $\begin{pmatrix}1\\0\end{pmatrix}$ ist, einen Tensor vom Typ $\begin{pmatrix}0\\2\end{pmatrix}$ definiert.

4. Bezüglich der Basis e_1, e_2, e_3 eines dreidimensionalen euklidischen Raumes ist ein kovarianter metrischer Tensor $g=(g_{ij})$ durch die Matrix

$$\begin{pmatrix}1 & 1 & 0\\ 1 & 2 & 2\\ 0 & 2 & 5\end{pmatrix}$$

vorgegeben.

a) Man prüfe, ob ein Raum mit einem derartigen metrischen Tensor euklidisch ist.

b) Man bestimme die Matrix eines kontravarianten metrischen Tensors g^{ij}.

Lösung:

$$\begin{pmatrix}6 & -5 & 2\\ -5 & 5 & -2\\ 2 & -2 & 1\end{pmatrix}.$$

c) Man bestimme einen kontravarianten Einheitsvektor einer Normalen zu einer Ebene, die bezüglich der Basis e_1, e_2, e_3 durch die Gleichung

$$3x^1 + 2x^2 - 3x^3 - 5 = 0$$

vorgegeben ist.

Lösung:

$$\left(\frac{2}{\sqrt{11}}, \frac{1}{\sqrt{11}}, -\frac{1}{\sqrt{11}}\right).$$

Sachverzeichnis

L

M

N

O

P

Q

R

U

V

W

Z